개념을 다지고
실력을 키우는

왕수학

기본편

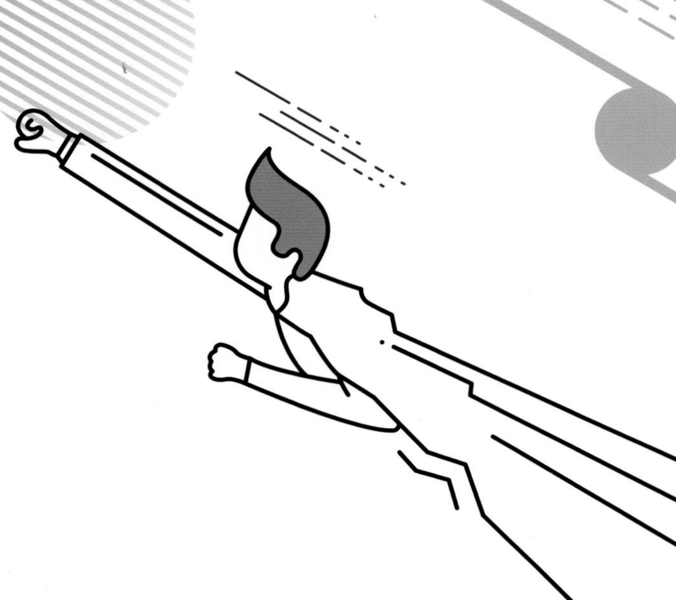

왕수학

기본편

5·1

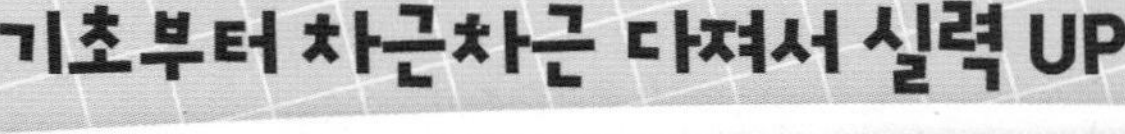

구성과 특징

❶ 개념탄탄

교과서 개념과 원리를 각 주제별로 익히고 개념 확인 문제를 풀어 보면서 개념을 이해합니다.

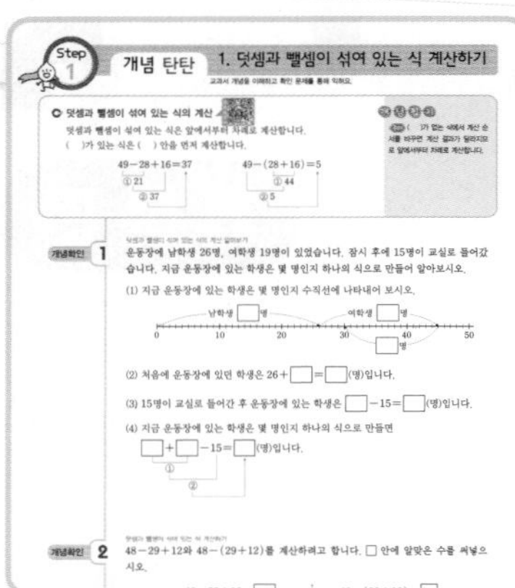

❷ 핵심쏙쏙

개념을 공부한 다음 교과서와 익힘책 수준의 문제를 풀어 보면서 개념을 다집니다.

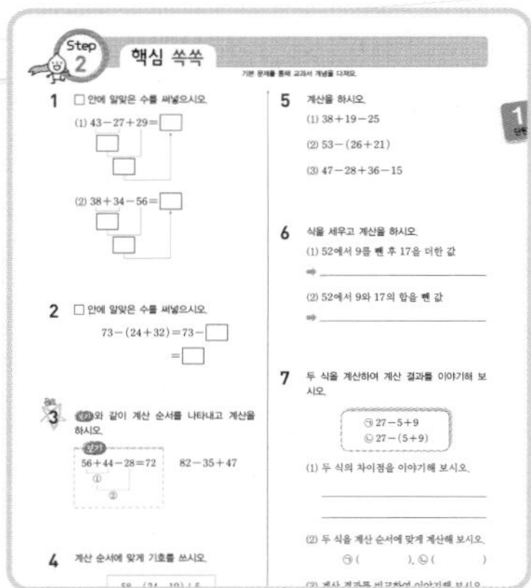

❸ 유형콕콕

학교 시험에 나올 수 있는 문제를 유형별로 풀어 보면서 문제 해결 능력을 키웁니다.

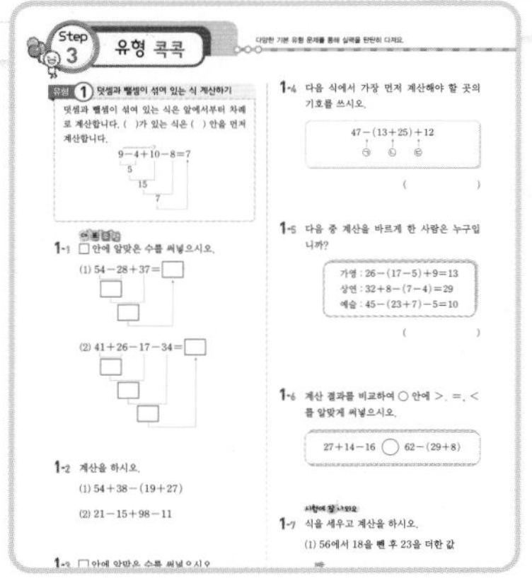

❹ 실력팍팍

기본 유형 문제보다 좀 더 수준 높은 문제를 풀며 실력을 키웁니다.

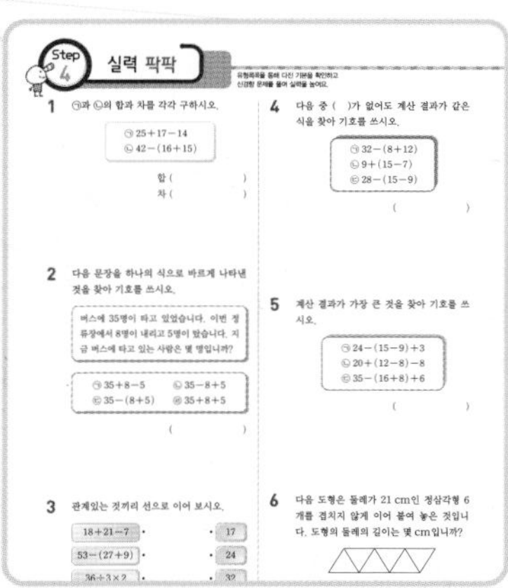

❺ 서술 유형 익히기

서술형 문제를 주어진 풀이 과정을 완성하여 해결하고 유사 문제를 통해 스스로 연습합니다.

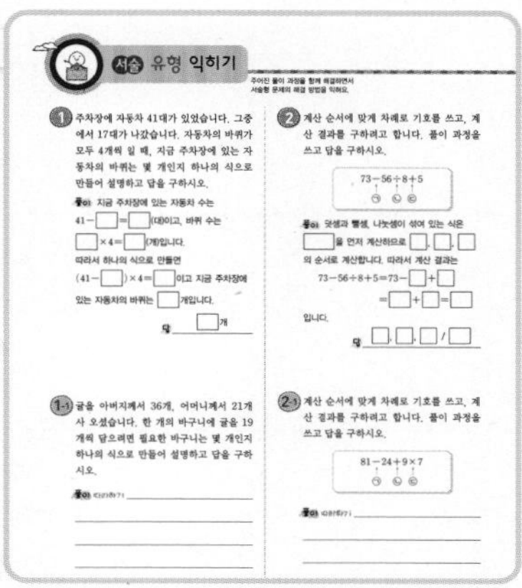

❻ 단원평가

단원별 대표 문제를 풀어서 자신의 실력을 확인해 보고 학교 시험에 대비합니다.

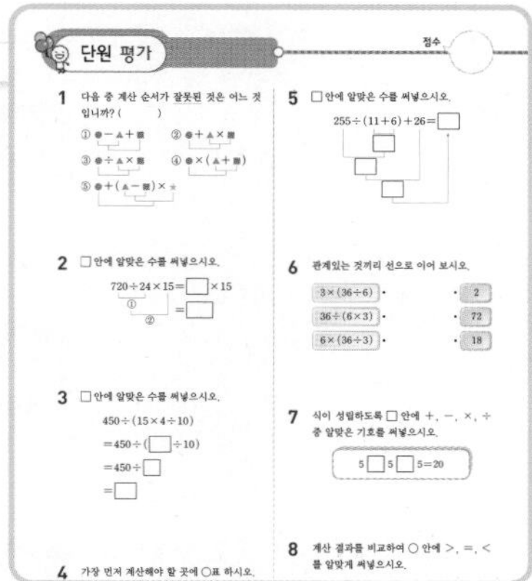

❼ 탐구수학 / 문제해결

단원의 주제와 관련된 탐구 활동과 문제 해결력을 기르는 문제를 제시하여 학습한 내용을 좀 더 다양하고 깊게 생각해 볼 수 있게 합니다.

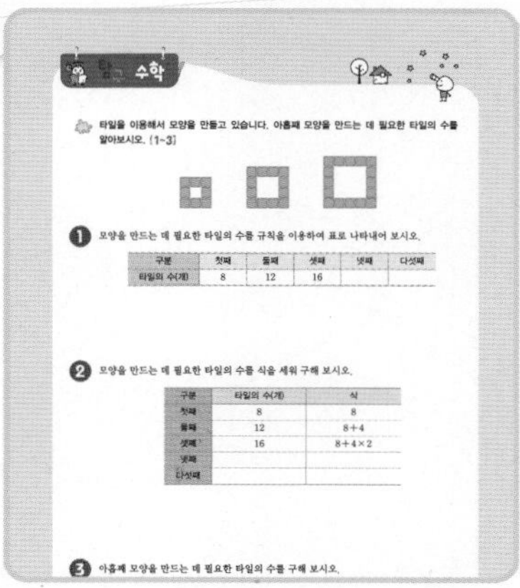

❽ 생활 속의 수학

생활 주변의 현상이나 동화 등을 통해 자연스럽게 수학적 개념과 원리를 찾고 터득합니다.

차례

1 자연수의 혼합 계산

이전에 배운 내용

- 덧셈과 뺄셈
- 곱셈과 나눗셈

다음에 배울 내용

- 분수의 덧셈과 뺄셈
- 분수의 곱셈과 나눗셈
- 소수의 곱셈과 나눗셈

이번에 배울 내용

1. 덧셈과 뺄셈이 섞여 있는 식 계산하기
2. 곱셈과 나눗셈이 섞여 있는 식 계산하기
3. 덧셈, 뺄셈, 곱셈이 섞여 있는 식 계산하기
4. 덧셈, 뺄셈, 나눗셈이 섞여 있는 식 계산하기
5. 덧셈, 뺄셈, 곱셈, 나눗셈이 섞여 있는 식 계산하기

개념 탄탄 1. 덧셈과 뺄셈이 섞여 있는 식 계산하기

교과서 개념을 이해하고 확인 문제를 통해 익혀요.

덧셈과 뺄셈이 섞여 있는 식의 계산

덧셈과 뺄셈이 섞여 있는 식은 앞에서부터 차례로 계산합니다.
(　)가 있는 식은 (　) 안을 먼저 계산합니다.

$49-28+16=37$ (① 21, ② 37)

$49-(28+16)=5$ (① 44, ② 5)

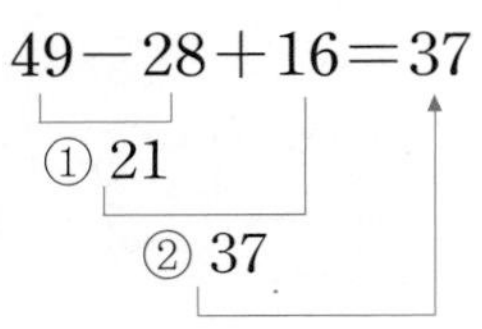

개념잡기

주의 (　)가 없는 식에서 계산 순서를 바꾸면 계산 결과가 달라지므로 앞에서부터 차례로 계산합니다.

덧셈과 뺄셈이 섞여 있는 식의 계산 알아보기

개념확인 1 운동장에 남학생 26명, 여학생 19명이 있었습니다. 잠시 후에 15명이 교실로 들어갔습니다. 지금 운동장에 있는 학생은 몇 명인지 하나의 식으로 만들어 알아보시오.

(1) 지금 운동장에 있는 학생은 몇 명인지 수직선에 나타내어 보시오.

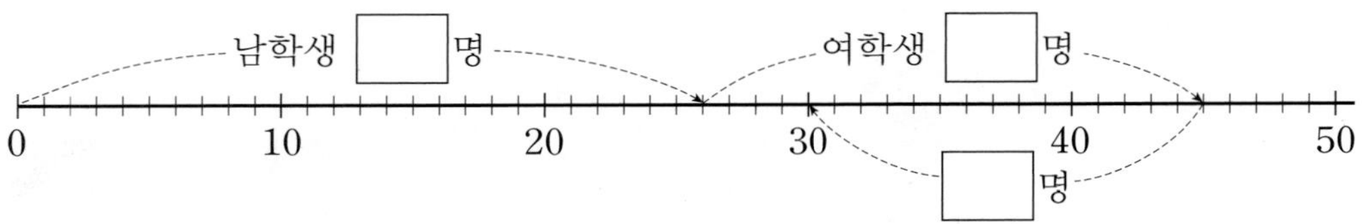

(2) 처음에 운동장에 있던 학생은 26＋□＝□(명)입니다.

(3) 15명이 교실로 들어간 후 운동장에 있는 학생은 □－15＝□(명)입니다.

(4) 지금 운동장에 있는 학생은 몇 명인지 하나의 식으로 만들면

□＋□－15＝□(명)입니다.

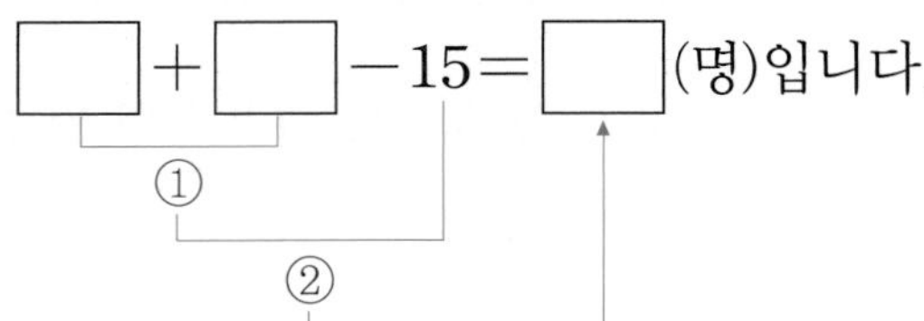

덧셈과 뺄셈이 섞여 있는 식 계산하기

개념확인 2 $48-29+12$와 $48-(29+12)$를 계산하려고 합니다. □ 안에 알맞은 수를 써넣으시오.

$48-29+12=$□

$48-(29+12)=$□

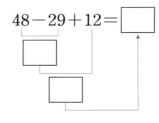

핵심 쏙쏙

기본 문제를 통해 교과서 개념을 다져요.

1 □ 안에 알맞은 수를 써넣으시오.

(1) $43-27+29=\square$

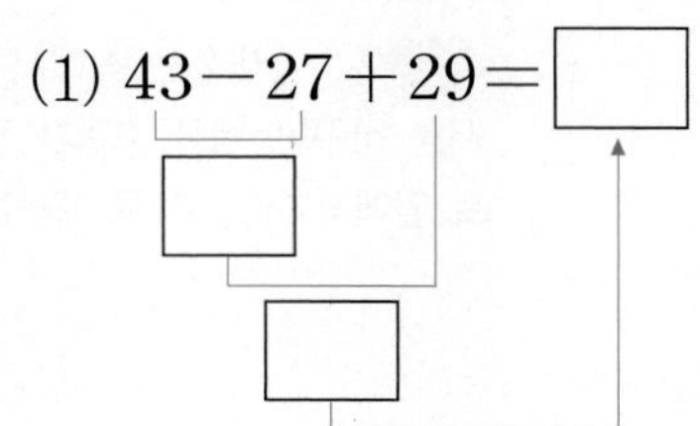

(2) $38+34-56=\square$

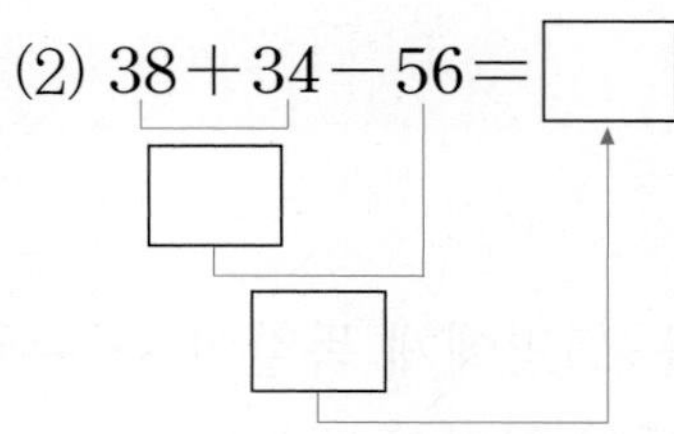

2 □ 안에 알맞은 수를 써넣으시오.

$73-(24+32)=73-\square$
$=\square$

3 보기와 같이 계산 순서를 나타내고 계산을 하시오.

보기
$56+44-28=72$
①
②

$82-35+47$

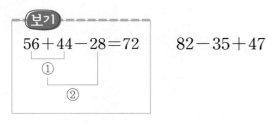

4 계산 순서에 맞게 기호를 쓰시오.

$58-(34-19)+5$
↑ ㉠ ↑ ㉡ ↑ ㉢

(   )

5 계산을 하시오.

(1) $38+19-25$

(2) $53-(26+21)$

(3) $47-28+36-15$

6 식을 세우고 계산을 하시오.

(1) 52에서 9를 뺀 후 17을 더한 값

➡ ______________________

(2) 52에서 9와 17의 합을 뺀 값

➡ ______________________

7 두 식을 계산하여 계산 결과를 이야기해 보시오.

㉠ $27-5+9$
㉡ $27-(5+9)$

(1) 두 식의 차이점을 이야기해 보시오.

____

____

(2) 두 식을 계산 순서에 맞게 계산해 보시오.

㉠ (   ), ㉡ (   )

(3) 계산 결과를 비교하여 이야기해 보시오.

____

____

개념 탄탄 2. 곱셈과 나눗셈이 섞여 있는 식 계산하기

교과서 개념을 이해하고 확인 문제를 통해 익혀요.

곱셈과 나눗셈이 섞여 있는 식의 계산

곱셈과 나눗셈이 섞여 있는 식은 앞에서부터 차례로 계산합니다.
( )가 있는 식은 ( ) 안을 먼저 계산합니다.

$54 \div 6 \times 3 = 27$ (① 9, ② 27)

$54 \div (6 \times 3) = 3$ (① 18, ② 3)

개념잡기

주의 ( )가 없는 식에서 계산 순서를 바꾸면 계산 결과가 달라지므로 앞에서부터 차례로 계산합니다.

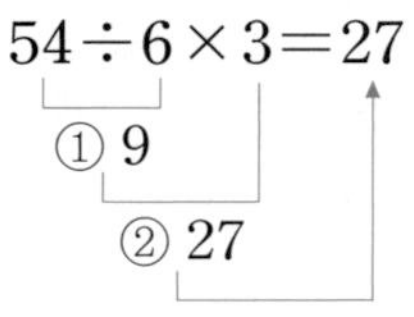

곱셈과 나눗셈이 섞여 있는 식의 계산 알아보기

개념확인 1 쿠키가 한 봉지에 30개씩 들어 있습니다. 쿠키 5봉지를 25명에게 똑같이 나누어 주려면 한 사람에게 몇 개씩 주면 되는지 하나의 식으로 만들어 알아보시오.

(1) 쿠키는 모두 몇 개인지 수직선에 나타내어 보시오.

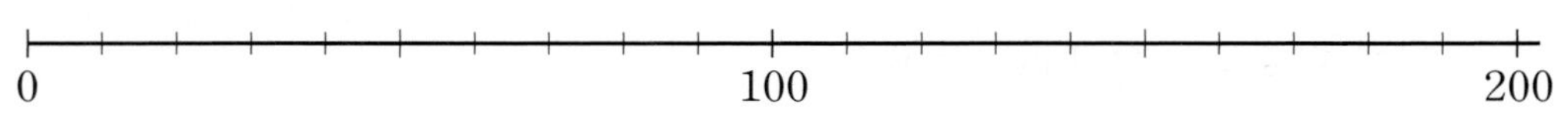

(2) 5봉지에 들어 있는 쿠키는 모두 $\square \times 5 = \square$(개)입니다.

(3) 쿠키를 25명에게 똑같이 나누어 주려면 한 사람에게 쿠키를 $\square \div 25 = \square$(개)씩 나누어 주어야 합니다.

(4) 한 사람에게 몇 개씩 나누어 주면 되는지 하나의 식으로 만들면

$\square \times 5 \div \square = \square$(개)입니다.

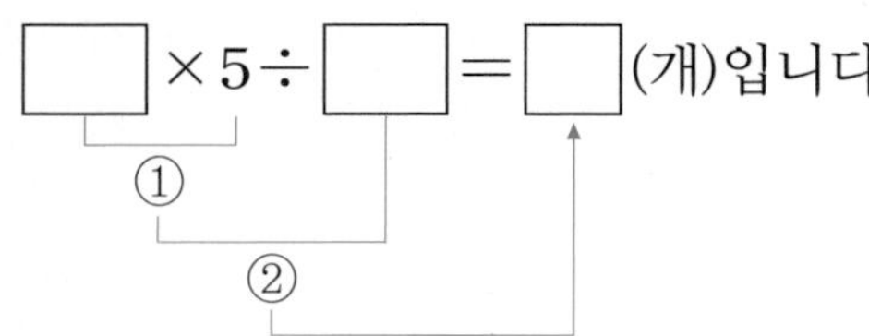

곱셈과 나눗셈이 섞여 있는 식 계산하기

개념확인 2 $28 \div 14 \times 2$와 $28 \div (14 \times 2)$를 계산하려고 합니다. □ 안에 알맞은 수를 써넣으시오.

$28 \div 14 \times 2 = \square$

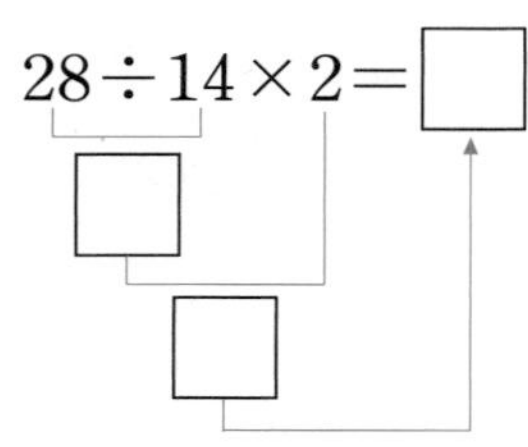

$28 \div (14 \times 2) = \square$

핵심 쏙쏙

기본 문제를 통해 교과서 개념을 다져요.

1단원

1 □ 안에 알맞은 수를 써넣으시오.

(1) $84 \div 3 \times 7 = \square$

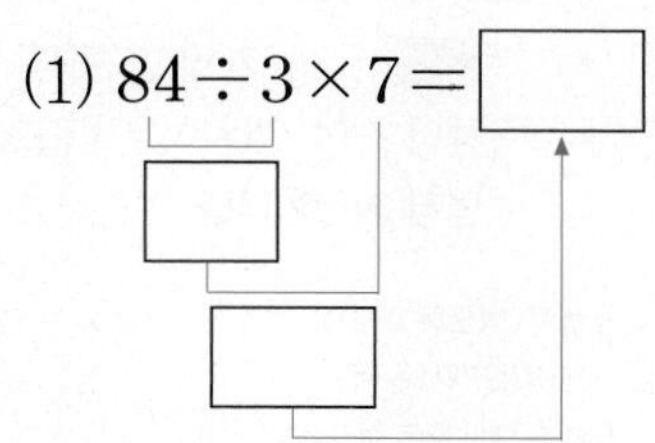

(2) $72 \times 5 \div 8 = \square$

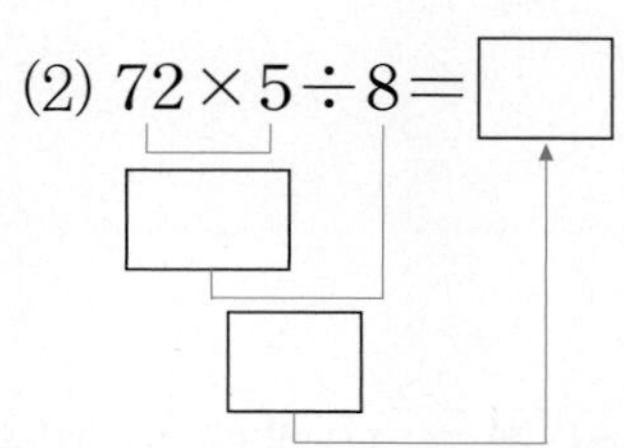

2 □ 안에 알맞은 수를 써넣으시오.

$132 \div (4 \times 3) = 132 \div \square$

$= \square$

3 보기와 같이 계산 순서를 나타내고 계산을 하시오.

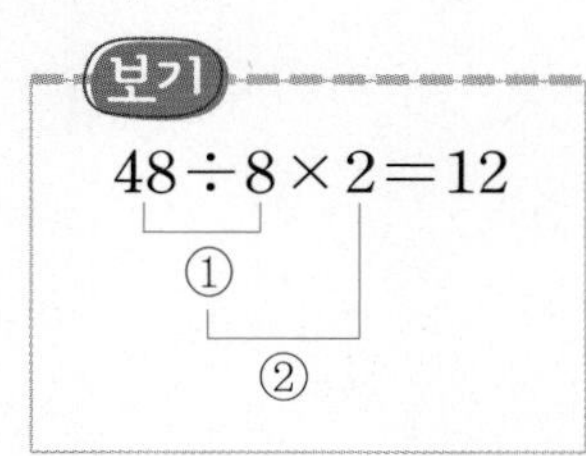

$26 \times 4 \div 13$

4 계산 순서에 맞게 기호를 쓰시오.

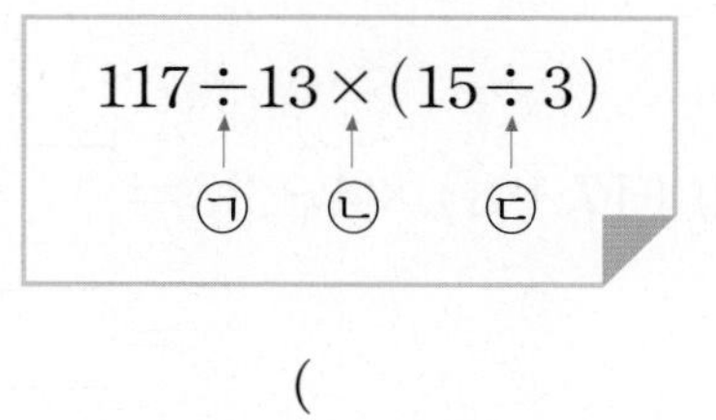

(　　　　　　　　)

5 계산을 하시오.

(1) $51 \div 17 \times 5$

(2) $32 \times (16 \div 8)$

(3) $81 \div 9 \times 14 \div 6$

6 식을 세우고 계산을 하시오.

(1) 48을 6으로 나눈 몫에 4를 곱한 값

➡ ____________________

(2) 48을 6과 4의 곱으로 나눈 값

➡ ____________________

7 두 식을 계산하여 계산 결과를 이야기해 보시오.

㉠ $42 \div 7 \times 2$

㉡ $42 \div (7 \times 2)$

(1) 두 식의 차이점을 이야기해 보시오.

____

____

(2) 두 식을 계산 순서에 맞게 계산해 보시오.

㉠ (　　　　　　), ㉡ (　　　　　　)

(3) 계산 결과를 비교하여 이야기해 보시오.

____

____

개념 탄탄 3. 덧셈, 뺄셈, 곱셈이 섞여 있는 식 계산하기

교과서 개념을 이해하고 확인 문제를 통해 익혀요.

덧셈, 뺄셈, 곱셈이 섞여 있는 식의 계산

덧셈, 뺄셈, 곱셈이 섞여 있는 식은 곱셈을 먼저 계산합니다.
(　)가 있는 식은 (　) 안을 먼저 계산합니다.

$30-6\times4+15=21$

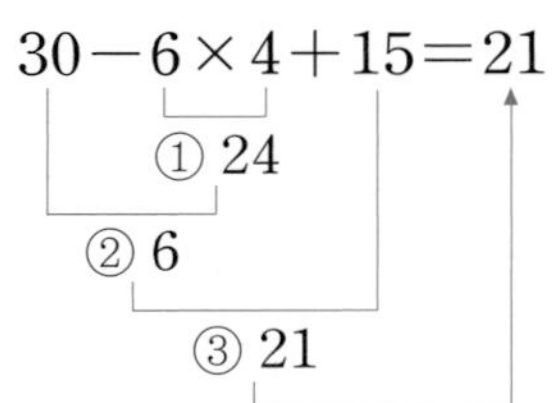

$(30-6)\times4+15=111$

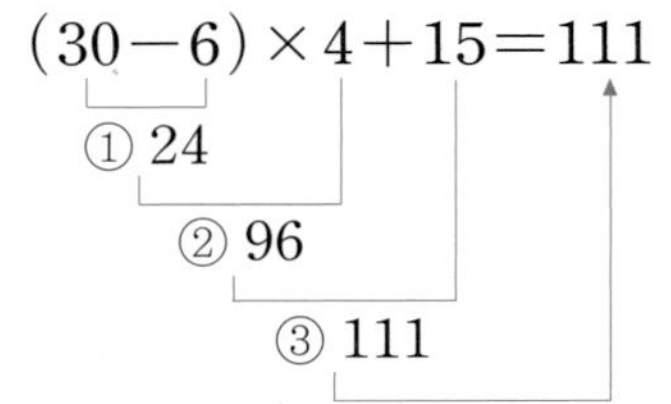

곱셈을 계산하고 나면 다시 앞에서부터 차례로 계산하는 거야!

주의 (　)가 없고 덧셈, 뺄셈, 곱셈이 섞여 있는 식은 반드시 곱셈을 먼저 계산합니다.

덧셈, 뺄셈, 곱셈이 섞여 있는 식의 계산 알아보기

개념확인 1 초콜릿 30개를 만들었습니다. 친구 6명에게 4개씩 나누어 주고 10개를 더 만들었습니다. 남은 초콜릿은 몇 개인지 하나의 식으로 만들어 알아보시오.

(1) 남은 초콜릿은 몇 개인지 수직선에 나타내어 보시오.

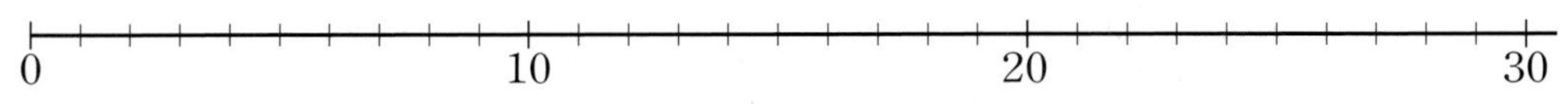

(2) 친구 6명에게 4개씩 나누어 준 초콜릿은 $6\times\square=\square$(개)입니다.

(3) 나누어 주고 남은 초콜릿은 $30-\square=\square$(개)입니다.

(4) 10개를 더 만든 후 남은 초콜릿은 $\square+10=\square$(개)입니다.

(5) 남은 초콜릿은 몇 개인지 하나의 식으로 만들면

$30-6\times\square+\square=\square$(개)입니다.

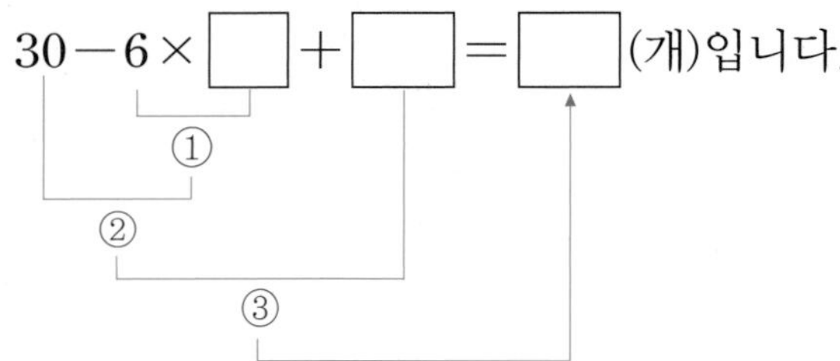

덧셈, 뺄셈, 곱셈이 섞여 있는 식 계산하기

개념확인 2 □ 안에 알맞은 수를 써넣으시오.

(1) $54-9\times3+11=54-\square+11$
$=\square+11$
$=\square$

(① ② ③)

(2) $(17+8)\times4-23=\square\times4-23$
$=\square-23$
$=\square$

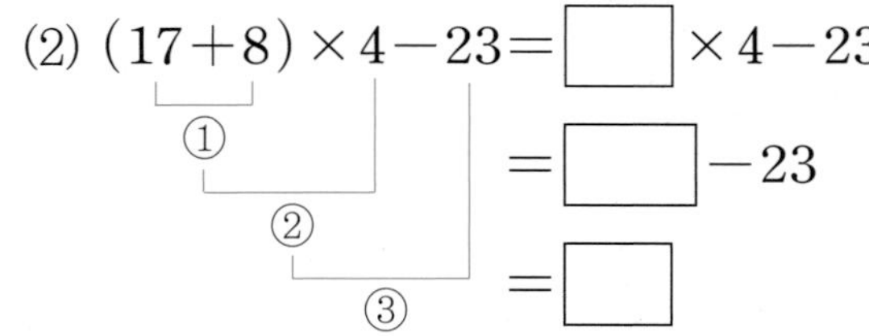

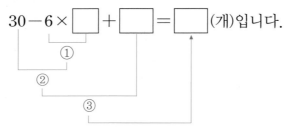

핵심 쏙쏙

기본 문제를 통해 교과서 개념을 다져요.

1 □ 안에 알맞은 수를 써넣으시오.

(1) $49-3\times9=$□

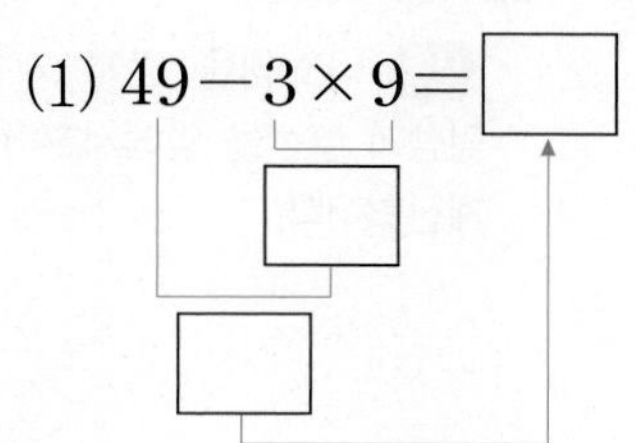

(2) $14+(19-9)\times6=$□

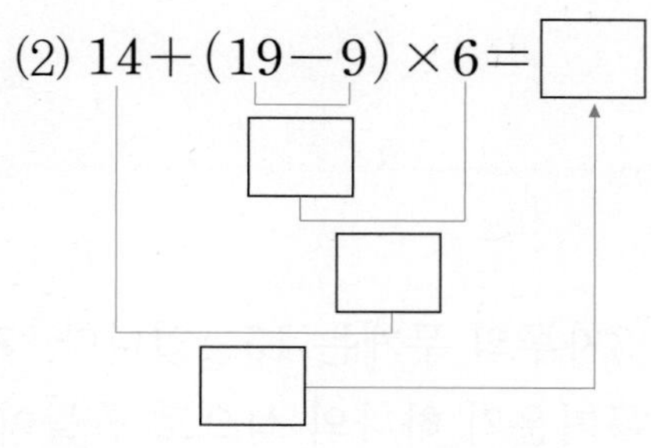

(3) $35-27+4\times7=$□

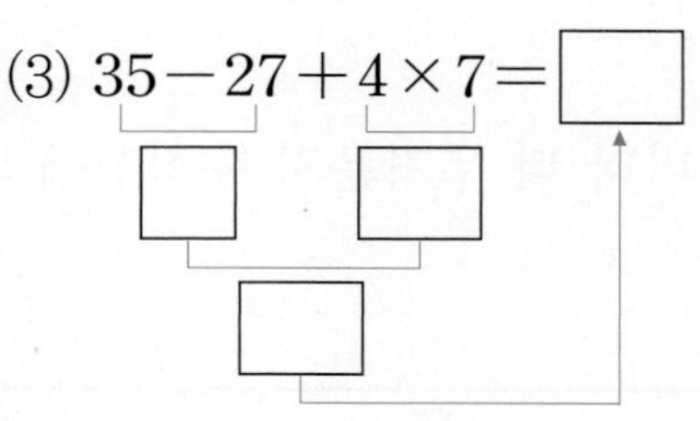

2 □ 안에 알맞은 수를 써넣으시오.

$125-94+17\times5$

$=125-94+$□

$=$□$+$□

$=$□

3 계산을 가장 먼저 해야 하는 곳에 ○표 하시오.

$28+36-10\times3$

4 보기와 같이 계산 순서를 나타내고 계산을 하시오.

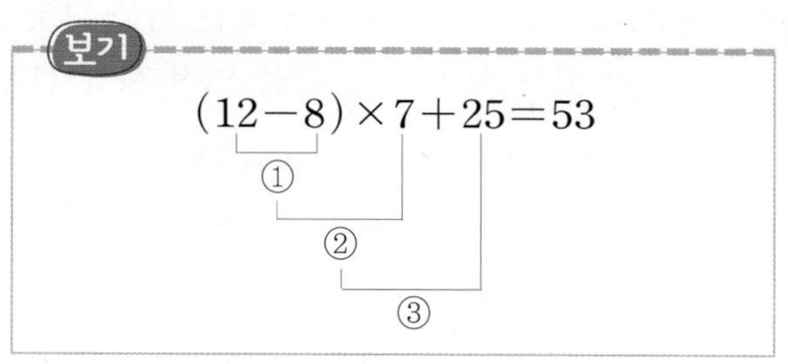

(1) $48+(10-6)\times11$

(2) $15\times(7-4)+3$

5 계산을 하시오.

(1) $7\times7+52-28$

(2) $65+(9-3)\times15$

(3) $4\times9+6\times3$

6 식을 세우고 계산을 하시오.

(1) 50에 16과 9의 차를 2배하여 더한 값

➡ ______________________

(2) 4를 5배 한 값과 6을 3배 한 값의 차

➡ ______________________

1 단원

개념 탄탄 4. 덧셈, 뺄셈, 나눗셈이 섞여 있는 식 계산하기

교과서 개념을 이해하고 확인 문제를 통해 익혀요.

덧셈, 뺄셈, 나눗셈이 섞여 있는 식의 계산

덧셈, 뺄셈, 나눗셈이 섞여 있는 식은 나눗셈을 먼저 계산합니다.
(　)가 있는 식은 (　) 안을 먼저 계산합니다.

$9+24\div4-2=13$: ① 6 ② 15 ③ 13

$9+24\div(4-2)=21$: ① 2 ② 12 ③ 21

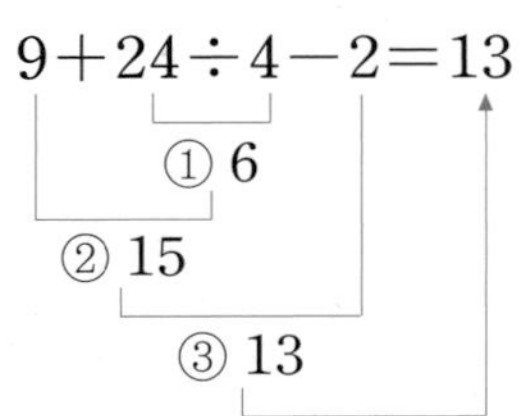

개념잡기

보충 나눗셈을 먼저 계산한 후 덧셈과 뺄셈을 앞에서부터 차례로 계산합니다.

덧셈, 뺄셈, 나눗셈이 섞여 있는 식의 계산 알아보기

개념확인 1 지우개 1개의 무게는 7 g이고, 무게가 같은 연필 3자루의 무게는 15 g입니다. 지우개 1개의 무게는 연필 1자루의 무게보다 얼마나 더 무거운지 하나의 식으로 만들어 알아보시오.

(1) 지우개 1개의 무게는 연필 1자루의 무게보다 얼마나 더 무거운지 수직선에 나타내어 보시오.

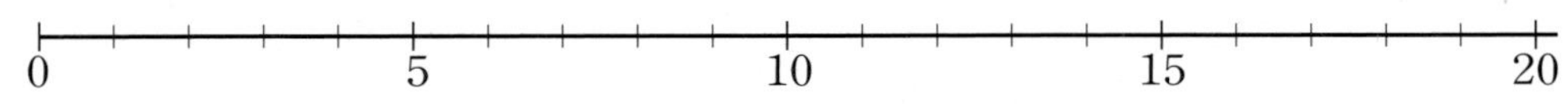

(2) 연필 1자루의 무게는 $15\div\square=\square$(g)입니다.

(3) 지우개 1개의 무게는 연필 1자루의 무게보다 $7-\square=\square$(g) 더 무겁습니다.

(4) 지우개 1개의 무게는 연필 1자루의 무게보다 얼마나 무거운지 하나의 식으로 만들면

$7-15\div\square=\square$(g) 더 무겁습니다.

①, ②

덧셈, 뺄셈, 나눗셈이 섞여 있는 식 계산하기

개념확인 2 □ 안에 알맞은 수를 써넣으시오.

(1) $36+45\div9-22=36+\square-22$
$=\square-22$
$=\square$
①, ②, ③

(2) $98-(50+25)\div5=98-\square\div5$
$=\square-\square$
$=\square$
①, ②, ③

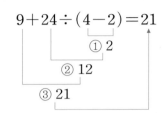

핵심 쏙쏙

기본 문제를 통해 교과서 개념을 다져요.

1단원

1 □ 안에 알맞은 수를 써넣으시오.

(1) $32+54\div9=$□

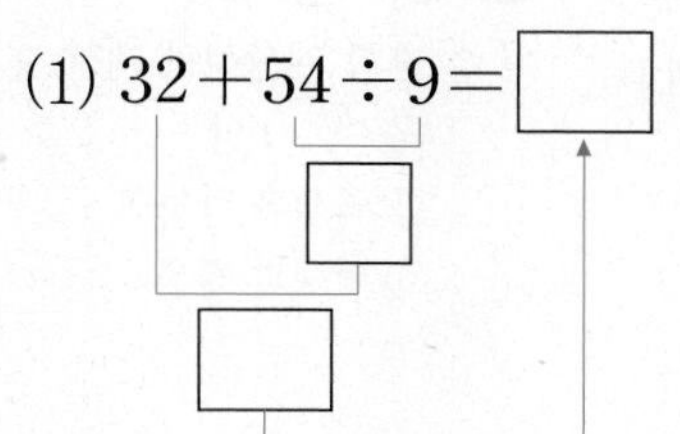

(2) $63-45\div(4+5)=$□

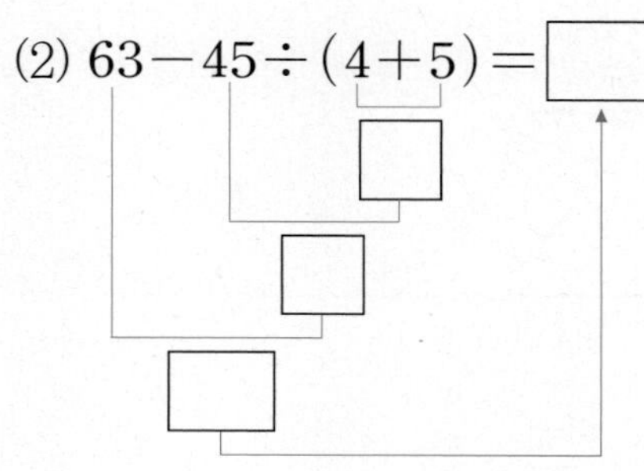

(3) $19+24-52\div13=$□

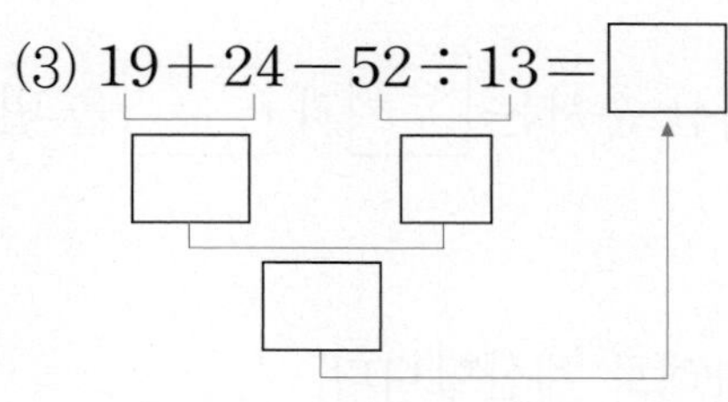

2 □ 안에 알맞은 수를 써넣으시오.

$15-64\div8+3$

$=15-$□$+3$

$=$□$+3$

$=$□

3 계산 순서에 맞게 기호를 쓰시오.

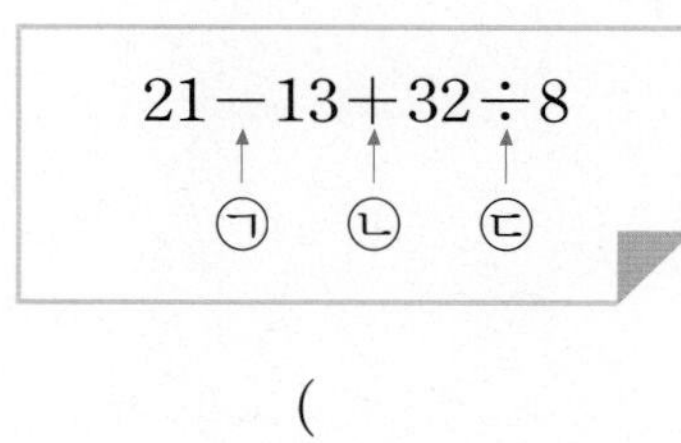

(　　　　　　　　　　)

중요

4 보기 와 같이 계산 순서를 나타내고 계산을 하시오.

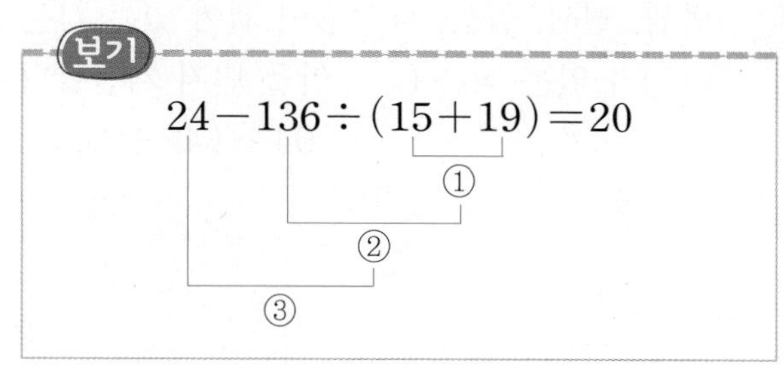

(1) $(8+106)\div6-17$

(2) $(28-4)\div6+17$

5 계산을 하시오.

(1) $45\div9+29-15$

(2) $26+(41-19)\div11$

(3) $150\div5+15\div5$

6 식을 세우고 계산을 하시오.

(1) 40에 27과 11의 차를 4로 나눈 몫을 더한 값

➡ ____________________

(2) 5를 5로 나눈 몫과 18을 2로 나눈 몫의 합

➡ ____________________

개념 탄탄 5. 덧셈, 뺄셈, 곱셈, 나눗셈이 섞여 있는 식 계산하기

교과서 개념을 이해하고 확인 문제를 통해 익혀요.

덧셈, 뺄셈, 곱셈, 나눗셈이 섞여 있는 식의 계산

덧셈, 뺄셈, 곱셈, 나눗셈이 섞여 있는 식은 곱셈과 나눗셈을 먼저 계산합니다.
( )가 있는 식은 ( ) 안을 먼저 계산합니다.

$94-(42+14)\times 2\div 7=78$

① 56
② 112
③ 16
④ 78

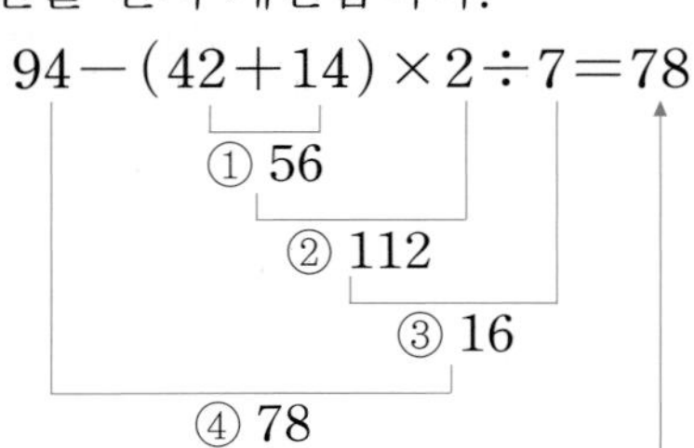

( ) 안에서도
순서가 있다고!
곱셈과 나눗셈
➡ 덧셈과 뺄셈

개념잡기

혼합 계산식의 계산 순서
① ( ) 안
② 곱셈과 나눗셈
③ 덧셈과 뺄셈

덧셈, 뺄셈, 곱셈, 나눗셈이 섞여 있는 식의 계산 순서 알아보기

개념확인 1 □ 안에 알맞은 말을 써넣으시오.

(1) 덧셈, 뺄셈, 곱셈, 나눗셈이 섞여 있는 식의 계산 순서는 □과 □을 먼저 계산합니다.

(2) 곱셈과 나눗셈의 계산 순서는 □에서부터 차례로 계산합니다.

(3) 덧셈과 뺄셈의 계산 순서는 □에서부터 차례로 계산합니다.

덧셈, 뺄셈, 곱셈, 나눗셈이 섞여 있는 식 계산하기

개념확인 2 □ 안에 알맞은 수를 써넣으시오.

(1) $54-36\div 4\times 3+12=54-\square\times 3+12$
$=54-\square+12$
$=\square+12$
$=\square$

(① ② ③ ④)

(2) $80-(12+9)\times 5\div 7=80-\square\times 5\div 7$
$=80-\square\div 7$
$=80-\square$
$=\square$

(① ② ③ ④)

핵심 쏙쏙

기본 문제를 통해 교과서 개념을 다져요.

1 □ 안에 알맞은 수를 써넣으시오.

(1) $14+12\times9\div18-8=$□

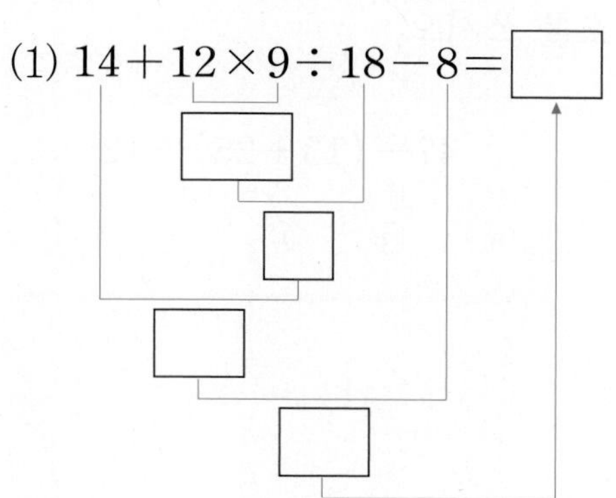

(2) $28+6\times4-48\div3=$□

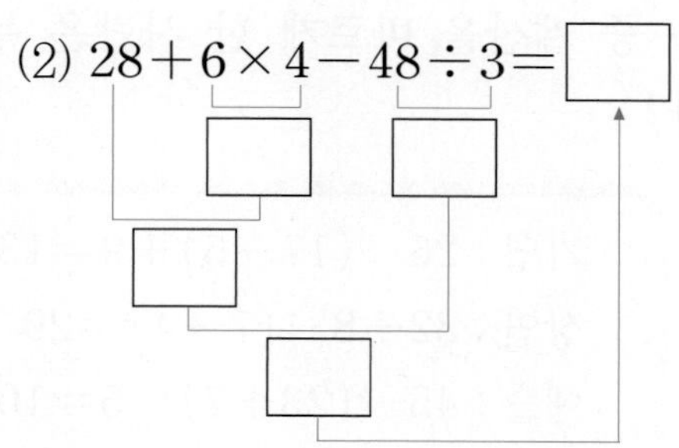

2 계산 순서에 맞게 차례로 기호를 쓰시오.

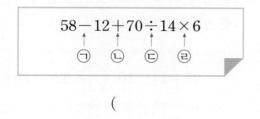

$58-12+70\div14\times6$

㉠ ㉡ ㉢ ㉣

(　　　　　　　　)

3 계산을 하시오.

(1) $9\times14-(56+63)\div7$

(2) $81-15\times2+16\div4$

4 보기와 같이 계산 순서를 나타내고 계산을 하시오.

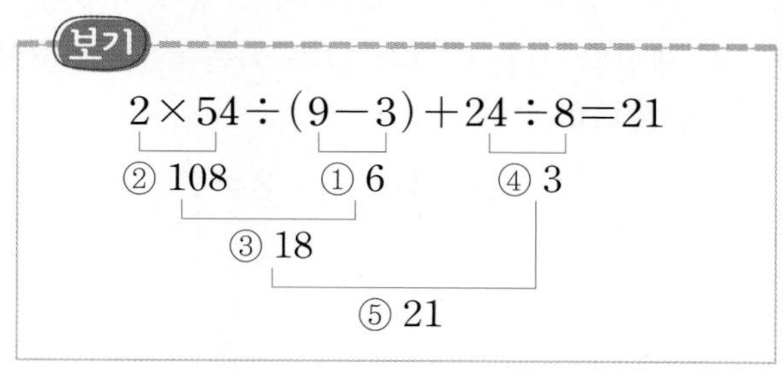

(1) $68-36\div9\times11+15$

(2) $(50-2)\div8+21\times5$

(3) $69\div3-(4+5)\times2$

5 식을 세우고 계산을 하시오.

(1) 34와 15의 합에서 72를 6으로 나눈 몫의 4배만큼을 뺀 값

➡ ______________________

(2) 120에서 8과 7의 곱을 뺀 후 28을 4로 나눈 몫을 더한 값

➡ ______________________

1 단원

Step 3 유형 콕콕

유형 1 덧셈과 뺄셈이 섞여 있는 식 계산하기

덧셈과 뺄셈이 섞여 있는 식은 앞에서부터 차례로 계산합니다. ( )가 있는 식은 ( ) 안을 먼저 계산합니다.

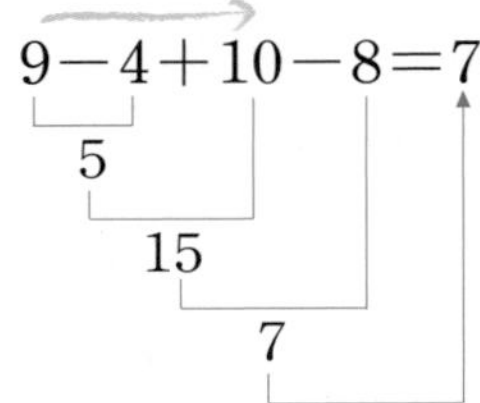

대표유형

1-1 □ 안에 알맞은 수를 써넣으시오.

(1) 54−28+37=□

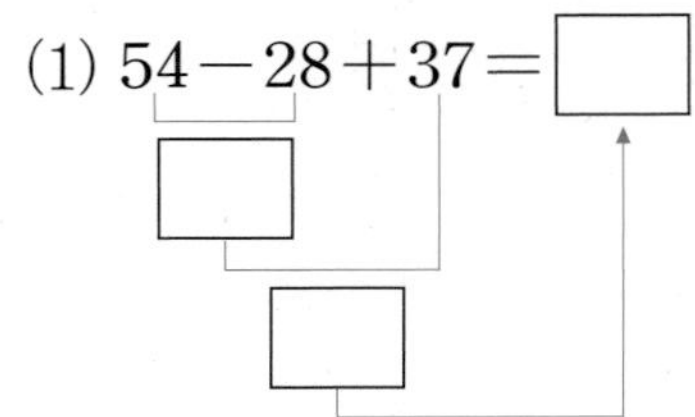

(2) 41+26−17−34=□

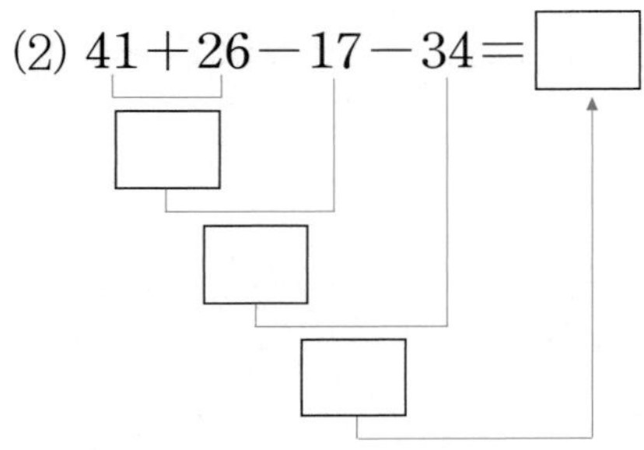

1-2 계산을 하시오.

(1) 54+38−(19+27)

(2) 21−15+98−11

1-3 □ 안에 알맞은 수를 써넣으시오.

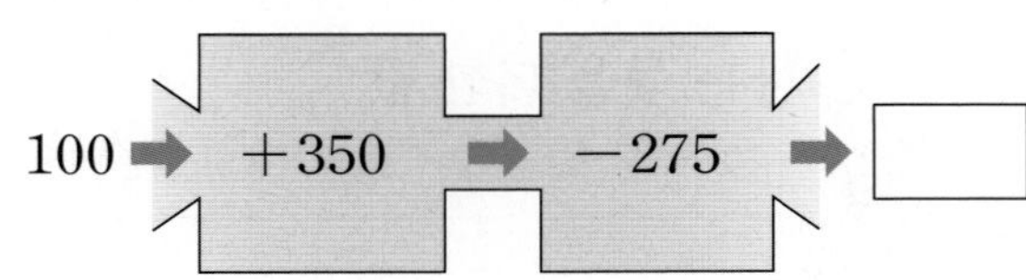

1-4 다음 식에서 가장 먼저 계산해야 할 곳의 기호를 쓰시오.

47−(13+25)+12
↑ ㉠ ↑ ㉡ ↑ ㉢

(　　　　　)

1-5 다음 중 계산을 바르게 한 사람은 누구입니까?

가영 : 26−(17−5)+9=13
상연 : 32+8−(7−4)=29
예슬 : 45−(23+7)−5=10

(　　　　　)

1-6 계산 결과를 비교하여 ○ 안에 >, =, <를 알맞게 써넣으시오.

27+14−16 ○ 62−(29+8)

시험에 잘 나와요

1-7 식을 세우고 계산을 하시오.

(1) 56에서 18을 뺀 후 23을 더한 값

➡ ________________

(2) 56에서 18과 23의 합을 뺀 값

➡ ________________

1-8 바구니에 사과가 15개 있었습니다. 그중 9개가 썩어서 버리고 20개를 더 사 와서 바구니에 담았습니다. 바구니에 있는 사과는 모두 몇 개인지 구하시오.

(1) 바구니에 썩어서 버리고 남은 사과는 몇 개입니까?

식 ____________ 답 ____________

(2) 썩은 사과를 버린 후 사과 20개를 더 사 와 바구니에 넣으면 바구니에 있는 사과는 몇 개입니까?

식 ____________ 답 ____________

(3) 하나의 식으로 만들어 구하시오.

식 ____________

답 ____________

1-9 영수네 반 남학생은 13명, 여학생은 11명입니다. 이 중에서 안경을 쓴 학생이 7명이라면 안경을 쓰지 않은 학생은 몇 명입니까?

(　　　　　)

1-10 식 $43-18+10$을 이용하는 문제를 만들고 답을 구하려고 합니다. □ 안에 알맞은 수를 써넣고 답을 구하시오.

> 예슬이는 딸기 43개를 땄습니다. 그중에서 □개는 먹고 □개를 더 땄습니다. 남은 딸기는 몇 개입니까?

답 ____________

유형 2 곱셈과 나눗셈이 섞여 있는 식 계산하기

곱셈과 나눗셈이 섞여 있는 식은 앞에서부터 차례로 계산합니다. ( )가 있는 식은 ( ) 안을 먼저 계산합니다.

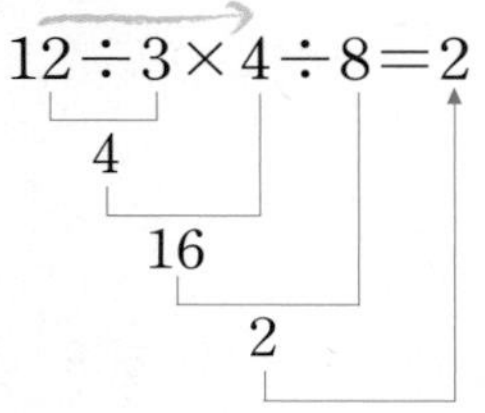

대표유형

2-1 □ 안에 알맞은 수를 써넣으시오.

$$63\div21\times8=\square\times8$$
$$=\square$$

2-2 관계있는 것끼리 선으로 이으시오.

$60\div(3\times5)$ •	• 4
$60\div3\times5$ •	• 100
$60\times3\div5$ •	• 36

2-3 계산 결과를 비교하여 ○ 안에 >, =, <를 알맞게 써넣으시오.

$87\times(6\div3)$ ○ $175-68+39$

잘 틀려요

2-4 □ 안에 알맞은 수를 써넣으시오.

$36 \div \square \times 7 = 63$

2-5 계산 결과가 가장 큰 것은 어느 것입니까?

( )

① $24 \div 6 \times 2$
② $24 \div (6 \times 2)$
③ $24 \div 2 \times 6$
④ $24 \div (6 \div 2)$
⑤ $24 \times 2 \div 6$

2-6 식을 세우고 계산을 하시오.

(1) 56을 7로 나눈 몫에 4를 곱한 값

➡ ____________

(2) 56을 7과 4의 곱으로 나눈 값

➡ ____________

시험에 잘 나와요

2-7 가영이네 반은 24명입니다. 연필 8타를 가영이네 반 학생들에게 똑같이 나누어 주려고 합니다. 한 사람에게 몇 자루씩 나누어 주면 되는지 하나의 식으로 만들어 구하시오.

식 ____________

답 ____________

유형 3 덧셈, 뺄셈, 곱셈이 섞여 있는 식 계산하기

덧셈, 뺄셈, 곱셈이 섞여 있는 식은 곱셈을 먼저 계산합니다. ( )가 있는 식은 ( ) 안을 먼저 계산합니다.

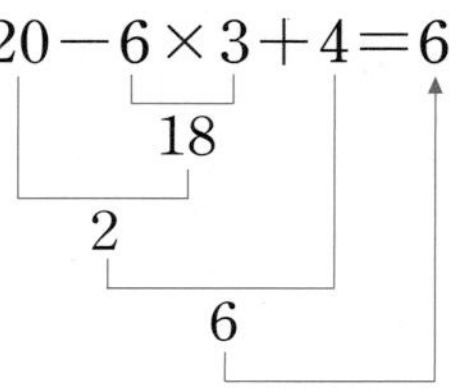

대표유형

3-1 □ 안에 알맞은 수를 써넣으시오.

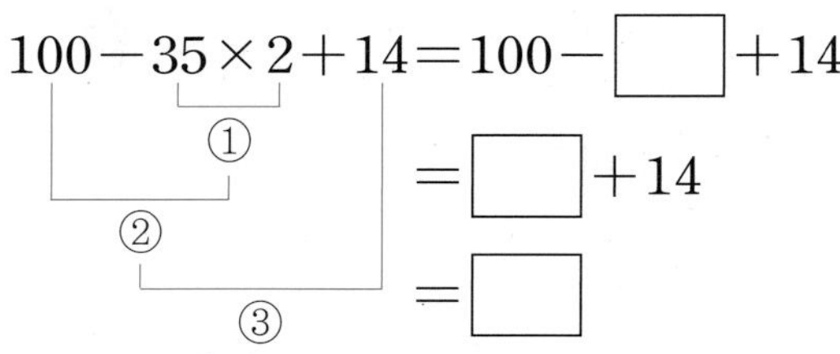

3-2 계산 순서에 맞게 기호를 쓰시오.

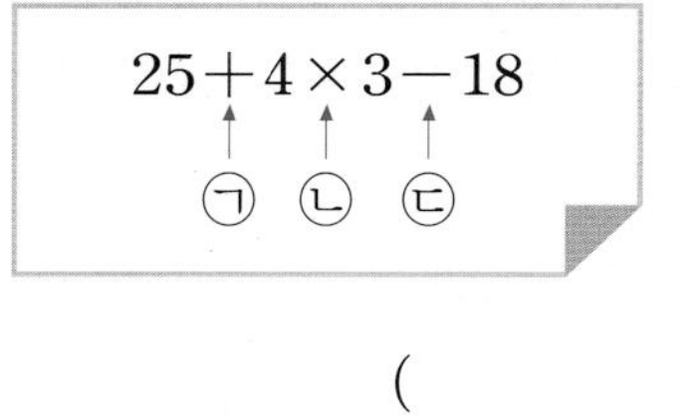

( )

3-3 관계있는 것끼리 선으로 이으시오.

$36 \times (12-10)$ •	• 192
$24 \times (5+3)$ •	• 72
$2+7 \times 8$ •	• 58

시험에 잘 나와요

3-4 신영이는 다음과 같이 계산하였습니다. 잘못된 곳을 찾아 바르게 계산하시오.

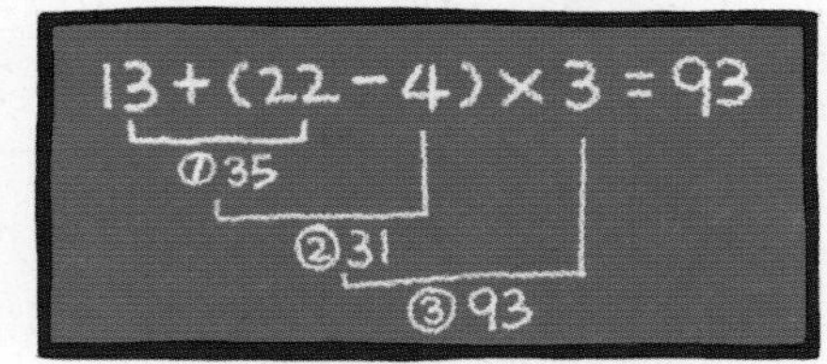

$13+(22-4)\times3$

3-5 계산 순서를 나타내고 계산을 하시오.

$7\times24-13\times5+27$

3-6 계산 결과가 더 큰 것에 ○표 하시오.

$12+31\times4-54$ (　　　)

$195-(7+6)\times9$ (　　　)

3-7 식을 세우고 계산을 하시오.

(1) 55에 120과 9의 차를 2배하여 더한 값

(2) 13을 6배 한 값과 16을 4배 한 값의 차

3-8 석기는 450원짜리 연필을 5자루 사고 3000원을 냈습니다. 거스름돈은 얼마인지 구하시오.

(1) 450원짜리 연필 5자루는 얼마입니까?

식  답

(2) 연필을 산 후 3000원을 내고 받은 거스름돈은 얼마입니까?

식  답

(3) 하나의 식으로 만들어 구하시오.

식

답

시험에 잘 나와요

3-9 냉장고에 우유가 1000 mL 있습니다. 5일 동안 150 mL씩 마신다면 몇 mL의 우유가 남는지 하나의 식으로 만들어 구하시오.

식 

답 

유형 4 덧셈, 뺄셈, 나눗셈이 섞여 있는 식 계산하기

덧셈, 뺄셈, 나눗셈이 섞여 있는 식은 나눗셈을 먼저 계산합니다. ( )가 있는 식은 ( ) 안을 먼저 계산합니다.

$4+18\div6-2=5$

(3, 7, 5)

대표유형

4-1 보기와 같이 계산을 하시오.

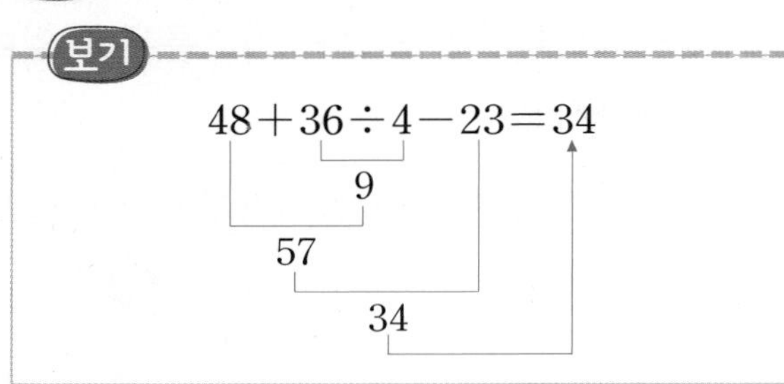

$42+36\div4-54\div18$

4-2 계산 순서에 맞게 기호를 쓰시오.

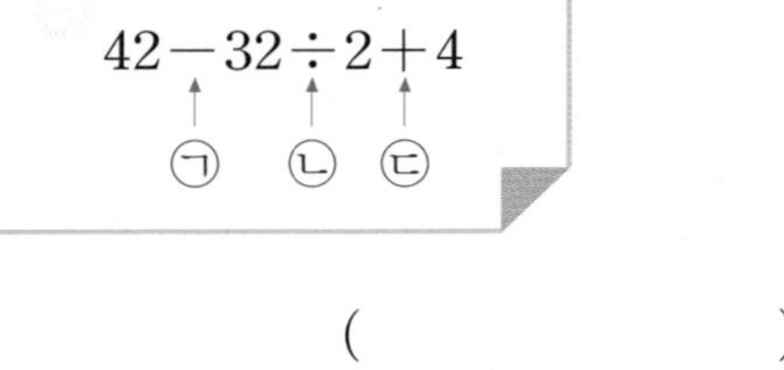

( )

4-3 계산을 하시오.

(1) $66-153\div(9+8)$

(2) $240\div16\div5+37$

4-4 두 사람 중 계산이 틀린 사람은 누구입니까?

상연 : $88+24\div4-5=23$
예슬 : $75-25\div5+8=78$

( )

시험에 잘 나와요

4-5 계산 결과가 더 큰 것을 찾아 기호를 쓰시오.

㉠ $31+174\div6-7$
㉡ $112\div(17-9)+44$

( )

4-6 식을 세우고 계산을 하시오.

(1) 100에서 37과 13의 차를 6으로 나눈 몫을 뺀 값

➡

(2) 28을 4로 나눈 몫과 12를 12로 나눈 몫의 합

➡

잘 틀려요

4-7 ㉮ 과자는 6봉지에 4920원이고, ㉯ 과자는 4봉지에 3000원입니다. ㉮ 과자 1봉지는 ㉯ 과자 1봉지보다 얼마나 더 비싼지 하나의 식으로 만들어 구하시오.

식

답

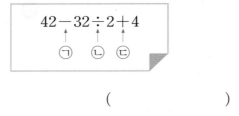

유형 5 **덧셈, 뺄셈, 곱셈, 나눗셈이 섞여 있는 식 계산하기**

덧셈, 뺄셈, 곱셈, 나눗셈이 섞여 있는 식은 곱셈과 나눗셈을 먼저 계산합니다.

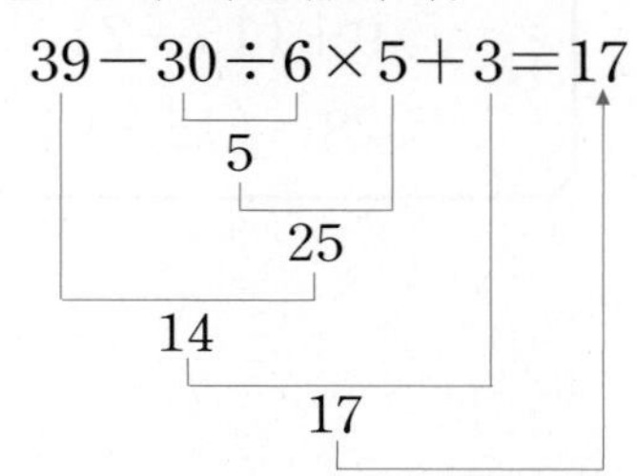

5-1 □ 안에 알맞은 수를 써넣으시오.

126－24÷3×12＋5
＝126－□×12＋5
＝126－□＋5
＝□＋5
＝□

시험에 잘 나와요

5-2 보기 와 같이 계산 순서를 나타내고 계산을 하시오.

보기

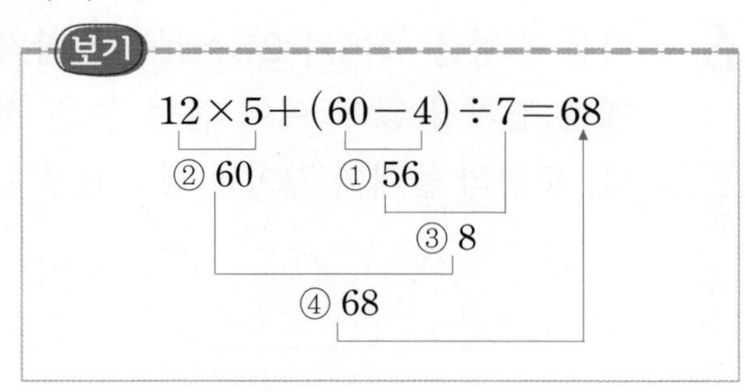

24＋72÷(64－56)×14

대표유형

5-3 계산을 하시오.

(1) 35＋27－96÷8×4

(2) 56÷4＋(102－84)×2

5-4 다음 식에서 가장 먼저 계산해야 되는 식은 어느 것입니까? (　　　)

5×(6＋15)＋128÷8－6

① 5×6　② 6＋15
③ 15＋128　④ 128÷8
⑤ 8－6

5-5 계산 결과가 더 큰 것을 찾아 기호를 쓰시오.

㉠ 12×5－26＋64÷2
㉡ 54÷(4＋5)×15－22

(　　　　　)

5-6 라면이 5봉지에 3950원입니다. 석기는 라면 4봉지를 사고 5000원을 냈습니다. 거스름돈은 얼마를 받아야 하는지 하나의 식으로 만들어 구하시오.

식 ______________________

답 ______________

실력 팍팍

유형콕콕을 통해 다진 기본을 확인하고
신경향 문제를 풀며 실력을 높여요.

1 ㉠과 ㉡의 합과 차를 각각 구하시오.

㉠ 25+17−14
㉡ 42−(16+15)

합 (　　　　　　)
차 (　　　　　　)

2 다음 문장을 하나의 식으로 바르게 나타낸 것을 찾아 기호를 쓰시오.

버스에 35명이 타고 있었습니다. 이번 정류장에서 8명이 내리고 5명이 탔습니다. 지금 버스에 타고 있는 사람은 몇 명입니까?

㉠ 35+8−5　　㉡ 35−8+5
㉢ 35−(8+5)　　㉣ 35+8+5

(　　　　　　)

3 관계있는 것끼리 선으로 이어 보시오.

18+21−7 •	• 17
53−(27+9) •	• 24
36÷3×2 •	• 32
15×(32÷8) •	• 60

4 다음 중 (　)가 없어도 계산 결과가 같은 식을 찾아 기호를 쓰시오.

㉠ 32−(8+12)
㉡ 9+(15−7)
㉢ 28−(15−9)

(　　　　　　)

5 계산 결과가 가장 큰 것을 찾아 기호를 쓰시오.

㉠ 24−(15−9)+3
㉡ 20+(12−8)−8
㉢ 35−(16+8)+6

(　　　　　　)

6 다음 도형은 둘레가 21 cm인 정삼각형 6개를 겹치지 않게 이어 붙여 놓은 것입니다. 도형의 둘레의 길이는 몇 cm입니까?

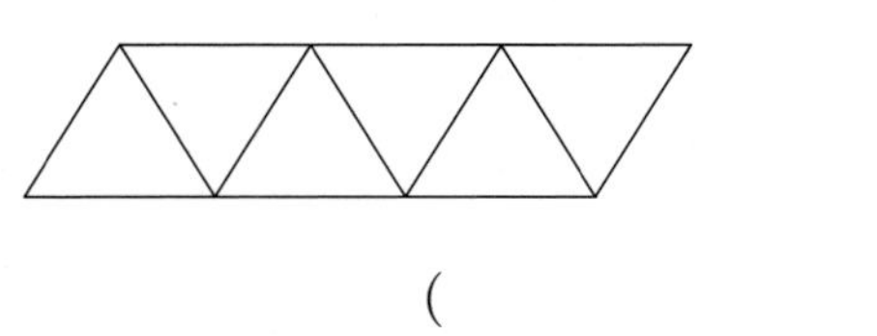

(　　　　　　)

7 ㉠과 ㉡의 계산 결과가 같도록 □ 안에 $+$, $-$, $\times$, $\div$의 기호를 알맞게 써넣으시오.

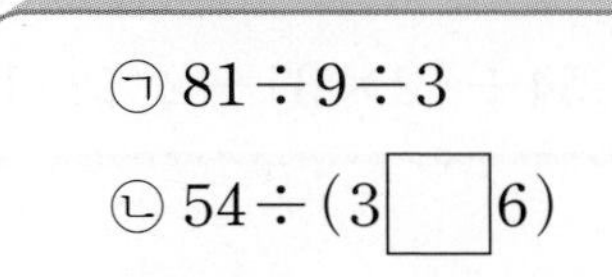

㉠ $81\div9\div3$

㉡ $54\div(3\square6)$

8 $72\div9\times2$와 $72\div(9\times2)$의 차는 얼마입니까?

(　　　　　　)

9 석기네 반 학급 문고에는 동화책이 50권, 위인전이 28권 있었습니다. 그중에서 17권을 빌려 주었다면 남아 있는 책은 몇 권인지 하나의 식으로 만들어 구하시오.

식 ________________

답 ________________

10 가영이는 쿠키를 한 판에 36개씩 2판을 구워 남는 것 없이 9상자에 똑같이 나누어 담았습니다. 한 상자에 들어 있는 쿠키는 몇 개인지 하나의 식으로 만들어 구하시오.

식 ________________

답 ________________

11 식당에 있는 음식의 가격을 나타낸 것입니다. 영수는 김밥과 라면을 먹었고, 동민이는 돈가스를 먹었습니다. 동민이는 영수보다 얼마를 더 내야 합니까?

<메뉴>

김　밥 : 2500원　　떡볶이 : 3000원

돈가스 : 7500원　　라　면 : 3500원

(　　　　　　)

12 5000원짜리 지폐로 가위와 풀을 사려고 합니다. 거스름 돈으로 얼마를 받아야 합니까?

학용품	연필	풀	지우개	가위
가격(원)	500	700	350	1800

(　　　　　　)

13 식 $1500+500\times4$를 이용하여 문제를 만들려고 합니다. 문제를 완성하고 답을 구하시오.

돼지 저금통에 1500원이 있습니다.

____

____

____

답 ________________

1 단원

14 □ 안에 알맞은 수를 구하시오.

$$54+\square\div7-48=13$$

(　　　　　　)

15 (　)를 사용하여 하나의 식으로 나타내어 보시오.

$12+48\div6=20$　　$20\times5-8=92$

식 ______________________

16 식이 성립하도록 알맞은 곳에 (　) 표시를 하시오.

$$120\div6\times5+3-2=5$$

17 ○ 안에 $+$, $-$, $\times$ 기호를 한 번씩 써넣어 계산 결과가 가장 크게 되도록 식을 만들고 답을 구하시오.

$$24\bigcirc(8\bigcirc2)\bigcirc5$$

(　　　　　　)

18 1부터 9까지의 수 중에서 □ 안에 들어갈 수 있는 수를 모두 구하시오.

$$54\div(2\times3)-2 > 18\div6+\square$$

(　　　　　　)

숫자 카드 1, 2, 4를 모두 사용하여 다음과 같이 식을 만들려고 합니다. 물음에 답하시오. [19~20]

$$64\div(\square\times\square)+\square$$

19 계산 결과가 가장 크게 되도록 식을 만들고 답을 구하시오.

$$64\div(\square\times\square)+\square$$

(　　　　　　)

20 계산 결과가 가장 작게 되도록 식을 만들고 답을 구하시오.

$$64\div(\square\times\square)+\square$$

(　　　　　　)

21 다음에서 어떤 수를 구하시오.

38에서 어떤 수를 뺀 후 4배 한 수는 144를 2로 나눈 몫과 같습니다.

(　　　　　　)

22 84 cm인 종이테이프를 4등분 한 것 중의 한 도막과 75 cm인 종이테이프를 3등분 한 것 중의 한 도막을 2 cm가 겹치도록 이어 붙였습니다. 이어 붙인 종이테이프의 전체 길이는 몇 cm인지 하나의 식으로 만들어 구하시오.

식 ____________________

답 ____________

新 경향문제

23 어머니께서 10000원을 주시면서 마트에 가서 채소를 사 오라고 심부름을 시키셨습니다. 사야 할 채소와 가격표를 보고 거스름돈으로 얼마를 받아야 하는지 구하시오.

〈사야 할 채소〉
감자 3개, 양파 3개, 당근 3개

〈가격표〉

감자 3개	2400원
양파 1개	600원
당근 6개	4200원

(　　　　　　)

新 경향문제

24 계산기의 메모리 기능을 이용하여 덧셈, 뺄셈, 곱셈, 나눗셈이 섞여 있는 식을 계산해 보시오.

계산기에는 계산 결과를 저장하여 기억하는 메모리 기능이 있습니다. 메모리 기능을 이용하면 덧셈, 뺄셈, 곱셈, 나눗셈이 섞여 있는 식을 쉽게 계산할 수 있습니다.

- MC : 메모리를 지웁니다.
- M+ : 메모리에 저장된 값에서 새로 입력된 값을 더합니다.
- M− : 메모리에 저장된 값에서 새로 입력된 값을 뺍니다.
- MR : 메모리에 저장된 값을 불러옵니다.

예 계산기의 메모리 기능을 이용하여 $12-5\times2+8\div4$를 계산하는 방법

① 12를 입력한 후 M+ 버튼을 누릅니다.
② 5×2를 입력한 후 M− 버튼을 누릅니다.
③ $8\div4$를 입력한 후 M+ 버튼을 누릅니다.
④ MR 버튼을 누르면 계산 결과는 4입니다.

1	2	M+	5	×	2
M−	8	÷	4	M+	MR

(1) 메모리 기능을 이용하여 다음 식을 계산할 때 버튼 입력 순서를 써 보시오.

$$15+6\div3-7\times2$$

1	5	M+			
					MR

(2) 계산 순서에 맞게 계산해 보고, 메모리 기능을 이용한 계산 결과와 비교해 보시오.

$$15+6\div3-7\times2$$

서술 유형 익히기

주어진 풀이 과정을 함께 해결하면서
서술형 문제의 해결 방법을 익혀요.

1 주차장에 자동차 41대가 있었습니다. 그중에서 17대가 나갔습니다. 자동차의 바퀴가 모두 4개씩 일 때, 지금 주차장에 있는 자동차의 바퀴는 몇 개인지 하나의 식으로 만들어 설명하고 답을 구하시오.

풀이 지금 주차장에 있는 자동차 수는

41－□＝□(대)이고, 바퀴 수는

□×4＝□(개)입니다.

따라서 하나의 식으로 만들면

(41－□)×4＝□이고 지금 주차장에 있는 자동차의 바퀴는 □개입니다.

답 □개

2 계산 순서에 맞게 차례로 기호를 쓰고, 계산 결과를 구하려고 합니다. 풀이 과정을 쓰고 답을 구하시오.

73－56÷8＋5 (↑ ㉠ ㉡ ㉢)

풀이 덧셈과 뺄셈, 나눗셈이 섞여 있는 식은 □을 먼저 계산하므로 □, □, □의 순서로 계산합니다. 따라서 계산 결과는

73－56÷8＋5＝73－□＋□

＝□＋□＝□

입니다.

답 □, □, □ / □

1-1 귤을 아버지께서 36개, 어머니께서 21개 사 오셨습니다. 한 개의 바구니에 귤을 19개씩 담으려면 필요한 바구니는 몇 개인지 하나의 식으로 만들어 설명하고 답을 구하시오.

풀이 따라하기

답

2-1 계산 순서에 맞게 차례로 기호를 쓰고, 계산 결과를 구하려고 합니다. 풀이 과정을 쓰고 답을 구하시오.

81－24＋9×7 (↑ ㉠ ㉡ ㉢)

풀이 따라하기

답

3 다음에서 ( )를 생략할 수 있는 식을 찾아 기호를 쓰고, 그 이유를 설명하시오.

㉠ $45-(24-12)$	㉡ $24+(8\times9)$
㉢ $(12+8)\times3$	㉣ $48\div(8\div2)$

풀이 ( )를 생략할 수 있는 식은 □입니다.
그 이유는 덧셈과 곱셈이 섞여 있는 식에서는 □을 먼저 계산해야 하므로 ㉡의 식에서 ( )가 없어도 계산 결과가 달라지지 않기 때문입니다.

3-1 다음에서 ( )를 생략할 수 있는 식을 찾아 기호를 쓰고, 그 이유를 설명하시오.

㉠ $24+(13-5)\times4$
㉡ $72-(42-18)\div6$
㉢ $32-(25\div5)+4$

풀이 따라하기

4 식이 성립하도록 ★에 알맞은 수를 구하려고 합니다. 풀이 과정을 쓰고 답을 구하시오.

$40+(★-12)\times8=64$

풀이 계산 순서에 따라 ( )를 먼저 계산한 후 □을 하여 □을 더한 값이 64이므로
$(★-12)\times8=64-$□$=24$입니다.
$(★-12)\times8=$□이므로
$★-12=$□$\div8=$□에서
$★=$□$+$□$=$□입니다.

답 □

4-1 식이 성립하도록 ◆에 알맞은 수를 구하려고 합니다. 풀이 과정을 쓰고 답을 구하시오.

$72-(◆+16)\div9=58$

풀이 따라하기

답

점수

1 다음 중 계산 순서가 잘못된 것은 어느 것입니까? (　　　)

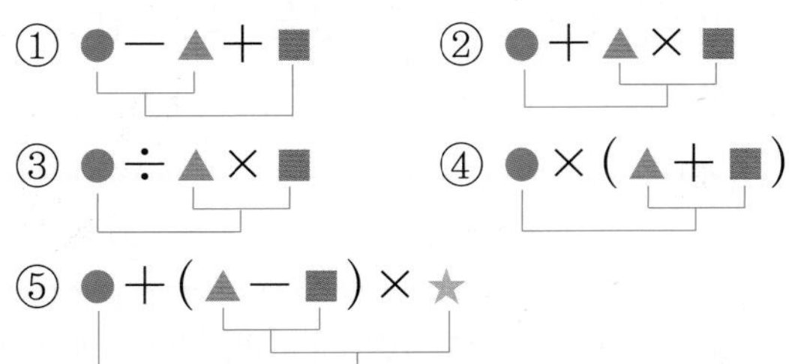

⑤ ●+(▲−■)×★

2 □ 안에 알맞은 수를 써넣으시오.

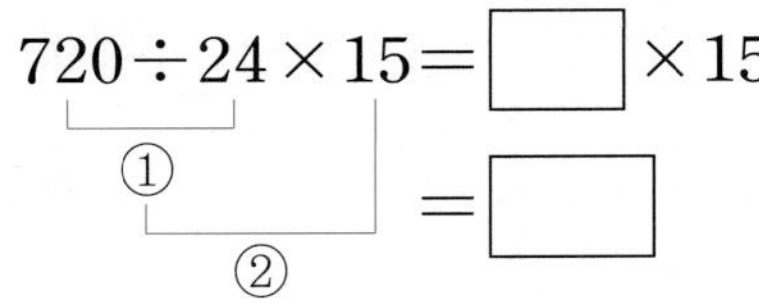

3 □ 안에 알맞은 수를 써넣으시오.

$450 \div (15 \times 4 \div 10)$

$= 450 \div (\square \div 10)$

$= 450 \div \square$

$= \square$

4 가장 먼저 계산해야 할 곳에 ○표 하시오.

$36 - 56 \div 8 + 2$

5 □ 안에 알맞은 수를 써넣으시오.

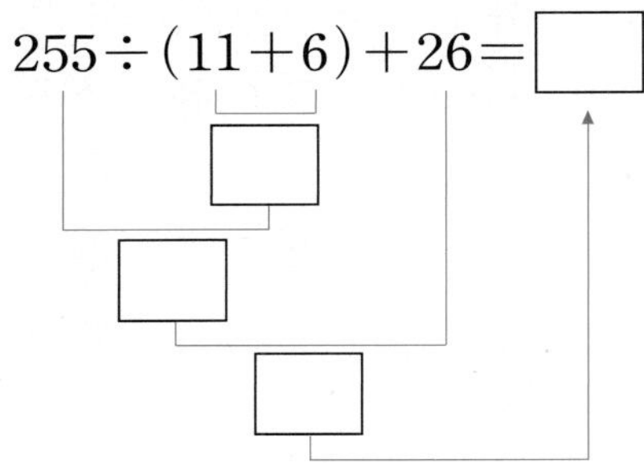

6 관계있는 것끼리 선으로 이어 보시오.

$3 \times (36 \div 6)$ •　　　• 2

$36 \div (6 \times 3)$ •　　　• 72

$6 \times (36 \div 3)$ •　　　• 18

7 식이 성립하도록 □ 안에 +, −, ×, ÷ 중 알맞은 기호를 써넣으시오.

$5 \square 5 \square 5 = 20$

8 계산 결과를 비교하여 ○ 안에 >, =, <를 알맞게 써넣으시오.

$36 - 24 \div 3 + 8$ ○ $12 + 72 \div 8 - 3$

식을 세우고 계산을 하시오. [9~10]

9 52를 4로 나눈 몫과 117을 9로 나눈 몫의 합

➡ ____________________

10 30에서 82와 4의 차를 6으로 나눈 몫을 뺀 값

➡ ____________________

11 두 식을 보기와 같이 (   )를 사용하여 하나의 식으로 나타내어 보시오.

보기

$90 \div 15 + 24 = 30$

$112 - 30 = 82$

➡ $112 - (90 \div 15 + 24) = 82$

$36 - 125 \div 25 = 31$

$76 - 31 = 45$

➡ ____________________

12 계산 순서에 맞게 차례로 기호를 쓰시오.

$(5+8) \times 4 - 30 \div 5$

㉠ (+), ㉡ (×), ㉢ (−), ㉣ (÷)

(   )

계산을 하시오. [13~14]

13 $97 - 540 \div (6+9) - 12$

14 $42 + 256 \div (45 - 13) \times 2$

15 계산 결과가 가장 큰 것부터 차례로 기호를 쓰시오.

㉠ $(18+9) \div 3 \times (70 - 6 \times 8)$

㉡ $25 + (193 - 49) \div 6 \times 4$

㉢ $156 \div 13 + 21 \times 8 - 26$

(   )

16 □ 안에 알맞은 수를 써넣으시오.

$$186\div\square-8\times3=7$$

17 식이 성립하도록 알맞은 곳에 (　) 표시를 하시오.

$$200\times3-600\div3\times5=560$$

18 식을 세우고 계산을 하시오.

83에서 74를 뺀 수를 9로 나눈 몫에 5와 6의 합을 곱한 값

19 공책이 40권 있습니다. 4명의 학생에게 7권씩 나누어 준다면 남는 공책은 몇 권인지 하나의 식으로 만들어 구하시오.

식 ____________________

답 ____________

20 예슬이가 3000원을 가지고 500원짜리 빵 2개와 1200원짜리 사탕 한 봉지를 샀다면 남은 돈은 얼마인지 하나의 식으로 만들어 구하시오.

식 ____________________

답 ____________

21 지구에서 잰 무게는 달에서 잰 무게의 약 6배입니다. 세 사람이 모두 달에서 몸무게를 잰다면 한별이와 영수의 몸무게의 합은 선생님의 몸무게보다 약 몇 kg 더 무겁겠습니까?

지구	달
한별 : 42 kg, 영수 : 48 kg	선생님 : 13 kg

(　　　　　　)

서술형

22 68−19+41−15=75입니다. 왜 68−19+41−15=75인지 설명하시오.

풀이

23 다음은 웅이가 잘못 계산한 것입니다. 잘못된 이유를 설명하고, 바르게 계산하여 답을 구하시오.

$$(24+72\div 8)+56=(96\div 8)+56$$
$$=12+56$$
$$=68$$

①, ②, ③ (계산 순서 표시)

풀이

답

24 사과 1개의 값은 940원이고, 귤 5개의 값은 2250원입니다. 사과 2개와 귤 4개의 값은 얼마인지 하나의 식으로 만들어 답을 구하시오.

풀이

답

25 그림과 같이 면봉으로 정삼각형을 만들었습니다. 정삼각형을 11개 만드는 데 필요한 면봉은 몇 개인지 풀이 과정을 쓰고 답을 구하시오.

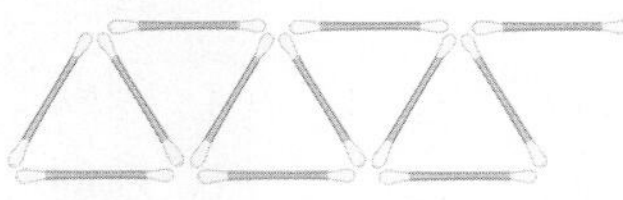

풀이

답

1 단원

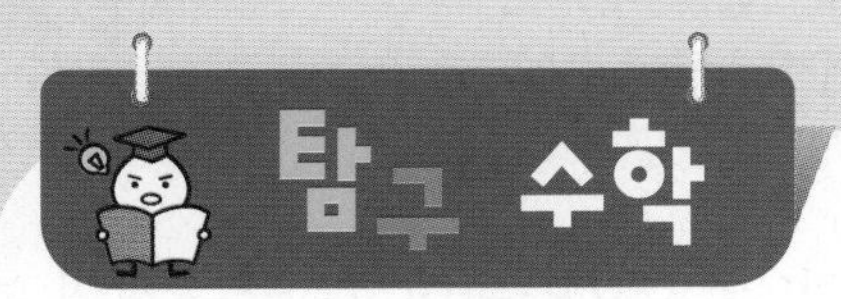

 **타일을 이용해서 모양을 만들고 있습니다. 아홉째 모양을 만드는 데 필요한 타일의 수를 알아보시오. [1~3]**

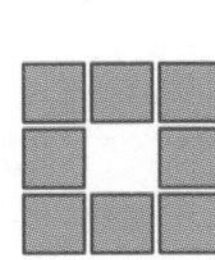 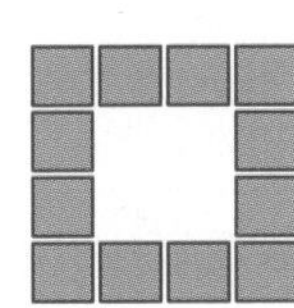 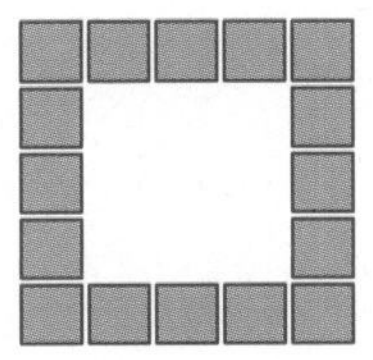

1 모양을 만드는 데 필요한 타일의 수를 규칙을 이용하여 표로 나타내어 보시오.

구분	첫째	둘째	셋째	넷째	다섯째
타일의 수(개)	8	12	16		

2 모양을 만드는 데 필요한 타일의 수를 식을 세워 구해 보시오.

구분	타일의 수(개)	식
첫째	8	8
둘째	12	$8+4$
셋째	16	$8+4\times2$
넷째		
다섯째		

3 아홉째 모양을 만드는 데 필요한 타일의 수를 구해 보시오.

( )

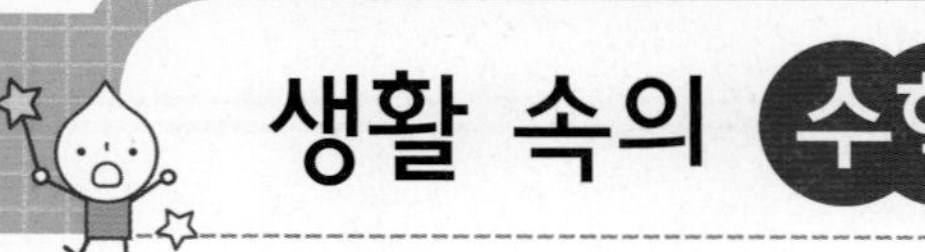

1 단원

이야기 귀신의 뒷이야기

옛날 이야기 중에서 '이야기 귀신'이라는 이야기 알아요? 어떤 아이가 이야기를 들으면 차곡차곡 주머니 속에 넣어두기만 하고 꺼내지를 않아서 이야기들이 모두 귀신이 되었다는 이야기 말이에요.
어느 날 아이가 어른이 되어서 주머니 안에 있는 이야기 귀신들이 드디어 그 총각을 죽이려고까지 했지만 현명한 머슴이 있어서 살게 되었어요. 그래서 그 총각은 드디어 이야기 주머니를 열고서 이야기를 사람들에게 나누어 주기 시작했다지요?

지금부터 하는 이야기는 바로 그 다음 이야기에요. 총각이 나누어 주는, 아 참! 그 총각이 결혼을 했으니 새신랑이 나누어 주는 옛날 이야기겠네요. 만나는 사람들에게 이야기를 하나씩 나누어 주던 새신랑은 슬슬 힘이 들기 시작했어요.
'뭐 좀 쉬운 방법 없을까? 한꺼번에 이야기를 나누어 주면 좀 편할텐데…….'
이렇게 생각한 새신랑은 이제부터는 사람들이 두세 명이 모이면 이야기 보따리를 풀었답니다.

10개의 이야기를 받아든 동네 사람 셋은 집에 있는 아이들에게 이야기를 가져가서 들려주기로 했어요.
"우리 집엔 애가 둘이니 2개를 가져갈게요."
"우리 둘은 애들이 많으니까 남은 걸 똑같이 나누어 가집시다."
"그럼 계산을 해 봅시다. $10-2\div2=10-1=9$이니까 내가 9개를 가져가면 되겠네!"
하고는 계산한 사람이 이야기 9개를 덜컥 집어들고 일어나는 거에요. 1개 남은 이야기를 보고 있던 두 사람은 깜짝 놀라 말했어요.
"아, 잠깐! 그럼 이야기가 1개밖에 안 남으니 이상하잖소!"
하면서 이야기를 집어들고 일어나던 사람의 바짓가랭이를 잡아 끌어 앉혔어요.

"우리 다시 계산해 봅시다. 그러니까 10개에서 2개를 가져가니 8개가 남고, 그 8개를 둘이서 나누면 되니 4개씩 가져가면 되는 거 아닌가?"

"그래서 내가 그렇게 계산했잖소? $10-2\div2$!"

"어허, 거 참 이상하네. 나누기를 먼저 하니 $2\div2=1$이고……."

그때 마침 머슴이 옆에서 마당을 쓸다가 이 소리를 듣고는

"어휴, 10개에서 2개를 먼저 뺐으니 ( )를 해야죠! 어쩌자고 $2\div2$부터 해요? 답답하기는……. 쯧쯧"

하고 혀를 차며 지나갔어요.

"아, 그렇지! 먼저 2개를 빼야 하니까 $(10-2)\div2=8\div2=4$."

셋은 이야기를 사이좋게 나누어 가지고 집으로 갔어요.

어느 날 새신랑은 이야기를 달라는 3명의 사람에게 이야기를 나누어 주려는데 주머니에 이야기가 달랑 2개밖에 남지 않아 걱정을 하고 있었습니다.

이때 머슴이 새신랑을 찾아왔어요.

"어쩌자고 이렇게 이야기를 다 나누어 주시나요. 길거리에 흘린 이야기가 있어서 제가 주워왔네요."

하면서 이야기를 7개나 주머니 속에 넣었답니다.

여기요! 사람들이 길에 흘리고 간 이야기 7개를 주워왔어요!

 새신랑은 이야기를 3명의 사람들에게 몇 개씩 나누어 줄 수 있을까요?
( )가 있는 식을 만들어 알아보세요.

2 약수와 배수

이전에 배운 내용

- 곱셈
- 나눗셈

이번에 배울 내용

1. 약수 알아보기
2. 배수 알아보기
3. 곱을 이용하여 약수와 배수의 관계 알아보기
4. 공약수와 최대공약수 알아보기
5. 최대공약수 구하는 방법 알아보기
6. 공배수와 최소공배수 알아보기
7. 최소공배수 구하는 방법 알아보기

다음에 배울 내용

- 약분과 통분
- 분수의 덧셈과 뺄셈
- 분수의 곱셈과 나눗셈

개념 탄탄

1. 약수 알아보기

교과서 개념을 이해하고 확인 문제를 통해 익혀요.

약수

$8 \div 1 = 8$	$8 \div 2 = 4$	$8 \div 3 = 2 \cdots 2$	$8 \div 4 = 2$,
$8 \div 5 = 1 \cdots 3$	$8 \div 6 = 1 \cdots 2$	$8 \div 7 = 1 \cdots 1$	$8 \div 8 = 1$

- 8을 나누어떨어지게 하는 수를 8의 약수라고 합니다.
- 1, 2, 4, 8은 8의 약수입니다.
- 어떤 수를 나누어떨어지게 하는 수를 그 수의 약수라고 합니다.

개념잡기

- 약수는 어떤 수를 나누었을 때 나머지 없이 나눌 수 있는 수를 말합니다.
- 어떤 수의 약수에는 항상 1과 어떤 수가 포함됩니다.

약수 알아보기

개념확인 1 학생들에게 복숭아 6개를 똑같이 나누어 주려고 합니다. 복숭아를 남김없이 똑같이 나누어 주려면 몇 명에게 주어야 하는지 알아보시오.

나누어 줄 학생 수(명)	1	2	3	4	5	6
한 학생에게 줄 복숭아 수(개)	6	3	2			
남는 복숭아 수(개)	0	0				

➡ 학생이 1명, □명, □명, □명일 때 복숭아를 남김없이 똑같이 나누어 줄 수 있습니다.

약수 구하기 (1)

개념확인 2 5의 약수를 알아보려고 합니다. □ 안에 알맞은 수를 써넣으시오.

$5 \div 1 = 5$ $5 \div 2 = 2 \cdots 1$ $5 \div 3 = 1 \cdots 2$ $5 \div 4 = 1 \cdots 1$ $5 \div 5 = 1$

➡ 5의 약수 : □, □

약수 구하기 (2)

개념확인 3 10의 약수를 알아보려고 합니다. □ 안에 알맞은 수를 써넣으시오.

$10 \div 1 = 10$ $10 \div 2 = 5$ $10 \div 5 = 2$ $10 \div 10 = 1$

➡ 10의 약수 : □, □, □, □

핵심 쏙쏙

기본 문제를 통해 교과서 개념을 다져요.

1 □ 안에 알맞은 수를 써넣으시오.

$4\div1=\square$　　$4\div2=\square$

$4\div3=\square\cdots\square$　　$4\div4=\square$

➡ 4의 약수 : □, □, □

2 □ 안에 알맞은 수를 써넣고 12의 약수를 모두 구하시오.

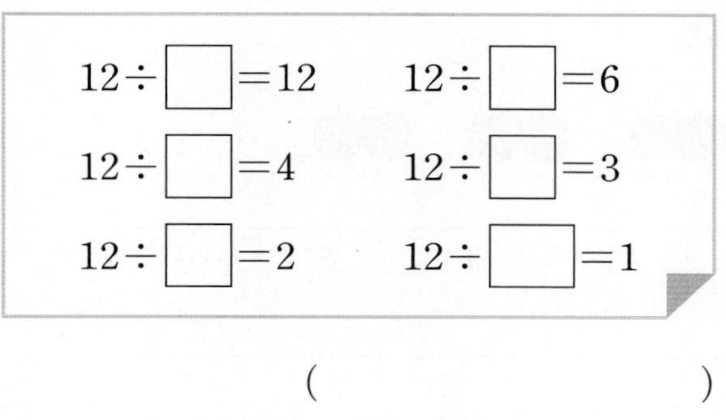

$12\div\square=12$　　$12\div\square=6$

$12\div\square=4$　　$12\div\square=3$

$12\div\square=2$　　$12\div\square=1$

(　　　　　　　　　)

3 □ 안에 알맞은 수를 써넣고 15의 약수를 모두 구하시오.

$15\div\square=15$　　$15\div\square=5$

$15\div\square=3$　　$15\div\square=1$

(　　　　　　　　　)

4 약수를 모두 구하시오.

(1) 18의 약수

➡ (　　　　　　　　　)

(2) 32의 약수

➡ (　　　　　　　　　)

5 왼쪽 수가 오른쪽 수의 약수가 되는 것을 모두 찾아 ○표 하시오.

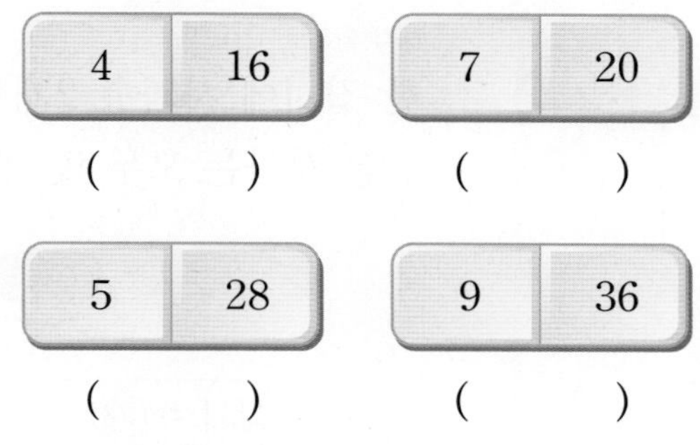

4	16	7	20
(　)		(　)	
5	28	9	36
(　)		(　)	

6 24의 약수가 아닌 것은 어느 것입니까? (　　)

① 2　　② 3

③ 6　　④ 9

⑤ 12

7 30의 약수는 모두 몇 개입니까?

(　　　　　)

교과서 개념을 이해하고 확인 문제를 통해 익혀요.

배수 알아보기

3을 1배 한 수는 3입니다. ➡ $3\times1=3$
3을 2배 한 수는 6입니다. ➡ $3\times2=6$
3을 3배 한 수는 9입니다. ➡ $3\times3=9$
3을 4배 한 수는 12입니다. ➡ $3\times4=12$
⋮ ⋮

- 3을 1배, 2배, 3배, 4배, …… 한 수를 각각 3의 배수라고 합니다.
- 3, 6, 9, 12, …… 는 3의 배수입니다.
- 어떤 수를 1배, 2배, 3배, 4배, …… 한 수를 각각 그 수의 배수라고 합니다.

개념잡기

- 배수는 어떤 수의 몇 배가 되는 수를 말합니다.
- 어떤 수의 배수에는 항상 어떤 수 자신이 포함됩니다.
- 자연수 중에서 2의 배수인 수를 짝수라 하고 2의 배수가 아닌 수를 홀수라고 합니다.

배수 알아보기(1)

개념확인 1 한 접시에 사과를 2개씩 담았습니다. 접시가 1개, 2개, 3개, 4개, ……일 때 접시에 담은 사과는 모두 몇 개인지 알아보시오.

접시 수(개)	1	2	3	4	5	……
사과 수(개)	2	4				……

➡ 접시가 1개, 2개, 3개, 4개, 5개, ……일 때 접시에 담은 사과는 2개, 4개, □개, □개, □개, ……입니다.

배수 알아보기(2)

개념확인 2 수 배열표를 보고 물음에 답하시오.

1	2	③	△4	5	⑥	7	△8	⑨	10
11	⑫△	13	14	⑮	△16	17	⑱	19	△20
㉑	22	23	㉔△	25	26	㉗	△28	29	㉚

(1) 수 배열표에서 ○표 한 수들은 □을 1배, 2배, 3배, 4배, …… 한 수이므로 □의 배수입니다.

(2) 수 배열표에서 △표 한 수들은 □를 1배, 2배, 3배, 4배, …… 한 수이므로 □의 배수입니다.

핵심 쏙쏙

기본 문제를 통해 교과서 개념을 다져요.

1 빈 곳에 알맞은 수를 써넣으시오.

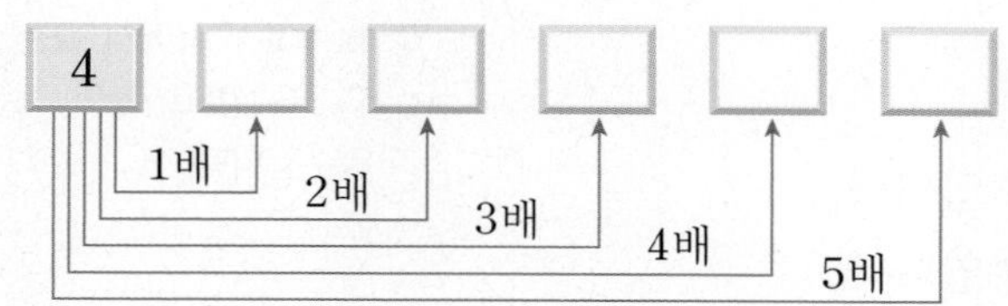

2 배수를 가장 작은 자연수부터 차례로 구하려고 합니다. □ 안에 알맞은 수를 써넣으시오.

(1) 6의 배수

➡ 6, 12, □, □, □, ……

(2) 9의 배수

➡ 9, □, □, □, □, ……

3 배수를 가장 작은 자연수부터 5개 쓰시오.

(1) 5의 배수

➡ (　　　　　　　　　)

(2) 7의 배수

➡ (　　　　　　　　　)

4 8의 배수를 모두 고르시오. (　　　　　)

① 18　　② 20
③ 32　　④ 42
⑤ 56

5 수 배열표를 보고 3의 배수에는 ○표, 10의 배수에는 △표 하시오.

31	32	33	34	35
36	37	38	39	40
41	42	43	44	45
46	47	48	49	50

6 5의 배수를 모두 찾아 쓰시오.

24　50　31　60　45　79

(　　　　　　　　　)

7 다음 중 2의 배수는 모두 몇 개입니까?

㉠ 14　㉡ 35　㉢ 46
㉣ 51　㉤ 61　㉥ 72

(　　　　　　　　　)

중요

8 21부터 40까지의 수 중에서 6의 배수를 모두 쓰시오.

(　　　　　　　　　)

2 단원

개념 탄탄 3. 곱을 이용하여 약수와 배수의 관계 알아보기

교과서 개념을 이해하고 확인 문제를 통해 익혀요.

약수와 배수의 관계

6의 약수
6의 약수

$6 = 2 \times 3$ ➡ 6은 2와 3의 배수입니다. 2와 3은 6의 약수입니다.

2의 배수
3의 배수

개념잡기

■=●×▲에서 ■는 ●와 ▲의 배수이고 ●와 ▲는 ■의 약수입니다.

약수와 배수의 관계 알아보기 (1)

개념확인 1 14를 두 수의 곱으로 나타내어 약수와 배수의 관계를 알아보시오.

(1) 14를 두 수의 곱으로 나타내시오.

$14 = \square \times \square$ $14 = \square \times \square$

(2) 곱셈식을 이용하여 14는 어떤 수의 배수인지 모두 찾아 쓰시오.

( )

(3) 곱셈식을 이용하여 14의 약수를 모두 찾아 쓰시오.

( )

(4) □ 안에 알맞은 수를 써넣으시오.

- 14는 □, □, □, □의 배수입니다.
- □, □, □, □는 14의 약수입니다.

약수와 배수의 관계 알아보기 (2)

개념확인 2 12를 여러 수의 곱으로 나타내어 약수와 배수의 관계를 알아보시오.

(1) 12를 여러 수의 곱으로 나타내시오.

$12 = 1 \times 12$ $12 = 2 \times 6$ $12 = \square \times 3$ $12 = \square \times 2 \times 3$

(2) 12는 □, □, □, □, □, □의 배수입니다.

(3) □, □, □, □, □, □는 12의 약수입니다.

핵심 쏙쏙

기본 문제를 통해 교과서 개념을 다져요.

1 □ 안에 알맞은 수를 써넣으시오.

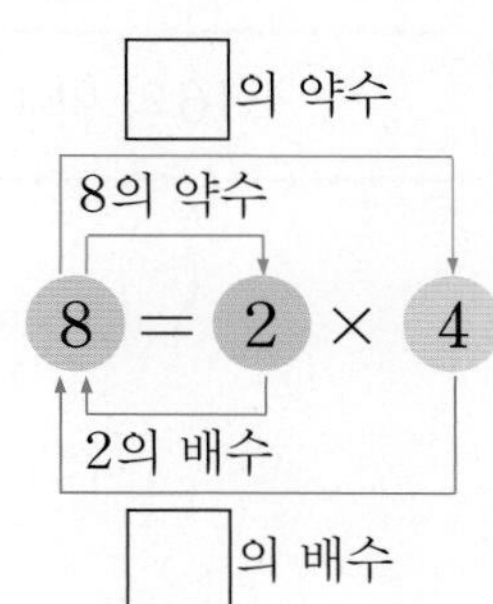

➡ 8은 □와 □의 배수입니다.
□와 □는 8의 약수입니다.

2 식을 보고 □ 안에 알맞은 수를 써넣으시오.

$15=1\times15 \quad 15=3\times5$

(1) 15는 □, □, □, □의 배수입니다.

(2) □, □, □, □는 15의 약수입니다.

3 식을 보고 □ 안에 약수, 배수를 알맞게 써넣으시오.

$36=4\times9$

(1) 36은 4와 9의 □입니다.

(2) 4와 9는 36의 □입니다.

4 □ 안에 알맞은 수를 써넣으시오.

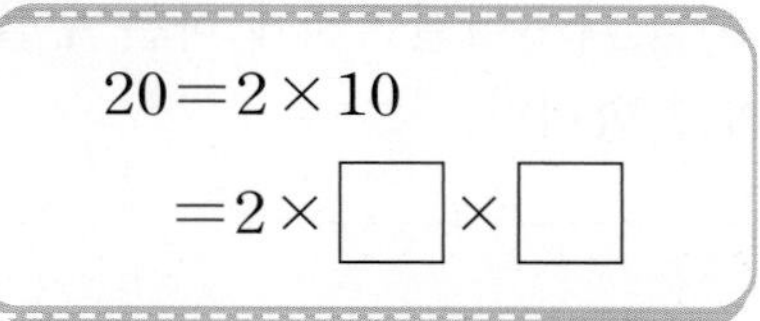

(1) 20은 □, □, □, □, □, □의 배수입니다.

(2) □, □, □, □, □, □은 20의 약수입니다.

5 두 수가 약수와 배수의 관계인 것을 찾아 ○표 하시오.

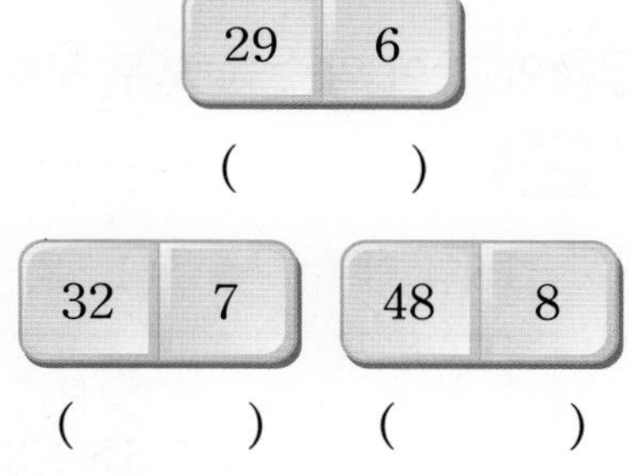

6 27과 약수와 배수의 관계인 수를 모두 찾아 쓰시오.

7 9 33 45 54

( )

2 단원

유형 콕콕

유형 1 약수 알아보기

어떤 수를 나누어떨어지게 하는 수를 그 수의 약수라고 합니다.

1-1 □ 안에 알맞은 수를 써넣고 18의 약수를 모두 구하시오.

18÷□=18	18÷□=9
18÷□=6	18÷□=3
18÷□=2	18÷□=1

(　　　　　　　　)

1-2 보기와 같이 약수를 모두 구하시오.

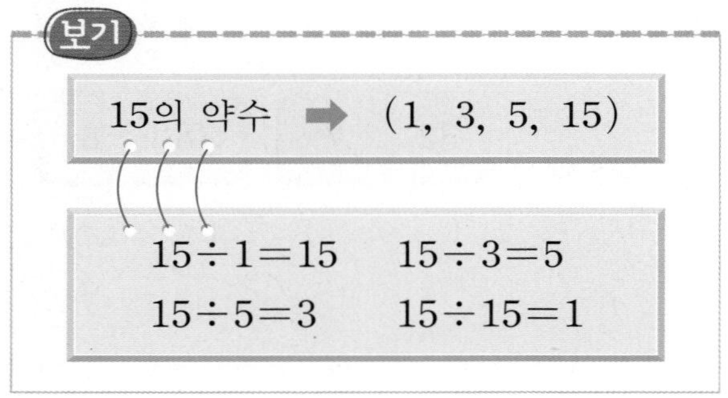

20의 약수 ➡ (　　　　　　　　)

대표유형

1-3 약수를 모두 구하시오.

16의 약수

(　　　　　　　　)

1-4 모든 자연수의 약수는 무엇입니까?

(　　　　　　　　)

1-5 왼쪽 수가 오른쪽 수의 약수인 것을 모두 고르시오. (　　　　　)

① (4, 15)　② (6, 42)
③ (8, 18)　④ (7, 28)
⑤ (9, 27)

1-6 27의 약수를 모두 찾아 쓰시오.

1　9　18　24　27

(　　　　　　　　)

1-7 54의 약수가 아닌 수를 모두 찾아 쓰시오.

2　3　7　9　18　29

(　　　　　　　　)

시험에 잘 나와요

1-8 약수의 개수가 가장 많은 수는 어느 것입니까? (　　　　)

① 6　　② 10
③ 42　　④ 52
⑤ 77

1-9 다음은 어떤 수의 약수를 모두 쓴 것입니다. 어떤 수를 구하시오.

1　2　4　7　14　28

(　　　　　　)

잘 틀려요

1-10 접시에 사탕 56개를 남김없이 똑같이 나누어 담으려고 합니다. 접시에 나누어 담는 방법은 모두 몇 가지입니까?

(　　　　　　)

1-11 9는 36의 약수입니다. 그 이유를 설명하시오.

유형 2 배수 알아보기

어떤 수를 1배, 2배, 3배, 4배, …… 한 수를 그 수의 배수라고 합니다.

2-1 □ 안에 알맞은 수를 써넣으시오.

5를 1배 한 수 : 5×1=□
5를 2배 한 수 : 5×□=□
5를 3배 한 수 : 5×□=□
5를 4배 한 수 : 5×□=□
⋮　　⋮
➡ 5의 배수 : □, □, □, □, ……

2-2 배수를 가장 작은 자연수부터 차례로 구하려고 합니다. □ 안에 알맞은 수를 써넣으시오.

10의 배수

➡ 10, □, □, □, □, ……

대표유형

2-3 배수를 가장 작은 자연수부터 5개 쓰시오.

8의 배수

(　　　　　　)

2 단원

2-4 수 배열표를 보고 4의 배수에는 ╱표, 9의 배수에는 ╲표, 11의 배수에는 ○표 하시오.

11	12	13	14	15	16	17	18	19	20
21	22	23	24	25	26	27	28	29	30
31	32	33	34	35	36	37	38	39	40

2-5 9의 배수를 모두 찾아 기호를 쓰시오.

㉠ 28　㉡ 36　㉢ 49
㉣ 54　㉤ 80　㉥ 99

(　　　　)

2-6 왼쪽 수가 오른쪽 수의 배수가 되는 것을 모두 고르시오. (　　　　)

① (6, 1)　② (24, 9)
③ (18, 36)　④ (30, 15)
⑤ (39, 12)

2-7 12의 배수가 아닌 수를 모두 고르시오.
(　　　　)

① 12　② 34
③ 48　④ 60
⑤ 76

2-8 30보다 큰 16의 배수를 모두 찾아 쓰시오.

16　24　32　48　50　64

(　　　　)

시험에 잘 나와요

2-9 어떤 수의 배수를 가장 작은 수부터 차례로 쓴 것입니다. 열다섯 번째 수를 구하시오.

5, 10, 15, 20, ……

(　　　　)

2-10 20보다 크고 50보다 작은 자연수 중에서 7의 배수는 모두 몇 개입니까?

(　　　　)

2-11 30보다 크고 100보다 작은 15의 배수 중 가장 작은 수와 가장 큰 수를 각각 구하시오.

가장 작은 수 (　　　　)
가장 큰 수 (　　　　)

유형 3 곱을 이용하여 약수와 배수의 관계 알아보기

●=■×▲

➡ ●는 ■와 ▲의 배수입니다.
■와 ▲는 ●의 약수입니다.

3-1 식을 보고 □ 안에 알맞은 수를 써넣으시오.

(1)

$30=1\times30$　　$30=2\times15$

$30=3\times10$　　$30=5\times6$

30은 □, □, □, □, □, □, □, □의 배수입니다.

(2)

$42=1\times42$　　$42=2\times21$

$42=3\times14$　　$42=6\times7$

□, □, □, □, □, □, □, □는 42의 약수입니다.

3-2 식을 보고 □ 안에 알맞은 수나 말을 써넣으시오.

$12=2\times2\times3$

1은 모든 수의 약수이고 $12=2\times2\times3$에서 2, 3, $2\times2=$□, $2\times3=$□, $2\times2\times3=$□는 12를 모두 나누어떨어지게 하므로 12의 □입니다.

이때 12는 1, 2, 3, □, □, □의 배수입니다.

3-3 다음 중 옳지 않은 것은 어느 것입니까? (　　)

$45=5\times9$

① 45는 5의 배수입니다.
② 45는 9의 배수입니다.
③ 5는 45의 약수입니다.
④ 9는 45의 약수입니다.
⑤ 45는 5와 9의 약수입니다.

대표유형

3-4 두 수가 약수와 배수의 관계인 것을 모두 고르시오. (　　　)

① (4, 58)　　② (5, 65)
③ (81, 7)　　④ (96, 8)
⑤ (6, 74)

오른쪽 수가 왼쪽 수의 배수일 때 □ 안에 들어갈 수 있는 수를 모두 구하시오. [3-5~3-6]

3-5

□, 28

➡ (　　　　　　　)

3-6

□, 33

➡ (　　　　　　　)

개념 탄탄 4. 공약수와 최대공약수 알아보기

교과서 개념을 이해하고 확인 문제를 통해 익혀요.

공약수와 최대공약수

①△	②△	③	④△	5	⑥	7	8△
9	10	11	⑫	13	14	15	16△

○ : 12의 약수 △ : 16의 약수

- 12의 약수는 1, 2, 3, 4, 6, 12입니다.
- 16의 약수는 1, 2, 4, 8, 16입니다.
- 12와 16의 공통된 약수를 찾아보면 1, 2, 4입니다.
- 12와 16의 공통된 약수 중 가장 큰 수를 찾아보면 4입니다.

> 1, 2, 4는 12의 약수도 되고 16의 약수도 됩니다.
> 12와 16의 공통된 약수 1, 2, 4를 12와 16의 공약수라고 합니다.
> 공약수 중에서 가장 큰 수인 4를 12와 16의 최대공약수라고 합니다.

공약수와 최대공약수의 관계

- 12와 16의 공약수 : 1, 2, 4
- 12와 16의 최대공약수 : 4
- 12와 16의 최대공약수의 약수 : 1, 2, 4

(공약수와 최대공약수의 약수는) 같습니다.

➡ 두 수의 공약수는 두 수의 최대공약수의 약수와 같습니다.

개념잡기

두 수가 서로 약수와 배수의 관계이면 두 수 중에서 작은 수는 최대공약수가 됩니다.

예 4와 8의 최대공약수 : 4

개념확인 1 공약수와 최대공약수 알아보기

18과 27의 공약수와 최대공약수를 구하려고 합니다. □ 안에 알맞은 수를 써넣으시오.

> 18의 약수 : 1, 2, 3, 6, 9, 18
> 27의 약수 : 1, 3, 9, 27

(1) 18과 27의 공약수 : □, □, □

(2) 18과 27의 최대공약수 : □

개념확인 2 공약수와 최대공약수의 관계

12와 18의 공약수와 최대공약수의 관계를 알아보시오.

(1) 12와 18의 공약수는 □, □, □, □입니다.

(2) 12와 18의 최대공약수는 □입니다.

(3) 12와 18의 최대공약수의 약수는 □, □, □, □입니다.

(4) 12와 18의 공약수는 12와 18의 최대공약수의 약수와 (같습니다, 다릅니다).

핵심 쏙쏙

기본 문제를 통해 교과서 개념을 다져요.

1 16과 24의 공통된 약수를 찾아보시오.

1	2	3	4	5	6	7	8
9	10	11	12	13	14	15	16
17	18	19	20	21	22	23	24

(1) 16의 약수에 ○표 하시오.

(2) 24의 약수에 △표 하시오.

(3) 16과 24의 공통된 약수를 찾아보시오.

( )

(4) 공통된 약수 중에서 가장 큰 수를 찾아보시오.

( )

2 10과 20의 최대공약수를 구하려고 합니다. 물음에 답하시오.

(1) 10과 20의 약수를 모두 구하시오.

10의 약수	
20의 약수	

(2) 위 (1)의 표에서 공약수를 모두 찾아 ○표 하시오.

(3) 10과 20의 최대공약수를 구하시오.

( )

(4) 10과 20의 최대공약수의 약수를 구하시오.

( )

(5) 10과 20의 공약수는 10과 20의 최대공약수의 약수와 같은지 다른지 이야기해 보시오.

( )

3 다음을 구하시오.

(1) 20의 약수 : ______

(2) 24의 약수 : ______

(3) 20과 24의 공약수 : ______

(4) 20과 24의 최대공약수 : ______

4 28과 42의 공약수를 모두 찾아 쓰시오.

1 3 5 7 14 21 28

( )

5 27과 45의 공약수와 최대공약수의 관계를 알아보려고 합니다. 물음에 답하시오.

(1) 27과 45의 공약수를 모두 구하시오.

( )

(2) 27과 45의 최대공약수의 약수를 모두 구하시오.

( )

(3) 27과 45의 공약수는 27과 45의 최대공약수의 약수와 같은지 다른지 이야기해 보시오.

( )

6 어떤 두 수의 최대공약수가 30일 때 이 두 수의 공약수가 아닌 수를 모두 고르시오. ( )

① 4 ② 6
③ 12 ④ 15
⑤ 30

2 단원

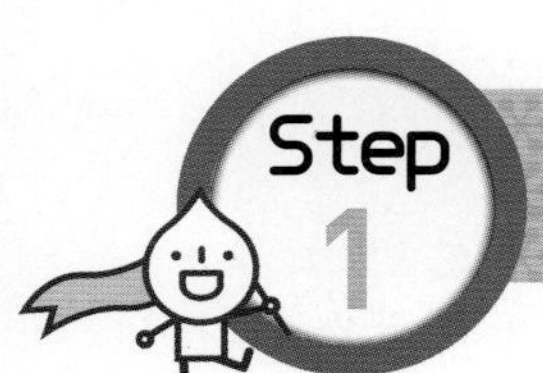

개념 탄탄 5. 최대공약수 구하는 방법 알아보기

교과서 개념을 이해하고 확인 문제를 통해 익혀요.

12와 18의 최대공약수 구하기 

[방법 1] 12와 18을 두 수의 곱으로 나타낸 곱셈식을 이용하여 구하기

$12=1\times12$	$12=2\times6$	$12=3\times4$
$18=1\times18$	$18=2\times9$	$18=3\times6$

12와 18을 두 수의 곱으로 나타낸 곱셈식에 공통으로 있는 수 중에서 가장 큰 수는 6이므로 최대공약수는 6입니다.

12와 18의 공약수 ➡ 6) 12 18
 2 3

6 ➡ 12와 18의 최대공약수

[방법 2] • 12와 18을 여러 수의 곱으로 나타낸 곱셈식을 이용하여 구하기

$12=2\times6$ → $12=2\times2\times3$, $2\times3=6$

$18=2\times9$ → $18=2\times3\times3$, $2\times3=6$

6 ➡ 12와 18의 최대공약수

• 12와 18의 공약수를 이용하여 구하기

12와 18의 공약수 → 2) 12 18
6과 9의 공약수 → 3) 6 9
 2 3

$2\times3=6$ ➡ 12와 18의 최대공약수

개념잡기

주어진 두 수를 두 수의 곱으로 나타낸 곱셈식에 공통으로 들어 있는 수 중에서 가장 큰 수를 찾아 최대공약수를 구합니다.

개념확인 1

최대공약수 구하기

30과 45의 최대공약수를 2가지 방법으로 구하려고 합니다. □ 안에 알맞은 수를 써넣으시오.

[방법 1] $30=2\times3\times5$
$45=3\times3\times5$
➡ 30과 45의 최대공약수
□ × □ = □

[방법 2] 3) 30 45
5) 10 15
 2 3
➡ 30과 45의 최대공약수
□ × □ = □

핵심 쏙쏙

기본 문제를 통해 교과서 개념을 다져요.

1 8과 12를 여러 수의 곱으로 나타낸 곱셈식을 보고 물음에 답하시오.

$8=1\times8$ $8=2\times4$ $8=2\times2\times2$	$12=1\times12$ $12=2\times6$ $12=3\times4$ $12=2\times2\times3$

(1) 8과 12의 최대공약수를 구하기 위한 두 수의 곱셈식을 써 보시오.

$8=2\times□$

$12=□\times□$

(2) 8과 12의 최대공약수를 구하기 위한 여러 수의 곱셈식을 써 보시오.

$8=2\times□\times□$

$12=□\times□\times□$

(3) 8과 12의 최대공약수를 구하시오.

( )

2 곱셈식을 보고 20과 30의 최대공약수를 구하려고 합니다. □ 안에 알맞은 수를 써넣으시오.

$20=2\times2\times5$

$30=2\times3\times5$

➡ 20과 30의 최대공약수

$□\times□=□$

3 18과 36의 최대공약수를 구하려고 합니다. □ 안에 알맞은 수를 써넣으시오.

$18=□\times□\times□$

$36=□\times□\times□\times□$

➡ 18과 36의 최대공약수

$□\times□\times□=□$

4 20과 32의 최대공약수를 구하려고 합니다. □ 안에 알맞은 수를 써넣으시오.

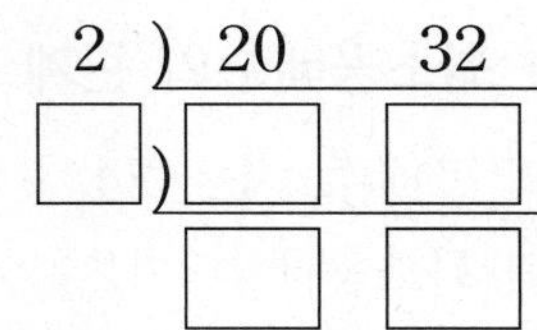

➡ 20과 32의 최대공약수

두 수의 최대공약수를 구하시오.

(1))16 24

최대공약수 : ______

(2))30 36

최대공약수 : ______

2 단원

개념 탄탄 6. 공배수와 최소공배수 알아보기

교과서 개념을 이해하고 확인 문제를 통해 익혀요.

공배수와 최소공배수

1	2	3	④	5	6(△)	7	⑧	9	10	11	⑫(△)
13	14	15	⑯	17	18(△)	19	⑳	21	22	23	㉔(△)

○ : 4의 배수 △ : 6의 배수

- 4의 배수는 4, 8, 12, 16, 20, 24, ……입니다.
- 6의 배수는 6, 12, 18, 24, ……입니다.
- 4와 6의 공통된 배수를 찾아보면 12, 24, ……입니다.
- 4와 6의 공통된 배수 중 가장 작은 수를 찾아보면 12입니다.

> 12, 24, ……는 4의 배수도 되고 6의 배수도 됩니다.
> 4와 6의 공통된 배수 12, 24, ……를 4와 6의 공배수라고 합니다.
> 공배수 중에서 가장 작은 수인 12를 4와 6의 최소공배수라고 합니다.

공배수와 최소공배수의 관계

- 4와 6의 공배수 : 12, 24, ……
- 4와 6의 최소공배수 : 12
- 4와 6의 최소공배수의 배수 : 12, 24, ……

(4와 6의 공배수와 4와 6의 최소공배수의 배수는) 같습니다.

➡ 두 수의 공배수는 두 수의 최소공배수의 배수와 같습니다.

개념잡기

- 두 수가 서로 약수와 배수의 관계이면 두 수 중에서 큰 수는 최소공배수가 됩니다.
  예) 4와 8의 최소공배수 : 8

개념확인 1 공배수와 최소공배수 알아보기

6과 9의 공배수와 최소공배수를 구하려고 합니다. □ 안에 알맞은 수를 써넣으시오.

> 6의 배수 : 6, 12, 18, 24, 30, 36, ……
> 9의 배수 : 9, 18, 27, 36, 45, ……

(1) 6과 9의 공배수 : □, □, ……

(2) 6과 9의 최소공배수 : □

개념확인 2 공배수와 최소공배수의 관계

3과 4의 공배수와 최소공배수의 관계를 알아보시오.

(1) 3과 4의 공배수는 □, □, □, ……입니다.

(2) 3과 4의 최소공배수는 □입니다.

(3) 3과 4의 최소공배수의 배수는 □, □, □, ……입니다.

(4) 3과 4의 공배수는 3과 4의 최소공배수의 배수와 (같습니다, 다릅니다).

핵심 쏙쏙

기본 문제를 통해 교과서 개념을 다져요.

1 2와 3의 공통된 배수를 찾아보시오.

1	2	3	4	5	6	7	8
9	10	11	12	13	14	15	16
17	18	19	20	21	22	23	24

(1) 2의 배수에 ○표 하시오.

(2) 3의 배수에 △표 하시오.

(3) 2와 3의 공통된 배수를 찾아보시오.

( )

(4) 공통된 배수 중에서 가장 작은 수를 찾아보시오.

( )

2 6과 8의 최소공배수를 구하려고 합니다. 물음에 답하시오.

(1) 6의 배수를 구하시오.

6, 12, □, □, □, □, □, □, ……

(2) 8의 배수를 구하시오.

8, 16, □, □, □, □, □, □, ……

(3) 6과 8의 공배수를 구하시오.

( )

(4) 6과 8의 최소공배수를 구하시오.

( )

(5) 6과 8의 최소공배수의 배수를 구하시오.

( )

(6) 6과 8의 공배수는 6과 8의 최소공배수의 배수와 같습니까? 다릅니까?

( )

3 □ 안에 들어갈 수 중 가장 작은 수부터 차례로 써넣으시오.

(1) 8의 배수 : □, □, □, ……

(2) 12의 배수 : □, □, ……

(3) 8과 12의 공배수 : □, □, ……

(4) 8과 12의 최소공배수 : □

2 단원

4 22와 33의 공배수와 최소공배수의 관계를 알아보려고 합니다. 물음에 답하시오.

(1) 22와 33의 공배수를 가장 작은 수부터 2개 쓰시오.

( )

(2) 22와 33의 최소공배수의 배수를 가장 작은 수부터 2개를 쓰시오.

( )

(3) 22와 33의 공배수는 22와 33의 최소공배수의 배수와 같습니까? 다릅니까?

( )

5 어떤 두 수의 최소공배수가 20일 때 이 두 수의 공배수를 모두 고르시오. ( )

① 2　② 5
③ 10　④ 20
⑤ 40

개념 탄탄 7. 최소공배수 구하는 방법 알아보기

교과서 개념을 이해하고 확인 문제를 통해 익혀요.

12와 20의 최소공배수 구하기

[방법 1]

$12=1\times12$	$12=2\times6$	$12=3\times4$
$20=1\times20$	$20=2\times10$	$20=4\times5$

- 12와 20을 두 수의 곱으로 나타낸 곱셈식에 공통으로 들어 있는 수 중에서 가장 큰 수는 4입니다.
- 12와 20의 최대공약수가 들어 있는 곱셈식을 이용하여 최소공배수를 구하기

$$12=3\times4 \qquad 20=4\times5$$

$3\times4\times5=60$ ➡ 12와 20의 최소공배수

- 12와 20의 최대공약수를 이용하여 최소공배수를 구하기

$$\begin{array}{r|rr} 4 & 12 & 20 \\ \hline & 3 & 5 \end{array}$$

$4\times3\times5=60$ ➡ 12와 20의 최소공배수

[방법 2]
- 12와 20을 여러 수의 곱으로 나타낸 곱셈식을 이용하여 최소공배수 구하기

$$12=2\times6 \qquad 20=2\times10$$

$$12=2\times2\times3 \qquad 20=2\times2\times5$$

$2\times2\times3\times5=60$ ➡ 12와 20의 최소공배수

- 12와 20의 공약수를 이용하여 최소공배수를 구하기

$$\begin{array}{r|rr} 2 & 12 & 20 \\ \hline 2 & 6 & 10 \\ \hline & 3 & 5 \end{array}$$

$2\times2\times3\times5=60$ ➡ 12와 20의 최소공배수

개념잡기

주어진 두 수를 두 수의 곱으로 나타낸 곱셈식 중에서 공통으로 들어 있는 수가 가장 큰 식을 찾아 공통인 수와 남은 수를 곱하여 최소공배수를 구할 수 있습니다.

개념확인 1

최소공배수 구하기

18과 27의 최소공배수를 2가지 방법으로 구하려고 합니다. □ 안에 알맞은 수를 써넣으시오.

[방법 1] $18=2\times3\times3$

$27=3\times3\times3$

➡ 18과 27의 최소공배수

□×□×□×□

=□

[방법 2]

$$\begin{array}{r|rr} 3 & 18 & 27 \\ \hline 3 & 6 & 9 \\ \hline & 2 & 3 \end{array}$$

➡ 18과 27의 최소공배수

□×□×□×□

=□

핵심 쏙쏙

기본 문제를 통해 교과서 개념을 다져요.

1 8과 28을 여러 수의 곱으로 나타낸 곱셈식을 보고 물음에 답하시오.

$8=1\times8$ $8=2\times4$ $8=2\times2\times2$	$28=1\times28$ $28=2\times14$ $28=4\times7$ $28=2\times2\times7$

(1) 8과 28의 최소공배수를 구하기 위한 두 수의 곱셈식을 써 보시오.

$8=2\times\square$

$28=\square\times\square$

(2) 8과 28의 최소공배수를 구하기 위한 여러 수의 곱셈식을 써 보시오.

$8=2\times\square\times\square$

$28=\square\times\square\times\square$

(3) 8과 28의 최소공배수를 구하시오.

(　　　　　　　)

2 곱셈식을 보고 18과 30의 최소공배수를 구하려고 합니다. □ 안에 알맞은 수를 써넣으시오.

$18=2\times3\times3$
$30=2\times3\times5$

➡ 18과 30의 최소공배수

$\square\times\square\times\square\times\square$

$=\square$

3 16과 24의 최소공배수를 구하려고 합니다. □ 안에 알맞은 수를 써넣으시오.

$16=\square\times\square\times\square\times\square$

$24=\square\times\square\times\square\times\square$

➡ 16과 24의 최소공배수

$\square\times\square\times\square\times\square\times\square$

$=\square$

4 15와 60의 최소공배수를 구하려고 합니다. □ 안에 알맞은 수를 써넣으시오.

```
3 ) 15   60
□ ) □    □
    □    □
```

➡ 15와 60의 최소공배수

$\square\times\square\times\square\times\square=\square$

두 수의 최소공배수를 구하시오.

(1)

```
 ) 6  8
```

최소공배수 : ______________

(2)

```
 ) 28  42
```

최소공배수 : ______________

2 단원

유형 4 공약수와 최대공약수 알아보기

- 두 수의 공통된 약수를 두 수의 공약수라 하고 두 수의 공약수 중에서 가장 큰 수를 최대공약수라고 합니다.
- 두 수의 공약수는 두 수의 최대공약수의 약수와 같습니다.

4-1 16과 24의 공약수와 최대공약수를 구하시오.

- 16의 약수 : 1, 2, 4, 8, 16
- 24의 약수 : 1, 2, 3, 4, 6, 8, 12, 24

공약수 (　　　　　　　　)
최대공약수 (　　　　　　　　)

4-2 18과 27의 최대공약수를 구하려고 합니다. 물음에 답하시오.

(1) 18과 27의 약수를 모두 구하시오.

18의 약수	
27의 약수	

(2) 18과 27의 공약수를 모두 구하시오.

(　　　　　　　　)

(3) 18과 27의 최대공약수를 구하시오.

(　　　　　　　　)

4-3 두 수의 공약수를 모두 구하시오.

(12, 32)

(　　　　　　　　)

4-4 24와 30의 공약수가 아닌 수를 모두 고르시오. (　　　　　)

① 2　② 3　③ 4　④ 5　⑤ 6

시험에 잘 나와요

4-5 36과 54의 공약수는 모두 몇 개입니까?

(　　　　　　　　)

대표유형

4-6 빈칸에 알맞은 수를 써넣으시오.

수	공약수	최대공약수
(16, 28)		
(56, 70)		

4-7 어떤 두 수의 최대공약수가 28일 때 이 두 수의 공약수는 모두 몇 개입니까?

(　　　　　　　　)

4-8 84와 63을 어떤 수로 나누면 나누어떨어집니다. 어떤 수를 모두 구하시오.

(　　　　　　　　)

유형 5 최대공약수 구하는 방법 알아보기

• 20과 28의 최대공약수 구하기

〈방법 1〉 $20=2\times10$　　$28=2\times14$

$20=2\times2\times5$　　$28=2\times2\times7$

➡ 최대공약수 : $2\times2=4$

〈방법 2〉

$$\begin{array}{r|rr} 2 & 20 & 28 \\ \hline 2 & 10 & 14 \\ \hline & 5 & 7 \end{array}$$

➡ 최대공약수 : $2\times2=4$

참고 '될 수 있는 대로 많은', '가장 큰'과 같은 말이 있으면 최대공약수를 이용합니다.

5-1 30과 42의 최대공약수를 구하려고 합니다. □ 안에 알맞은 수를 써넣으시오.

$30=2\times\square\times\square$

$42=\square\times\square\times\square$

➡ 30과 42의 최대공약수

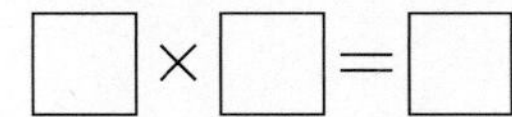

$\square\times\square=\square$

5-2 42와 63의 최대공약수를 구하려고 합니다. □ 안에 알맞은 수를 써넣으시오.

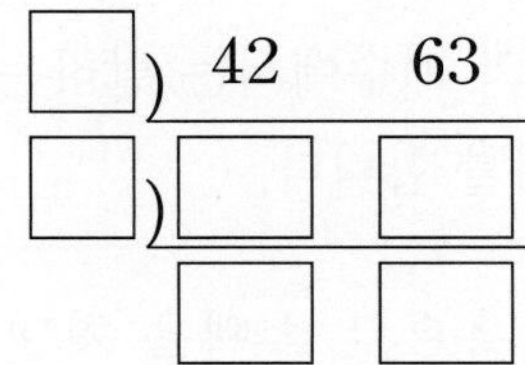

$$\begin{array}{r|rr} \square & 42 & 63 \\ \hline \square & \square & \square \\ \hline & \square & \square \end{array}$$

➡ 42와 63의 최대공약수

$\square\times\square=\square$

5-3 보기 와 같이 최대공약수를 구하시오.

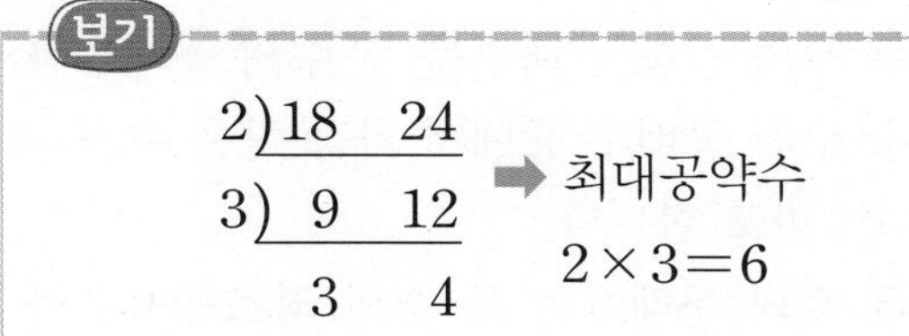

보기

$$\begin{array}{r|rr} 2 & 18 & 24 \\ \hline 3 & 9 & 12 \\ \hline & 3 & 4 \end{array}$$

➡ 최대공약수 $2\times3=6$

$$\begin{array}{r|rr} & 16 & 40 \\ \hline \end{array}$$

➡ 최대공약수 ______

잘 틀려요

5-4 두 수의 최대공약수가 가장 큰 것은 어느 것입니까? (　　　)

① (63, 18)　　② (54, 60)
③ (84, 35)　　④ (36, 42)
⑤ (77, 56)

시험에 잘 나와요

5-5 연필 42자루와 지우개 30개를 될 수 있는 대로 많은 학생들에게 남김없이 똑같이 나누어 주려고 합니다. 몇 명까지 나누어 줄 수 있습니까?

(　　　　　)

5-6 가로가 60 cm, 세로가 45 cm인 직사각형 모양의 종이가 있습니다. 이 종이를 크기가 같은 정사각형 모양으로 남는 부분 없이 자르려고 합니다. 가장 큰 정사각형 모양으로 자르려면 한 변은 몇 cm로 해야 합니까?

(　　　　　)

유형 6 공배수와 최소공배수 알아보기

- 두 수의 공통된 배수를 두 수의 공배수라 하고 두 수의 공배수 중에서 가장 작은 수를 최소공배수라고 합니다.
- 두 수의 공배수는 두 수의 최소공배수의 배수와 같습니다.

6-1 3과 7의 공배수와 최소공배수의 관계를 알아보려고 합니다. 물음에 답하시오.

(1) 3과 7의 공배수를 가장 작은 수부터 3개 쓰시오.

(　　　　　　　　)

(2) 3과 7의 최소공배수의 배수를 가장 작은 수부터 3개 쓰시오.

(　　　　　　　　)

(3) 3과 7의 공배수는 3과 7의 최소공배수의 배수와 같은지 다른지 이야기해 보시오.

(　　　　　　　　)

6-2 16의 배수도 되고 40의 배수도 되는 수를 가장 작은 수부터 3개 쓰시오.

(　　　　　　　　)

6-3 14와 21의 공배수를 모두 찾아 쓰시오.

84　108　116　124　168

(　　　　　　　　)

6-4 1부터 100까지의 자연수 중에서 9와 12의 공배수는 모두 몇 개입니까?

(　　　　　　　　)

대표유형

6-5 빈칸에 알맞은 수를 써넣으시오. (단, 공배수는 가장 작은 수부터 3개만 쓰시오.)

수	최소공배수	공배수
(18, 45)		
(24, 36)		

6-6 어떤 두 수의 최소공배수가 35일 때 이 두 수의 공배수가 아닌 것을 모두 고르시오.

(　　　　　　　　)

① 5　② 35
③ 105　④ 140
⑤ 185

6-7 영수는 1부터 50까지의 수를 차례대로 말하면서 다음과 같은 놀이를 하였습니다. 물음에 답하시오.

규칙
- 6의 배수에서는 말하는 대신 손뼉을 칩니다.
- 8의 배수에서는 말하는 대신 제자리 뛰기를 합니다.

(1) 처음으로 손뼉을 치면서 제자리 뛰기를 하게 되는 수를 찾아보시오.

(　　　　　　　　)

(2) 손뼉을 치면서 제자리 뛰기를 하게 되는 수를 모두 찾아보시오.

(　　　　　　　　)

유형 7 최소공배수 구하는 방법 알아보기

• 30과 45의 최소공배수 구하기

〈방법 1〉 $30=2\times15$ $45=3\times15$

$30=2\times3\times5$ $45=3\times3\times5$

➡ 최소공배수 : $3\times5\times2\times3=90$

〈방법 2〉

$$\begin{array}{r|rr} 3 & 30 & 45 \\ \hline 5 & 10 & 15 \\ \hline & 2 & 3 \end{array}$$

➡ 최소공배수 : $3\times5\times2\times3=90$

참고 '동시에', '될 수 있는 대로 작은', '가장 작은'과 같은 말이 있으면 최소공배수를 이용합니다.

7-1 20과 28의 최소공배수를 구하려고 합니다. □ 안에 알맞은 수를 써넣으시오.

$20=2\times$□$\times$□

28=□×□×□

➡ 20과 28의 최소공배수

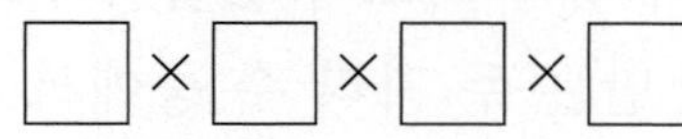

=□

7-2 12와 30의 최소공배수를 구하려고 합니다. □ 안에 알맞은 수를 써넣으시오.

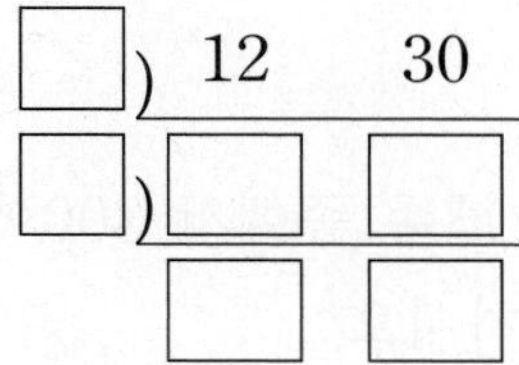

➡ 12와 30의 최소공배수

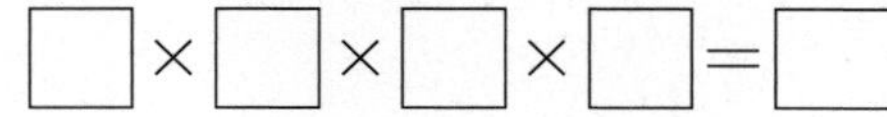

7-3 두 수의 최소공배수를 찾아 선으로 이으시오.

(15, 18) •	• 90
(20, 30) •	• 84
(28, 42) •	• 60

7-4 두 수의 최소공배수가 가장 작은 것부터 차례로 기호를 쓰시오.

㉠ (10, 25) ㉡ (6, 15) ㉢ (26, 39)

( )

시험에 잘 나와요

7-5 ㉮ 시계는 12분마다, ㉯ 시계는 18분마다 알람이 울립니다. 오전 10시에 두 시계의 알람이 동시에 울렸다면 다음 번에 두 시계의 알람이 동시에 울리는 시각은 몇 분 후입니까?

( )

7-6 가로가 10 cm, 세로가 15 cm인 직사각형 모양의 타일을 겹치지 않게 빈틈없이 늘어놓아 될 수 있는 대로 작은 정사각형을 만들려고 합니다. 정사각형의 한 변은 몇 cm로 해야 합니까?

( )

2 단원

실력 팍팍

유형콕콕을 통해 다진 기본을 확인하고
신경향 문제를 풀며 실력을 높여요.

1 32를 어떤 수로 나누었더니 나누어떨어졌습니다. 어떤 수가 될 수 있는 수는 모두 몇 개입니까?

( )

2 모든 약수들의 합을 구하시오.

(1) 14 ➡ ( )
(2) 50 ➡ ( )

3 약수의 수가 가장 많은 수부터 차례로 써 보시오.

10 16 25

( )

4 다음을 모두 만족하는 수를 구하시오.

- 48의 약수입니다.
- 24의 약수가 아닙니다.
- 십의 자리 숫자는 1입니다.

( )

5 81의 약수 중에서 3의 배수는 모두 몇 개입니까?

( )

6 어느 역에서 놀이동산으로 가는 순환 버스가 12분 간격으로 출발합니다. 첫차가 오전 9시에 출발한다고 하면 오전 10시까지 순환 버스는 몇 번 출발합니까?

( )

7 4장의 숫자 카드가 있습니다. 이 중 2장을 뽑아 만든 두 자리 수 중에서 13의 배수를 모두 구하시오.

2 5 6 9

( )

8 14의 배수 중에서 300에 가장 가까운 수를 구하시오.

( )

9 세 자리 수가 4의 배수일 때 □ 안에 들어갈 수 있는 숫자를 모두 구하시오.

( )

10 39부터 51까지의 자연수 중에서 2의 배수도 아니고 3의 배수도 아닌 수를 모두 구하시오.

( )

11 1부터 100까지의 자연수 중에서 2의 배수는 5의 배수보다 몇 개 더 많습니까?

( )

12 6은 48의 약수이고, 48은 6의 배수입니다. 이 관계를 나타내는 식을 써 보시오.

( )

13 □ 안에 공통으로 들어갈 수 없는 수를 모두 고르시오. ( )

- 6과 8은 □의 약수입니다.
- □는 6과 8의 배수입니다.

① 12 ② 24 ③ 36
④ 48 ⑤ 72

14 보기에서 약수와 배수의 관계인 수를 모두 찾아 써 보시오.

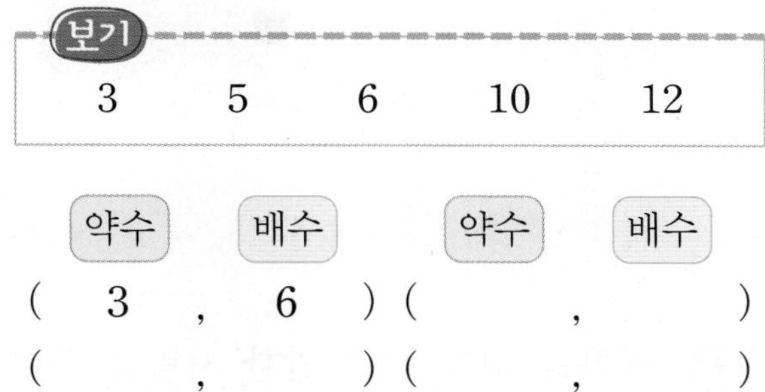

약수	배수	약수	배수
(3	6)	(	)
(	)	(	)

15 다음 조건을 모두 만족하는 수는 얼마인지 쓰고 그 이유를 설명해 보시오.

- 5보다 크고 15보다 작은 수입니다.
- 3의 배수이고, 36의 약수입니다.
- 홀수입니다.

( )

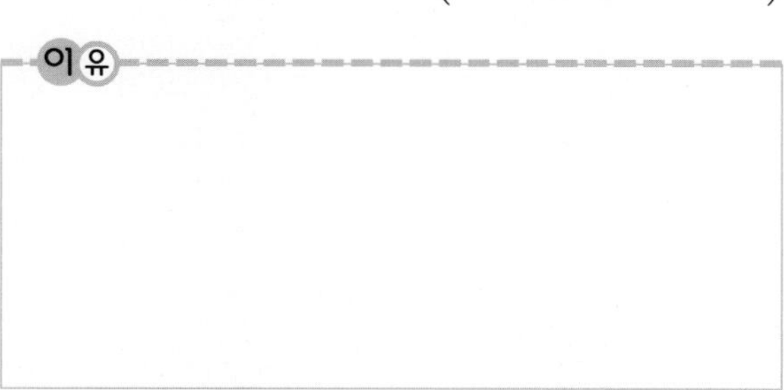

16 4의 배수인 어떤 수가 있습니다. 이 수의 약수들을 모두 더했더니 31이 되었습니다. 어떤 수를 구하시오.

( )

17 다음 조건을 모두 만족하는 1보다 큰 자연수 ■, ▲의 값을 각각 구하시오.

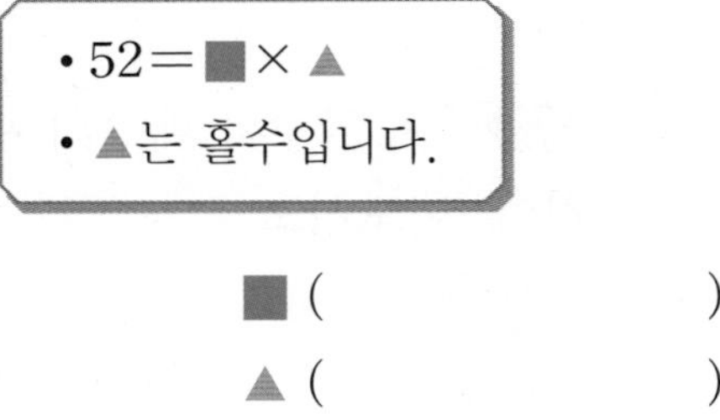

• 52=■×▲
• ▲는 홀수입니다.

■ ( )
▲ ( )

18 대화를 읽고 잘못 말한 사람을 찾아 이름을 쓰고, 그 이유를 설명해 보시오.

석기 : 30과 40의 공약수 중에서 가장 작은 수는 1이야.
예슬 : 30과 40의 공약수는 두 수를 모두 나누어떨어지게 할 수 있어.
동민 : 30과 40의 공약수 중에서 가장 큰 수는 5야.

( )

이유

19 ●와 ★는 자연수일 때 □ 안에 공통으로 들어갈 수 있는 수를 모두 구하시오.

35÷□=● 40÷□=★

( )

20 ㉠과 ㉡의 최대공약수가 12일 때 □ 안에 알맞은 수를 구하시오.

㉠ 2×2×3×7
㉡ 2×2×□×5

( )

연필 2타와 지우개 42개를 될 수 있는 대로 많은 학생들에게 남김없이 똑같이 나누어 주려고 합니다. 물음에 답하시오. [21~22]

21 연필과 지우개를 몇 명까지 나누어 줄 수 있습니까?

( )

22 가능한 한 많은 학생들에게 연필과 지우개를 나누어 줄 때, 학생 한 명에게 나누어 줄 수 있는 연필과 지우개의 수를 각각 구하시오.

연필 ( )
지우개 ( )

23 어떤 두 수의 최대공약수가 81일 때 이 두 수의 공약수 중에서 두 번째로 큰 수를 구하시오.

(　　　　　　)

24 어떤 수로 34를 나누면 나머지가 2이고 59를 나누면 나머지가 3입니다. 어떤 수 중에서 가장 큰 수를 구하시오.

(　　　　　　)

25 □ 안에 공통으로 들어갈 수 있는 수 중 가장 작은 수를 구하시오.

□÷9=●　　□÷15=★

(　　　　　　)

26 ㉠과 ㉡의 최소공배수가 60일 때 □ 안에 알맞은 수를 구하시오.

㉠ 2×2×3
㉡ 2×3×□

(　　　　　　)

新 경향문제

27 영수와 효근이가 아래와 같이 규칙에 따라 각각 바둑돌 50개를 놓을 때 같은 자리에 검은 바둑돌이 놓이는 경우는 모두 몇 번입니까?

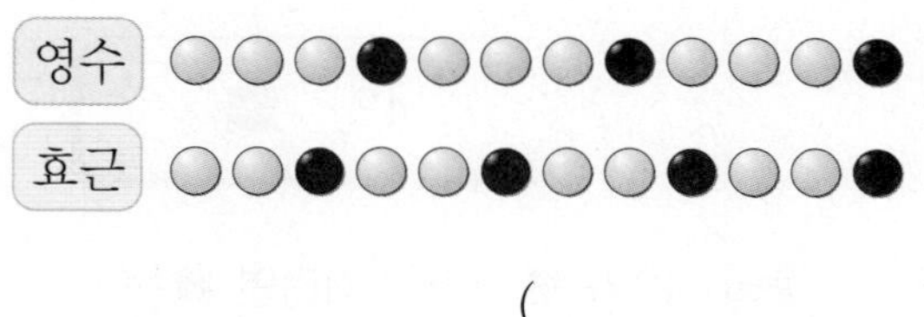

(　　　　　　)

28 400보다 작은 자연수 중에서 3으로도 나누어떨어지고 4로도 나누어떨어지는 수는 모두 몇 개입니까?

(　　　　　　)

29 어떤 수를 8로 나누어도 3이 남고 10으로 나누어도 3이 남습니다. 어떤 수 중에서 가장 작은 수를 구하시오.

(　　　　　　)

新 경향문제

30 가로가 36 m, 세로가 30 m인 직사각형 모양의 목장이 있습니다. 목장의 가장자리를 따라 일정한 간격으로 말뚝을 설치하여 울타리를 만들려고 합니다. 네 모퉁이에는 반드시 말뚝을 설치하고, 말뚝은 가장 적게 사용할 때 필요한 말뚝의 수를 구하시오.

(　　　　　　)

2 단원

서술 유형 익히기

주어진 풀이 과정을 함께 해결하면서
서술형 문제의 해결 방법을 익혀요.

1 왼쪽 수가 오른쪽 수의 배수일 때 ■가 될 수 있는 수는 모두 몇 개인지 풀이 과정을 쓰고 답을 구하시오.

42, ■

풀이 42가 ■의 배수이려면 ■는 ☐의 약수이어야 합니다.

따라서 ■가 될 수 있는 수는 ☐의 약수인 1, 2, 3, 6, 7, ☐, ☐, ☐이므로 모두 ☐개입니다.

답 ☐개

2 다음을 모두 만족하는 수는 몇 개인지 풀이 과정을 쓰고 답을 구하시오.

- 1부터 100까지의 수입니다.
- 4와 5의 공배수입니다.

풀이 4와 5의 공배수는 4와 5의 최소공배수인 ☐의 배수와 같습니다.

따라서 1부터 100까지의 수 중 ☐의 배수는 ☐, ☐, ☐, ☐, ☐이므로 모두 ☐개입니다.

답 ☐개

1-1 왼쪽 수가 오른쪽 수의 배수일 때 ☐ 안에 들어갈 수 있는 수는 모두 몇 개인지 풀이 과정을 쓰고 답을 구하시오.

28, ☐

풀이 따라하기 __________

답 __________

2-1 다음을 모두 만족하는 수는 몇 개인지 풀이 과정을 쓰고 답을 구하시오.

- 1부터 100까지의 수입니다.
- 6과 9의 공배수입니다.

풀이 따라하기 __________

답 __________

2 단원

3 62와 46을 어떤 수로 나누면 나머지가 모두 6입니다. 어떤 수는 얼마인지 풀이 과정을 쓰고 답을 구하시오.

풀이 62−6=56과 46−6=☐을 어떤 수로 나누면 나누어떨어지므로 어떤 수는 56과 ☐의 공약수 중 나머지인 ☐보다 큰 수입니다.

56과 ☐의 최대공약수는 ☐이므로 두 수의 공약수는 1, 2, ☐, ☐입니다.

따라서 어떤 수는 ☐입니다.

답 ☐

3-1 65를 어떤 수로 나누면 나머지가 5이고 78을 어떤 수로 나누면 나머지가 6입니다. 어떤 수는 얼마인지 풀이 과정을 쓰고 답을 구하시오.

풀이 따라하기

답

4 기차역에서 기차가 대전행은 18분마다, 부산행은 24분마다 출발합니다. 오전 10시에 두 기차가 동시에 출발했다면 다음 번에 두 기차가 동시에 출발하는 시각은 몇 시 몇 분인지 풀이 과정을 쓰고 답을 구하시오.

풀이 두 기차는 18과 24의 ☐인 ☐분마다 동시에 출발합니다. 따라서 다음 번에 두 기차가 동시에 출발하는 시각은

오전 10시+☐분=오전 ☐시 ☐분

입니다.

답 오전 ☐시 ☐분

4-1 자전거 공장에서 두발자전거는 25분마다, 세발자전거는 40분마다 한 대씩 생산한다고 합니다. 오후 2시에 두 자전거를 동시에 생산했다면 다음 번에 두 자전거를 동시에 생산하는 시각은 몇 시 몇 분인지 풀이 과정을 쓰고 답을 구하시오.

풀이 따라하기

답

점수

1 약수를 모두 구하시오.

64의 약수

(　　　　　　　　　　)

2 11의 배수를 가장 작은 수부터 5개 쓰시오.

(　　　　　　　　　　)

3 두 수가 서로 약수와 배수의 관계인 것을 찾아 기호를 쓰시오.

㉠ (9, 29)	㉡ (10, 15)
㉢ (21, 86)	㉣ (64, 16)

(　　　　　)

4 두 수 가와 나의 최대공약수와 최소공배수를 각각 구하시오.

가$=2\times3\times5$
나$=2\times2\times5\times7$

최대공약수 (　　　　　)
최소공배수 (　　　　　)

5 72의 약수가 아닌 수는 어느 것입니까?
(　　　　　)

① 3　② 8
③ 12　④ 16
⑤ 24

6 6의 배수를 모두 고르시오. (　　　　　)

① 112　② 218
③ 390　④ 450
⑤ 656

7 3의 배수에는 ○표, 5의 배수에는 △표 하시오.

36	40	95	65	93
70	48	78	51	35

8 24와 40의 공배수가 아닌 수를 모두 고르시오. (　　　　　)

① 90　② 120
③ 280　④ 360
⑤ 600

9 설명이 옳지 않은 것은 어느 것입니까?

( )

① 0은 모든 수의 약수입니다.
② 1은 항상 어떤 두 수의 공약수입니다.
③ 두 수의 공배수는 무수히 많습니다.
④ 두 수의 공약수는 두 수의 최대공약수의 약수와 같습니다.
⑤ 두 수의 공배수는 두 수의 최소공배수의 배수와 같습니다.

10 약수의 수가 가장 많은 수는 어느 것입니까? ( )

① 16 ② 38
③ 50 ④ 55
⑤ 61

11 1부터 100까지의 자연수 중에서 9의 배수는 모두 몇 개입니까?

( )

12 42의 배수 중에서 400에 가장 가까운 수를 구하시오.

( )

13 32부터 70까지의 자연수 중에서 2의 배수는 모두 몇 개입니까?

( )

14 다음에서 [가] 부분에 해당하는 수를 모두 구하시오.

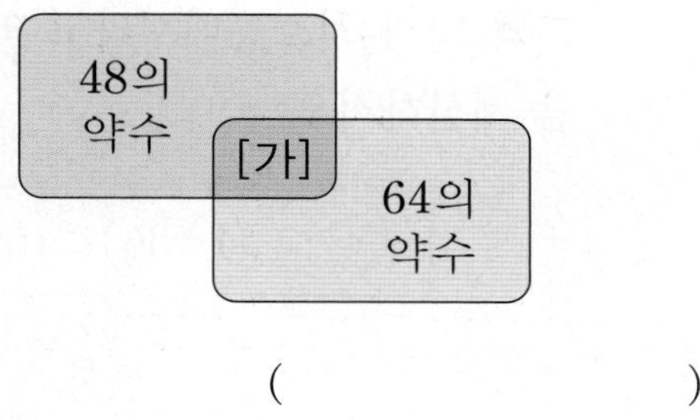

( )

15 어떤 두 수의 최대공약수가 45일 때 이 두 수의 공약수 중에서 세 번째로 큰 수를 구하시오.

( )

2 단원

16 두 수의 최소공배수가 가장 큰 것은 어느 것입니까? (　　　　)

① (8, 32)　　② (12, 54)
③ (15, 25)　　④ (20, 48)
⑤ (36, 42)

17 가☆나는 가와 나의 최대공약수, 가◎나는 가와 나의 최소공배수라고 약속할 때 다음을 계산하시오.

(24☆36)◎15

(　　　　　　)

18 어떤 수를 9로 나누어도 4가 남고 12로 나누어도 4가 남습니다. 어떤 수 중에서 가장 작은 수를 구하시오.

(　　　　　　)

19 세 자리 수가 3의 배수일 때 □ 안에 들어갈 수 있는 숫자 중에서 가장 큰 수를 구하시오.

45□

(　　　　　　)

20 빵 75개와 사탕 135개를 될 수 있는 대로 많은 봉지에 남김없이 똑같이 나누어 담으려고 합니다. 한 봉지에 빵과 사탕을 각각 몇 개씩 담아야 합니까?

빵 (　　　　　　)
사탕 (　　　　　　)

21 딸기 1개의 무게는 20 g이고 도토리 1개의 무게는 16 g입니다. 무게가 같은 딸기와 도토리 여러 개를 양팔저울에 각각 올려 놓고 수평이 되도록 하려면 딸기와 도토리는 각각 적어도 몇 개 필요합니까?

딸기 (　　　　　　)
도토리 (　　　　　　)

서술형

22 8은 576의 약수입니까? 맞다면 그 이유를 설명하시오.

풀이

23 6의 배수는 모두 2의 배수입니까? 맞다면 그 이유를 설명하시오.

풀이

24 54와 81의 최대공약수는 얼마인지 2가지 방법으로 설명하시오.

풀이

25 어느 버스 정류장에서 마을 버스는 4분마다, 일반 버스는 12분마다 출발합니다. 오전 8시에 두 버스가 동시에 출발했다면 다음 번에 두 버스가 동시에 출발하는 시각은 몇 시 몇 분인지 풀이 과정을 쓰고 답을 구하시오.

풀이

답

1 '십간십이지' 에 대해 설명한 글을 읽고 물음에 답하시오.

우리 조상들은 날짜와 시간을 나타낼 때, 10일을 뜻하는 십간과 12종류의 동물을 뜻하는 십이지를 사용했습니다. 십간과 십이지를 순서대로 하나씩 짝을 지어 갑자년, 을축년, 병인년, ……, 임신년, 계유년, 갑술년, 을해년, 병자년, ……으로 해마다 이름을 붙이고, 그 해에 태어난 사람의 띠를 정해 왔습니다.

십간(十干)	갑(甲)	을(乙)	병(丙)	정(丁)	무(戊)	기(己)	경(庚)	신(辛)	임(壬)	계(癸)

십이지 (十二支)	자(子)	축(丑)	인(寅)	묘(卯)	진(辰)	사(巳)	오(午)	미(未)	신(申)	유(酉)	술(戌)	해(亥)
	쥐	소	호랑이	토끼	용	뱀	말	양	원숭이	닭	개	돼지

(1) 십간은 몇 년마다 반복됩니까?

( )

(2) 십이지는 몇 년마다 반복됩니까?

( )

(3) 2019년은 기해년입니다. 2031년이 되는 해의 이름을 말해 보시오.

( )

(4) 2031년에 태어난 사람은 무슨 띠입니까?

( )

(5) 할아버지가 태어나신 해가 무술년이고 내가 태어난 해가 무술년이면 할아버지와 나의 나이 차는 몇 살입니까?

( )

생활 속의 수학

시계 속 톱니바퀴

째깍째깍. 오늘도 어김없이 시계는 열심히 시간을 재고 있습니다. 잠시도 쉬지 않고 하루 종일 째깍째깍. 시계의 몸속에서 온갖 부품들이 자신의 할 일을 열심히 하고 있지요. 사람들이 잠을 잘 때에도 모두들 지쳐 쉴 때에도 시계는 한시도 쉬지 않는답니다.

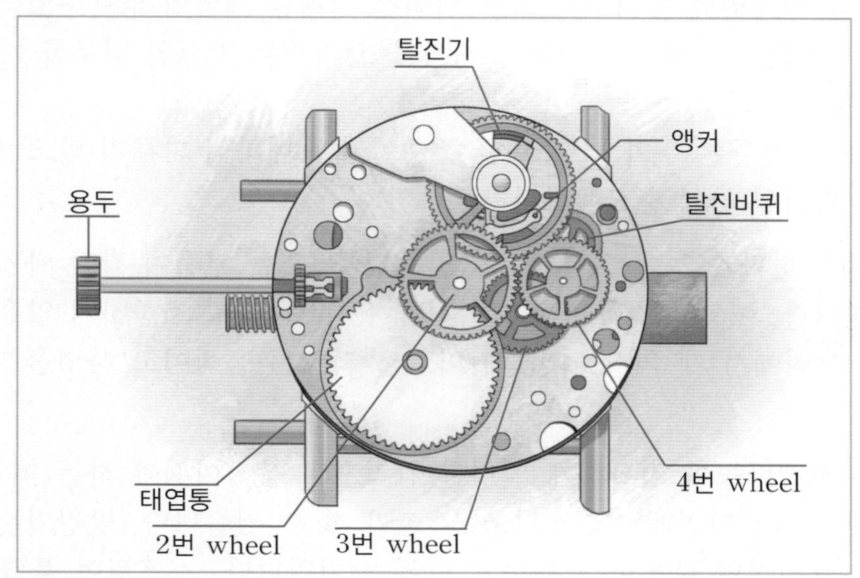

그래서 시계 속 부품들은 자신들이 얼마나 열심히 일하는지, 또 얼마나 중요한 존재인지에 대한 자부심으로 가득합니다. 어느 날 부품들은 '누가 가장 중요한 존재일까?' 라는 문제로 이야기를 나누었습니다.

"나는 용두야. 용두가 시계에서 얼마나 중요한 일을 하는지 알지? 내가 에너지를 공급하기 때문에 멈추지 않고 돌아가는 거라구."

"무슨 소리! 우리 긴바늘, 짧은바늘, 초바늘이야말로 아주 중요한 존재이지. 너희들이 아무리 열심히 일해봤자 우리가 제자리에 있지 않으면 사람들이 시간을 알 수 없어. 그러니 우리가 가장 중요한 존재야."

"태엽이 중요하지. 우리가 서로 맞물려 정확히 돌아가지 않으면 긴바늘, 짧은바늘, 초바늘 너희들이 정확한 시각을 나타낼 수 있을 것 같아? 우리가 일을 하고, 너희들은 그냥 우리가 일한 것을 알려주기만 할 뿐이잖아."

서로 자신의 역할이 가장 중요하다고 주장하고 있어요. 그러다 용두가 아기 톱니바퀴를 보며 비웃었어요.

"너는 그렇게 조그마해서 일을 하기는 하는 거니? 네가 없어져도 아무도 알아차릴 수도 없겠다."

그러자 모두들 그 말이 맞다는 듯 아기 톱니바퀴를 보고 깔깔깔 웃어댔어요. 갑자기 아기 톱니바퀴는 자신이 아무런 쓸모도 없는 존재가 되어 버린 것 같아 너무나 슬펐어요. 그래서 슬그머니 어두운 곳으로 들어가 숨어버렸답니다. 그러자 그 순간 모든 게 멈추고 시계 속은 깜깜한 암흑으로 뒤덮혔습니다.

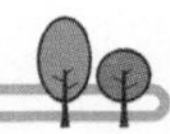

시계 주인이 몇 시인지 알아보려고 시계를 들여다보니 시계가 멈춰버린 게 아니겠어요? 아무래도 시계가 고장난 것 같아 시계를 길거리에 버렸습니다.

여러 날이 흘렀습니다. 한 할아버지가 지나가다가 버려진 시계를 주웠습니다. 이 할아버지는 시계를 수리하는 시계공이었어요. 할아버지가 시계를 열어 조심히 살펴보니 작은 톱니바퀴가 제자리에 있지 않아 시계가 멈춰 버린 것이라는 걸 알게 되었죠. 할아버지는 아기 톱니바퀴를 제자리에 옮겨 주었고 더러워진 시계를 깨끗이 닦아주었습니다. 태엽이 다시 작동하기 시작했고, 시계는 정확한 시각을 알려주는 자신의 임무를 다시 시작할 수 있게 되었습니다.
그 뒤로 시계 속 부품들은 누가 더 중요한 존재인지에 대하여 다투지 않고 서로를 소중히 여기며 열심히 자신의 일에 충실했답니다.

시계는 작은 부품 하나가 없어도 움직이지 않습니다. 모든 부품이 각각 자기 자리에 있을 때 움직이게 됩니다. 어느 부품하나 필요하지 않은 것이 없고 소중하지 않은 것이 없습니다. 각자 자기 자리에서 제 역할을 할 때 비로소 시계는 움직이고 사명을 다 할 수 있는 것입니다.

시계의 생명은 시곗바늘이 정확하게 일정한 간격으로 움직여줘야 하는 데 있습니다. 이 역할을 하는 것이 탈진기인데, '시계의 심장' 이라 할 수 있습니다. 탈진기는 스프링의 탄성을 이용하여 규칙적인 운동이 가능하게 만든 장치입니다. 스프링이 풀렸다 감겼다 하는 과정을 반복하며 규칙적으로 진동을 하고 이 진동은 앵커를 통해 탈진바퀴로 전해져서 탈진바퀴가 일정한 속도로 움직일 수 있도록 조절합니다. 이 운동은 초바늘이 붙어 있는 4번 wheel로 전달되고, 계속해서 긴바늘이 붙어 있는 3번 wheel로, 짧은바늘이 붙어 있는 2번 wheel로 차례로 전달되어 규칙적인 시간의 흐름을 나타낼 수 있게 됩니다. 각각의 wheel들은 서로 다른 톱니바퀴로 연결되어 있어 각자 다른 속도로 회전합니다. 예를 들어 톱니의 날이 20개인 톱니바퀴와 120개인 톱니바퀴가 맞물려 있다면 날이 120개인 톱니바퀴가 한 번 회전하는 사이에 날이 20개인 톱니바퀴는 6회전을 하게 되어 각자 다른 속도를 나타낼 수 있는 것입니다. 시계의 경우 각각의 시곗바늘이 1회전하는 데 걸리는 시간은 초바늘이 연결된 톱니바퀴는 60초, 긴바늘이 연결된 톱니바퀴는 60분, 짧은바늘이 연결되어 있는 톱니바퀴는 12시간입니다.

톱니의 수가 48개, 36개인 두 톱니바퀴가 맞물려 돌아가고 있습니다. 맞물려 돌기 시작해서 처음 맞물렸던 자리로 다시 돌아갈 때까지 톱니의 수가 48개인 톱니바퀴는 몇 번 회전해야 합니까?

3 규칙과 대응

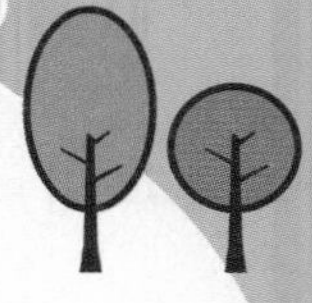

이전에 배운 내용

- 규칙 찾기
- 규칙에 따라 배열하기
- 규칙을 설명하기
- 규칙을 수로 나타내기

다음에 배울 내용

- 두 양 사이의 관계를 비로 나타내기

이번에 배울 내용

1. 두 양 사이의 관계 알아보기
2. 대응 관계를 식으로 나타내는 방법 알아보기
3. 생활 속에서 대응 관계를 찾아 식으로 나타내어 보기

개념 탄탄

1. 두 양 사이의 관계 알아보기

교과서 개념을 이해하고 확인 문제를 통해 익혀요.

색 테이프를 자른 횟수와 도막의 수 사이의 관계

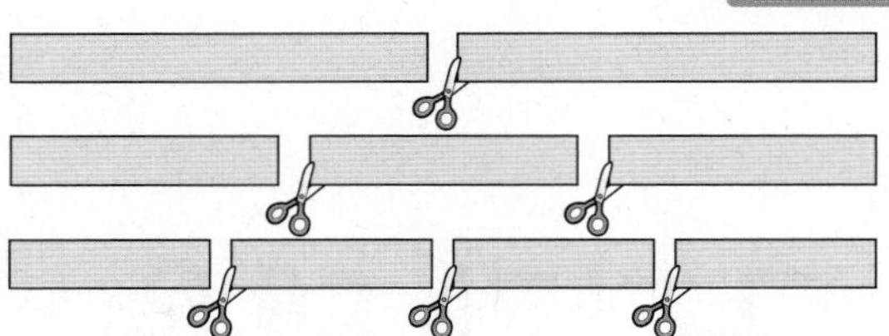

자른 횟수(번)	1	2	3	4	5	6
도막의 수(도막)	2	3	4	5	6	7

−1 / +1

➡ 색 테이프 도막의 수는 자른 횟수보다 1 큽니다.

➡ 색 테이프를 자른 횟수는 도막의 수보다 1 작습니다.

개념잡기

하나의 수가 변함에 따라 다른 수가 어떻게 변하는지 알아봅니다.

두 양 사이의 관계 알아보기(1)

개념확인 1 오리의 수와 다리의 수 사이에는 어떤 대응 관계가 있는지 알아보려고 합니다. 표의 빈칸을 채우고 □ 안에 알맞은 수를 써넣으시오.

오리의 수(마리)	1	2	3	4	5	6
다리 수(개)	2	4				

(1) 오리가 7마리이면 다리의 수는 □개입니다.

(2) 오리가 1마리씩 늘어날 때마다 다리는 □개씩 늘어납니다.

(3) 다리의 수는 오리의 수의 □배입니다.

(4) 오리의 수는 다리의 수를 □로 나눈 몫입니다.

두 양 사이의 관계 알아보기(2)

개념확인 2 탁자의 수와 탁자 다리의 수 사이의 대응 관계를 나타낸 표입니다. 빈칸에 알맞은 수를 써넣고 탁자의 수와 탁자 다리의 수 사이의 대응 관계를 써 보시오.

탁자의 수(개)	1	2	3	4	5
다리 수(개)	3	6	9		

➡ ______________________

핵심 쏙쏙

기본 문제를 통해 교과서 개념을 다져요.

1 돼지의 수와 돼지의 다리 수 사이의 대응 관계를 알아보려고 합니다. 빈칸에 알맞은 수를 써넣으시오.

돼지의 수(마리)	🐖	🐖🐖	🐖🐖🐖	🐖🐖🐖🐖
돼지의 다리 수(개)	4			

2 자동차 1대에 5명의 사람이 탈 수 있습니다. 빈칸에 알맞은 수를 써넣으시오.

자동차의 수(대)	🚗	🚗🚗	🚗🚗🚗	🚗🚗🚗🚗
탈 수 있는 사람의 수(명)				

지혜의 나이와 오빠의 나이 사이의 대응 관계를 알아보려고 합니다. 물음에 답하시오. [3~4]

3 빈칸에 알맞은 수를 써넣으시오.

지혜의 나이(살)	7	8	9	10	11
오빠의 나이(살)	9	10			

4 지혜의 나이와 오빠의 나이 사이의 대응 관계를 써 보시오.

- 오빠의 나이는 지혜의 나이보다 □살 많습니다.
- 지혜의 나이는 오빠의 나이보다 □살 적습니다.

도형의 배열을 보고 물음에 답하시오. [5~8]

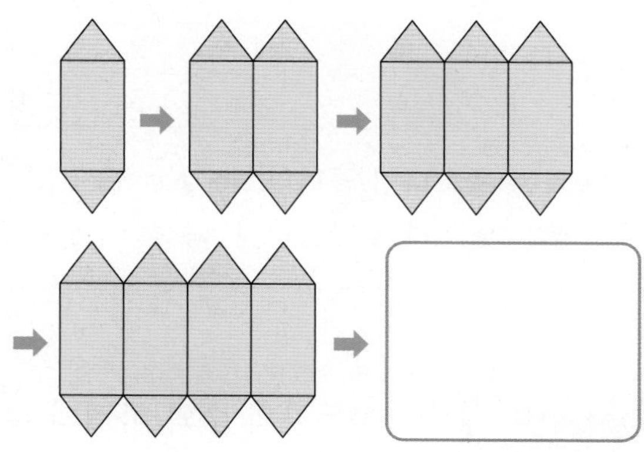

5 다음에 이어질 알맞은 모양을 그려 보시오.

6 삼각형의 수와 사각형의 수 사이의 관계를 생각하며 □ 안에 알맞은 수를 써넣으시오.

(1) 사각형이 10개일 때, 필요한 삼각형의 수는 □개입니다.

(2) 사각형이 20개일 때, 필요한 삼각형의 수는 □개입니다.

7 삼각형이 18개일 때 사각형은 몇 개 필요합니까?

(　　　　　　)

중요 **8** 삼각형의 수와 사각형의 수 사이의 대응 관계를 써 보시오.

3 단원

개념 탄탄 2. 대응 관계를 식으로 나타내는 방법 알아보기

교과서 개념을 이해하고 확인 문제를 통해 익혀요.

●와 ▲ 사이의 대응 관계를 식으로 나타내기

●	1	2	3	4	5	6
▲	4	5	6	7	8	9

−3, +3

- ▲는 ●보다 3 큽니다. ➡ ▲=●+3
- ●는 ▲보다 3 작습니다. ➡ ●=▲−3

개념잡기

두 양 사이의 대응 관계를 식으로 간단하게 나타낼 때는 각 양을 ●, ■, ▲, ★ 등과 같은 기호로 표현할 수 있습니다.

대응 관계를 식으로 나타내기(1)

개념확인 1 자동차의 수와 바퀴의 수 사이의 대응 관계를 알아보시오.

(1) 빈칸에 알맞은 수를 써넣으시오.

자동차의 수(대)	1	2	3	4	5	6
바퀴의 수(개)	4	8				

(2) □ 안에 알맞은 수를 써넣으시오.

- 바퀴의 수는 자동차의 수의 □배입니다.
- 자동차의 수는 바퀴의 수를 □로 나눈 몫입니다.

(3) 자동차의 수를 ♥, 바퀴의 수를 ★이라고 할 때 □ 안에 알맞은 수를 써넣으시오.

★=♥×□ ♥=★÷□

대응 관계를 식으로 나타내기(2)

개념확인 2 ▼와 ♣ 사이의 대응 관계를 식으로 나타내어 보시오.

▼	5	6	7	8	9
♣	0	1	2	3	4

(1) ♣는 ▼보다 □만큼 (큽니다, 작습니다). ➡ ♣=▼−□

(2) ▼는 ♣보다 □만큼 (큽니다, 작습니다). ➡ ▼=♣+□

핵심 쏙쏙

기본 문제를 통해 교과서 개념을 다져요.

 **의자의 수와 의자 다리의 수 사이의 대응 관계를 알아보려고 합니다. 물음에 답하시오. [1~2]**

1 빈칸에 알맞은 수를 써넣으시오.

의자의 수(개)	1	2	3	4	5
다리의 수(개)	4	8			

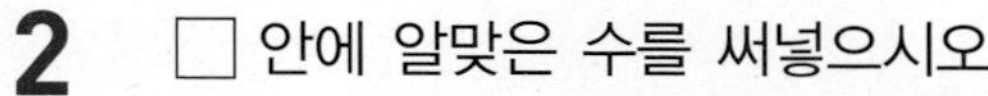

2 □ 안에 알맞은 수를 써넣으시오.

- (다리의 수)=(의자의 수)×□
- (의자의 수)=(다리의 수)÷□

 **한초가 7살일 때 형은 10살입니다. 물음에 답하시오. [3~4]**

3 빈칸에 알맞은 수를 써넣으시오.

한초의 나이(살)	7	8	9	10	11	12
형의 나이(살)	10					

4 한초의 나이를 ●, 형의 나이를 ■라고 할 때 두 양 사이의 대응 관계를 식으로 나타내어 보시오.

➡ ______________________

5 ◆와 ◈ 사이의 대응 관계를 식으로 바르게 나타낸 것에 ○표 하시오.

◆	3	4	5	6	7
◈	5	6	7	8	9

◆=◈+2 (　　　)　　◈=◆+2 (　　　)

3 단원

 **♥와 ▲ 사이의 대응 관계를 식으로 나타내어 보시오. [6~8]**

6

♥	1	3	5	7	9
▲	6	8	10	12	14

▲=(　　　　　　)
♥=(　　　　　　)

7

♥	1	2	3	4	5
▲	3	6	9	12	15

▲=(　　　　　　)
♥=(　　　　　　)

8

♥	2	3	4	5	6
▲	0	1	2	3	4

▲=(　　　　　　)
♥=(　　　　　　)

개념 탄탄 3. 생활 속에서 대응 관계를 찾아 식으로 나타내기

교과서 개념을 이해하고 확인 문제를 통해 익혀요.

생활 속에서 대응 관계를 찾아 식으로 나타내기

팝콘 수(통)	1	2	3	4	5
판매 금액(원)	2000	4000	6000	8000	10000

- 팔린 팝콘의 수가 1통씩 늘어날 때마다 판매 금액은 2000원씩 늘어납니다.
- 팔린 팝콘 수를 ■, 판매 금액을 ▲라 할 때 두 양 사이의 대응 관계를 식으로 나타내면 ▲=■×2000 또는 ■=▲÷2000입니다.

개념잡기

- 같은 두 양의 대응 관계를 나타내는 식이라도 기준이 무엇인가에 따라 표현된 식이 다릅니다.

생활 속에서 대응 관계를 찾아 식으로 나타내기

개념확인 1 미술 시간에 꽃 한 송이에 꽃잎이 6장이 되도록 만들려고 합니다. 꽃의 수와 꽃잎의 수 사이에는 어떤 대응 관계가 있는지 알아보시오.

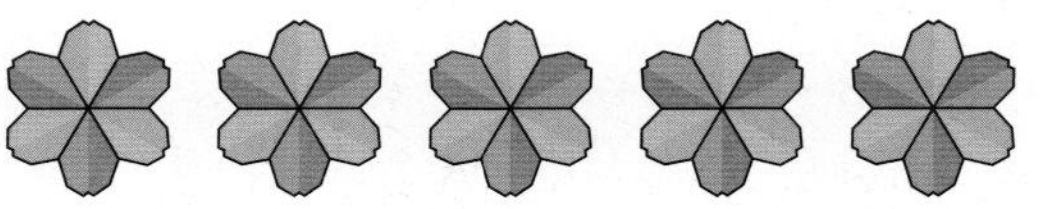

(1) 꽃의 수가 1송이씩 늘어날 때마다 꽃잎의 수는 □장씩 늘어납니다.

(2) 꽃의 수와 꽃잎의 수 사이의 대응 관계를 표로 나타내어 보시오.

꽃의 수(송이)	1	2	3	4	5
꽃잎의 수(장)	6	12	18		

(3) □ 안에 알맞은 수를 써넣으시오.

- 꽃잎의 수는 꽃의 수의 □배입니다.
- 꽃의 수는 꽃잎의 수를 □으로 나눈 몫입니다.

(4) 꽃의 수를 ■, 꽃잎의 수를 ▲라 할 때 두 양 사이의 대응 관계를 식으로 나타내어 보시오.

▲=■×□ 또는 ■=▲÷□

핵심 쏙쏙

기본 문제를 통해 교과서 개념을 다져요.

 효근이는 가게에서 요구르트를 샀습니다. 요구르트 한 팩에는 요구르트가 5개씩 묶여 있습니다. 요구르트 팩의 수와 요구르트 수 사이에는 어떤 대응 관계가 있는지 알아보시오. [1~4]

1 요구르트 팩이 1팩씩 늘어날 때마다 요구르트 수는 몇 개씩 늘어납니까?

(　　　　　)

2 요구르트 팩의 수와 요구르트 수 사이의 대응 관계를 표로 나타내어 보시오.

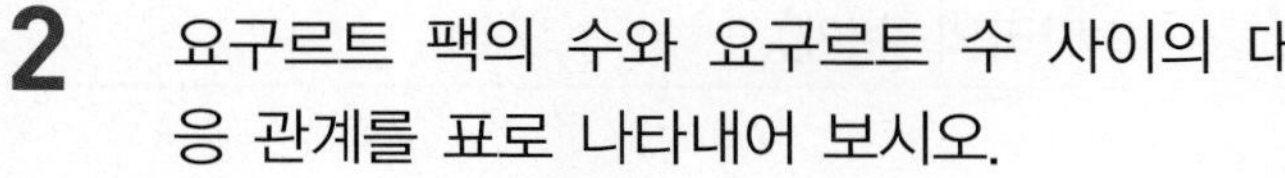

요구르트 팩의 수(팩)	1	2	3	4	5
요구르트 수(개)	5	10			

3 요구르트 팩의 수와 요구르트 수 사이의 대응 관계를 써 보시오.

- (요구르트 수)=(요구르트 팩의 수)× □
- (요구르트 팩의 수)=(요구르트 수)÷ □

4 요구르트 팩의 수를 ■, 요구르트 수를 ▲라 할 때 두 양 사이의 대응 관계를 식으로 나타내어 보시오.

▲=(　　　　　)

■=(　　　　　)

 어느 제과점에서는 저녁 10시가 넘으면 남은 빵을 7개씩 한 봉지에 담아 할인하여 팝니다. 할인하여 파는 봉지의 수와 빵의 수 사이에는 어떤 대응 관계가 있는지 알아보시오. [5~8]

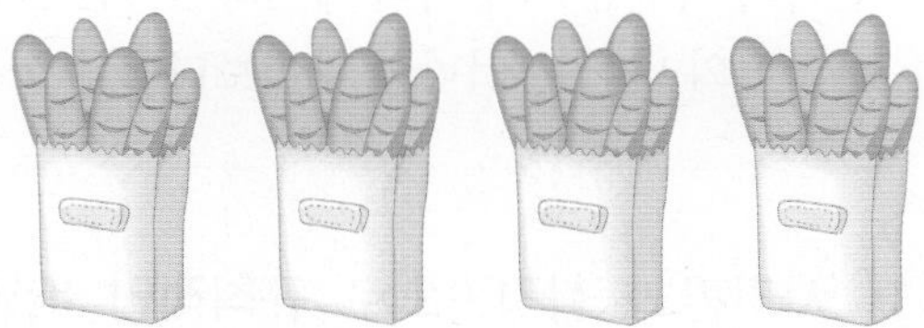

5 봉지가 1봉지씩 늘어날 때마다 빵의 수는 몇 개씩 늘어납니까?

(　　　　　)

6 봉지의 수와 빵의 수 사이의 대응 관계를 표로 나타내어 보시오.

봉지의 수(봉지)	1	2	3	4	5
빵의 수(개)	7	14			

7 봉지의 수와 빵의 수 사이의 대응 관계를 써 보시오.

- (빵의 수)=(봉지의 수)× □
- (봉지의 수)=(빵의 수)÷ □

8 봉지의 수를 ★, 빵의 수를 ●라 할 때 ★과 ● 사이의 대응 관계를 식으로 나타내어 보시오.

●=(　　　　　)

★=(　　　　　)

3 단원

유형 콕콕

유형 1 두 양 사이의 관계 알아보기

가영이의 나이(살)	5	6	7	8
언니의 나이(살)	8	9	10	11

−3, +3

- 언니의 나이는 가영이의 나이보다 3살 많습니다.
- 가영이의 나이는 언니의 나이보다 3살 적습니다.

사각판과 삼각판으로 규칙적인 배열을 만들고 있습니다. 물음에 답하시오. [1-1~1-3]

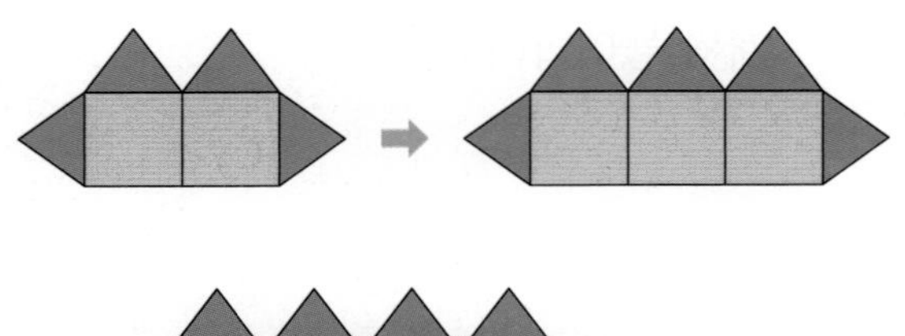

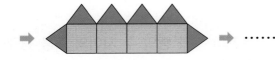

1-1 모양에서 사각판과 삼각판의 수가 어떻게 변하는지 표를 이용하여 알아보시오.

사각판의 수(개)	2	3	4		……
삼각판의 수(개)					……

1-2 사각판이 15개일 때 삼각판은 몇 개 필요합니까?

(　　　　　　　)

1-3 사각판의 수와 삼각판의 수 사이의 대응 관계를 써 보시오.

1-4 접시에 딸기가 6개씩 담겨 있습니다. 빈칸에 알맞은 수를 써넣으시오.

접시의 수(개)	1	2	3	4
딸기의 수(개)	6			

1-5 문어의 다리는 8개입니다. 빈칸에 알맞은 수를 써넣으시오.

문어의 수(마리)	1	2	3	4	5
다리의 수(개)					

1-6 영수의 나이를 나타낸 표입니다. 빈칸에 알맞은 수를 써넣으시오.

연도(년)	2014	2015	2016	2017	2018
영수의 나이(살)			11	12	

1-7 표를 보고 베이징과 도쿄의 시각 사이의 대응 관계를 써 보시오.

베이징	오후 2시	오후 3시	오후 4시	오후 5시
도쿄	오후 3시	오후 4시	오후 5시	오후 6시

 **철봉에는 어떤 규칙이 있는지 알아보시오.** [1-8~1-9]

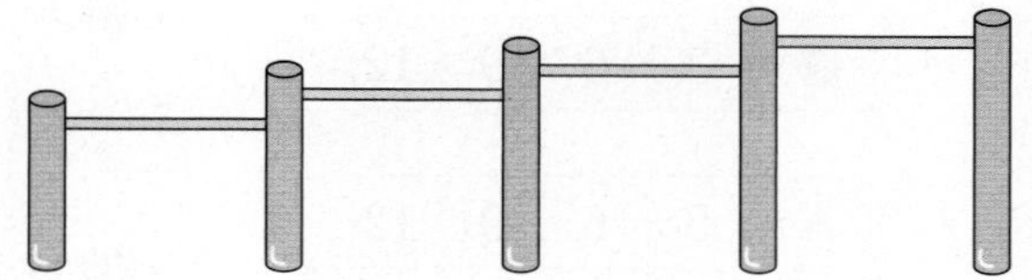

1-8 철봉 대의 수와 철봉 기둥의 수 사이의 대응 관계를 표로 나타내어 보시오.

철봉 대의 수(개)	1	2	3	4
철봉 기둥의 수(개)				

대표유형

1-9 철봉 대의 수와 철봉 기둥의 수 사이에는 어떤 대응 관계가 있는지 여러 가지 방법으로 설명해 보시오.

시험에 잘 나와요

1-10 ▶와 ● 사이의 대응 관계를 나타낸 표입니다. 빈칸에 알맞은 수를 써넣고 ▶와 ● 사이의 대응 관계를 써 보시오.

▶	5	6	7	8	9
●				5	6

1-11 ▲는 ■보다 5 작습니다. 빈칸에 알맞은 수를 써넣으시오.

▲		1	2	3		
■	5				9	10

유형 2 대응 관계를 식으로 나타내는 방법 알아보기

▲	1	2	3	4	5
■	2	3	4	5	6

(−1, +1)

- ▲는 ■보다 1이 작으므로 식으로 나타내면 ▲=■−1입니다.
- ■는 ▲보다 1이 크므로 식으로 나타내면 ■=▲+1입니다.

드론 한 대를 만들려면 날개가 4개 필요합니다. 드론의 수와 날개의 수 사이의 대응 관계를 식으로 나타내 보려고 합니다. 물음에 답하시오. [2-1~2-3]

2-1 드론의 수와 날개의 수 사이의 대응 관계를 표를 이용하여 알아보시오.

드론의 수(대)	1	3	5		……
날개의 수(개)	4			28	……

2-2 드론의 수와 날개의 수 사이의 대응 관계를 써 보시오.

2-3 드론의 수를 ■, 날개의 수를 ▲라고 할 때 두 양 사이의 대응 관계를 식으로 나타내어 보시오.

▲=(　　　　　　)

■=(　　　　　　)

3 단원

2-4 ■와 ▲ 사이의 대응 관계를 나타낸 표입니다. 물음에 답하시오.

■	5	6	7	8	9
▲	2		4		6

(1) ■가 6일 때 ▲는 얼마입니까?

( )

(2) ■가 8일 때 ▲는 얼마입니까?

( )

(3) ■와 ▲ 사이의 대응 관계를 식으로 나타내어 보시오.

▲=( )

■=( )

2-5 ◆와 ♥ 사이의 대응 관계를 식으로 바르게 나타낸 것은 어느 것입니까? ( )

◆	0	1	2	3	4	5
♥	11	10	9	8	7	6

① ♥=◆+11 ② ◆=♥−11
③ ◆=♥+11 ④ ♥=11−◆
⑤ ♥=◆−11

대표유형

2-6 보기와 같이 ●와 ▲ 사이의 대응 관계를 식으로 나타내어 보시오.

보기

■	1	2	3	4	5
★	8	9	10	11	12

➡ ★=■+7, ■=★−7

●	16	15	14	13	12
▲	7	6	5	4	3

➡ ________, ________

2-7 관계있는 것끼리 선으로 이어 보시오.

▲	1	2	3	4
●	3	6	9	12

▲	3	6	9	12
●	1	2	3	4

▲	1	2	3	4
●	4	5	6	7

• ●=▲+3
• ●=▲÷3
• ●=▲×3

2-8 한 변의 길이가 ◉cm인 정사각형의 둘레를 ■cm라고 합니다. ◉와 ■ 사이의 대응 관계를 식으로 나타내어 보시오.

■=( )

◉=( )

잘 틀려요

2-9 가영이는 그림과 같이 면봉으로 탑을 쌓고 있습니다. 탑의 층수를 ■, 면봉의 개수를 ▲라 할 때 두 양 사이의 대응 관계를 식으로 나타내어 보시오.

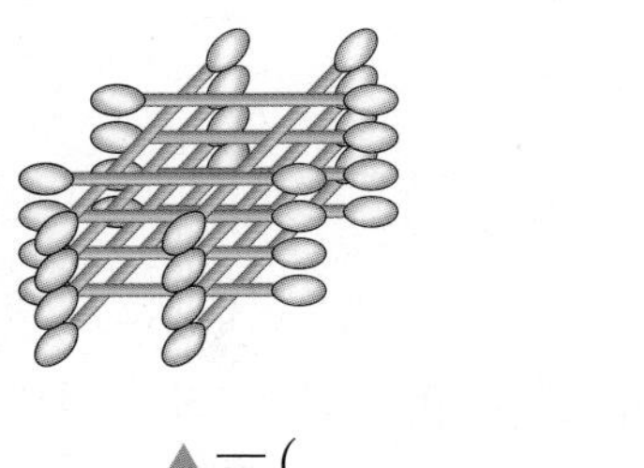

▲=( )

■=( )

유형 3 생활 속에서 대응 관계를 찾아 식으로 나타내기

생활 속에서 두 수 사이의 대응 관계를 찾아 식으로 나타내고 그 식을 이용하여 문제를 해결할 수 있습니다.

만화 영화가 1초 동안 상영되려면 그림이 25장 필요합니다. 영화 상영 시간과 필요한 그림 수 사이에는 어떤 대응 관계가 있는지 알아보시오. [3-1~3-4]

3-1 만화 영화 상영 시간과 필요한 그림 수 사이의 대응 관계를 표로 나타내어 보시오.

시간(초)	1	2	3	4	5
그림 수(장)	25	50			

대표유형

3-2 만화 영화 상영 시간을 ■, 필요한 그림 수를 ▲라 할 때 두 양 사이의 대응 관계를 식으로 나타내어 보시오.

▲=(　　　　　　)

■=(　　　　　　)

3-3 만화 영화가 12초 동안 상영되려면 그림이 모두 몇 장 필요합니까?

(　　　　　　)

3-4 그림이 800장이면 만화 영화를 몇 초 동안 상영할 수 있습니까?

(　　　　　　)

영수는 이쑤시개로 다음과 같은 도형을 만들었습니다. 정사각형의 수와 이쑤시개의 수 사이에는 어떤 대응 관계가 있는지 알아보시오. [3-5~3-8]

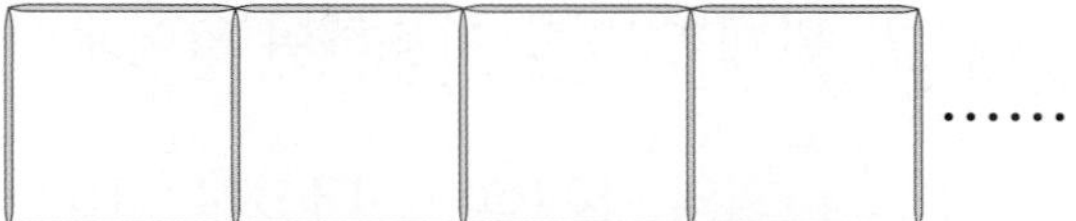

3-5 정사각형의 수와 이쑤시개의 수 사이의 대응 관계를 표로 나타내어 보시오.

정사각형의 수(개)	1	2	3	4	5
이쑤시개의 수(개)	4	7			

3-6 정사각형의 수를 ★, 이쑤시개의 수를 ●라 할 때 두 양 사이의 대응 관계를 식으로 나타내어 보시오.

●=(　　　　　　)

★=(　　　　　　)

3-7 정사각형의 수가 9개일 때 이쑤시개의 수는 몇 개입니까?

(　　　　　　)

잘 틀려요

3-8 이쑤시개의 수가 25개일 때 정사각형의 수는 몇 개입니까?

(　　　　　　)

실력 팍팍

유형콕콕을 통해 다진 기본을 확인하고
신경향 문제를 풀며 실력을 높여요.

1 형의 나이가 13살일 때, 동생의 나이는 8살입니다. 형의 나이와 동생의 나이 사이에는 어떤 대응 관계가 있는지 알아보시오.

(1) 형의 나이와 동생의 나이 사이의 대응 관계를 표를 이용하여 알아보시오.

형의 나이(살)	13	14	15	16	17
동생의 나이(살)	8				

(2) 형의 나이와 동생의 나이 사이의 대응 관계를 써 보시오.

2 누름 못을 사용하여 색종이를 게시판에 붙이고 있습니다. 색종이 수와 누름 못의 수 사이에는 어떤 대응 관계가 있는지 알아보시오.

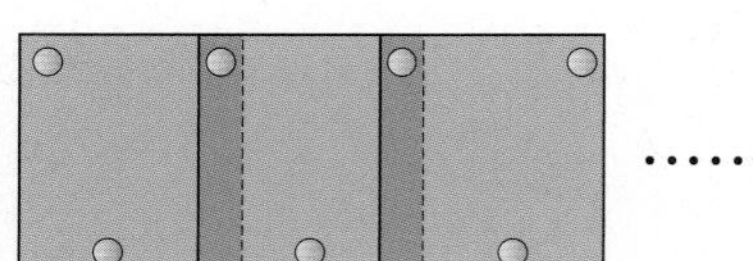

(1) 색종이 수와 누름 못의 수 사이의 대응 관계를 표를 이용하여 알아보시오.

색종이의 수(장)	1	2	3	4	5
누름 못의 수(개)	3				

(2) 색종이 수와 누름 못의 수 사이의 대응 관계를 써 보시오.

3 팔각형의 수와 꼭짓점의 수 사이의 대응 관계를 나타낸 표입니다. 표를 완성하시오.

팔각형의 수(개)	1	3	5	7	9
꼭짓점의 수(개)					

4 ■는 ▲보다 4 큰 수입니다. ■와 ▲ 사이의 대응 관계를 표로 나타내어 보시오.

■	6	8	10		
▲				8	10

5 ●는 ■의 3배입니다. ●와 ■ 사이의 대응 관계를 표로 나타내어 보시오.

●	21	24	27		
■				10	11

6 ▲와 ★ 사이의 대응 관계를 나타낸 표입니다. ㉠과 ㉡에 알맞은 수의 합을 구하시오.

▲	1	2	3	4	5
★	5	10	㉠	20	㉡

(　　　　　　)

7 같은 날 서울과 모스크바의 시각 사이의 대응 관계를 나타낸 표입니다. 물음에 답하시오.

서울	오후 7시	오후 8시	오후 9시	오후 10시
모스크바	오후 1시	오후 2시		

(1) 표의 빈칸에 알맞게 써넣으시오.

(2) 서울의 시각을 ■, 모스크바의 시각을 ▲라 할 때 두 시각 사이의 대응 관계를 식으로 나타내어 보시오.

( )

표를 보고 물음에 답하시오. [8~10]

■	1	2	3	4	5
▲	8	16	24	32	40
●	4	8	12	16	20

8 ■와 ▲ 사이의 대응 관계를 식으로 나타내어 보시오.

( )

9 ▲와 ● 사이의 대응 관계를 식으로 나타내어 보시오.

( )

10 ■와 ● 사이의 대응 관계를 식으로 나타내어 보시오.

( )

표를 보고 ■와 ▲ 사이의 대응 관계를 식으로 나타내어 보시오. [11~12]

11

■	3	6	9	12	15
▲	17	14	11	8	5

( )

12

■	4	8	12	16	20
▲	9	17	25	33	41

( )

13 표를 완성하고 ★과 ▲ 사이의 대응 관계를 식으로 나타내어 보시오.

★	2	4	6	8	
▲	24			96	120

( )

14 문어의 수를 ●, 문어의 다리 수를 ★이라 할 때 ●와 ★ 사이의 대응 관계를 나타낸 표입니다. 표를 완성하고 ●와 ★ 사이의 대응 관계를 식으로 나타내어 보시오.

●	1	4	7		
★	8			72	88

( )

3 단원

15 기차는 1시간에 80 km를 이동합니다. 기차가 이동하는 시간과 이동하는 거리 사이의 대응 관계를 잘못 이야기한 친구를 찾아 옳게 고쳐 보시오.

예슬 : 기차가 이동하는 시간을 ■, 이동하는 거리를 ▲라고 할 때 두 양 사이의 대응 관계는 ▲=80×■야.
석기 : 대응 관계를 알면 이동하는 시간이 클 때도 이동하는 거리를 쉽게 알 수 있어.
지혜 : 이동하는 거리와 이동하는 시간 사이의 관계는 항상 80배로 일정해.
영수 : 대응 관계를 식으로 나타낸 식 ■=▲÷80에서 ■는 이동하는 거리, ▲는 이동하는 시간을 나타내.

잘못 이야기한 친구	
옳게 고쳐 보기	

新 경향문제

16 웅이는 모양 조각과 수 카드를 이용하여 다음과 같은 대응 관계를 만들었습니다. 모양 조각의 수를 ■, 수 카드에 적힌 수를 ▲로 하여 영수가 만든 대응 관계를 식으로 나타내어 보시오.

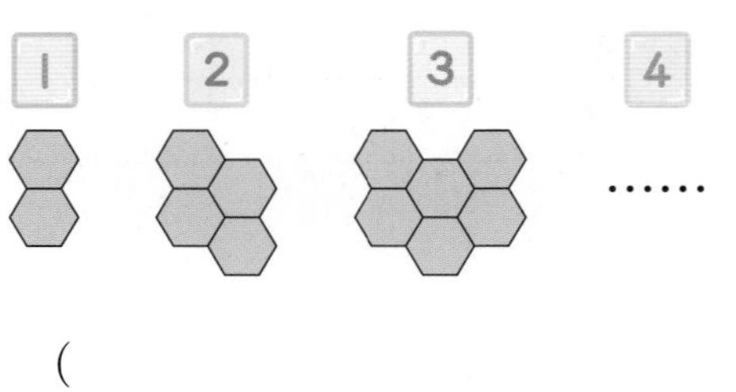

( )

17 그림과 같이 정육각형에 같은 간격으로 점을 찍고 있습니다. 물음에 답하시오.

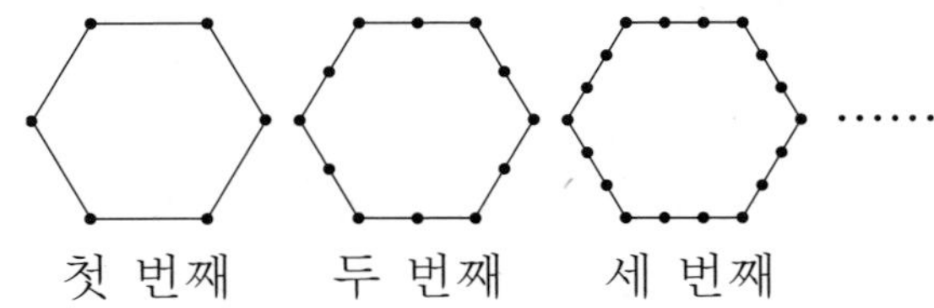

(1) ■번째 정육각형에 찍게 되는 점의 수를 ★개라고 할 때 두 양 사이의 대응 관계를 표로 나타내어 보시오.

■	1	2	3	4	5
★	6	12			

(2) ■와 ★ 사이의 대응 관계를 식으로 나타내어 보시오.

( )

(3) 15번째 정육각형에 찍게 되는 점의 수는 몇 개입니까?

( )

(4) 정육각형에 찍힌 점의 수가 150개라면 몇 번째 정육각형입니까?

( )

18 주변에서 볼 수 있는 대응 관계 중 주어진 식에 해당하는 상황을 찾아 써 보시오.

▣×▣=⊙

한 변이 1 cm인 정사각형을 그림과 같이 규칙적으로 놓아 더 큰 정사각형을 만들어 가고 있습니다. 물음에 답하시오. [19~23]

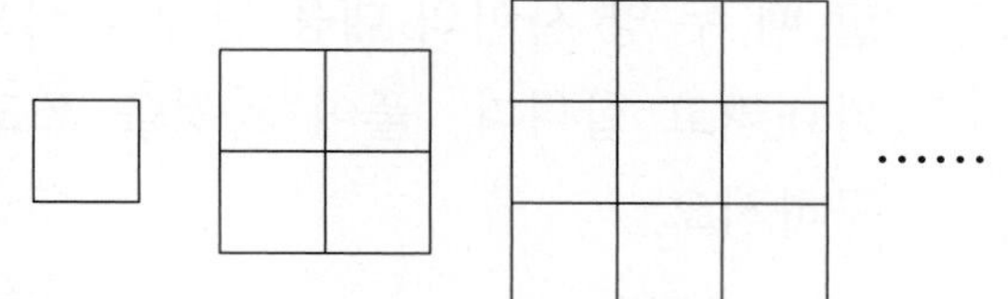

19 규칙에 따라 만든 정사각형의 한 변에 놓인 정사각형의 개수를 ■, 한 변이 1 cm인 정사각형의 개수를 ▲라고 할 때 두 양 사이의 대응 관계를 표로 나타내어 보시오.

■	1	2	3	4	5
▲	1	4			

20 ■와 ▲ 사이의 대응 관계를 식으로 나타내어 보시오.

( )

21 한 변에 놓인 정사각형이 8개이면 한 변이 1 cm인 정사각형의 개수는 몇 개입니까?

( )

22 한 변이 1 cm인 정사각형의 개수가 81개이면 만든 정사각형의 한 변에 놓인 정사각형의 개수는 몇 개입니까?

( )

23 한 변이 1 cm인 정사각형의 개수가 144개이면 만든 정사각형의 둘레는 몇 cm입니까?

( )

24 영수가 일정한 빠르기로 자전거를 탔을 때 탄 시간과 간 거리 사이의 대응 관계를 나타낸 표입니다. 표를 보고 영수가 1시간 30분 동안 자전거를 타고 간 거리는 몇 km인지 구하시오.

자전거를 탄 시간(분)	10	20	30	40	50
간 거리(km)	2	4	6	8	10

( )

25 그림과 같이 직사각형 모양의 6인용 탁자를 한 줄로 이어 붙였습니다. 물음에 답하시오.

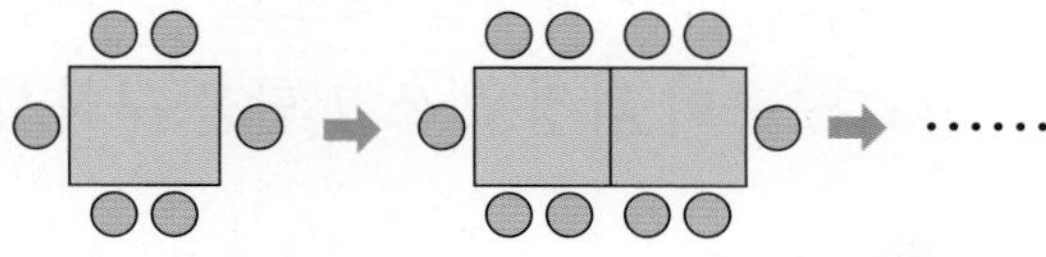

(1) 탁자의 수를 ■, 의자의 수를 ★이라고 할 때 두 양 사이의 대응 관계를 식으로 나타내어 보시오.

( )

(2) 직사각형 모양의 6인용 탁자 8개를 한 줄로 이어 붙였습니다. 이 탁자에 의자를 모두 몇 개 놓을 수 있습니까?

( )

3 단원

서술 유형 익히기

주어진 풀이 과정을 함께 해결하면서
서술형 문제의 해결 방법을 익혀요.

1 누나는 15살, 동민이는 12살입니다. 누나의 나이를 ★, 동민이의 나이를 ▲라고 할 때 두 양 사이의 대응 관계를 식으로 나타내려고 합니다. 풀이 과정을 쓰고 답을 구하시오.

풀이 누나와 동민이의 나이의 차는 15－12＝□(살)입니다.

누나의 나이는 동민이의 나이보다 □살 많으므로 ★＝▲＋□입니다.

동민이의 나이는 누나의 나이보다 □살 적으므로 ▲＝★－□입니다.

답 ★＝▲＋□ 또는 ▲＝★－□

2 식빵 한 개를 만드는 데 달걀이 2개 필요합니다. 식빵의 수를 ◎, 달걀의 수를 ◆라고 할 때 두 양 사이의 대응 관계를 식으로 나타내려고 합니다. 풀이 과정을 쓰고 답을 구하시오.

풀이 식빵 한 개를 만드는 데 달걀이 □개 필요하므로 식빵의 수가 1씩 늘어날 때마다 달걀의 수는 □씩 늘어납니다.

달걀의 수는 식빵의 수의 □배이므로 ◆＝◎×□입니다.

식빵의 수는 달걀의 수를 □로 나눈 몫이므로 ◎＝◆÷□입니다.

답 ◆＝◎×□ 또는 ◎＝◆÷□

1-1 형은 16살, 영수는 11살입니다. 형의 나이를 ★, 영수의 나이를 ●라고 할 때 두 양 사이의 대응 관계를 식으로 나타내려고 합니다. 풀이 과정을 쓰고 답을 구하시오.

풀이 따라하기 ____________________

답 ____________________

2-1 케이크 한 개를 만드는 데 달걀이 8개 필요합니다. 케이크의 수를 ⊙, 달걀의 수를 ◈라고 할 때 두 양 사이의 대응 관계를 식으로 나타내려고 합니다. 풀이 과정을 쓰고 답을 구하시오.

풀이 따라하기 ____________________

답 ____________________

3 ●와 ■ 사이의 대응 관계를 나타낸 표입니다. ●가 20일 때 ■는 얼마인지 풀이 과정을 쓰고 답을 구하시오.

●	1	2	3	4	5	6
■	6	7	8	9	10	11

풀이 ●가 1일 때 ■는 6, ●가 2일 때 ■는 ☐, ●가 3일 때 ■는 ☐, ······입니다.
■는 ●에 ☐를 더한 수이므로 ●와 ■ 사이의 대응 관계를 식으로 나타내면 ■=●+☐입니다.
따라서 ●가 20일 때
■=20+☐=☐입니다.

답 ☐

3-1 ●와 ■ 사이의 대응 관계를 나타낸 표입니다. ●가 30일 때 ■는 얼마인지 풀이 과정을 쓰고 답을 구하시오.

●	1	2	3	4	5	6
■	6	12	18	24	30	36

풀이 따라하기

답

4 면봉으로 그림과 같이 정삼각형을 만들고 있습니다. 정삼각형의 수가 8개일 때 면봉의 수는 몇 개인지 풀이 과정을 쓰고 답을 구하시오.

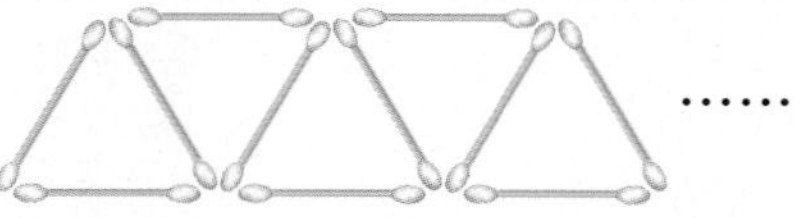

풀이 정삼각형의 수를 ■, 면봉의 수를 ▲라고 할 때 ■와 ▲ 사이의 대응 관계를 식으로 나타내면
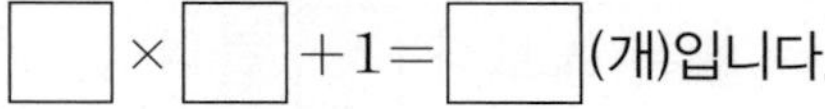
▲=■×☐+1입니다.
따라서 정삼각형의 수가 8개일 때 면봉의 수는
☐×☐+1=☐(개)입니다.

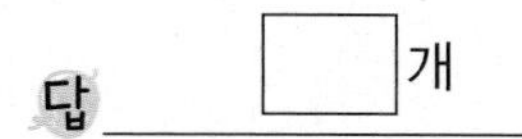
답 ☐개

4-1 면봉으로 그림과 같이 정오각형을 만들고 있습니다. 정오각형의 수가 9개일 때 면봉의 수는 몇 개인지 풀이 과정을 쓰고 답을 구하시오.

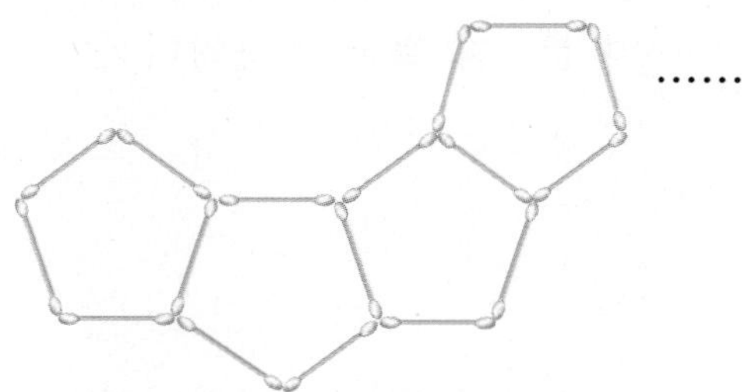

풀이 따라하기

답

3 단원

점수

1 타조의 수와 다리의 수 사이의 대응 관계를 나타낸 표입니다. 빈칸에 알맞은 수를 써넣으시오.

타조의 수(마리)	1	2	3	4
다리의 수(개)				

2 ▲와 ● 사이의 대응 관계를 나타낸 표입니다. □ 안에 알맞은 수를 써넣으시오.

▲	4	5	6	7	8
●	7	8	9	10	11

●는 ▲보다 □ 큽니다.

◆와 ■ 사이의 대응 관계를 나타낸 표입니다. 물음에 답하시오. [3~5]

◆	1	2	3	4	5	6
■		12		24	30	36

3 ◆가 1일 때 ■는 얼마입니까?

( )

4 ◆가 3일 때 ■는 얼마입니까?

( )

5 ◆와 ■ 사이의 대응 관계를 써 보시오.

6 어머니의 연세를 나타낸 표입니다. 빈칸에 알맞은 수를 써넣으시오.

연도(년)	2014	2015	2016	2017	2018
어머니의 연세(세)		40			

7 ◆는 ♥보다 4 큰 수입니다. 빈칸에 알맞은 수를 써넣으시오.

◆			6	7		9
♥	0	1			4	

그림과 같이 누름 못을 사용하여 도화지를 게시판에 붙이고 있습니다. 물음에 답하시오. [8~9]

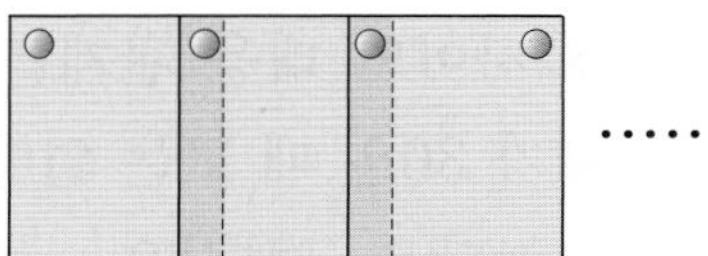

8 빈칸에 알맞은 수를 써넣으시오.

도화지의 수(장)	1	2	3	4	5
누름 못의 수(개)	2	3			

9 도화지의 수와 누름 못의 수 사이의 대응 관계를 써 보시오.

표를 보고 ◆와 ♥ 사이의 대응 관계를 식으로 나타내어 보시오. [10~11]

10

◆	6	7	8	9	10	11
♥	0	1	2	3	4	5

♥=(　　　　　　)

◆=(　　　　　　)

11

◆	1	2	3	4	5	6
♥	11	22	33	44	55	66

♥=(　　　　　　)

◆=(　　　　　　)

12 봉지 한 개에 귤이 6개씩 들어 있습니다. 봉지의 수를 ■, 귤의 수를 ●라고 할 때 두 양 사이의 대응 관계를 식으로 바르게 나타낸 것은 어느 것입니까? (　　　　)

① ■=●+6　② ■=●−6
③ ●=■×6　④ ●=■÷6
⑤ ■=●×6

13 한별이의 나이와 형의 나이를 나타낸 표입니다. 표를 보고 잘못 설명한 것은 어느 것입니까? (　　　　)

한별이의 나이(살)	8	9	10	11	12
형의 나이(살)	11	12	13	14	15

① 형은 한별이보다 3살 많습니다.
② 한별이의 나이와 형의 나이 사이의 대응 관계를 식으로 나타내면
(한별이의 나이)=(형의 나이)−3입니다.
③ 한별이가 17살일 때 형은 20살입니다.
④ 한별이가 2015년에 초등학교에 입학했다면 형은 2012년에 초등학교에 입학했습니다.
⑤ 한별이가 지금 초등학교 2학년이라면 형은 초등학교 6학년입니다.

3 단원

런던은 뉴욕보다 5시간 빠릅니다. 물음에 답하시오. [14~15]

14 표의 빈칸에 알맞은 시각을 써넣으시오.

런던	오후 6시			오후 9시	
뉴욕		오후 2시	오후 3시		오후 5시

15 런던의 시각이 오전 11시라면 뉴욕의 시각은 몇 시입니까?

(　　　　　　)

16 면봉으로 그림과 같이 정삼각형을 만들고 있습니다. 정삼각형의 수를 ●, 면봉의 수를 ★이라고 할 때 ●와 ★ 사이의 대응 관계를 식으로 나타내어 보시오.

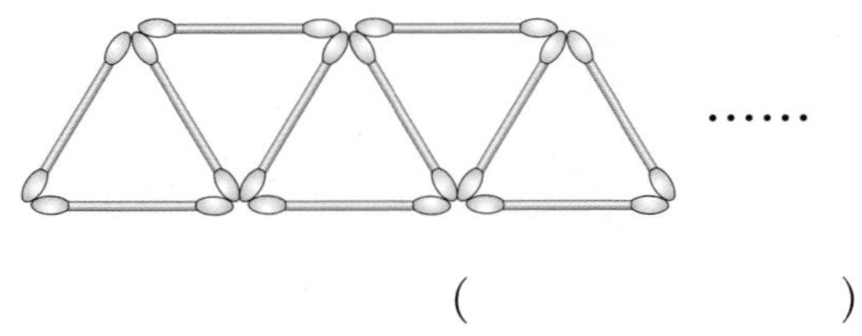

( )

 **면봉으로 그림과 같이 탑을 쌓고 있습니다. 층수를 ■, 면봉의 수를 ▲라고 할 때 물음에 답하시오. [17~18]**

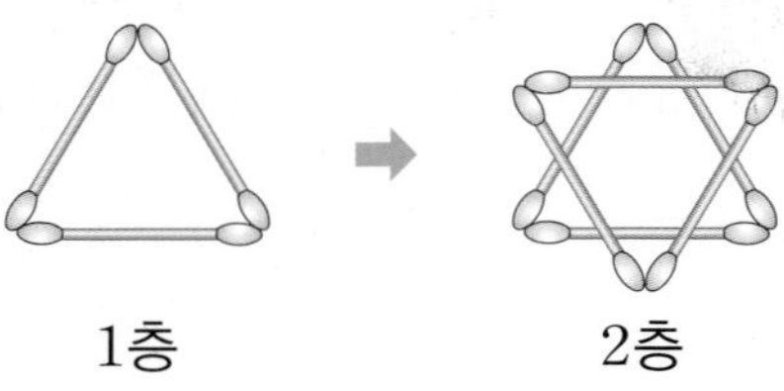

17 ■와 ▲ 사이의 대응 관계를 식으로 나타내어 보시오.

( )

18 면봉 54개를 사용하여 탑을 쌓았다면 몇 층까지 쌓은 것입니까?

( )

한 변이 1 cm인 정사각형을 그림과 같이 규칙적으로 놓아 더 큰 정사각형을 만들어갑니다. 규칙에 따라 만든 정사각형의 한 변에 놓인 가장 작은 정사각형의 수를 ♥개, 그 정사각형의 둘레를 ★ cm라고 할 때 물음에 답하시오. [19~21]

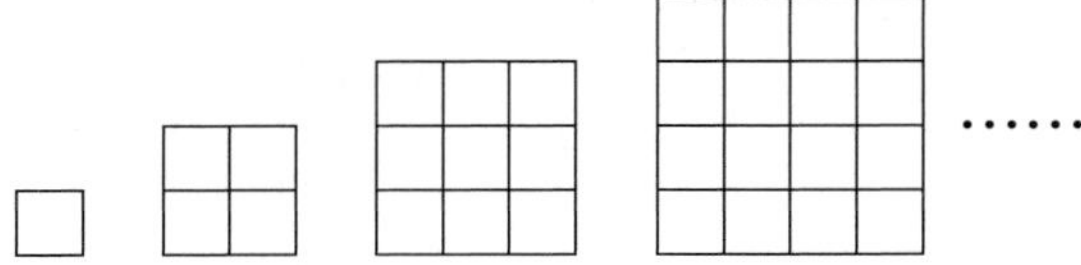

19 ♥와 ★ 사이의 대응 관계를 나타낸 표입니다. 빈칸에 알맞은 수를 써넣으시오.

♥	1	2	3	4	5	6
★	4	8				

20 ♥와 ★ 사이의 대응 관계를 식으로 나타내어 보시오.

( )

21 한 변에 놓인 정사각형이 50개일 때 전체 정사각형의 둘레는 몇 cm입니까?

( )

서술형

22 어느 문구점에서 1000원짜리 공책을 한 권당 100원씩 할인된 가격에 팔고 있습니다. 공책의 수를 ◇, 공책의 가격을 ▣라고 할 때 ◇와 ▣ 사이의 대응 관계를 식으로 나타내고 공책 10권의 가격은 얼마인지 풀이 과정을 쓰고 답을 구하시오.

풀이

답 ______________, ______________

23 ■와 ▲ 사이의 대응 관계가 ■=▲×4가 되는 예를 한 가지 말하고, 표를 만들어 보시오.

풀이

▲					
■					

24 통나무를 9도막으로 자르려고 합니다. 한 번 자르는 데 5분이 걸린다면 쉬지 않고 모두 자르는 데 몇 분이 걸리는지 풀이 과정을 쓰고 답을 구하시오.

풀이

답 ______________

25 그림과 같이 정사각형 모양의 4인용 식탁을 한 줄로 이어 붙이고 있습니다. 이어 붙인 식탁이 12개라면 앉을 수 있는 사람은 모두 몇 명인지 풀이 과정을 쓰고 답을 구하시오.

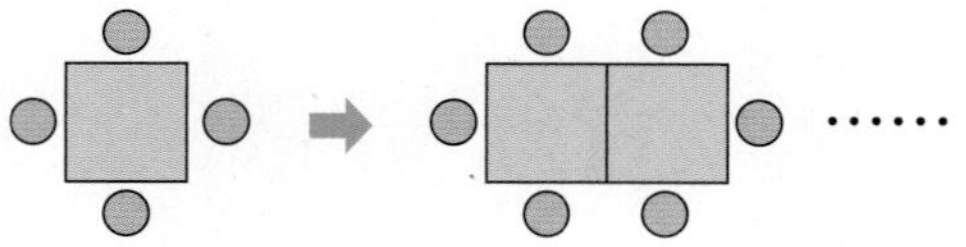

풀이

답 ______________

3 단원

1 웅이는 사각형 조각으로 규칙적인 배열을 만들고 있습니다. 배열 순서와 사각형 조각의 수 사이의 대응 관계를 알아보고, 100번째에 필요한 사각형 조각의 수를 구해 보시오.

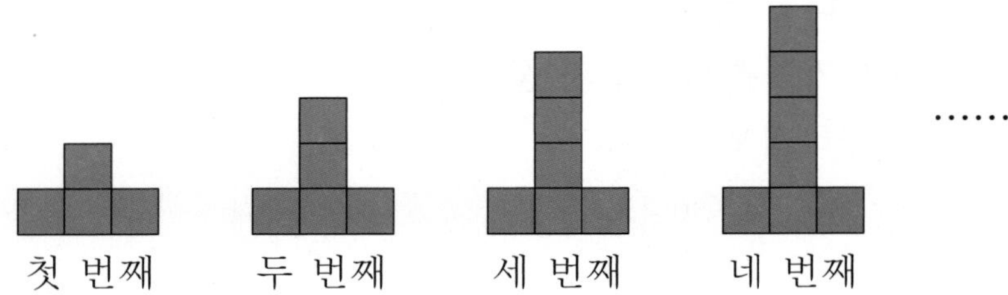

(1) 첫 번째 모양은 사각형 조각으로 어떻게 만들었는지 써 보시오.

( )

(2) 모양에서 변하는 부분과 변하지 않는 부분을 찾아보시오.

변하는 부분	변하지 않는 부분

(3) 배열 순서를 ■, 사각형 조각 수를 ▲라고 할 때 두 양 사이의 대응 관계를 식으로 나타내어 보시오.

( )

(4) 100번째에는 사각형 조각이 몇 개 필요합니까?

( )

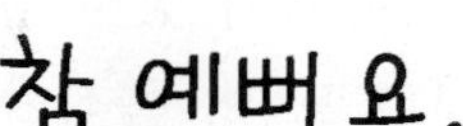

어디서 구해 오셨는지 엄마는 유리컵을 15개나 준비하셨어요. 내가 지금 한 송이씩 갈라 놓은 장미꽃도 열 다섯 송이인데.
우연히 그렇게 되었나보다 하고 생각했더니 엄마는 이미 머릿속으로 계산하여 그렇게 준비하신 거래요.
유리컵 하나에 꽃 한 송이씩 꽂을 거라서 그렇게 준비하셨다는 거죠.
무슨 특별한 날이냐구요? 맞아요. 내일이 우리 삼촌 결혼식이에요.
우리 삼촌이 예식장에서 화려하게 결혼하기를 은근히 바랬는데 삼촌과 아빠가 오랫동안 의논하시더니 아빠 회사에 큰 연회장이 있으니 거기서 친척분들만 모시고 조용한 결혼식을 올리기로 했다네요. 난 좀 섭섭하기도 했지만 삼촌에게 시집오는 숙모에게 멋진 바지와 구두, 그리고 어른처럼 넥타이를 매는 양복 윗도리까지 선물을 받고 보니 결혼식 날이 은근히 기다려졌어요.
그래서 삼촌 결혼식 준비를 하시는 엄마를 열심히 돕고 있어요.
15개의 테이블이 있으니까 15개의 유리컵, 15송이의 장미.
테이블과 유리컵, 그리고 장미꽃이 서로 짝이 되는 거네요.

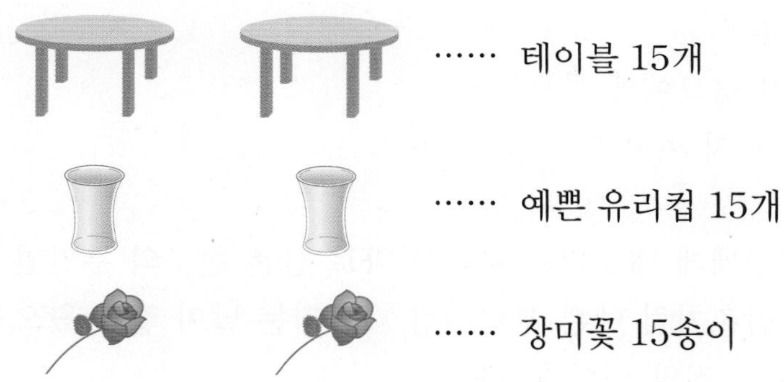

"엄마, 안개꽃도 준비해서 장미꽃이랑 함께 꽂으면 더 예쁠 것 같아요."
라고 누나가 말하자 엄마는 그냥 깔끔하게 장미만 꽂자고 하셨어요.
꽃값이 너무 비싸서 그런가 봐. 엄마는 정말 구두쇠야. 나 시집갈 때도 저렇게 장미 한 송이씩만 꽂아 주면 어떻게 하지? 난 꼭 더 화려한 꽃으로 멋지게 장식할 거야라고 누나는 혼자 궁시렁궁시렁 대고 있어요.
드디어 삼촌 결혼식 날이에요.
약속이나 한 듯 한 테이블에 6명씩 둘러 앉으신 친척 어른들이 싱글벙글 다들 기분이 좋으세요. 동그랗고 깔끔한 접시에 떡이 가지런히 놓여 있는데 어느 테이블에나 똑같은 떡이 놓이고 할머니가 새로 담그신 물김치도 똑같은 모양의 그릇에 담겨 있어요.

3
단원

생활 속의 수학

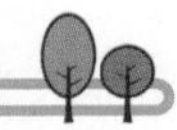

"이 집 큰 며느리가 성격이 똑 부러진다더니 상차림을 보니 과연 그렇구먼."

"테이블, 물컵, 꽃, 떡, 물김치, 그리고 또 이 음식들 모두가 딱딱 대응이 되는구먼."

어른들께서 웃으시면서 엄마 칭찬을 늘어놓으세요.

대응이 뭘까하고 갸웃하던 나는 어른들 말씀을 듣고는 알아차렸어요. 신랑이랑 신부, 아빠랑 엄마, 누나하고 나, 할아버지와 할머니, 외할아버지와 외할머니, 큰 삼촌과 큰 숙모, 작은 이모와 작은 이모부, ……. 모두 모두 짝을 이루고 있었거든요. 어머나, 그러고보니 우리 집 강아지 두 마리도 짝을 이루고 있어요. 누나가 굳이 데리고 와야한다면서 문 앞에 매어 놓은 강아지 두 마리도 서로 대응을 이루고 있었다니까요.

신랑, 신부 입장!

사회를 보는 삼촌 친구가 목청 높여 소리치자 모두들 조용해졌어요.

"저 사람은 결혼했수?"

나지막하게 큰 고모가 숙모에게 물으시자

"저기 혼자 앉아있는 저 여자가 부인이에요."

라고 속닥여주세요.

사회를 보는 삼촌 친구에게 대응되는 사람은 바로 삼촌 친구의 부인인 거죠?

나도 누나가 아니라 삼촌처럼 예쁜 부인이랑 대응되는 날이 빨리 왔으면 하는 생각이 들었어요. 새로 맞는 숙모는 정말 예뻤거든요.

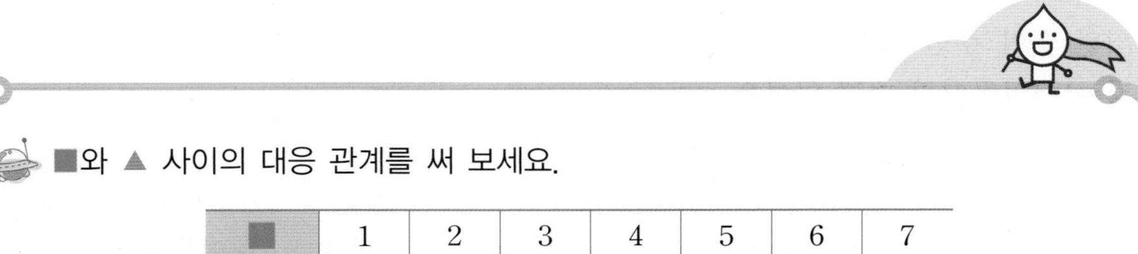

■와 ▲ 사이의 대응 관계를 써 보세요.

■	1	2	3	4	5	6	7
▲	4	5	6	7	8	9	10

4 약분과 통분

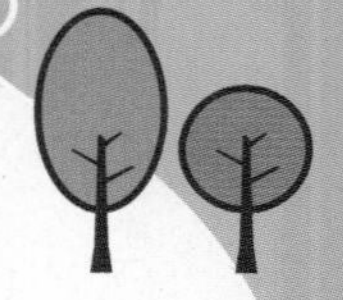

이전에 배운 내용

- 분모가 같은 분수의 크기 비교하기
- 약수와 배수

이번에 배울 내용

1. 크기가 같은 분수 알아보고 만들기
2. 분수를 간단하게 나타내어 보기
3. 통분 알아보기
4. 분수의 크기 비교하기
5. 분수와 소수의 크기 비교하기

다음에 배울 내용

- 분수의 덧셈과 뺄셈
- 분수의 곱셈과 나눗셈

개념 탄탄 1. 크기가 같은 분수 알아보고 만들기

교과서 개념을 이해하고 확인 문제를 통해 익혀요.

크기가 같은 분수 알아보기

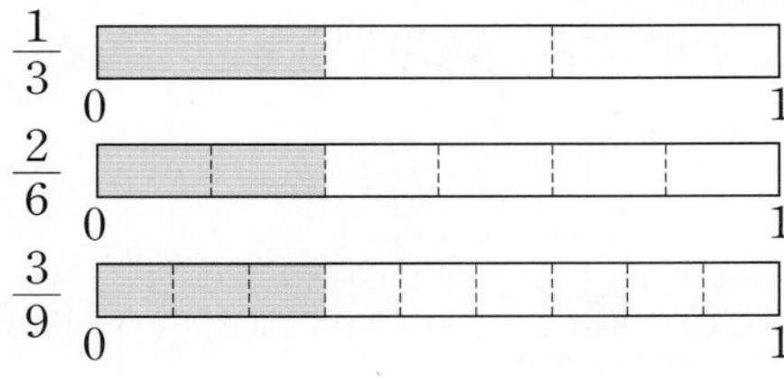

전체에 대한 색칠한 부분의 크기가 모두 같으므로 $\frac{1}{3}$, $\frac{2}{6}$, $\frac{3}{9}$, ... 은 크기가 같은 분수입니다.

크기가 같은 분수 만들기

• 분모와 분자에 0이 아닌 같은 수를 곱하면 크기가 같은 분수가 됩니다.

$$\frac{1}{2}=\frac{1\times2}{2\times2}=\frac{2}{4},\ \frac{1}{2}=\frac{1\times3}{2\times3}=\frac{3}{6}$$

• 분모와 분자를 0이 아닌 같은 수로 나누면 크기가 같은 분수가 됩니다.

$$\frac{8}{12}=\frac{8\div2}{12\div2}=\frac{4}{6},\ \frac{8}{12}=\frac{8\div4}{12\div4}=\frac{2}{3}$$

개념잡기

- 전체에 대한 색칠한 부분의 크기가 같으면 크기가 같은 분수입니다.
- 대분수에서 크기가 같은 분수를 만들려면 자연수 부분은 그대로 두고 진분수 부분만 분모와 분자에 0이 아닌 같은 수를 곱하거나 분모와 분자를 0이 아닌 같은 수로 나눕니다.

예 • $1\frac{1}{2}$과 크기가 같은 분수 만들기

$1\frac{1}{2}=1\frac{1\times2}{2\times2}=1\frac{2}{4}$

• $1\frac{8}{12}$과 크기가 같은 분수 만들기

$1\frac{8}{12}=1\frac{8\div2}{12\div2}=1\frac{4}{6}$

크기가 같은 분수 알아보기

개념확인 1 $\frac{1}{2}$, $\frac{2}{4}$, $\frac{3}{6}$의 크기가 같은지 알아보려고 합니다. 주어진 분수만큼 각각 색칠하고, 알맞은 말에 ○표 하시오.

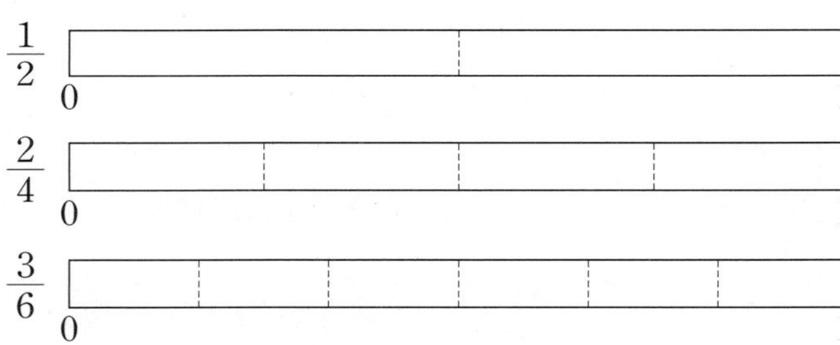

$\frac{1}{2}$, $\frac{2}{4}$, $\frac{3}{6}$의 크기는 서로 (같습니다, 다릅니다).

크기가 같은 분수 만들기

개념확인 2 그림을 보고 크기가 같은 분수가 되도록 □ 안에 알맞은 수를 써넣으시오.

(1)

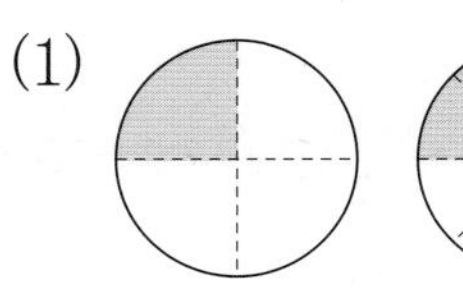

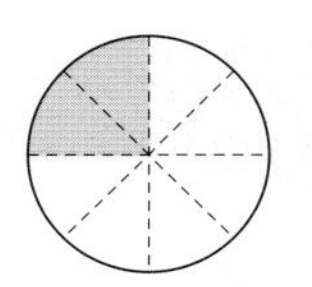

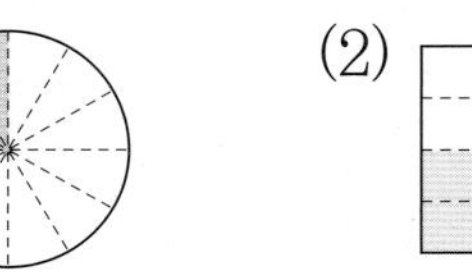

$$\frac{1}{4}=\frac{1\times\square}{4\times\square}=\frac{1\times\square}{4\times\square}$$

(2)

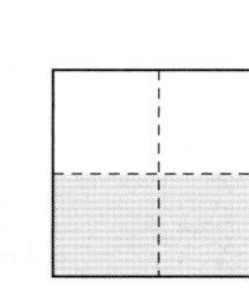

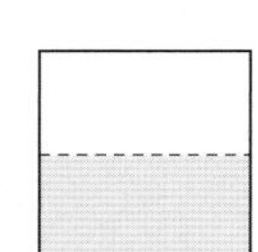

$$\frac{4}{8}=\frac{4\div\square}{8\div\square}=\frac{4\div\square}{8\div\square}$$

Step 2

핵심 쏙쏙

기본 문제를 통해 교과서 개념을 다져요.

4 단원

중요

1 분수만큼 색칠하고 크기가 같은 분수에 ○표 하시오.

(1)

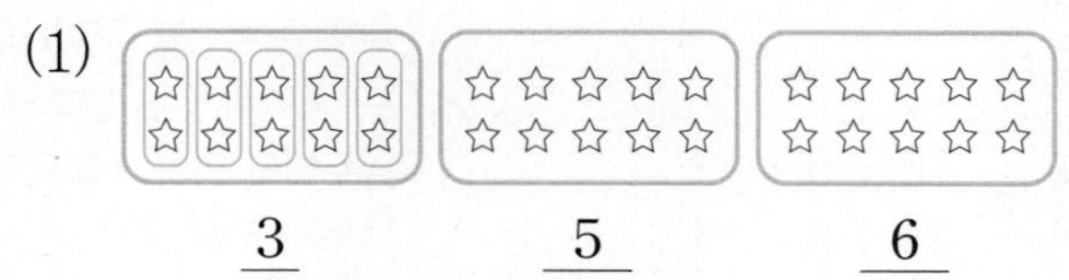

$\frac{3}{5}$　　$\frac{5}{10}$　　$\frac{6}{10}$

(2)

$\frac{1}{3}$　　$\frac{4}{6}$　　$\frac{8}{12}$

2 그림에 $\frac{3}{4}$과 크기가 같도록 색칠하고 □ 안에 알맞은 수를 써넣으시오.

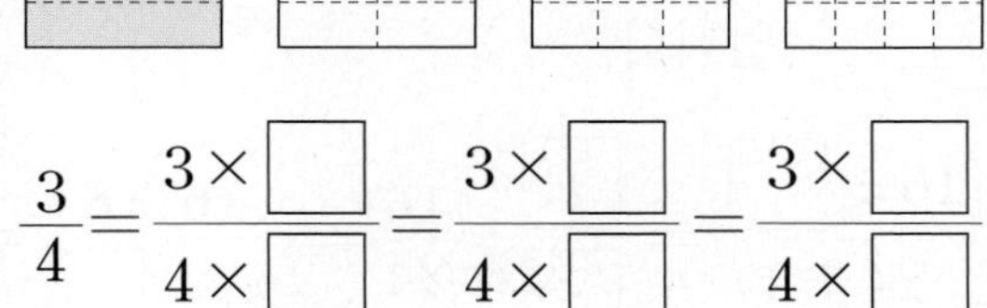

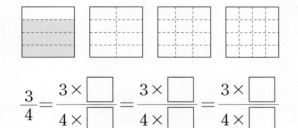

$\frac{3}{4}=\frac{3\times\square}{4\times\square}=\frac{3\times\square}{4\times\square}=\frac{3\times\square}{4\times\square}$

3 그림에 $\frac{8}{16}$과 크기가 같도록 색칠하고 □ 안에 알맞은 수를 써넣으시오.

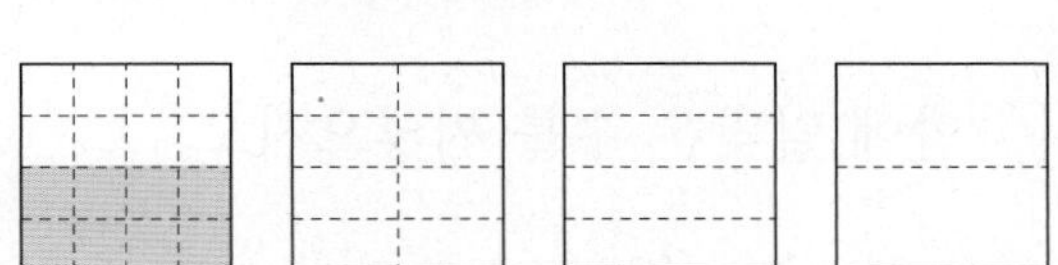

$\frac{8}{16}=\frac{8\div\square}{16\div\square}=\frac{8\div\square}{16\div\square}=\frac{8\div\square}{16\div\square}$

4 □ 안에 알맞은 수를 써넣으시오.

(1)

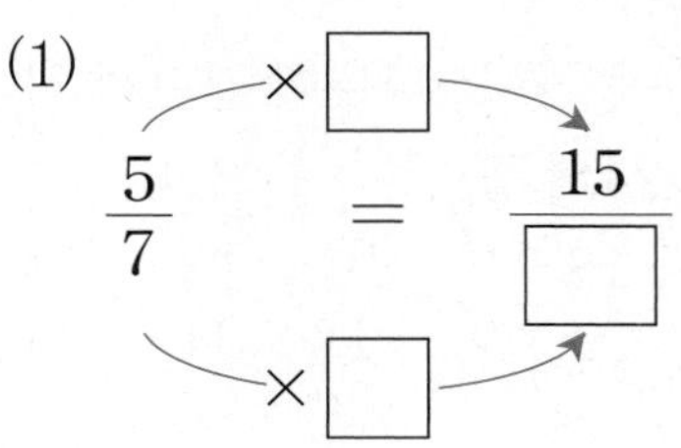

$\frac{5}{7}=\frac{15}{\square}$ (×□, ×□)

(2)

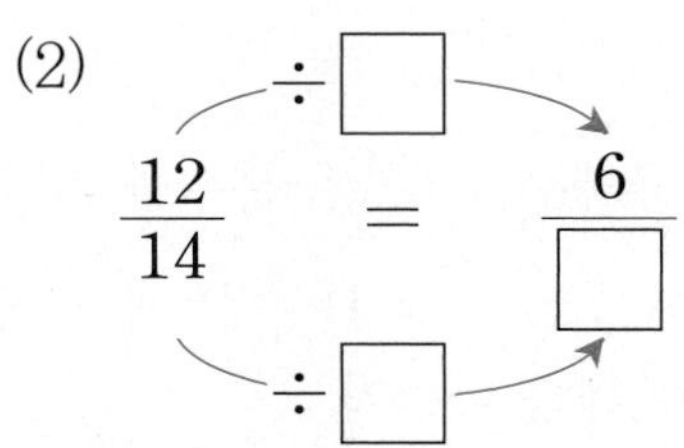

$\frac{12}{14}=\frac{6}{\square}$ (÷□, ÷□)

5 □ 안에 알맞은 수를 써넣으시오.

(1) $\frac{4}{5}=\frac{8}{\square}$　　(2) $\frac{6}{11}=\frac{\square}{77}$

(3) $\frac{9}{27}=\frac{3}{\square}$　　(4) $\frac{20}{32}=\frac{\square}{8}$

6 크기가 같은 분수를 분모가 가장 작은 것부터 3개 쓰시오.

(1) $\frac{5}{6}$ ➡ (　　　　　　)

(2) $\frac{3}{7}$ ➡ (　　　　　　)

개념 탄탄 2. 분수를 간단하게 나타내어 보기

교과서 개념을 이해하고 확인 문제를 통해 익혀요.

약분

분모와 분자를 공약수로 나누어 간단히 하는 것을 약분한다고 합니다.

㉮ 18과 24의 공약수 : 1, 2, 3, 6

$$\frac{18}{24}=\frac{18\div2}{24\div2}=\frac{9}{12},\ \frac{18}{24}=\frac{18\div3}{24\div3}=\frac{6}{8},\ \frac{18}{24}=\frac{18\div6}{24\div6}=\frac{3}{4}$$

기약분수

분모와 분자의 공약수가 1뿐인 분수를 기약분수라고 합니다.

• 분모와 분자의 공약수가 1이 될 때까지 공약수로 계속 나누기

$$\frac{4}{16} \Rightarrow \frac{\overset{2}{\cancel{4}}}{\underset{8}{\cancel{16}}} \Rightarrow \frac{\overset{\overset{1}{\cancel{2}}}{\cancel{4}}}{\underset{\underset{4}{\cancel{8}}}{\cancel{16}}} \Rightarrow \frac{1}{4}$$

• 분모와 분자를 최대공약수로 나누기

$$\frac{4}{16}=\frac{4\div4}{16\div4}=\frac{1}{4}$$

└→ 4와 16의 최대공약수

개념잡기

- 약분할 때에는 먼저 분모와 분자의 공약수를 구합니다. 공약수 중에서 1은 분모와 분자를 나누어도 변화가 없으므로 1로 나누지 않습니다.
- 기약분수는 더 이상 약분이 되지 않는 분수를 말합니다.

약분 알아보기

개념확인 1 $\frac{16}{24}$과 크기가 같고 분모가 24보다 작은 분수를 만들어 보시오.

(1) 16과 24의 공약수는 □, □, □, □입니다.

(2) $\frac{16}{24}=\frac{16\div2}{24\div\square}=\frac{\square}{\square}$, $\frac{16}{24}=\frac{16\div\square}{24\div4}=\frac{\square}{\square}$, $\frac{16}{24}=\frac{16\div8}{24\div\square}=\frac{\square}{\square}$

(3) $\frac{16}{24}$과 크기가 같고 분모가 24보다 작은 분수는 $\frac{\square}{\square}$, $\frac{\square}{\square}$, $\frac{\square}{\square}$입니다.

기약분수로 나타내기

개념확인 2 $\frac{24}{36}$를 기약분수로 나타내려고 합니다. □ 안에 알맞은 수를 써넣으시오.

(1) 분모와 분자를 공약수로 계속 나누기

$$\frac{24}{36}=\frac{\overset{12}{\cancel{24}}}{\underset{18}{\cancel{36}}}=\frac{\overset{\overset{\square}{\cancel{12}}}{\cancel{24}}}{\underset{\underset{\square}{\cancel{18}}}{\cancel{36}}}=\frac{\overset{\overset{\overset{\square}{\cancel{6}}}{\cancel{12}}}{\cancel{24}}}{\underset{\underset{\underset{\square}{\cancel{9}}}{\cancel{18}}}{\cancel{36}}}=\frac{\square}{\square}$$

(2) 분모와 분자를 최대공약수로 나누기

$$\frac{24}{36}=\frac{24\div12}{36\div\square}=\frac{\square}{\square}$$

1 □ 안에 알맞은 말을 써넣으시오.

> $\frac{1}{5}$, $\frac{2}{9}$와 같이 분모와 분자의 공약수가 1뿐인 분수를 □라고 합니다.

2 $\frac{12}{18}$를 약분하려고 합니다. □ 안에 알맞은 수를 써넣으시오.

> 12와 18의 공약수 : 1, □, □, □

$$\frac{12}{18}=\frac{12\div 2}{18\div \square}=\frac{\square}{\square}$$

$$\frac{12}{18}=\frac{12\div \square}{18\div 3}=\frac{\square}{\square}$$

$$\frac{12}{18}=\frac{12\div \square}{18\div \square}=\frac{\square}{\square}$$

3 약분하여 □ 안에 알맞은 수를 써넣으시오.

(1) $\frac{10}{25}=\frac{2}{\square}$ (2) $\frac{54}{81}=\frac{\square}{9}$

4 기약분수를 모두 찾아 ○표 하시오.

> $\frac{2}{5}$ $\frac{4}{7}$ $\frac{6}{9}$ $\frac{8}{12}$ $\frac{9}{15}$ $\frac{13}{20}$

5 보기 와 같이 공약수로 약분하여 기약분수로 나타내시오.

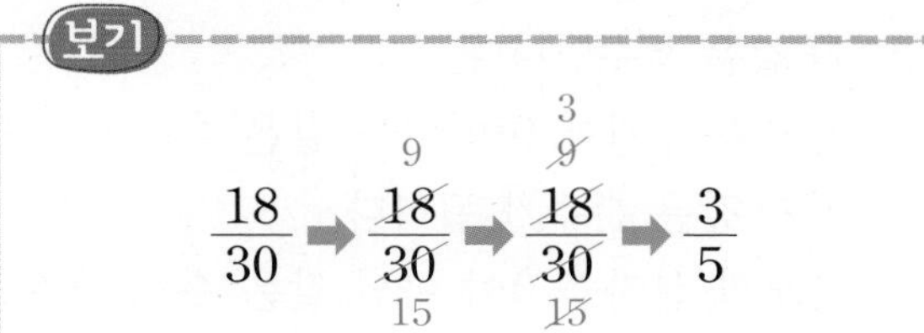

(1) $\frac{16}{28}$

(2) $\frac{20}{32}$

6 보기 와 같이 최대공약수로 약분하여 기약분수로 나타내시오.

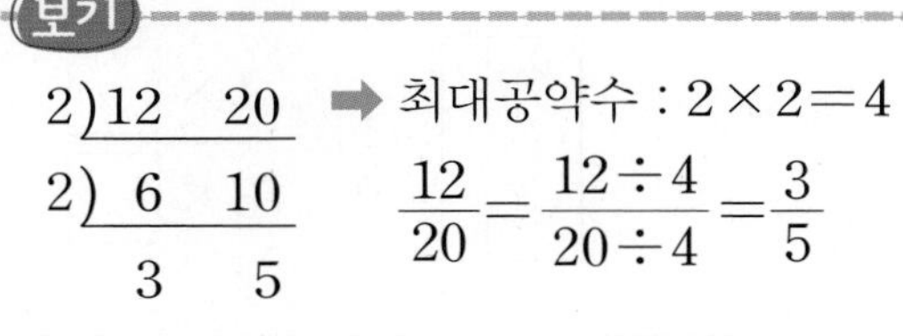

(1) $\frac{9}{27}$

(2) $\frac{28}{42}$

7 기약분수로 나타내시오.

(1) $\frac{12}{15}$ (2) $\frac{27}{36}$

(3) $\frac{30}{50}$ (4) $\frac{48}{72}$

유형 1 크기가 같은 분수 알아보고 만들기

- 전체에 대한 색칠한 부분의 크기가 같으면 크기가 같은 분수입니다.
- 분모와 분자에 0이 아닌 같은 수를 곱하면 크기가 같은 분수가 됩니다.
- 분모와 분자를 0이 아닌 같은 수로 나누면 크기가 같은 분수가 됩니다.

1-1 그림을 보고 크기가 같은 분수가 되도록 □ 안에 알맞은 수를 써넣으시오.

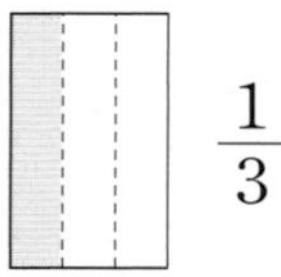

$\frac{1}{3}$

$\frac{1}{3}=\frac{1\times\square}{3\times\square}$

$\frac{1}{3}=\frac{1\times\square}{3\times\square}$

1-2 그림을 보고 크기가 같은 분수가 되도록 □ 안에 알맞은 수를 써넣으시오.

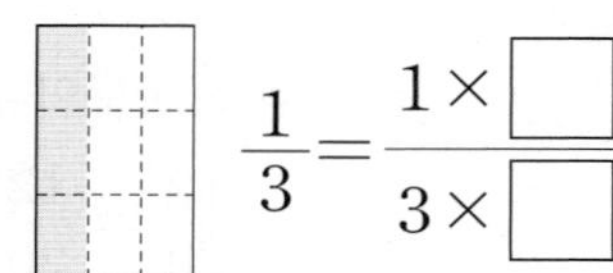

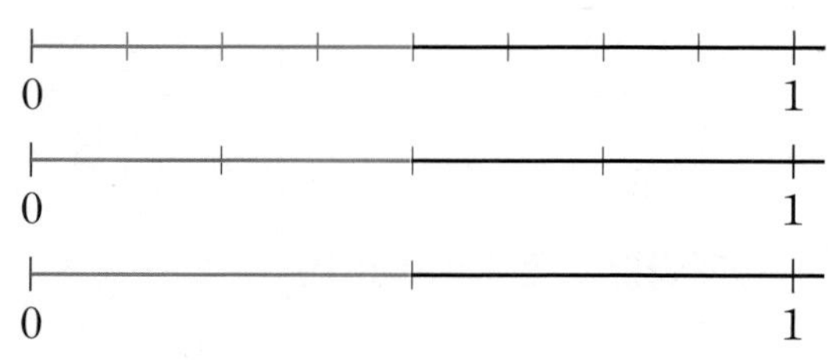

$\frac{4}{8}=\frac{4\div\square}{8\div\square}=\frac{4\div\square}{8\div\square}$

대표유형

1-3 분수만큼 각각 색칠하고 크기가 같은 분수끼리 짝지어 쓰시오.

(1)

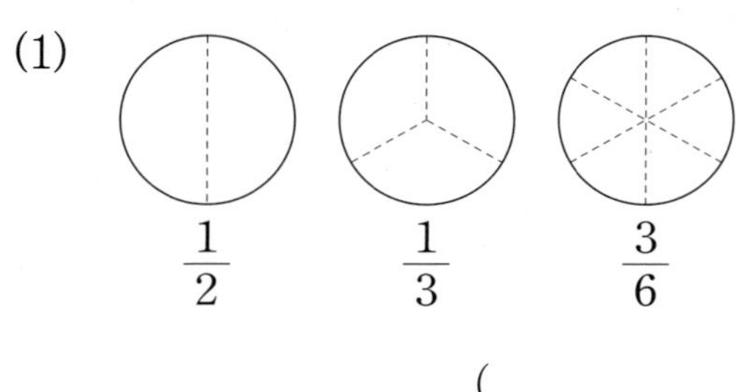

$\frac{1}{2}$ $\frac{1}{3}$ $\frac{3}{6}$

(　　　　　　)

(2)

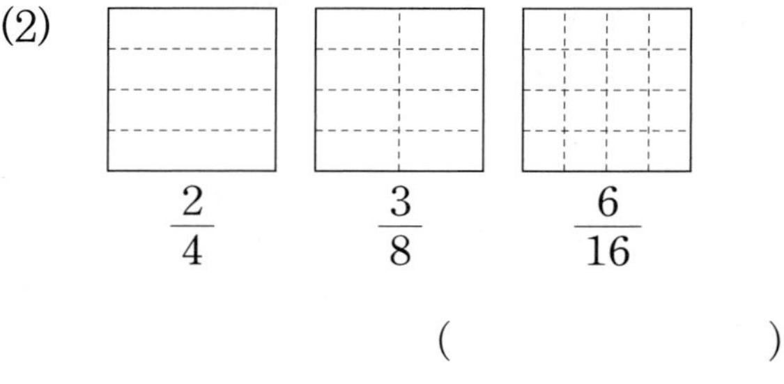

$\frac{2}{4}$ $\frac{3}{8}$ $\frac{6}{16}$

(　　　　　　)

1-4 그림에 $\frac{1}{2}$과 크기가 같도록 색칠하고 □ 안에 알맞은 수를 써넣으시오.

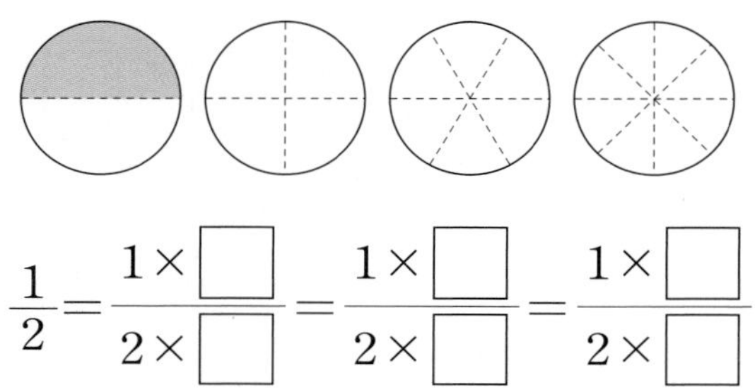

$\frac{1}{2}=\frac{1\times\square}{2\times\square}=\frac{1\times\square}{2\times\square}=\frac{1\times\square}{2\times\square}$

1-5 그림에 $\frac{12}{18}$와 크기가 같도록 색칠하고 □ 안에 알맞은 수를 써넣으시오.

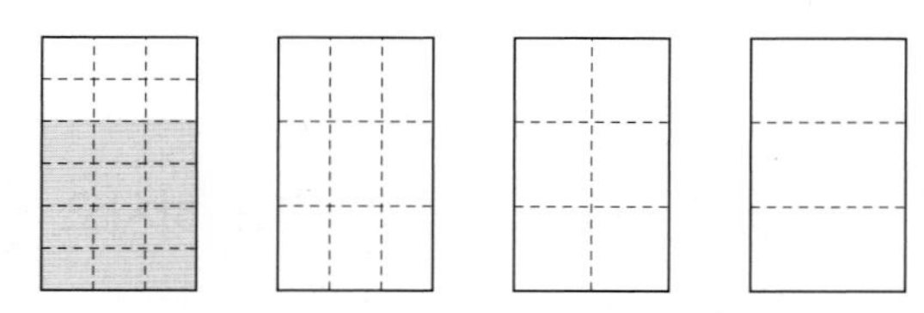

$\frac{12}{18}=\frac{12\div\square}{18\div\square}=\frac{12\div\square}{18\div\square}=\frac{12\div\square}{18\div\square}$

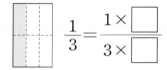

1-6 □ 안에 알맞은 수를 써넣으시오.

(1)

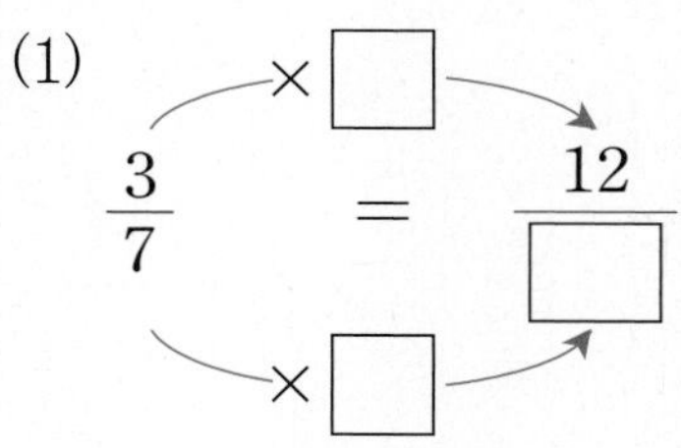

$\frac{3}{7} = \frac{12}{\square}$ (×□, ×□)

(2)

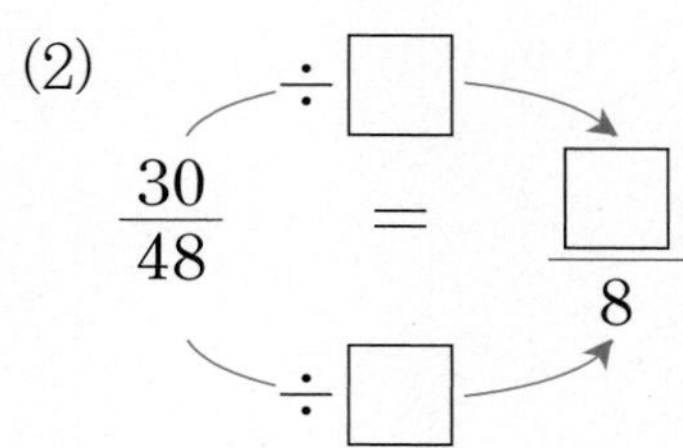

$\frac{30}{48} = \frac{\square}{8}$ (÷□, ÷□)

시험에 잘 나와요

1-7 $\frac{4}{9}$와 크기가 같은 분수를 분모가 가장 작은 것부터 3개 쓰시오.

(　　　　　　)

1-8 $\frac{3}{7}$과 크기가 같은 분수를 모두 찾아 기호를 쓰시오.

㉠ $\frac{3}{10}$	㉡ $\frac{6}{14}$	㉢ $\frac{6}{7}$
㉣ $\frac{9}{21}$	㉤ $\frac{7}{28}$	㉥ $\frac{15}{35}$

(　　　　　　)

1-9 왼쪽의 분수와 크기가 같은 분수를 모두 찾아 ○표 하시오.

$\frac{12}{36}$	$\frac{1}{2}$	$\frac{1}{3}$	$\frac{2}{4}$	$\frac{2}{6}$	$\frac{3}{9}$	$\frac{4}{12}$

1-10 □ 안에 알맞은 수를 써넣으시오.

(1) $\frac{1}{5} = \frac{2}{\square} = \frac{\square}{15} = \frac{4}{\square} = \cdots\cdots$

(2) $\frac{18}{30} = \frac{9}{\square} = \frac{\square}{10} = \frac{3}{\square}$

1-11 크기가 같은 분수끼리 짝지어진 것이 아닌 것을 찾아 기호를 쓰시오.

㉠ $(\frac{2}{5}, \frac{8}{20})$	㉡ $(\frac{16}{32}, \frac{2}{4})$
㉢ $(\frac{5}{8}, \frac{30}{40})$	㉣ $(\frac{14}{24}, \frac{7}{12})$

(　　　　　　)

1-12 $\frac{12}{20}$와 크기가 같은 분수를 모두 고르시오. (　　　　)

① $\frac{1}{4}$　② $\frac{3}{5}$　③ $\frac{6}{10}$　④ $\frac{24}{40}$　⑤ $\frac{28}{60}$

1-13 크기가 나머지 셋과 다른 하나를 찾아 기호를 쓰시오.

㉠ $\frac{3}{6}$	㉡ $\frac{5}{8}$
㉢ $\frac{9}{18}$	㉣ $\frac{18}{36}$

(　　　　　　)

유형 2 분수를 간단하게 나타내어 보기

- 분모와 분자를 공약수로 나누어 간단히 하는 것을 약분한다고 합니다.
- 분모와 분자의 공약수가 1뿐인 분수를 기약분수라고 합니다.

2-1 $\frac{48}{72}$을 약분할 수 없는 수는 어느 것입니까? (　　　)

① 2　② 3　③ 6　④ 8　⑤ 16

2-2 $\frac{24}{60}$를 약분한 것입니다. □ 안에 알맞은 수를 써넣으시오.

(1) $\frac{24}{60}=\frac{24\div\square}{60\div2}=\frac{\square}{30}$

(2) $\frac{24}{60}=\frac{24\div3}{60\div\square}=\frac{8}{\square}$

(3) $\frac{24}{60}=\frac{24\div\square}{60\div4}=\frac{\square}{15}$

(4) $\frac{24}{60}=\frac{24\div6}{60\div\square}=\frac{4}{\square}$

(5) $\frac{24}{60}=\frac{24\div\square}{60\div12}=\frac{\square}{5}$

2-3 약분한 분수를 모두 써 보시오.

(1) $\frac{48}{64}$ (　　　　　　　　　)

(2) $\frac{56}{84}$ (　　　　　　　　　)

잘 틀려요

2-4 약분하여 만들 수 있는 분수의 개수가 가장 많은 것을 찾아 기호를 쓰시오.

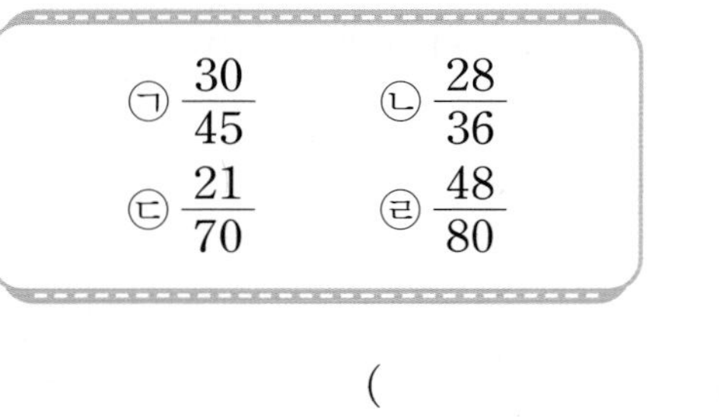

(　　　　　　)

2-5 $\frac{30}{42}$을 약분하려고 합니다. 1을 제외하고 분모와 분자를 나눌 수 있는 수를 모두 구하시오.

(　　　　　　)

2-6 기약분수를 모두 고르시오. (　　　　)

① $\frac{5}{6}$　② $\frac{4}{10}$

③ $\frac{9}{21}$　④ $\frac{7}{27}$

⑤ $\frac{13}{39}$

2-7 기약분수가 아닌 것을 모두 찾아 쓰시오.

$\frac{1}{2}$　$\frac{9}{27}$　$\frac{7}{20}$　$\frac{15}{18}$　$\frac{13}{15}$

(　　　　)

2-8 $\frac{8}{12}$을 기약분수로 나타내려고 합니다. □ 안에 알맞은 수를 써넣으시오.

$$\frac{8}{12}=\frac{8\div\square}{12\div2}=\frac{\square}{6}$$

$$\Rightarrow \frac{4}{6}=\frac{4\div\square}{6\div\square}=\frac{\square}{\square}$$

2-9 $\frac{32}{40}$를 분모와 분자의 최대공약수로 약분하여 기약분수로 나타내려고 합니다. □ 안에 알맞은 수를 써넣으시오.

$$\frac{32}{40}=\frac{32\div\square}{40\div\square}=\frac{\square}{\square}$$

2-10 기약분수로 나타내시오.

(1) $\frac{33}{55}$　(2) $\frac{32}{56}$

(3) $\frac{60}{84}$　(4) $\frac{42}{105}$

2-11 왼쪽 수를 약분한 분수를 찾아 선으로 이어 보시오.

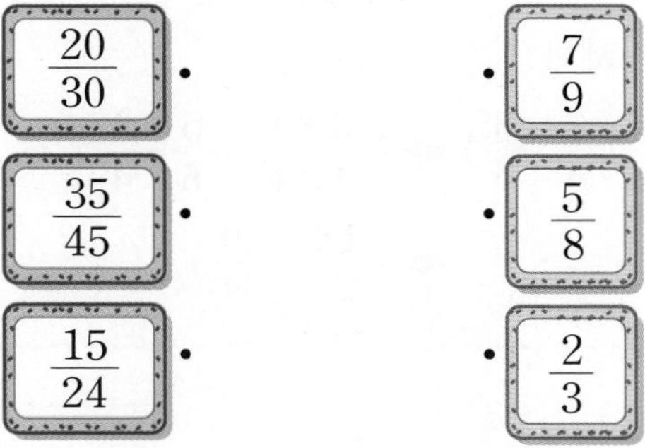

2-12 $\frac{36}{84}$을 기약분수로 나타냈을 때 분모와 분자의 합을 구하시오.

(　　　　)

시험에 잘 나와요

2-13 석기네 반에서 회장 선거를 하였습니다. 모두 24명이 투표하였고 그중에서 석기가 15표를 얻어 회장에 당선되었습니다. 석기가 얻은 표는 전체의 얼마인지 기약분수로 나타내시오.

(　　　　)

개념 탄탄

3. 통분 알아보기

교과서 개념을 이해하고 확인 문제를 통해 익혀요.

통분

분수의 분모를 같게 하는 것을 통분한다고 하고, 통분한 분모를 공통분모라고 합니다.

$\frac{3}{4}=\frac{6}{8}=\frac{9}{12}=\frac{12}{16}=\frac{15}{20}=\frac{18}{24}=\cdots\cdots$

$\frac{5}{6}=\frac{10}{12}=\frac{15}{18}=\frac{20}{24}=\frac{25}{30}=\cdots\cdots$

$(\frac{3}{4}, \frac{5}{6}) \Rightarrow (\frac{9}{12}, \frac{10}{12}), (\frac{18}{24}, \frac{20}{24}), \cdots\cdots$

분수를 통분하기

• 분모의 곱을 공통분모로 하여 통분하기

$(\frac{3}{4}, \frac{5}{6}) \Rightarrow (\frac{3\times6}{4\times6}, \frac{5\times4}{6\times4})$
$\Rightarrow (\frac{18}{24}, \frac{20}{24})$

• 분모의 최소공배수를 공통분모로 하여 통분하기

$(\frac{3}{4}, \frac{5}{6}) \Rightarrow (\frac{3\times3}{4\times3}, \frac{5\times2}{6\times2})$
$\Rightarrow (\frac{9}{12}, \frac{10}{12})$

개념잡기

- 분수의 공통분모는 분모의 공배수이므로 최소공배수의 배수입니다.
- 분수의 공통분모 중에서 가장 작은 수는 분모의 최소공배수입니다.

통분 알아보기

개념확인 1 $\frac{1}{2}$과 $\frac{3}{4}$을 통분하려고 합니다. □ 안에 알맞은 수를 써넣으시오.

(1) $\frac{1}{2}=\frac{\square}{4}=\frac{\square}{6}=\frac{4}{\square}=\cdots\cdots$, $\frac{3}{4}=\frac{\square}{8}=\frac{\square}{12}=\frac{12}{\square}=\cdots\cdots$

(2) $(\frac{1}{2}, \frac{3}{4})$을 통분하면 $(\frac{\square}{4}, \frac{\square}{4}), (\frac{\square}{8}, \frac{\square}{8}), \cdots\cdots$입니다.

분수를 통분하기

개념확인 2 $\frac{3}{8}$과 $\frac{5}{6}$를 통분하려고 합니다. □ 안에 알맞은 수를 써넣으시오.

(1) 분모의 곱 48을 공통분모로 하여 통분하기

$(\frac{3}{8}, \frac{5}{6}) \Rightarrow (\frac{3\times\square}{8\times6}, \frac{5\times\square}{6\times\square}) \Rightarrow (\frac{\square}{\square}, \frac{\square}{\square})$

(2) 분모의 최소공배수 24를 공통분모로 하여 통분하기

$(\frac{3}{8}, \frac{5}{6}) \Rightarrow (\frac{3\times\square}{8\times3}, \frac{5\times\square}{6\times\square}) \Rightarrow (\frac{\square}{\square}, \frac{\square}{\square})$

핵심 쏙쏙

기본 문제를 통해 교과서 개념을 다져요.

1 $\frac{1}{4}$과 $\frac{5}{6}$를 통분하려고 합니다. □ 안에 알맞은 수를 써넣으시오.

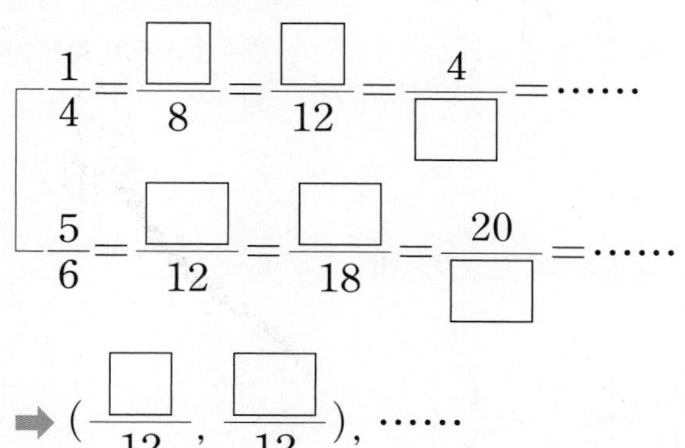

$\frac{1}{4}=\frac{\square}{8}=\frac{\square}{12}=\frac{4}{\square}=\cdots\cdots$

$\frac{5}{6}=\frac{\square}{12}=\frac{\square}{18}=\frac{20}{\square}=\cdots\cdots$

$\Rightarrow (\frac{\square}{12}, \frac{\square}{12}), \cdots\cdots$

2 분모의 곱을 공통분모로 하여 $\frac{3}{5}$과 $\frac{7}{10}$을 통분하려고 합니다. □ 안에 알맞은 수를 써넣으시오.

분모의 곱 : □

$(\frac{3}{5}, \frac{7}{10}) \Rightarrow (\frac{3\times\square}{5\times\square}, \frac{7\times\square}{10\times\square})$

$\Rightarrow (\frac{\square}{\square}, \frac{\square}{\square})$

3 분모의 최소공배수를 공통분모로 하여 $\frac{7}{8}$과 $\frac{5}{12}$를 통분하려고 합니다. □ 안에 알맞은 수를 써넣으시오.

분모의 최소공배수 : □

$(\frac{7}{8}, \frac{5}{12}) \Rightarrow (\frac{7\times\square}{8\times\square}, \frac{5\times\square}{12\times\square})$

$\Rightarrow (\frac{\square}{\square}, \frac{\square}{\square})$

4 분모의 곱을 공통분모로 하여 통분하시오.

(1) $(\frac{2}{3}, \frac{4}{5}) \Rightarrow$ (　　　　　　)

(2) $(\frac{3}{4}, \frac{7}{9}) \Rightarrow$ (　　　　　　)

5 분모의 최소공배수를 공통분모로 하여 통분하시오.

(1) $(\frac{9}{10}, \frac{7}{15}) \Rightarrow$ (　　　　　　)

(2) $(\frac{4}{15}, \frac{3}{20}) \Rightarrow$ (　　　　　　)

6 $\frac{1}{6}$과 $\frac{5}{8}$를 통분한 분수가 아닌 것을 찾아 기호를 쓰시오.

㉠ $(\frac{4}{24}, \frac{15}{24})$　㉡ $(\frac{8}{48}, \frac{30}{48})$

㉢ $(\frac{12}{72}, \frac{9}{72})$　㉣ $(\frac{16}{96}, \frac{60}{96})$

(　　　　　　)

7 $\frac{7}{12}$과 $\frac{5}{18}$를 통분하려고 합니다. 공통분모가 될 수 있는 수를 모두 고르시오. (　　　　　　)

① 24　② 36

③ 64　④ 72

⑤ 90

개념 탄탄

4. 분수의 크기 비교하기

교과서 개념을 이해하고 확인 문제를 통해 익혀요.

분모가 다른 두 분수의 크기 비교

통분하여 분모를 같게 한 다음 분자의 크기를 비교합니다.

$$(\frac{5}{7}, \frac{4}{9}) \Rightarrow (\frac{5\times9}{7\times9}, \frac{4\times7}{9\times7}) \Rightarrow (\frac{45}{63}, \frac{28}{63}) \Rightarrow \frac{5}{7}>\frac{4}{9}$$

분모가 다른 세 분수의 크기 비교

세 분수 $\frac{2}{3}$, $\frac{7}{9}$, $\frac{4}{5}$의 크기를 비교하려면 두 분수씩 차례로 통분하여 크기를 비교합니다.

$(\frac{2}{3}, \frac{7}{9}) \Rightarrow (\frac{6}{9}, \frac{7}{9}) \Rightarrow \frac{2}{3}<\frac{7}{9}$ $(\frac{7}{9}, \frac{4}{5}) \Rightarrow (\frac{35}{45}, \frac{36}{45}) \Rightarrow \frac{7}{9}<\frac{4}{5}$

따라서 $\frac{2}{3}<\frac{7}{9}<\frac{4}{5}$입니다.

개념잡기

- 분모가 같은 분수는 분자가 클수록 큰 수이고 분자가 같은 분수는 분모가 작을수록 큰 수입니다.

두 분수의 크기 비교

개념확인 1 $\frac{2}{3}$와 $\frac{3}{4}$의 크기를 비교하려고 합니다. □ 안에 알맞은 수를 써넣고 ○ 안에 >, =, <를 알맞게 써넣으시오.

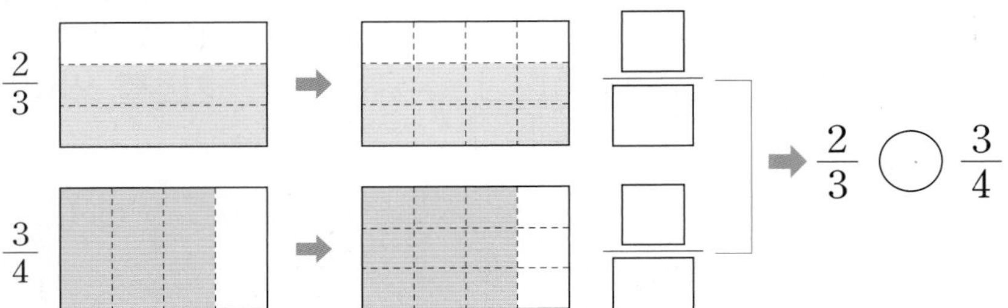

$\frac{2}{3}$ → $\frac{\square}{\square}$

$\frac{3}{4}$ → $\frac{\square}{\square}$

→ $\frac{2}{3}$ ○ $\frac{3}{4}$

세 분수의 크기 비교

개념확인 2 $\frac{3}{4}$, $\frac{4}{5}$, $\frac{5}{8}$의 크기를 비교하려고 합니다. □ 안에 알맞은 수를 써넣고 ○ 안에 >, =, <를 알맞게 써넣으시오.

$$(\frac{3}{4}, \frac{4}{5}) \Rightarrow (\frac{3}{4}=\frac{15}{\square}, \frac{4}{5}=\frac{16}{\square}) \Rightarrow \frac{3}{4} \bigcirc \frac{4}{5}$$

$$(\frac{4}{5}, \frac{5}{8}) \Rightarrow (\frac{4}{5}=\frac{\square}{40}, \frac{5}{8}=\frac{\square}{40}) \Rightarrow \frac{4}{5} \bigcirc \frac{5}{8}$$

$$(\frac{3}{4}, \frac{5}{8}) \Rightarrow (\frac{3}{4}=\frac{\square}{8}, \frac{5}{8}) \Rightarrow \frac{3}{4} \bigcirc \frac{5}{8}$$

따라서 가장 큰 수부터 차례로 쓰면 $\frac{\square}{\square}$, $\frac{\square}{\square}$, $\frac{\square}{\square}$입니다.

핵심 쏙쏙

기본 문제를 통해 교과서 개념을 다져요.

1 두 분수의 크기를 비교하려고 합니다. □ 안에 알맞은 수를 써넣고 ○ 안에 >, =, <를 알맞게 써넣으시오.

(1) 분모의 곱으로 통분하여 비교하기

$(\frac{5}{6}, \frac{9}{10}) \Rightarrow (\frac{\square}{\square}, \frac{\square}{\square})$

$\Rightarrow \frac{5}{6} \bigcirc \frac{9}{10}$

(2) 분모의 최소공배수로 통분하여 비교하기

$(\frac{7}{12}, \frac{11}{18}) \Rightarrow (\frac{\square}{\square}, \frac{\square}{\square})$

$\Rightarrow \frac{7}{12} \bigcirc \frac{11}{18}$

2 두 분수의 크기를 비교하여 ○ 안에 >, =, <를 알맞게 써넣으시오.

(1) $\frac{1}{4} \bigcirc \frac{2}{7}$　　(2) $\frac{5}{6} \bigcirc \frac{7}{9}$

3 두 분수의 크기를 비교하여 더 큰 분수를 위쪽의 빈 곳에 써넣으시오.

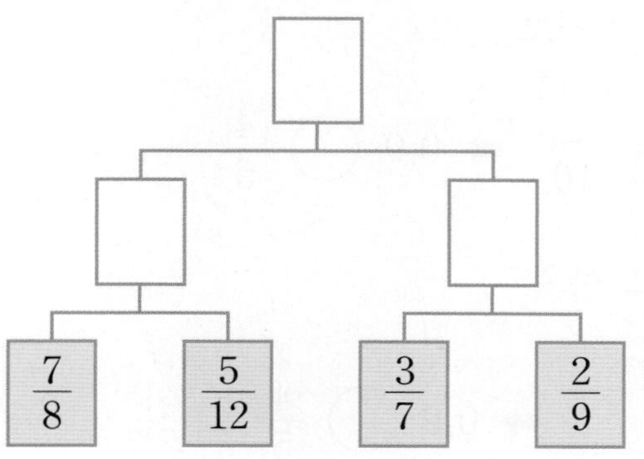

4 가영이는 우유를 $\frac{3}{4}$ L 마셨고, 예슬이는 $\frac{2}{5}$ L 마셨습니다. 누가 우유를 더 많이 마셨습니까?

(　　　　　)

5 $\frac{1}{4}$, $\frac{5}{6}$, $\frac{3}{8}$을 두 분수씩 짝지어 크기를 비교한 다음 세 분수의 크기를 비교하여 가장 큰 수부터 차례로 쓰시오.

$\frac{1}{4} \bigcirc \frac{5}{6}$　　$\frac{5}{6} \bigcirc \frac{3}{8}$　　$\frac{1}{4} \bigcirc \frac{3}{8}$

(　　　　　)

6 세 분수의 크기를 비교하여 가장 큰 수부터 차례로 쓰시오.

(1) $(\frac{4}{5}, \frac{7}{9}, \frac{11}{12}) \Rightarrow$ (　　　　　)

(2) $(\frac{3}{4}, \frac{7}{10}, \frac{13}{15}) \Rightarrow$ (　　　　　)

7 가장 큰 수에 ○표, 가장 작은 수에 △표 하시오.

$\frac{5}{12}$　　$\frac{8}{15}$　　$\frac{3}{8}$

개념 탄탄 5. 분수와 소수의 크기 비교하기

교과서 개념을 이해하고 확인 문제를 통해 익혀요.

분수와 소수의 관계 알아보기

$\frac{7}{10}$ (0에서 1까지 10칸 중 7칸) 0 ― 한 도막의 크기는 $\frac{1}{10}=0.1$ ― 1

0.7 (0에서 1까지 10칸 중 7칸)

➡ $\frac{7}{10}$ 과 0.7은 크기가 같습니다.

$\frac{7}{10}=0.7$

분수와 소수의 크기 비교하기

$\frac{3}{5}$과 0.7의 크기 비교하기

① 분수를 소수로 나타내어 소수끼리 비교합니다.

$\frac{3}{5}=\frac{6}{10}=0.6$이므로 $0.6<0.7$ ➡ $\frac{3}{5}<0.7$

② 소수를 분수로 나타내어 분수끼리 비교합니다.

$\frac{3}{5}=\frac{6}{10}$이고 $0.7=\frac{7}{10}$이므로 $\frac{6}{10}<\frac{7}{10}$ ➡ $\frac{3}{5}<0.7$

개념잡기

- 분수와 소수의 관계

$\frac{1}{10}=0.1$

$\frac{1}{100}=0.01$

$\frac{1}{1000}=0.001$

분수와 소수의 관계

개념확인 1 □ 안에 알맞은 수를 써넣으시오.

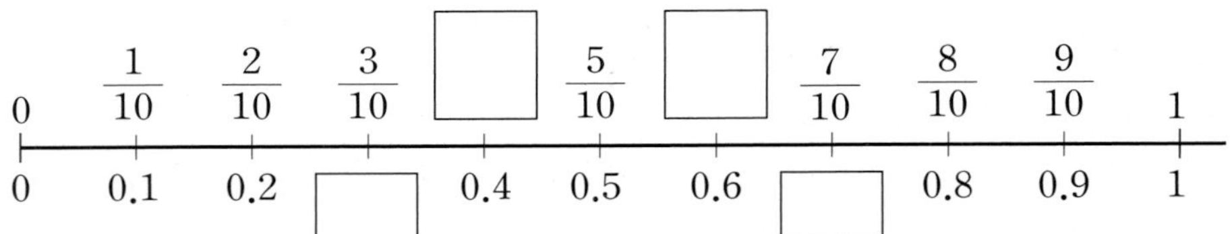

분수와 소수의 크기 비교하기

개념확인 2 0.9와 $\frac{4}{5}$의 크기를 비교하시오.

(1) 0.9를 분수로 고쳐서 크기를 비교해 보시오.

$0.9=\frac{\square}{10}$, $\frac{4}{5}=\frac{\square}{10}$ ➡ 0.9 ◯ $\frac{4}{5}$

(2) $\frac{4}{5}$를 소수로 고쳐서 크기를 비교해 보시오.

$\frac{4}{5}=\frac{\square}{10}=\square$ ➡ 0.9 ◯ $\frac{4}{5}$

핵심 쏙쏙

기본 문제를 통해 교과서 개념을 다져요.

1 분수는 소수로 소수는 분수로 나타내어 보시오.

(1) $\frac{8}{10}=\square$ (2) $\frac{9}{10}=\square$

(3) $0.6=\frac{\square}{10}$ (4) $0.4=\frac{\square}{10}$

2 분수를 분모가 10인 분수로 고치고, 소수로 나타내어 보시오.

(1) $\frac{1}{2}=\frac{1\times\square}{2\times\square}=\frac{\square}{10}=\square$

(2) $\frac{2}{5}=\frac{2\times\square}{5\times\square}=\frac{\square}{10}=\square$

3 $\frac{14}{20}$와 $\frac{27}{30}$의 크기를 비교하려고 합니다. 물음에 답하시오.

(1) 두 분수를 약분하여 크기를 비교해 보시오.

$(\frac{14}{20}, \frac{27}{30}) \Rightarrow (\frac{\square}{10}, \frac{\square}{10})$

$\Rightarrow \frac{\square}{10} \bigcirc \frac{\square}{10} \Rightarrow \frac{14}{20} \bigcirc \frac{27}{30}$

(2) 두 분수를 소수로 고쳐 크기를 비교해 보시오.

$(\frac{14}{20}, \frac{27}{30}) \Rightarrow (\frac{\square}{10}, \frac{\square}{10})$

$\Rightarrow (\square, \square)$

$\Rightarrow \square \bigcirc \square$

$\Rightarrow \frac{14}{20} \bigcirc \frac{27}{30}$

4 소수를 분수로 고치고, 두 수의 크기를 비교하여 ○ 안에 >, =, <를 알맞게 써넣으시오.

(1) $\frac{7}{10} \bigcirc 0.9=\frac{\square}{\square}$

(2) $\frac{57}{100} \bigcirc 0.53=\frac{\square}{\square}$

5 분수를 소수로 고치고, 두 수의 크기를 비교하여 ○ 안에 >, =, <를 알맞게 써넣으시오.

(1) $0.3 \bigcirc \frac{1}{5}=\square$

(2) $1.48 \bigcirc 1\frac{1}{2}=\square$

6 두 수의 크기를 비교하여 ○ 안에 >, =, <를 알맞게 써넣으시오.

(1) $\frac{3}{4} \bigcirc 0.7$

(2) $0.6 \bigcirc \frac{4}{5}$

7 두 수 중 더 작은 수를 빈 곳에 써넣으시오.

유형 콕콕

유형 3 통분 알아보기

분수의 분모를 같게 하는 것을 통분한다고 하고, 통분한 분모를 공통분모라고 합니다.

3-1 $\frac{5}{6}$와 $\frac{2}{9}$를 통분하려고 합니다. □ 안에 알맞은 수를 써넣으시오.

(1) 분모의 곱을 공통분모로 하여 통분하면

$\frac{5}{6}=\frac{5\times\square}{6\times9}=\frac{\square}{\square}$,

$\frac{2}{9}=\frac{2\times\square}{9\times6}=\frac{\square}{\square}$이므로 통분한

분수는 $(\frac{\square}{\square}, \frac{\square}{\square})$입니다.

(2) 분모의 최소공배수를 공통분모로 하여 통분하면

$\frac{5}{6}=\frac{5\times\square}{6\times3}=\frac{\square}{\square}$,

$\frac{2}{9}=\frac{2\times\square}{9\times2}=\frac{\square}{\square}$이므로 통분한

분수는 $(\frac{\square}{\square}, \frac{\square}{\square})$입니다.

3-2 두 분수를 주어진 공통분모로 통분하려고 합니다. □ 안에 알맞은 수를 써넣으시오.

(1) $(\frac{1}{2}, \frac{4}{5})$ ➡ $(\frac{\square}{10}, \frac{\square}{10})$

(2) $(\frac{3}{4}, \frac{5}{6})$ ➡ $(\frac{\square}{12}, \frac{\square}{12})$

3-3 공통분모를 40으로 하여 $\frac{2}{5}$와 $\frac{5}{8}$를 통분하시오.

( )

3-4 분모의 곱을 공통분모로 하여 통분하시오.

$(\frac{5}{8}, \frac{7}{12})$

( )

대표유형

3-5 분모의 최소공배수를 공통분모로 하여 통분하시오.

(1) $(\frac{4}{9}, \frac{5}{12})$ ➡ ( )

(2) $(\frac{1}{6}, \frac{8}{15})$ ➡ ( )

3-6 두 분수를 가장 작은 공통분모로 통분하려고 합니다. 공통분모를 얼마로 해야 하는지 쓰고, 통분하시오.

$(\frac{13}{24}, \frac{19}{36})$

( )

시험에 잘 나와요

3-7 통분한 것이 바르지 않은 것을 찾아 기호를 쓰시오.

ㄱ $(\frac{5}{9}, \frac{11}{12}) \Rightarrow (\frac{20}{36}, \frac{33}{36})$

ㄴ $(\frac{3}{5}, \frac{5}{6}) \Rightarrow (\frac{18}{30}, \frac{25}{30})$

ㄷ $(\frac{5}{14}, \frac{7}{12}) \Rightarrow (\frac{30}{84}, \frac{49}{84})$

ㄹ $(\frac{1}{6}, \frac{5}{9}) \Rightarrow (\frac{3}{18}, \frac{11}{18})$

(　　　　　)

3-8 $\frac{3}{10}$과 $\frac{9}{14}$를 통분하려고 합니다. 공통분모가 될 수 없는 수를 모두 고르시오.

(　　　　　)

① 35　② 70　③ 140　④ 245　⑤ 280

시험에 잘 나와요

3-9 어떤 두 기약분수를 통분하였더니 $\frac{21}{24}$과 $\frac{20}{24}$이 되었습니다. 통분하기 전의 두 기약분수를 구하시오.

(　　　　　)

3-10 $\frac{7}{9}$과 $\frac{5}{21}$를 통분할 때 공통분모가 될 수 있는 수 중에서 200보다 작은 수는 모두 몇 개입니까?

(　　　　　)

유형 4 분수의 크기 비교하기

- 분모가 다른 두 분수의 크기를 비교할 때에는 통분하여 분모를 같게 한 다음 분자의 크기를 비교합니다.
- 분모가 다른 세 분수의 크기를 비교할 때에는 두 분수씩 차례로 통분하여 비교합니다.

4-1 두 분수를 통분하여 크기를 비교해 보시오.

$(\frac{2}{3}, \frac{4}{7}) \Rightarrow (\frac{\square}{\square}, \frac{\square}{\square})$

$\Rightarrow \frac{2}{3} \bigcirc \frac{4}{7}$

대표유형

4-2 두 분수의 크기를 비교하여 ○ 안에 $>$, $=$, $<$를 알맞게 써넣으시오.

(1) $\frac{7}{12} \bigcirc \frac{9}{16}$　(2) $\frac{5}{18} \bigcirc \frac{7}{24}$

4-3 분수의 크기 비교를 바르게 나타낸 것을 모두 고르시오. (　　　　　)

① $\frac{2}{9} > \frac{5}{6}$　② $\frac{4}{5} < \frac{8}{15}$

③ $\frac{5}{14} < \frac{10}{21}$　④ $\frac{9}{10} > \frac{13}{25}$

⑤ $\frac{6}{7} > \frac{7}{8}$

4-4 세 분수 $\frac{1}{3}$, $\frac{5}{6}$, $\frac{4}{9}$의 크기를 비교하여 가장 큰 수부터 차례로 써 보시오.

$(\frac{1}{3}, \frac{5}{6}) \Rightarrow \frac{1}{3} \bigcirc \frac{5}{6}$

$(\frac{5}{6}, \frac{4}{9}) \Rightarrow \frac{5}{6} \bigcirc \frac{4}{9}$

$(\frac{1}{3}, \frac{4}{9}) \Rightarrow \frac{1}{3} \bigcirc \frac{4}{9}$

(　　　　　　)

4-5 세 분수의 크기를 비교하여 가장 큰 수부터 차례로 쓰시오.

$\frac{5}{6}$　$\frac{11}{12}$　$\frac{7}{8}$

(　　　　　　)

시험에 잘 나와요

4-6 두 분수의 크기를 비교하여 더 큰 분수를 위쪽의 빈 곳에 써넣으시오.

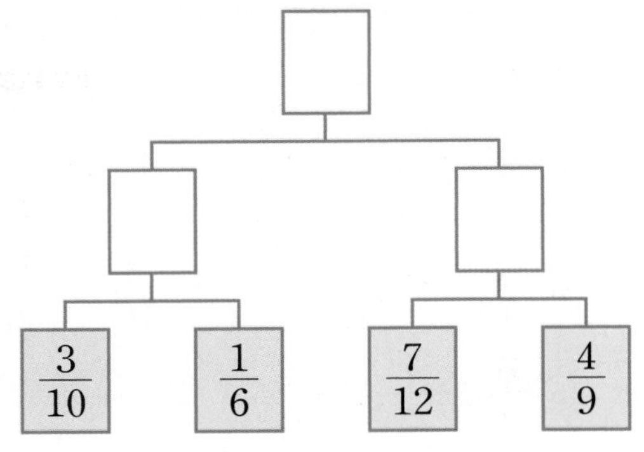

4-7 $\frac{1}{2}$보다 작은 분수는 모두 몇 개입니까?

$\frac{1}{3}$　$\frac{3}{5}$　$\frac{4}{9}$　$\frac{3}{10}$　$\frac{5}{7}$

(　　　　　　)

4-8 우유를 더 많이 마신 사람의 이름을 쓰시오.

한별 : 난 우유를 $\frac{5}{8}$ L 마셨어.

석기 : 난 우유를 $\frac{7}{10}$ L 마셨어.

(　　　　　　)

시험에 잘 나와요

4-9 학교에서 도서관, 우체국, 병원까지의 거리를 각각 나타낸 것입니다. 학교에서 가장 가까운 곳은 어디입니까?

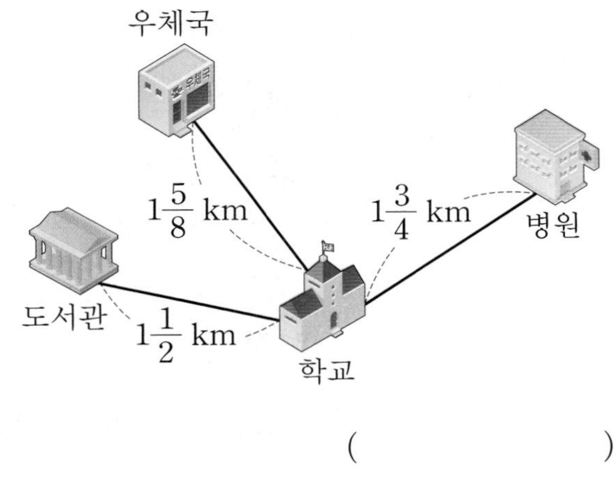

(　　　　　　)

유형 5 분수와 소수의 크기 비교하기

분수를 소수로 나타내어 소수끼리 비교하거나 소수를 분수로 나타내어 분수끼리 비교합니다.

예 0.3과 $\frac{2}{5}$의 크기 비교

① $0.3=\frac{3}{10}$, $\frac{2}{5}=\frac{4}{10}$ ➡ $0.3<\frac{2}{5}$

② $\frac{2}{5}=\frac{4}{10}=0.4$ ➡ $0.3<\frac{2}{5}$

5-1 수직선을 보고 ㉠, ㉡에 알맞은 수를 분수로 나타내시오.

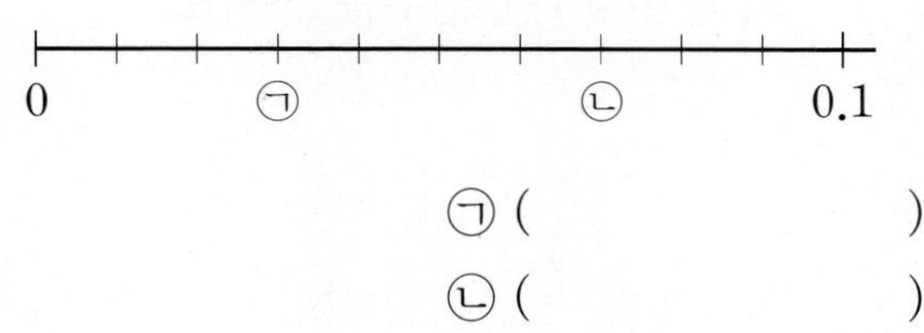

㉠ (　　　　　)

㉡ (　　　　　)

5-2 분수를 소수로 고쳐서 크기를 비교해 보시오.

(1) 0.3 ◯ $\frac{1}{4}$=□

(2) 0.57 ◯ $\frac{12}{20}$=□

5-3 소수를 분수로 고쳐서 크기를 비교해 보시오.

(1) $\frac{6}{10}$ ◯ $0.9=\frac{□}{□}$

(2) $\frac{59}{100}$ ◯ $0.53=\frac{□}{□}$

대표유형

5-4 분수와 소수의 크기를 비교하여 ◯ 안에 >, =, <를 알맞게 써넣으시오.

(1) $\frac{4}{5}$ ◯ 0.82

(2) $\frac{13}{20}$ ◯ 0.6

5-5 분수와 소수의 크기 비교가 옳지 않은 것은 어느 것입니까? (　　　)

① $3\frac{3}{5} < 3.8$　　② $6.25 < 6\frac{3}{4}$

③ $1\frac{12}{25} > 1.84$　　④ $3.05 < 3\frac{1}{5}$

⑤ $2\frac{1}{10} < 2.2$

5-6 가장 큰 수부터 차례로 기호를 쓰시오.

㉠ $\frac{11}{20}$　　㉡ $\frac{3}{4}$　　㉢ 0.64

(　　　　　)

시험에 잘 나와요

5-7 규형이의 키는 1.47 m이고 한별이의 키는 $1\frac{1}{2}$ m입니다. 규형이와 한별이 중 누구의 키가 더 큽니까?

(　　　　　)

실력 팍팍

유형콕콕을 통해 다진 기본을 확인하고
신경향 문제를 풀며 실력을 높여요.

1 분모와 분자를 같은 수로 나누어 $\frac{24}{36}$와 크기가 같은 분수를 만들려고 합니다. 분모가 가장 작은 것부터 3개를 만들어 보시오.

(　　　　　　)

2 수 카드를 이용하여 $\frac{7}{8}$과 크기가 같은 분수를 만들어 보시오.

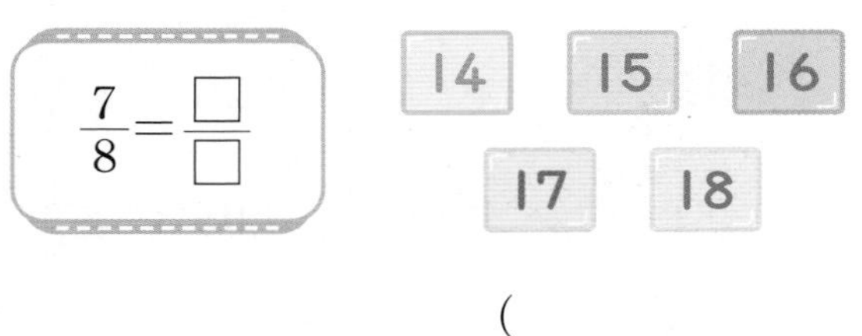

(　　　　　　)

3 $\frac{18}{54}$과 크기가 같은 분수 중에서 분모가 6인 분수를 쓰시오.

(　　　　　　)

4 가영이는 케이크를 똑같이 4조각으로 나누어 한 조각을 먹었습니다. 영수는 똑같은 크기의 케이크를 16조각으로 나누었습니다. 가영이와 같은 양을 먹으려면 영수는 몇 조각을 먹어야 합니까?

(　　　　　　)

5 $\frac{1}{4}$과 크기가 같은 분수 중에서 분모와 분자의 합이 10보다 크고 20보다 작은 분수를 구하시오.

(　　　　　　)

6 $\frac{5}{6}$와 크기가 같은 분수 중에서 분모와 분자의 합이 44인 분수를 쓰시오.

(　　　　　　)

7 크기가 같은 분수를 만든 방법이 같은 두 사람을 찾아 쓰고, 어떤 방법으로 만들었는지 써 보시오.

> 영수 : $\frac{8}{20}$과 크기가 같은 분수에는 $\frac{4}{10}$가 있어.
> 지혜 : $\frac{3}{4}$과 크기가 같은 분수에는 $\frac{9}{12}$가 있어.
> 석기 : $\frac{9}{15}$와 크기가 같은 분수에는 $\frac{3}{5}$이 있어.

8 $\frac{30}{45}$을 약분하여 나타낼 수 있는 분수 중에서 분모가 15인 분수를 써 보시오.

( )

9 $\frac{18}{30}$에 대해 틀리게 말한 사람을 찾고, 그 이유를 써 보시오.

> 한별 : $\frac{18}{30}$을 약분하여 만들 수 있는 분수는 3개야.
>
> 영수 : $\frac{18}{30}$을 약분해서 나타낸 분수 중 분모가 가장 큰 분수는 $\frac{6}{10}$이야.
>
> 예슬 : $\frac{18}{30}$을 기약분수로 나타내면 $\frac{3}{5}$이야.

____

____

____

____

10 분모가 9인 진분수 중에서 기약분수를 모두 쓰시오.

( )

11 분모가 8인 진분수 중에서 기약분수는 모두 몇 개입니까?

( )

12 약분하면 $\frac{5}{7}$가 되는 분수 중에서 분모와 분자의 차가 20인 분수를 구하시오.

( )

13 어떤 분수의 분모와 분자를 그들의 최대공약수인 14로 약분하여 기약분수로 나타내었더니 $\frac{7}{9}$이 되었습니다. 어떤 분수를 구하시오.

( )

14 어떤 분수의 분모에서 10을 뺀 후 3으로 약분하였더니 $\frac{7}{9}$이 되었습니다. 어떤 분수를 구하시오.

( )

15 두 분수를 분모의 최소공배수를 공통분모로 하여 통분할 때 공통분모가 같은 것끼리 선으로 이어 보시오.

$(\frac{3}{5}, \frac{8}{9})$ •	• $(\frac{4}{15}, \frac{1}{4})$
$(\frac{7}{12}, \frac{3}{10})$ •	• $(\frac{2}{3}, \frac{17}{24})$
$(\frac{7}{8}, \frac{11}{12})$ •	• $(\frac{13}{45}, \frac{13}{15})$

16 두 분수를 통분하려고 합니다. 공통분모가 될 수 있는 수 중 100보다 작은 수는 모두 몇 개입니까?

$(\frac{2}{3}, 1\frac{7}{8})$

(　　　　　　)

17 어떤 두 분수를 통분한 것입니다. □ 안에 알맞은 수를 써넣으시오.

$(\frac{3}{4}, \frac{\square}{7}) \xrightarrow{\text{통분}} (\frac{21}{\square}, \frac{24}{\square})$

新 경향문제

18 동민이는 친구들과 다음 조건을 모두 만족하는 분수를 찾고 있습니다. 물음에 답하시오.

$\frac{9}{20}$　$\frac{11}{12}$　$\frac{3}{10}$　$\frac{3}{25}$

조건

- $\frac{1}{2}$보다 작습니다.
- $\frac{2}{5}$보다 큽니다.
- $\frac{1}{4}$보다 큽니다.

(1) 조건을 모두 만족하는 분수를 써 보시오.

(　　　　　　)

(2) 위의 조건 중에서 없어도 되는 조건을 찾아 쓰고, 그 이유를 설명하시오.

新 경향문제

19 분자가 분모보다 1 작은 분수의 크기를 비교해 보고 알게 된 사실을 써 보시오.

$\frac{3}{4}$　$\frac{4}{5}$　$\frac{5}{6}$

4 단원

20 다음 분수들을 수직선에 나타낼 때, 가장 오른쪽에 있는 분수를 써 보시오.

$\frac{4}{5}$ $\frac{5}{6}$ $\frac{1}{2}$

( )

21 세 접시에 딸기가 같은 수만큼 놓여 있었습니다. 딸기를 가장 많이 먹은 사람을 찾아 쓰시오.

영수 : 나는 한 접시의 $\frac{2}{3}$를 먹었어.

지혜 : 나는 한 접시의 $\frac{3}{8}$을 먹었어.

웅이 : 나는 한 접시의 $\frac{7}{12}$을 먹었어.

( )

22 가장 큰 수부터 차례로 기호를 쓰시오.

㉠ $3\frac{4}{5}$ ㉡ 3.45

㉢ $3\frac{1}{4}$ ㉣ 3.7

( )

23 □ 안에 들어갈 수 있는 자연수를 모두 구하시오.

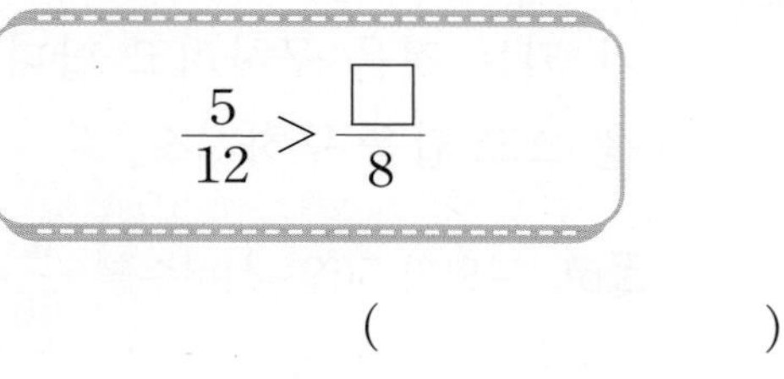

$\frac{5}{12} > \frac{\square}{8}$

( )

24 $\frac{1}{3}$과 $\frac{3}{4}$ 사이의 수 중에서 분모가 24인 분수는 모두 몇 개입니까?

( )

25 다음 4장의 숫자 카드 중에서 2장을 뽑아 진분수를 만들려고 합니다. 만들 수 있는 진분수 중에서 가장 큰 수를 구하시오.

3 2 5 7

( )

26 $\frac{2}{9}$보다 크고 $\frac{7}{15}$보다 작은 분수 중에서 분모가 45인 가장 큰 기약분수를 구하시오.

( )

서술 유형 익히기

주어진 풀이 과정을 함께 해결하면서
서술형 문제의 해결 방법을 익혀요.

1 분모가 56인 진분수 중에서 약분하면 $\frac{4}{7}$가 되는 것을 구하려고 합니다. 풀이 과정을 쓰고 답을 구하시오.

풀이 분모가 56인 진분수를 $\frac{▲}{56}$라고 하면

$\frac{▲}{56}=\frac{▲÷\square}{56÷8}=\frac{4}{7}$이므로

$▲÷\square=4$입니다.

따라서 $▲=4\times\square=\square$이므로 구하는 분수는 $\frac{\square}{56}$입니다.

답 $\frac{\square}{56}$

2 분모가 12인 진분수 중에서 기약분수는 모두 몇 개인지 풀이 과정을 쓰고 답을 구하시오.

풀이 분모가 12인 진분수는 $\frac{1}{12}$, $\frac{2}{12}$, $\frac{3}{12}$, $\frac{4}{12}$,

$\frac{\square}{12}$, $\frac{\square}{12}$, $\frac{\square}{12}$, $\frac{\square}{12}$, $\frac{\square}{12}$, $\frac{\square}{12}$,

$\frac{\square}{12}$입니다.

이 중에서 기약분수는

$\frac{\square}{12}$, $\frac{\square}{12}$, $\frac{\square}{12}$, $\frac{\square}{12}$로 모두 $\square$개입니다.

답 $\square$개

1-1 분모가 63인 진분수 중에서 약분하면 $\frac{7}{9}$이 되는 것을 구하려고 합니다. 풀이 과정을 쓰고 답을 구하시오.

풀이 따라하기

답

2-1 분모가 15인 진분수 중에서 기약분수는 모두 몇 개인지 풀이 과정을 쓰고 답을 구하시오.

풀이 따라하기

답

3 무게가 $\frac{35}{8}$ kg인 검은 상자와 무게가 $4\frac{1}{5}$ kg인 흰 상자가 있습니다. 어느 상자가 더 무거운지 풀이 과정을 쓰고 답을 구하시오.

풀이 $\frac{35}{8}$를 대분수로 고치면 $4\frac{\square}{8}$입니다.
분모의 최소공배수를 공통분모로 하여 통분하면

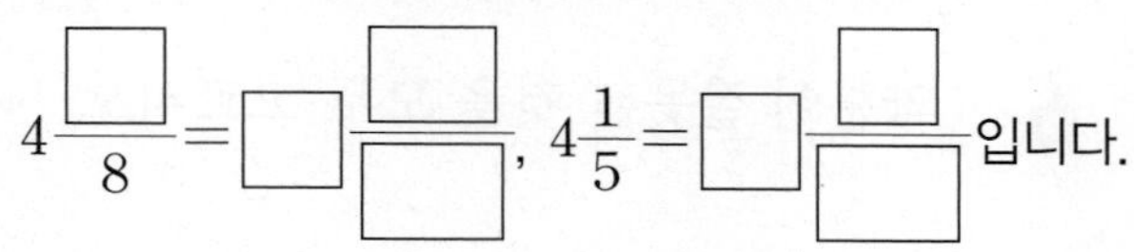

$4\frac{\square}{8}=\square\frac{\square}{\square}$, $4\frac{1}{5}=\square\frac{\square}{\square}$입니다.

따라서 $\frac{35}{8}$ ◯ $4\frac{1}{5}$이므로 □ 상자가 더 무겁습니다.

답 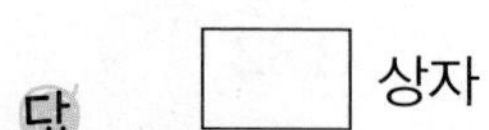
□ 상자

3-1 예슬이네 집에서 학교까지의 거리는 1.7 km이고 도서관까지의 거리는 $1\frac{1}{4}$ km입니다. 예슬이네 집에서 더 먼 곳은 어디인지 풀이 과정을 쓰고 답을 구하시오.

풀이 따라하기 ______________________

____

____

____

____

답 ______________________

4 $\frac{2}{3}$보다 크고 $\frac{4}{5}$보다 작은 수 중에서 분모가 15인 분수를 구하려고 합니다. 풀이 과정을 쓰고 답을 구하시오.

풀이 $\frac{2}{3}$와 $\frac{4}{5}$를 공통분모를 15로 하여 통분하면 $\frac{\square}{15}$과 $\frac{\square}{15}$입니다.

따라서 $\frac{\square}{15}$보다 크고 $\frac{\square}{15}$보다 작은 수 중에서 분모가 15인 분수는 $\frac{\square}{15}$입니다.

답 $\frac{\square}{15}$

4-1 $\frac{3}{4}$보다 크고 $\frac{5}{6}$보다 작은 수 중에서 분모가 24인 분수를 구하려고 합니다. 풀이 과정을 쓰고 답을 구하시오.

풀이 따라하기 ______________________

____

____

____

____

답 ______________________

점수

1 크기가 같은 분수를 만들려고 합니다. 바르게 나타낸 것은 어느 것입니까?

( )

① $\frac{16}{24}=\frac{16+6}{24+6}$ ② $\frac{16}{24}=\frac{16-6}{24-6}$

③ $\frac{16}{24}=\frac{16\times0}{24\times0}$ ④ $\frac{16}{24}=\frac{16\div0}{24\div0}$

⑤ $\frac{16}{24}=\frac{16\div4}{24\div4}$

2 $\frac{60}{84}$을 약분할 수 있는 수를 모두 고르시오. ( )

① 6 ② 9

③ 12 ④ 18

⑤ 24

3 공통분모를 90으로 하여 $\frac{5}{6}$와 $\frac{7}{10}$을 통분하시오.

( )

4 두 수의 크기를 비교하여 ○ 안에 >, =, <를 알맞게 써넣으시오.

(1) 0.6 ○ $\frac{11}{20}$ (2) 0.3 ○ $\frac{8}{25}$

5 $\frac{7}{9}$과 크기가 같은 분수를 모두 찾아 쓰시오.

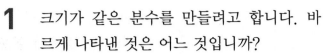

$\frac{9}{11}$ $\frac{7}{16}$ $\frac{14}{18}$ $\frac{21}{27}$ $\frac{28}{30}$

( )

6 약분이 잘못된 것을 모두 고르시오.

( )

① $\frac{80}{100}=\frac{4}{5}$ ② $\frac{9}{27}=\frac{1}{9}$

③ $\frac{99}{132}=\frac{3}{4}$ ④ $\frac{6}{10}=\frac{3}{5}$

⑤ $\frac{25}{100}=\frac{1}{5}$

7 기약분수를 모두 찾아 ○표 하시오.

$\frac{3}{9}$ $\frac{1}{2}$ $\frac{5}{15}$ $\frac{40}{45}$ $\frac{4}{11}$ $\frac{3}{7}$

8 $\frac{60}{96}$을 기약분수로 나타내려고 합니다. 분모와 분자를 각각 어떤 수로 나누어야 하는지 쓰고 기약분수로 나타내시오.

( )

9 분모의 최소공배수를 공통분모로 하여 통분하시오.

$(\frac{11}{15}, \frac{9}{10}) \Rightarrow ($ $\qquad\qquad$ $)$

10 바르게 통분한 것은 어느 것입니까?

( )

① $(\frac{5}{9}, \frac{5}{6}) \Rightarrow (\frac{10}{18}, \frac{10}{12})$

② $(\frac{2}{5}, \frac{5}{6}) \Rightarrow (\frac{12}{30}, \frac{25}{30})$

③ $(\frac{5}{14}, \frac{8}{21}) \Rightarrow (\frac{15}{42}, \frac{18}{42})$

④ $(\frac{7}{10}, \frac{4}{15}) \Rightarrow (\frac{14}{30}, \frac{8}{30})$

⑤ $(\frac{4}{5}, \frac{9}{14}) \Rightarrow (\frac{56}{70}, \frac{20}{70})$

11 분수의 크기 비교가 바르지 <u>않은</u> 것을 모두 찾아 기호를 쓰시오.

㉠ $\frac{1}{4} > \frac{1}{5}$	㉡ $\frac{9}{10} > \frac{7}{12}$
㉢ $\frac{3}{7} > \frac{5}{6}$	㉣ $\frac{5}{8} > \frac{4}{5}$

( )

12 세 분수의 크기를 비교하여 가장 작은 수부터 차례로 쓰시오.

$\frac{3}{4}$ $\quad$ $\frac{5}{8}$ $\quad$ $\frac{9}{11}$

( )

13 어제 과수원에서 효근이는 $10\frac{11}{20}$ kg, 한초는 10.32 kg의 사과를 땄습니다. 누가 사과를 더 많이 땄습니까?

( )

14 하루 동안 가영이는 $\frac{3}{4}$ L, 지혜는 $\frac{7}{8}$ L, 신영이는 $\frac{9}{10}$ L의 물을 마셨습니다. 누가 물을 가장 적게 마셨습니까?

( )

15 $\frac{9}{14}$와 크기가 같은 분수 중에서 분모가 100보다 작은 분수는 모두 몇 개입니까?

( )

16 가영이네 학교 5학년 학생은 189명입니다. 그중에서 여학생이 84명이라면 5학년 여학생은 5학년 전체 학생의 얼마인지 기약분수로 나타내시오.

(   )

17 어떤 분수의 분모와 분자를 그들의 최대공약수인 12로 약분하여 기약분수로 나타내었더니 $\frac{2}{7}$가 되었습니다. 어떤 분수를 구하시오.

(   )

18 어떤 두 기약분수를 통분하였더니 다음과 같았습니다. 통분하기 전의 두 기약분수를 구하시오.

$\frac{27}{36}$ $\frac{20}{36}$

(   )

19 다음 4장의 숫자 카드 중에서 2장을 뽑아 진분수를 만들려고 합니다. 만들 수 있는 진분수 중에서 기약분수는 모두 몇 개입니까?

6 2 3 9

(   )

20 □ 안에 들어갈 수 있는 자연수를 모두 쓰시오.

$\frac{\square}{7} < \frac{4}{5}$

(   )

21 분수 $\frac{1}{2}$의 분모에 6을 더하려고 합니다. 분수의 크기를 같게 하려면 분자에는 얼마를 더해야 합니까?

(   )

서술형

22 $\frac{3}{8}$과 $\frac{15}{40}$는 크기가 같습니다. 그 이유를 2가지 방법으로 설명하시오.

이유

23 다음은 웅이가 $\frac{28}{70}$을 약분하여 기약분수로 나타낸 것입니다. 틀린 이유를 설명하고 기약분수로 바르게 나타내시오.

$$\frac{28}{70}=\frac{14}{35}$$

이유

24 다음은 상연이가 분모의 곱을 공통분모로 하여 통분한 것입니다. 틀린 이유를 설명하고 바르게 통분하시오.

$(\frac{4}{5}, \frac{6}{7})$에서 공통분모는 70이므로
$(\frac{4}{5}, \frac{6}{7})$을 통분하면
$(\frac{4}{5}=\frac{4\times14}{5\times14}=\frac{56}{70}, \frac{6}{7}=\frac{6\times10}{7\times10}=\frac{60}{70})$
입니다.

이유

25 $\frac{2}{9}$는 $\frac{4}{15}$보다 작습니다. 그 이유를 2가지 방법으로 설명하시오.

이유

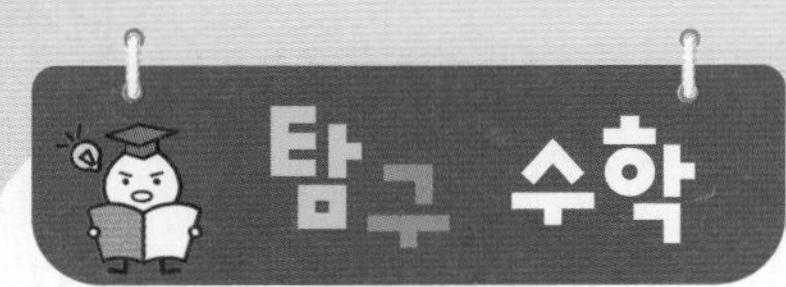

1 예슬, 석기, 효근이가 약분과 통분 빙고 게임을 하려고 합니다.

준비물 빙고판

놀이 방법

① 가위바위보를 하여 선생님과 학생의 역할을 정합니다.

② 학생들은 분모가 2부터 9까지의 자연수인 분수를 자신의 빙고판에 자유롭게 적습니다.

③ 선생님은 지울 수 있는 분수의 조건을 차례대로 이야기합니다.

④ 지울 수 있는 조건을 듣고 학생들은 자신의 빙고판에 있는 분수를 찾아 지웁니다.

⑤ 먼저 가로, 세로, 대각선으로 3줄을 지우는 사람이 이깁니다.

선생님 역할을 하게 된 효근이가 이야기한 지울 수 있는 분수의 조건은 다음과 같습니다.

① $\frac{1}{4}$보다 작은 분수

② 3으로 약분이 되는 분수

③ 지우고 남은 분수 중 공통분모를 6으로 하여 통분이 되는 두 분수

예슬이와 석기가 쓴 빙고판의 분수가 다음과 같을 때 게임에서 이긴 사람은 누구입니까?

예슬

$\frac{21}{9}$	$\frac{2}{3}$	$\frac{11}{2}$	$\frac{7}{4}$
$3\frac{1}{3}$	$\frac{1}{5}$	$\frac{3}{2}$	$\frac{15}{3}$
$\frac{1}{8}$	$6\frac{1}{4}$	$\frac{27}{6}$	$\frac{8}{7}$
$\frac{33}{6}$	$\frac{13}{5}$	$1\frac{7}{8}$	$\frac{2}{9}$

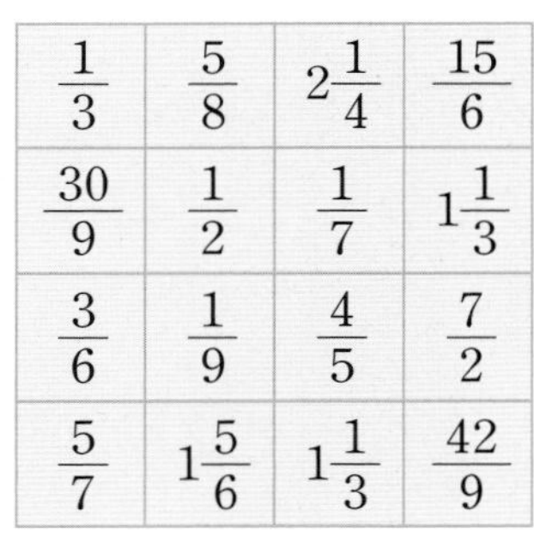

$\frac{1}{3}$	$\frac{5}{8}$	$2\frac{1}{4}$	$\frac{15}{6}$
$\frac{30}{9}$	$\frac{1}{2}$	$\frac{1}{7}$	$1\frac{1}{3}$
$\frac{3}{6}$	$\frac{1}{9}$	$\frac{4}{5}$	$\frac{7}{2}$
$\frac{5}{7}$	$1\frac{5}{6}$	$1\frac{1}{3}$	$\frac{42}{9}$

석기

(　　　　　　　　)

4 단원

의좋은 삼형제

옛날 어느 동네에 의좋은 삼형제가 살고 있었어요.

첫째는 결혼을 일찍 했지만 아직 아이가 생기지 않아 마음 고생이 많았지요. 효심이 지극한 첫째 아들과 그의 아내는 부모님을 모시고 열심히 사는 것으로 만족하자고 하지만 늦은 밤 마루에 걸터 앉아 달을 바라보고 있는 모습을 보면 여전히 아이를 기다리고 있는 것 같아요.

둘째네도 어찌나 효심이 지극한지 결혼하고도 줄곧 부모님을 모시고 살겠다고 이사를 나가지 않고 부모님과 한 집에서 잘 살고 있답니다. 둘째네는 아이들이 네 명이나 있어 이 아이들을 다 거둬 먹이기 위해서 아침, 저녁으로 얼마나 부지런히 일을 하는지 몰라요.

막내는 아직 결혼을 하지 않았어요. 그렇지만 막내도 결코 게으름을 피우는 성격이 아니에요. 아침마다 소 먹이, 닭 모이도 막내가 다 챙기지요.

오늘도 어김없이 삼형제는 아침 식사를 하고 부지런히 밭으로 일을 하러 갔어요. 막내는 밭일을 하면서 형에게 이야기를 했어요.

"형님, 듣자하니 저기 산 넘어 마을에 용한 의원이 산다고 합니다. 형수님을 모시고 가셔서 한약 한재 지어 드시게 하면 몸이 튼튼해져 아기를 가질 수 있지 않을까요?"

"그래? 그러면 내일 네 형수와 한의원을 다녀 와야 겠구나. 힘들겠지만 내일은 너희 둘이 고생을 해야 겠구나."

"무슨 그런 말씀을 하세요. 염려 마시고 잘 다녀오세요."

다음날, 첫째는 아내와 함께 한의원에 가려고 나섰어요.

"여보, 우리 두 동생이 고생하지 않게 빠른 길로 다녀 옵시다."

산 넘어 마을에 있는 한의원까지 가는 길은 두 길이 있는데 한 길은 $\frac{9}{10}$ km이고, 다른 길은 $\frac{7}{8}$ km였어요. 어느 길이 더 빠른지 모르겠어서 고개를 갸웃거리고 있는데 막내가 알려 주었어요. $(\frac{9}{10}, \frac{7}{8})$의 분모를 40으로 같게 하면 $(\frac{36}{40}, \frac{35}{40})$이니까 $\frac{7}{8}$ km인 길로 다녀 오는게 더 빠른 길이네요.

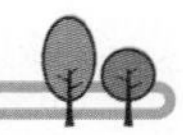

그리고 한 달이 지나 삼형제네 집에 좋은 소식이 들려 왔어요. 마음씨 고운 첫째 며느리가 임신을 한 거예요. 첫째는 신이 나서 더 열심히 일했어요.
가을이 되어 농사지은 것을 추수하게 되었어요. 세 형제는 서로 다른 형제들에게 더 많이 가져가라고 난리예요. 그래서 아버지가 딱 정해 주셨지요.

첫째는 이제 아기가 태어나면 쌀이 많이 필요할테니 전체의 $\frac{3}{10}$을, 둘째는 가족이 많으니 전체의 $\frac{2}{5}$를, 막내는 혼자이니 전체의 $\frac{1}{4}$을 가지라고 하셨어요. 그럼 누구에게 가장 많이 준 것일까요?
$(\frac{3}{10}, \frac{2}{5}) \rightarrow (\frac{3}{10}, \frac{4}{10})$이니까 첫째네보다 둘째네가 많네요.
또 $(\frac{2}{5}, \frac{1}{4}) \rightarrow (\frac{8}{20}, \frac{5}{20})$이니까 셋째네보다 둘째네가 역시 많네요. 그렇다면 $(\frac{3}{10}, \frac{1}{4}) \rightarrow (\frac{6}{20}, \frac{5}{20})$이므로 셋째네보다 첫째네가 많아요. 즉, 둘째네가 가장 많이 가져가고, 그다음 첫째네, 그리고 막내 순이네요. 아이들이 많은 둘째네라 다들 당연하다고 생각했어요.

그러던 어느 날 삼형제의 아버지께서 세 아들을 불러 이야기를 하셨습니다.
"얘들아, 이제 나는 나이가 많아 힘이 들어서 더 이상 농사를 지을 수 없구나. 이제 각자 살기 좋은 집을 찾아 이사도 하고, 각각 땅을 나누어 농사를 짓도록 하거라."
하지만 세 형제는 의논 끝에 지금처럼 셋이 힘을 합해 같이 일을 하며 부모님 모시고 오래오래 함께 살기로 했답니다.

오늘 세 형제는 콩을 따러 나갔다 왔습니다. 첫째는 $\frac{4}{5}$ kg을, 둘째는 $\frac{7}{8}$ kg을, 막내는 $\frac{7}{10}$ kg을 땄습니다. 콩을 가장 많이 딴 사람은 누구입니까?

5 분수의 덧셈과 뺄셈

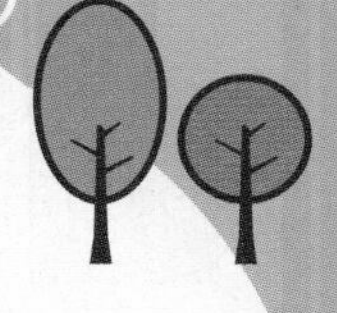

이번에 배울 내용

1 받아올림이 없는 분모가 다른 진분수의 덧셈

2 받아올림이 있는 분모가 다른 진분수의 덧셈

3 받아올림이 있는 분모가 다른 대분수의 덧셈

4 분모가 다른 진분수의 뺄셈

5 받아내림이 없는 분모가 다른 대분수의 뺄셈

6 받아내림이 있는 분모가 다른 대분수의 뺄셈

이전에 배운 내용

- 분모가 같은 분수의 덧셈과 뺄셈
- 약분과 통분

다음에 배울 내용

- 분수의 곱셈과 나눗셈
- 소수의 곱셈과 나눗셈

개념 탄탄 1. 받아올림이 없는 분모가 다른 진분수의 덧셈

교과서 개념을 이해하고 확인 문제를 통해 익혀요.

받아올림이 없는 분모가 다른 진분수의 덧셈

분수를 통분하여 분모가 같은 분수로 고친 다음 분자끼리 더합니다.

• 분모의 곱을 이용하여 통분한 후 계산하기

$$\frac{3}{8}+\frac{1}{12}=\frac{3\times12}{8\times12}+\frac{1\times8}{12\times8}=\frac{36}{96}+\frac{8}{96}=\frac{44}{96}=\frac{11}{24}$$

• 분모의 최소공배수를 이용하여 통분한 후 계산하기

$$\frac{3}{8}+\frac{1}{12}=\frac{3\times3}{8\times3}+\frac{1\times2}{12\times2}=\frac{9}{24}+\frac{2}{24}=\frac{11}{24}$$

개념잡기

- 분모의 곱으로 통분하면 공통분모를 쉽게 구할 수 있습니다.
- 분모의 최소공배수를 공통분모로 하여 통분하면 분자끼리의 덧셈이 간편합니다.

받아올림이 없는 분모가 다른 진분수의 덧셈 (1)

개념확인 1 그림을 보고 □ 안에 알맞은 수를 써넣으시오.

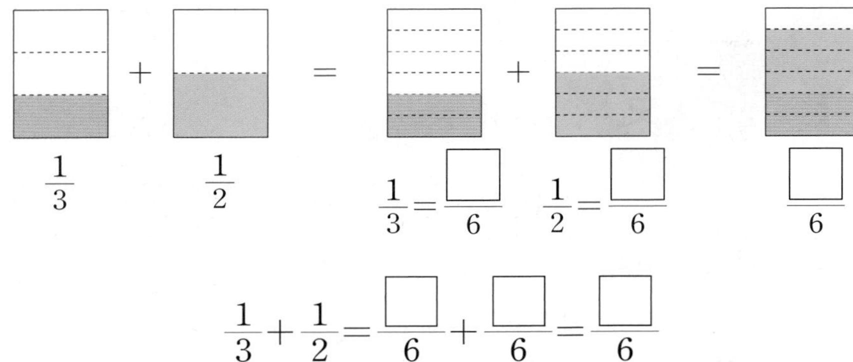

$\frac{1}{3}$ + $\frac{1}{2}$ = ($\frac{1}{3}=\frac{\square}{6}$) + ($\frac{1}{2}=\frac{\square}{6}$) = $\frac{\square}{6}$

$$\frac{1}{3}+\frac{1}{2}=\frac{\square}{6}+\frac{\square}{6}=\frac{\square}{6}$$

받아올림이 없는 분모가 다른 진분수의 덧셈 (2)

개념확인 2 $\frac{1}{6}+\frac{5}{8}$를 계산하려고 합니다. □ 안에 알맞은 수를 써넣으시오.

(1) 분모의 곱을 이용하여 통분한 후 계산하기

$$\frac{1}{6}+\frac{5}{8}=\frac{1\times8}{6\times\square}+\frac{5\times\square}{8\times\square}=\frac{\square}{48}+\frac{\square}{48}=\frac{\square}{48}=\frac{\square}{24}$$

(2) 분모의 최소공배수를 이용하여 통분한 후 계산하기

$$\frac{1}{6}+\frac{5}{8}=\frac{1\times4}{6\times\square}+\frac{5\times\square}{8\times\square}=\frac{\square}{24}+\frac{\square}{24}=\frac{\square}{24}$$

핵심 쏙쏙

기본 문제를 통해 교과서 개념을 다져요.

1 그림을 보고 □ 안에 알맞은 수를 써넣으시오.

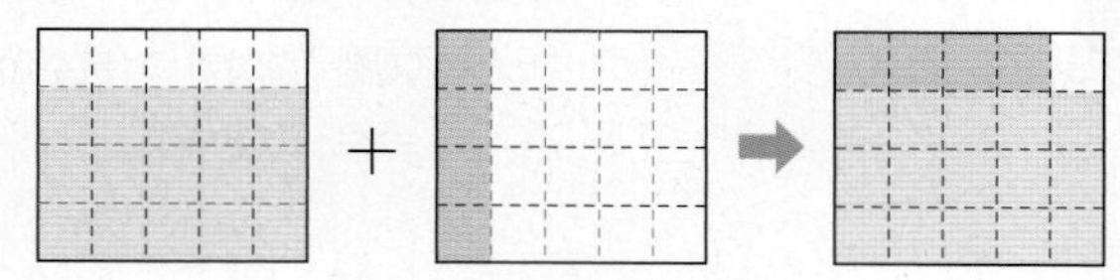

$\frac{3}{4}+\frac{1}{5}=\frac{\square}{20}+\frac{\square}{20}=\frac{\square}{20}$

2 $\frac{1}{6}+\frac{4}{9}$를 계산하려고 합니다. □ 안에 알맞은 수를 써넣으시오.

(1) $\frac{1}{6}+\frac{4}{9}=\frac{1\times\square}{6\times9}+\frac{4\times\square}{9\times6}$

$=\frac{\square}{54}+\frac{\square}{54}$

$=\frac{\square}{54}=\frac{\square}{18}$

(2) $\frac{1}{6}+\frac{4}{9}=\frac{1\times\square}{6\times3}+\frac{4\times\square}{9\times2}$

$=\frac{\square}{18}+\frac{\square}{18}=\frac{\square}{18}$

3 보기와 같이 계산하시오.

보기

$\frac{1}{2}+\frac{1}{4}=\frac{1\times2}{2\times2}+\frac{1}{4}=\frac{2}{4}+\frac{1}{4}=\frac{3}{4}$

(1) $\frac{1}{4}+\frac{1}{6}$

(2) $\frac{5}{6}+\frac{1}{8}$

4 계산을 하시오.

(1) $\frac{2}{5}+\frac{3}{10}$ (2) $\frac{1}{9}+\frac{5}{12}$

(3) $\frac{1}{6}+\frac{7}{15}$ (4) $\frac{4}{7}+\frac{2}{21}$

5 단원

5 빈 곳에 알맞은 수를 써넣으시오.

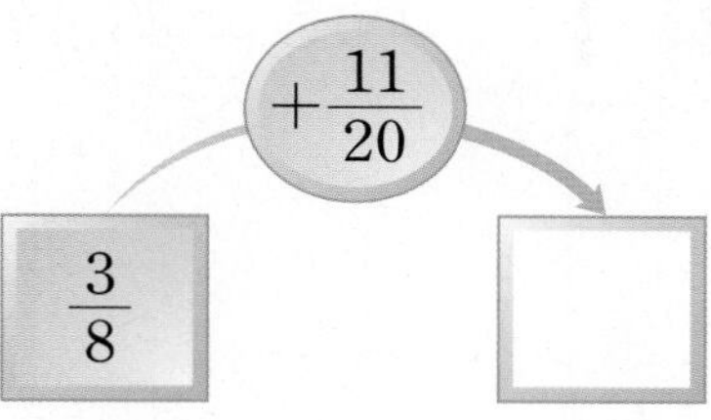

6 빈칸에 알맞은 수를 써넣으시오.

+	$\frac{3}{8}$	$\frac{7}{18}$
$\frac{5}{12}$		

7 예슬이는 줄넘기를 $\frac{1}{6}$시간 동안 했고 상연이는 $\frac{9}{20}$시간 동안 했습니다. 두 사람이 줄넘기를 한 시간은 모두 몇 시간입니까?

(　　　　　)

개념 탄탄 2. 받아올림이 있는 분모가 다른 진분수의 덧셈

교과서 개념을 이해하고 확인 문제를 통해 익혀요.

받아올림이 있는 분모가 다른 진분수의 덧셈

분수를 통분하여 분모가 같은 분수로 고친 다음 분자끼리 더합니다.

• 분모의 곱을 이용하여 통분한 후 계산하기

$$\frac{3}{4}+\frac{5}{8}=\frac{3\times8}{4\times8}+\frac{5\times4}{8\times4}=\frac{24}{32}+\frac{20}{32}=\frac{44}{32}=1\frac{12}{32}=1\frac{3}{8}$$

• 분모의 최소공배수를 이용하여 통분한 후 계산하기

$$\frac{3}{4}+\frac{5}{8}=\frac{3\times2}{4\times2}+\frac{5}{8}=\frac{6}{8}+\frac{5}{8}=\frac{11}{8}=1\frac{3}{8}$$

개념잡기

- 계산 결과가 가분수이면 대분수로 고칩니다.
- 분모의 최소공배수로 통분하면 분자끼리의 덧셈이 간편합니다.

받아올림이 있는 분모가 다른 진분수의 덧셈 (1)

개념확인 1 그림을 보고 □ 안에 알맞은 수를 써넣으시오.

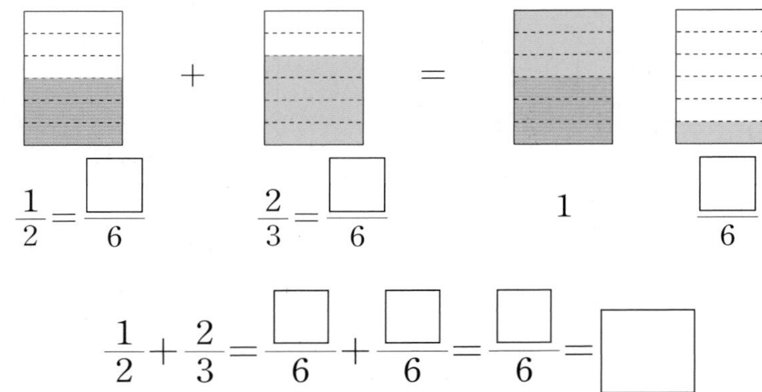

$\frac{1}{2}=\frac{\square}{6}$ $\frac{2}{3}=\frac{\square}{6}$ 1 $\frac{\square}{6}$

$$\frac{1}{2}+\frac{2}{3}=\frac{\square}{6}+\frac{\square}{6}=\frac{\square}{6}=\square$$

받아올림이 있는 분모가 다른 진분수의 덧셈 (2)

개념확인 2 $\frac{4}{9}+\frac{5}{6}$를 계산하려고 합니다. □ 안에 알맞은 수를 써넣으시오.

(1) 분모의 곱을 이용하여 통분한 후 계산하기

$$\frac{4}{9}+\frac{5}{6}=\frac{4\times6}{9\times\square}+\frac{5\times\square}{6\times\square}=\frac{\square}{54}+\frac{\square}{54}=\frac{\square}{54}$$

$$=\square\frac{\square}{54}=\square\frac{\square}{18}$$

(2) 분모의 최소공배수를 이용하여 통분한 후 계산하기

$$\frac{4}{9}+\frac{5}{6}=\frac{4\times2}{9\times\square}+\frac{5\times\square}{6\times\square}=\frac{\square}{18}+\frac{\square}{18}=\frac{\square}{18}=\square\frac{\square}{18}$$

핵심 쏙쏙

기본 문제를 통해 교과서 개념을 다져요.

1 그림을 보고 □ 안에 알맞은 수를 써넣으시오.

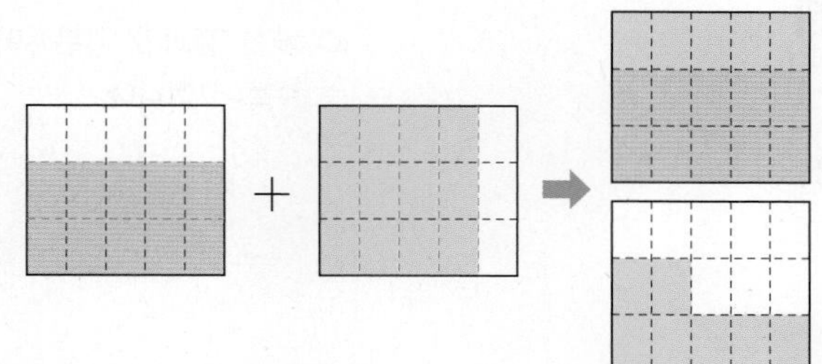

$\frac{2}{3}+\frac{4}{5}=\frac{\square}{15}+\frac{\square}{15}=\frac{\square}{15}=\square$

2 $\frac{5}{6}+\frac{7}{8}$을 계산하려고 합니다. □ 안에 알맞은 수를 써넣으시오.

(1) $\frac{5}{6}+\frac{7}{8}=\frac{5\times\square}{6\times8}+\frac{7\times\square}{8\times6}$

$=\frac{\square}{48}+\frac{\square}{48}=\frac{\square}{48}$

$=\square\frac{\square}{48}=\square\frac{\square}{24}$

(2) $\frac{5}{6}+\frac{7}{8}=\frac{5\times\square}{6\times4}+\frac{7\times\square}{8\times3}$

$=\frac{\square}{24}+\frac{\square}{24}$

$=\frac{\square}{24}=\square\frac{\square}{24}$

3 보기와 같이 계산하시오.

보기

$\frac{1}{2}+\frac{3}{4}=\frac{1\times2}{2\times2}+\frac{3}{4}=\frac{2}{4}+\frac{3}{4}=\frac{5}{4}=1\frac{1}{4}$

$\frac{5}{6}+\frac{7}{12}$

4 계산을 하시오.

(1) $\frac{1}{4}+\frac{7}{9}$　　(2) $\frac{3}{7}+\frac{5}{6}$

5 빈 곳에 알맞은 수를 써넣으시오.

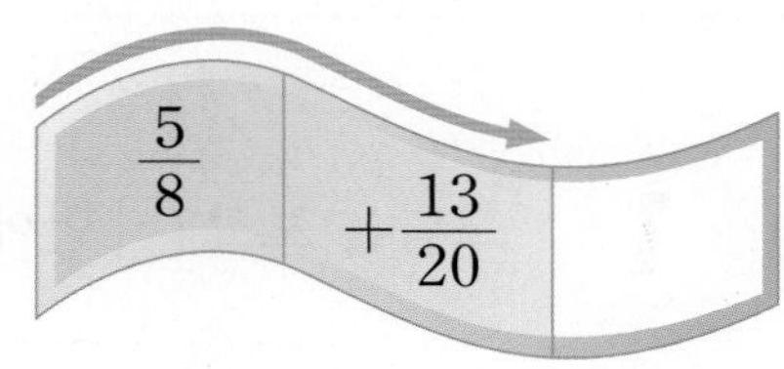

6 빈칸에 알맞은 수를 써넣으시오.

⊕ →

$\frac{4}{5}$	$\frac{5}{9}$	
$\frac{8}{15}$	$\frac{11}{18}$	

7 예슬이는 수학 공부를 $\frac{1}{2}$시간 동안 했고 영어 공부는 $\frac{4}{5}$시간 동안 했습니다. 예슬이가 공부한 시간은 모두 몇 시간입니까?

(　　　　　　)

5 단원

개념 탄탄 3. 받아올림이 있는 분모가 다른 대분수의 덧셈

교과서 개념을 이해하고 확인 문제를 통해 익혀요.

받아올림이 있는 분모가 다른 대분수의 덧셈

- 자연수는 자연수끼리, 분수는 분수끼리 더해서 계산하기

$$1\frac{5}{6}+1\frac{1}{4}=(1+1)+(\frac{5}{6}+\frac{1}{4})=2+(\frac{10}{12}+\frac{3}{12})$$
$$=2+\frac{13}{12}=2+1\frac{1}{12}=3\frac{1}{12}$$

- 대분수를 가분수로 고쳐서 계산하기

$$1\frac{5}{6}+1\frac{1}{4}=\frac{11}{6}+\frac{5}{4}=\frac{22}{12}+\frac{15}{12}=\frac{37}{12}=3\frac{1}{12}$$

개념잡기

- 계산 결과가 가분수이면 대분수로 고칩니다.

받아올림이 있는 분모가 다른 대분수의 덧셈 (1)

개념확인 1 그림을 보고 □ 안에 알맞은 수를 써넣으시오.

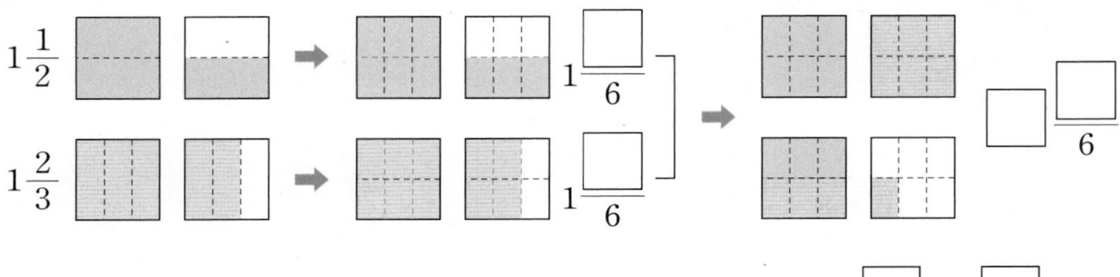

$$1\frac{1}{2}+1\frac{2}{3}=(1+1)+(\frac{1}{2}+\frac{2}{3})=□+(\frac{□}{6}+\frac{□}{6})$$
$$=□+\frac{□}{6}=□+□\frac{□}{6}=□\frac{□}{6}$$

받아올림이 있는 분모가 다른 대분수의 덧셈 (2)

개념확인 2 $2\frac{4}{5}+3\frac{3}{10}$을 계산하려고 합니다. □ 안에 알맞은 수를 써넣으시오.

(1) 자연수는 자연수끼리, 분수는 분수끼리 더해서 계산하기

$$2\frac{4}{5}+3\frac{3}{10}=(2+3)+(\frac{4}{5}+\frac{3}{10})=□+(\frac{□}{10}+\frac{□}{10})$$
$$=□+\frac{□}{10}=□+□\frac{□}{10}=□\frac{□}{10}$$

(2) 대분수를 가분수로 고쳐서 계산하기

$$2\frac{4}{5}+3\frac{3}{10}=\frac{□}{5}+\frac{□}{10}=\frac{□}{10}+\frac{□}{10}=\frac{□}{10}=□\frac{□}{10}$$

핵심 쏙쏙

기본 문제를 통해 교과서 개념을 다져요.

중요

1 $3\frac{3}{4}+2\frac{2}{5}$를 계산하려고 합니다. □ 안에 알맞은 수를 써넣으시오.

(1) $3\frac{3}{4}+2\frac{2}{5}=(3+2)+(\frac{3}{4}+\frac{2}{5})$

$=\square+(\frac{\square}{20}+\frac{\square}{20})$

$=\square+\frac{\square}{20}$

$=\square+\square\frac{\square}{20}$

$=\square\frac{\square}{20}$

(2) $3\frac{3}{4}+2\frac{2}{5}=\frac{\square}{4}+\frac{\square}{5}$

$=\frac{\square}{20}+\frac{\square}{20}$

$=\frac{\square}{20}=\square\frac{\square}{20}$

2 보기와 같이 계산하시오.

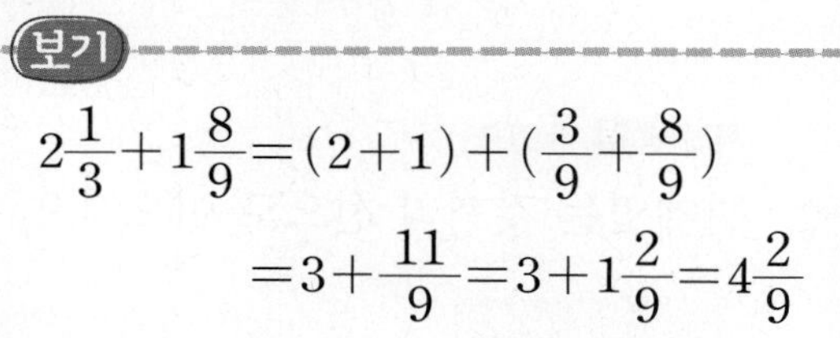
보기

$2\frac{1}{3}+1\frac{8}{9}=(2+1)+(\frac{3}{9}+\frac{8}{9})$

$=3+\frac{11}{9}=3+1\frac{2}{9}=4\frac{2}{9}$

(1) $1\frac{5}{8}+2\frac{5}{6}$

(2) $2\frac{3}{4}+1\frac{3}{5}$

3 계산을 하시오.

(1) $1\frac{2}{3}+3\frac{3}{4}$

(2) $2\frac{1}{6}+2\frac{8}{9}$

4 □ 안에 알맞은 수를 써넣으시오.

(1)

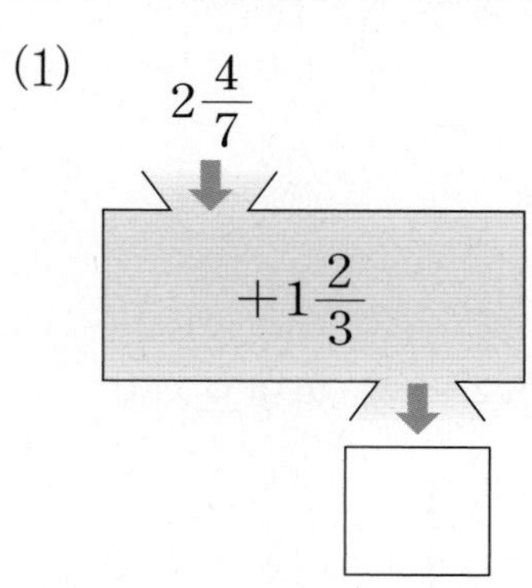

(2)

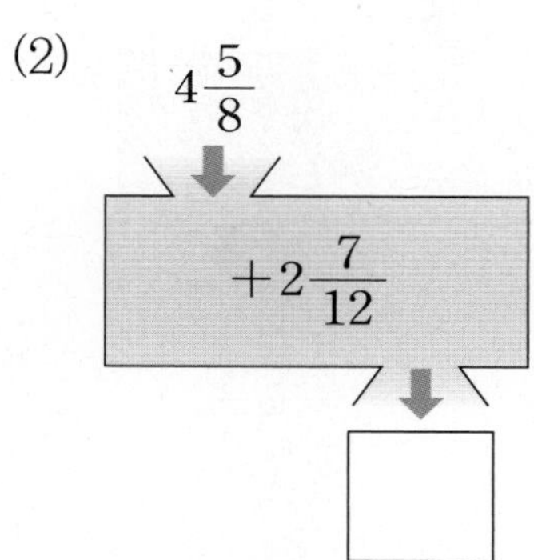

5 테이프를 두 도막으로 잘랐더니 한 도막은 $1\frac{7}{10}$ m였고 다른 한 도막은 $1\frac{3}{4}$ m였습니다. 테이프를 자르기 전의 길이는 몇 m입니까?

(　　　　　　)

5 단원

Step 3 유형 콕콕

유형 1 받아올림이 없는 분모가 다른 진분수의 덧셈

분수를 통분하여 분모가 같은 분수로 고친 다음 분자끼리 더합니다.

1-1 계산을 하시오.

(1) $\frac{1}{5}+\frac{1}{2}$　　(2) $\frac{1}{6}+\frac{3}{4}$

(3) $\frac{3}{10}+\frac{5}{8}$　　(4) $\frac{2}{3}+\frac{2}{9}$

1-2 □ 안에 알맞은 수를 써넣으시오.

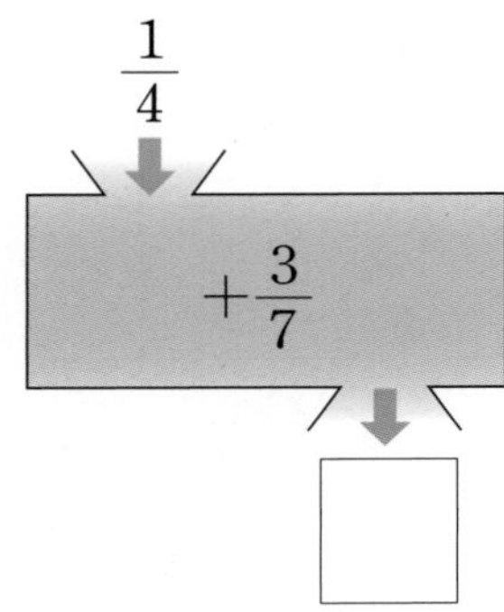

대표유형

1-3 두 수의 합을 구하시오.

$\frac{2}{9}$　$\frac{5}{12}$

(　　　　　)

1-4 ㉠과 ㉡의 합을 구하시오.

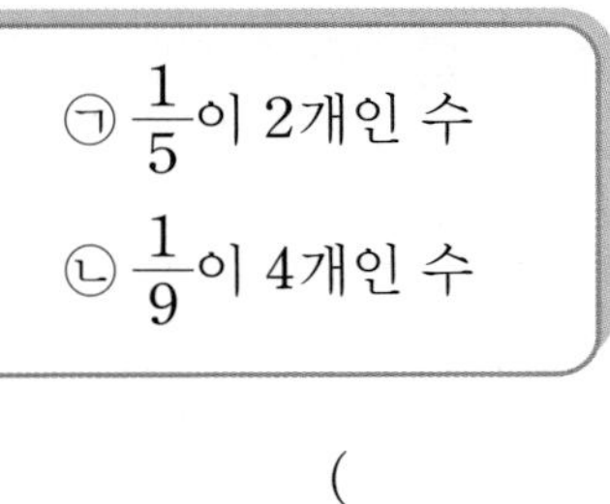

㉠ $\frac{1}{5}$이 2개인 수
㉡ $\frac{1}{9}$이 4개인 수

(　　　　　)

1-5 빈칸에 알맞은 수를 써넣으시오.

$+\frac{3}{8}$

$\frac{1}{4}$	$\frac{2}{5}$

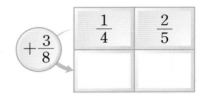

1-6 □ 안에 알맞은 수를 써넣으시오.

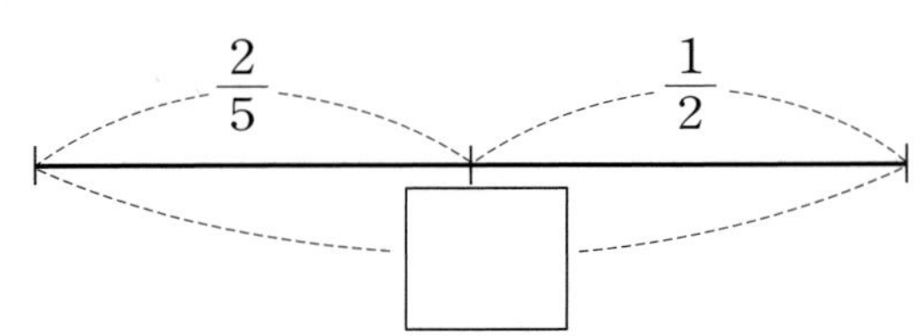

시험에 잘 나와요

1-7 관계있는 것끼리 선으로 이으시오.

$\frac{1}{12}+\frac{4}{9}$ •	• $\frac{17}{36}$
$\frac{11}{36}+\frac{1}{6}$ •	• $\frac{19}{36}$
$\frac{7}{12}+\frac{5}{18}$ •	• $\frac{31}{36}$

유형 2 받아올림이 있는 분모가 다른 진분수의 덧셈

- 분수를 통분하여 분모가 같은 분수로 고친 다음 분자끼리 더합니다.
- 계산 결과가 가분수이면 대분수로 고칩니다.

2-1 계산을 하시오.

(1) $\frac{2}{3}+\frac{7}{15}$　　(2) $\frac{5}{6}+\frac{2}{9}$

(3) $\frac{3}{4}+\frac{5}{12}$　　(4) $\frac{5}{8}+\frac{7}{12}$

2-2 계산 결과가 1보다 큰 곳을 찾아 색칠하시오.

$\frac{1}{3}+\frac{1}{4}$	$\frac{4}{9}+\frac{3}{5}$
$\frac{2}{5}+\frac{2}{3}$	$\frac{3}{10}+\frac{7}{15}$

대표유형

2-3 두 수의 합을 구하시오.

$\frac{13}{15}$　　$\frac{7}{12}$

(　　　　　　)

2-4 계산 결과를 비교하여 ○ 안에 >, =, <를 알맞게 써넣으시오.

$\frac{1}{2}+\frac{8}{9}$ ○ $\frac{5}{6}+\frac{7}{18}$

2-5 계산 결과가 가장 큰 것을 찾아 기호를 쓰시오.

㉠ $\frac{2}{3}+\frac{7}{15}$　㉡ $\frac{5}{6}+\frac{1}{3}$　㉢ $\frac{3}{4}+\frac{7}{12}$

(　　　　　　)

2-6 집에서 도서관을 지나 체육관까지의 거리는 몇 km입니까?

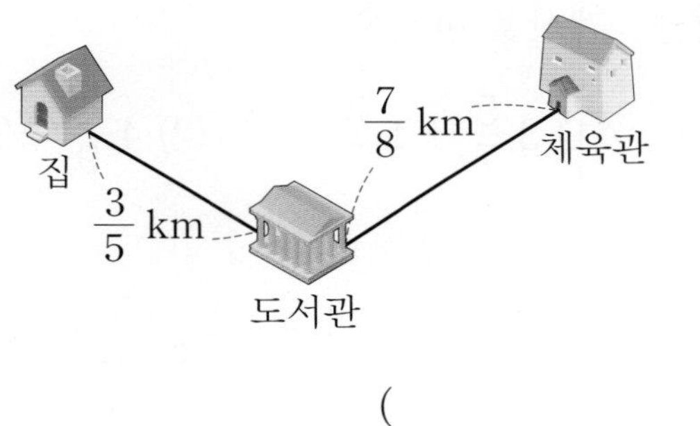

(　　　　　　)

시험에 잘 나와요

2-7 어떤 수에서 $\frac{7}{8}$을 뺐더니 $\frac{5}{6}$가 되었습니다. 어떤 수는 얼마입니까?

(　　　　　　)

유형 3 받아올림이 있는 분모가 다른 대분수의 덧셈

자연수는 자연수끼리, 분수는 분수끼리 더하거나 대분수를 가분수로 고쳐서 계산합니다.

3-1 계산 과정 중에서 잘못된 부분을 찾아 기호를 쓰시오.

$1\frac{4}{5}+4\frac{5}{8}=(1+4)+(\frac{4}{5}+\frac{5}{8})$ … ㉠

$=5+(\frac{32}{40}+\frac{25}{40})$ … ㉡

$=5+\frac{57}{40}$ … ㉢

$=5\frac{57}{40}$ … ㉣

(　　　　　　)

대표유형

3-2 계산을 하시오.

(1) $3\frac{5}{7}+1\frac{3}{5}$　　(2) $4\frac{4}{9}+2\frac{7}{12}$

3-3 빈 곳에 알맞은 수를 써넣으시오.

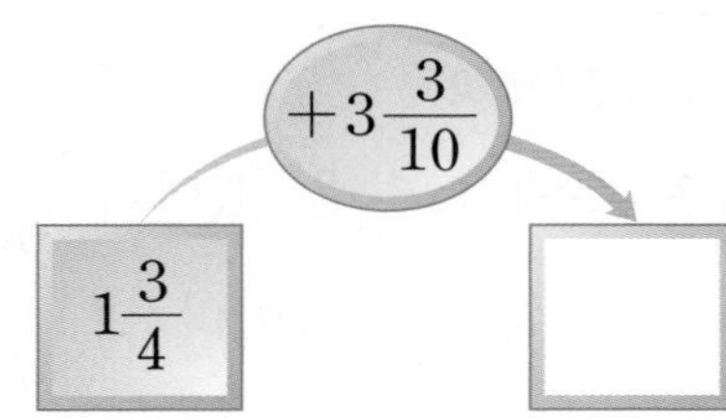

3-4 다음이 나타내는 수를 구하시오.

$2\frac{2}{9}$ 보다 $1\frac{5}{6}$ 큰 수

(　　　　　　)

3-5 □ 안에 알맞은 수를 써넣으시오.

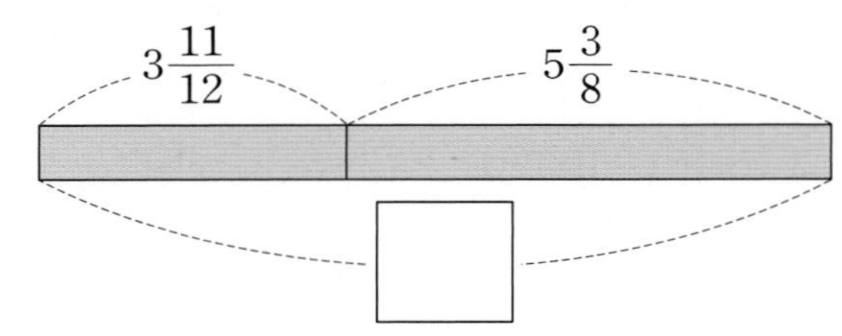

시험에 잘 나와요

3-6 빈칸에 알맞은 수를 써넣으시오.

+	$2\frac{2}{3}$	$3\frac{11}{12}$
$1\frac{3}{10}$		

3-7 빈 곳에 알맞은 수를 써넣으시오.

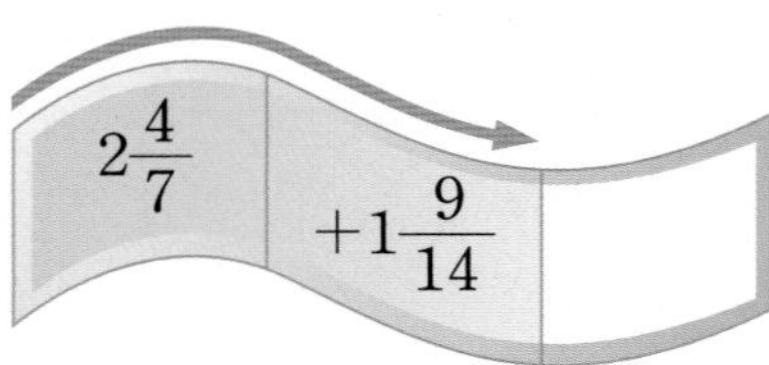

3-8 빈칸에 알맞은 수를 써넣으시오.

$5\frac{3}{5}$	$3\frac{5}{9}$	
$2\frac{3}{4}$	$4\frac{5}{6}$	

(→ +, ↓ +)

3-9 계산 결과가 더 큰 것을 찾아 기호를 쓰시오.

㉠ $4\frac{7}{10}+\frac{5}{8}$　　㉡ $2\frac{3}{8}+2\frac{4}{5}$

(　　　　　　)

3-10 □ 안에 들어갈 수 있는 자연수 중에서 가장 작은 수를 구하시오.

$3\frac{5}{9}+2\frac{7}{15} < 6\frac{\square}{90}$

(　　　　　　)

시험에 잘 나와요

3-11 계산 결과가 가장 큰 것을 찾아 기호를 쓰시오.

㉠ $1\frac{1}{3}+3\frac{5}{6}$　　㉡ $2\frac{1}{2}+2\frac{4}{9}$

㉢ $\frac{11}{18}+4\frac{2}{3}$

(　　　　　　)

3-12 직사각형의 가로와 세로의 합은 몇 m입니까?

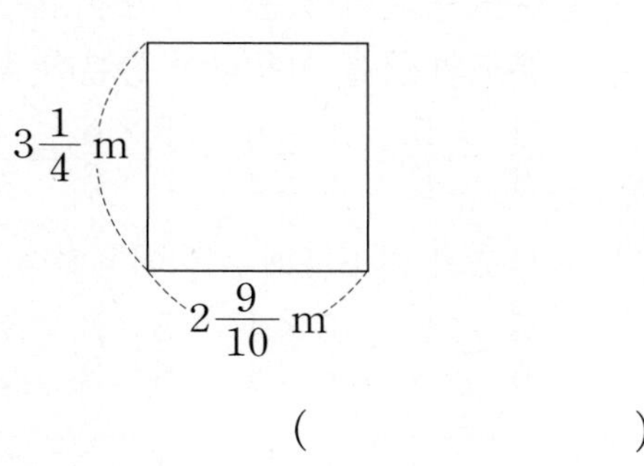

(　　　　　　)

잘 틀려요

3-13 어떤 수에 $1\frac{1}{3}$을 더해야 할 것을 잘못하여 뺐더니 $1\frac{13}{14}$이 되었습니다. 어떤 수를 구하시오.

(　　　　　　)

3-14 다음 3장의 숫자 카드를 사용하여 대분수를 만들려고 합니다. 만들 수 있는 대분수 중에서 가장 큰 수와 가장 작은 수의 합을 구하시오.

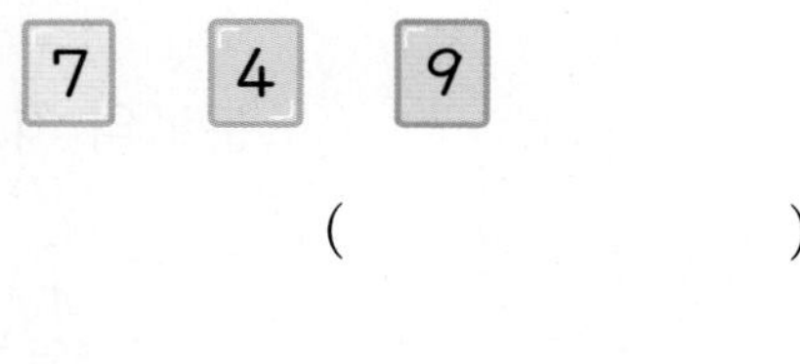

(　　　　　　)

5 단원

개념 탄탄 4. 분모가 다른 진분수의 뺄셈

교과서 개념을 이해하고 확인 문제를 통해 익혀요.

분모가 다른 진분수의 뺄셈

분수를 통분하여 분모가 같은 분수로 고친 다음 분자끼리 뺍니다.

• 분모의 곱을 이용하여 통분한 후 계산하기

$$\frac{5}{6}-\frac{5}{8}=\frac{5\times8}{6\times8}-\frac{5\times6}{8\times6}=\frac{40}{48}-\frac{30}{48}=\frac{10}{48}=\frac{5}{24}$$

• 분모의 최소공배수를 이용하여 통분한 후 계산하기

$$\frac{5}{6}-\frac{5}{8}=\frac{5\times4}{6\times4}-\frac{5\times3}{8\times3}=\frac{20}{24}-\frac{15}{24}=\frac{5}{24}$$

개념잡기

분모의 곱으로 통분하면 공통분모를 쉽게 구할 수 있습니다.

분모가 다른 진분수의 뺄셈 (1)

개념확인 1 그림을 보고 □ 안에 알맞은 수를 써넣으시오.

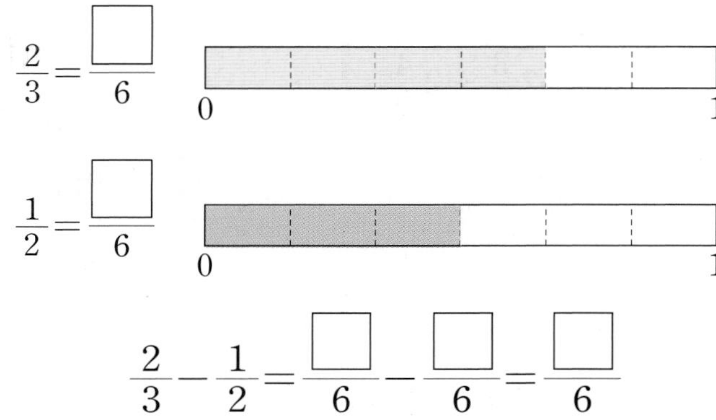

$$\frac{2}{3}-\frac{1}{2}=\frac{\square}{6}-\frac{\square}{6}=\frac{\square}{6}$$

분모가 다른 진분수의 뺄셈 (2)

개념확인 2 $\frac{5}{6}-\frac{4}{15}$를 계산하려고 합니다. □ 안에 알맞은 수를 써넣으시오.

(1) 분모의 곱을 이용하여 통분한 후 계산하기

$$\frac{5}{6}-\frac{4}{15}=\frac{5\times15}{6\times\square}-\frac{4\times\square}{15\times\square}=\frac{\square}{90}-\frac{\square}{90}=\frac{\square}{90}=\frac{\square}{30}$$

(2) 분모의 최소공배수를 이용하여 통분한 후 계산하기

$$\frac{5}{6}-\frac{4}{15}=\frac{5\times5}{6\times\square}-\frac{4\times\square}{15\times\square}=\frac{\square}{30}-\frac{\square}{30}=\frac{\square}{30}$$

핵심 쏙쏙

기본 문제를 통해 교과서 개념을 다져요.

1 그림을 보고 □ 안에 알맞은 수를 써넣으시오.

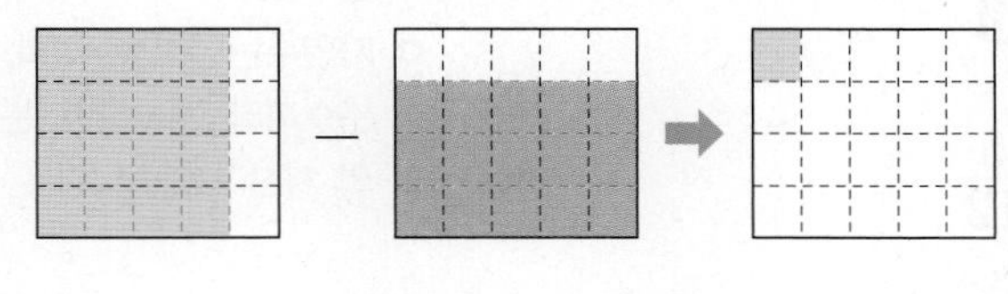

$\frac{4}{5}-\frac{3}{4}=\frac{\square}{20}-\frac{\square}{20}=\frac{\square}{20}$

2 $\frac{7}{12}-\frac{3}{8}$을 계산하려고 합니다. □ 안에 알맞은 수를 써넣으시오.

(1) $\frac{7}{12}-\frac{3}{8}=\frac{7\times\square}{12\times8}-\frac{3\times\square}{8\times\square}$

$=\frac{\square}{96}-\frac{\square}{96}$

$=\frac{\square}{96}=\frac{\square}{24}$

(2) $\frac{7}{12}-\frac{3}{8}=\frac{7\times\square}{12\times2}-\frac{3\times\square}{8\times\square}$

$=\frac{\square}{24}-\frac{\square}{24}=\frac{\square}{24}$

3 보기와 같이 계산하시오.

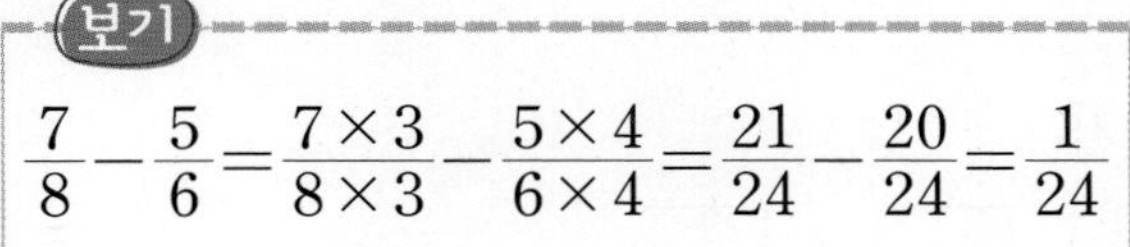

보기

$\frac{7}{8}-\frac{5}{6}=\frac{7\times3}{8\times3}-\frac{5\times4}{6\times4}=\frac{21}{24}-\frac{20}{24}=\frac{1}{24}$

(1) $\frac{9}{10}-\frac{5}{6}$

(2) $\frac{11}{14}-\frac{1}{4}$

4 계산을 하시오.

(1) $\frac{5}{6}-\frac{1}{4}$ (2) $\frac{8}{15}-\frac{4}{9}$

5 단원

5 빈칸에 알맞은 수를 써넣으시오.

(−) →

$\frac{7}{9}$	$\frac{2}{3}$	
$\frac{9}{10}$	$\frac{7}{15}$	

6 관계있는 것끼리 선으로 이으시오.

$\frac{7}{8}-\frac{1}{6}$ •	• $\frac{7}{24}$
$\frac{5}{6}-\frac{7}{24}$ •	• $\frac{13}{24}$
$\frac{3}{8}-\frac{1}{12}$ •	• $\frac{17}{24}$

7 신영이가 가지고 있는 끈은 $\frac{7}{8}$ m이고 효근이가 가지고 있는 끈은 $\frac{2}{5}$ m입니다. 신영이는 효근이보다 끈을 몇 m 더 가지고 있습니까?

( )

개념 탄탄 5. 받아내림이 없는 분모가 다른 대분수의 뺄셈

교과서 개념을 이해하고 확인 문제를 통해 익혀요.

받아내림이 없는 분모가 다른 대분수의 뺄셈

- 자연수는 자연수끼리, 분수는 분수끼리 빼서 계산하기

$$4\frac{2}{3}-3\frac{1}{4}=(4-3)+(\frac{8}{12}-\frac{3}{12})=1+\frac{5}{12}=1\frac{5}{12}$$

- 대분수를 가분수로 고쳐서 계산하기

$$4\frac{2}{3}-3\frac{1}{4}=\frac{14}{3}-\frac{13}{4}=\frac{56}{12}-\frac{39}{12}=\frac{17}{12}=1\frac{5}{12}$$

개념잡기

자연수는 자연수끼리, 분수는 분수끼리 계산하면 분수 부분의 계산이 쉽습니다.

받아내림이 없는 분모가 다른 대분수의 뺄셈 (1)

개념확인 1 그림을 보고 □ 안에 알맞은 수를 써넣으시오.

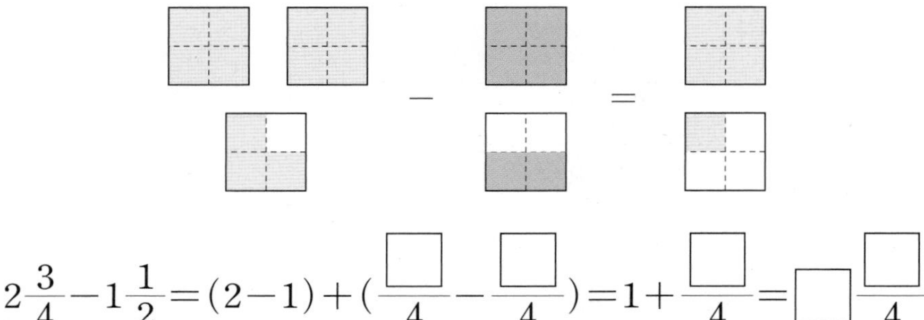

$$2\frac{3}{4}-1\frac{1}{2}=(2-1)+(\frac{\square}{4}-\frac{\square}{4})=1+\frac{\square}{4}=\square\frac{\square}{4}$$

받아내림이 없는 분모가 다른 대분수의 뺄셈 (2)

개념확인 2 $3\frac{4}{5}-2\frac{1}{3}$을 계산하려고 합니다. □ 안에 알맞은 수를 써넣으시오.

(1) 자연수는 자연수끼리, 분수는 분수끼리 빼서 계산하기

$$3\frac{4}{5}-2\frac{1}{3}=(3-2)+(\frac{\square}{15}-\frac{\square}{15})$$

$$=\square+\frac{\square}{15}=\square\frac{\square}{15}$$

(2) 대분수를 가분수로 고쳐서 계산하기

$$3\frac{4}{5}-2\frac{1}{3}=\frac{\square}{5}-\frac{\square}{3}=\frac{\square}{15}-\frac{\square}{15}$$

$$=\frac{\square}{15}=\square\frac{\square}{15}$$

Step 2 핵심 쏙쏙

기본 문제를 통해 교과서 개념을 다져요.

1 그림을 보고 □ 안에 알맞은 수를 써넣으시오.

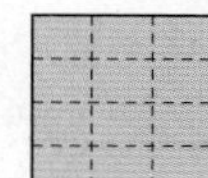 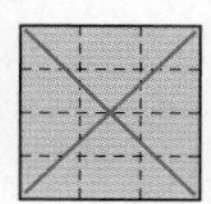 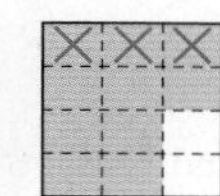

$2\frac{5}{6}-1\frac{1}{4}=(2-1)+(\frac{\square}{12}-\frac{\square}{12})$

$=1+\frac{\square}{12}=1\frac{\square}{12}$

2 $4\frac{6}{7}-2\frac{1}{2}$을 계산하려고 합니다. □ 안에 알맞은 수를 써넣으시오.

(1) $4\frac{6}{7}-2\frac{1}{2}=(4-2)+(\frac{\square}{14}-\frac{\square}{14})$

$=2+\frac{\square}{14}=\square\frac{\square}{14}$

(2) $4\frac{6}{7}-2\frac{1}{2}=\frac{\square}{7}-\frac{\square}{2}$

$=\frac{\square}{14}-\frac{\square}{14}$

$=\frac{\square}{14}=\square\frac{\square}{14}$

3 보기와 같이 계산하시오.

보기

$3\frac{3}{4}-1\frac{1}{2}=(3-1)+(\frac{3}{4}-\frac{1}{2})$

$=2+(\frac{3}{4}-\frac{2}{4})$

$=2+\frac{1}{4}=2\frac{1}{4}$

$3\frac{5}{6}-2\frac{3}{8}$

4 계산을 하시오.

(1) $5\frac{3}{4}-2\frac{1}{5}$ (2) $3\frac{4}{5}-1\frac{2}{15}$

5 빈칸에 알맞은 수를 써넣으시오.

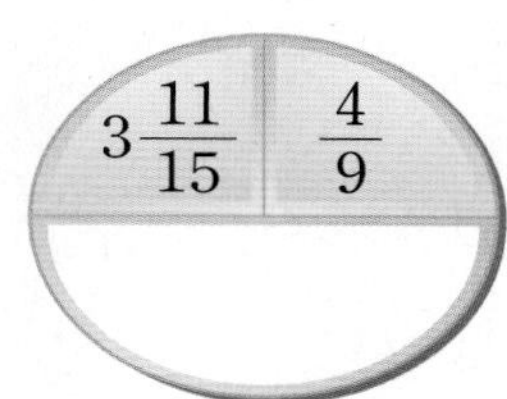

6 두 수의 차를 구하여 빈 곳에 써넣으시오.

$3\frac{11}{15}$ $\frac{4}{9}$

7 물통에 물이 $2\frac{7}{10}$ L 들어 있었습니다. 이 중에서 $1\frac{1}{5}$ L를 사용했습니다. 남은 물은 몇 L입니까?

( )

개념 탄탄 6. 받아내림이 있는 분모가 다른 대분수의 뺄셈

교과서 개념을 이해하고 확인 문제를 통해 익혀요.

받아내림이 있는 분모가 다른 분수의 뺄셈

• 자연수는 자연수끼리, 분수는 분수끼리 빼서 계산하기

분수끼리 뺄셈이 되지 않을 때는 자연수 부분에서 받아내림하여 계산합니다.

$$3\frac{1}{3}-1\frac{1}{2}=3\frac{2}{6}-1\frac{3}{6}=2\frac{8}{6}-1\frac{3}{6}$$

$$=(2-1)+(\frac{8}{6}-\frac{3}{6})=1+\frac{5}{6}=1\frac{5}{6}$$

• 대분수를 가분수로 고쳐서 계산하기

$$3\frac{1}{3}-1\frac{1}{2}=\frac{10}{3}-\frac{3}{2}=\frac{20}{6}-\frac{9}{6}=\frac{11}{6}=1\frac{5}{6}$$

개념잡기

대분수를 가분수로 고쳐서 계산하면 자연수 부분과 분수 부분을 분리하거나 받아내림을 하지 않고 계산할 수 있습니다.

받아내림이 있는 분모가 다른 대분수의 뺄셈 (1)

개념확인 1 그림을 보고 □ 안에 알맞은 수를 써넣으시오.

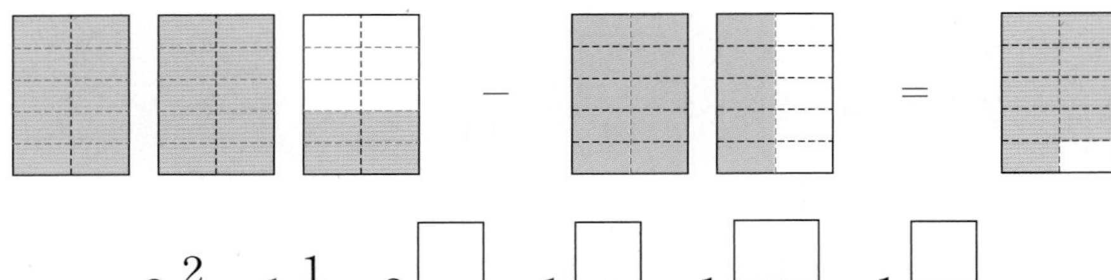

$$2\frac{2}{5}-1\frac{1}{2}=2\frac{\square}{10}-1\frac{\square}{10}=1\frac{\square}{10}-1\frac{\square}{10}$$

$$=(1-1)+(\frac{\square}{10}-\frac{\square}{10})=\frac{\square}{10}$$

받아내림이 있는 분모가 다른 대분수의 뺄셈 (2)

개념확인 2 $3\frac{1}{4}-1\frac{5}{8}$를 계산하려고 합니다. □ 안에 알맞은 수를 써넣으시오.

(1) 자연수는 자연수끼리, 분수는 분수끼리 빼서 계산하기

$$3\frac{1}{4}-1\frac{5}{8}=3\frac{\square}{8}-1\frac{5}{8}=2\frac{\square}{8}-1\frac{5}{8}$$

$$=(2-1)+(\frac{\square}{8}-\frac{\square}{8})=1+\frac{\square}{8}=\square$$

(2) 대분수를 가분수로 고쳐서 계산하기

$$3\frac{1}{4}-1\frac{5}{8}=\frac{\square}{4}-\frac{\square}{8}=\frac{\square}{8}-\frac{\square}{8}=\frac{\square}{8}=\square$$

핵심 쏙쏙

기본 문제를 통해 교과서 개념을 다져요.

1 그림에 $1\frac{2}{3}$만큼 ×표로 지우고 □ 안에 알맞은 수를 써넣으시오.

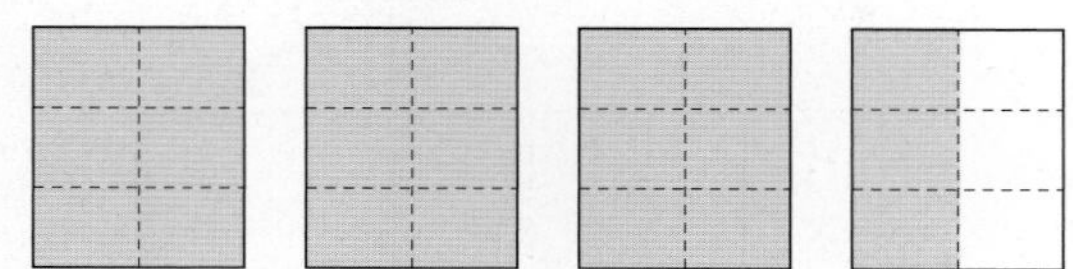

$3\frac{1}{2}-1\frac{2}{3}=2\frac{\square}{6}-1\frac{\square}{6}=1\frac{\square}{6}$

2 $4\frac{1}{5}-2\frac{1}{3}$을 계산하려고 합니다. □ 안에 알맞은 수를 써넣으시오.

(1) $4\frac{1}{5}-2\frac{1}{3}=3\frac{\square}{15}-2\frac{\square}{15}$

$=(3-2)+(\frac{\square}{15}-\frac{\square}{15})$

$=1+\frac{\square}{15}=\square$

(2) $4\frac{1}{5}-2\frac{1}{3}=\frac{\square}{5}-\frac{\square}{3}$

$=\frac{\square}{15}-\frac{\square}{15}$

$=\frac{\square}{15}=\square$

3 보기와 같이 계산하시오.

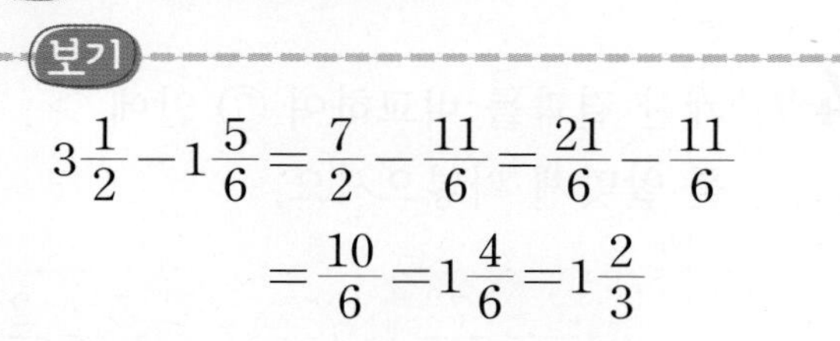

보기

$3\frac{1}{2}-1\frac{5}{6}=\frac{7}{2}-\frac{11}{6}=\frac{21}{6}-\frac{11}{6}$

$=\frac{10}{6}=1\frac{4}{6}=1\frac{2}{3}$

$3\frac{2}{9}-1\frac{2}{3}$

4 계산을 하시오.

(1) $4\frac{1}{4}-1\frac{3}{5}$　　(2) $3\frac{4}{15}-1\frac{7}{10}$

5 빈칸에 알맞은 수를 써넣으시오.

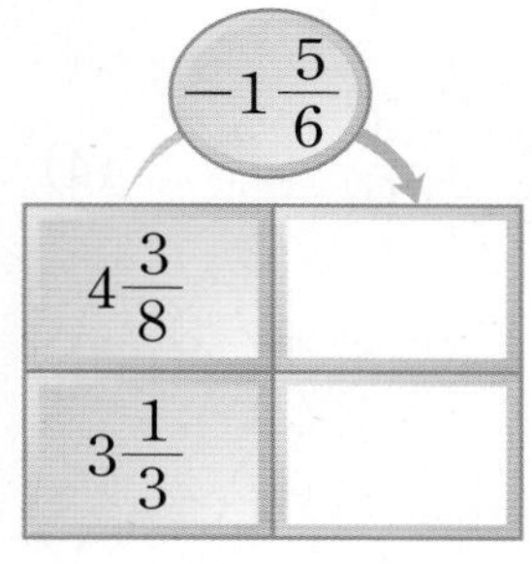

6 두 수의 차를 구하시오.

$1\frac{9}{10}$　　$2\frac{1}{4}$

(　　　　　　)

7 한별이네 집에서 우체국과 서점까지의 거리를 나타낸 것입니다. 한별이네 집에서 우체국까지의 거리는 서점까지의 거리보다 몇 km 더 먼니까?

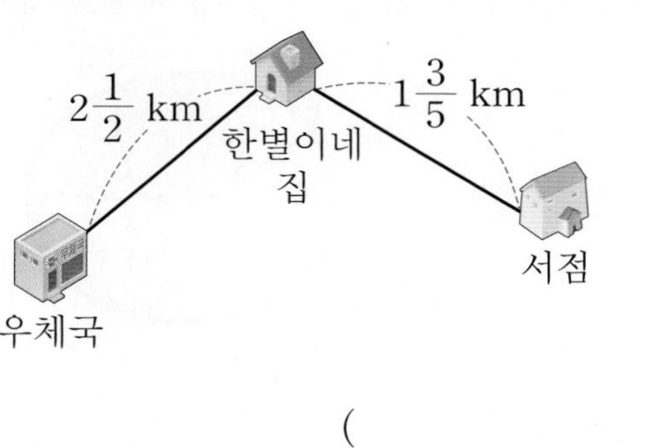

(　　　　　　)

5
단원

유형 4 분모가 다른 진분수의 뺄셈

두 분수를 통분하여 분모가 같은 분수로 고친 다음 분자끼리 뺍니다.

4-1 계산을 하시오.

(1) $\frac{2}{3}-\frac{1}{4}$ (2) $\frac{3}{4}-\frac{1}{6}$

(3) $\frac{5}{6}-\frac{4}{9}$ (4) $\frac{4}{5}-\frac{3}{10}$

4-2 □ 안에 알맞은 수를 써넣으시오.

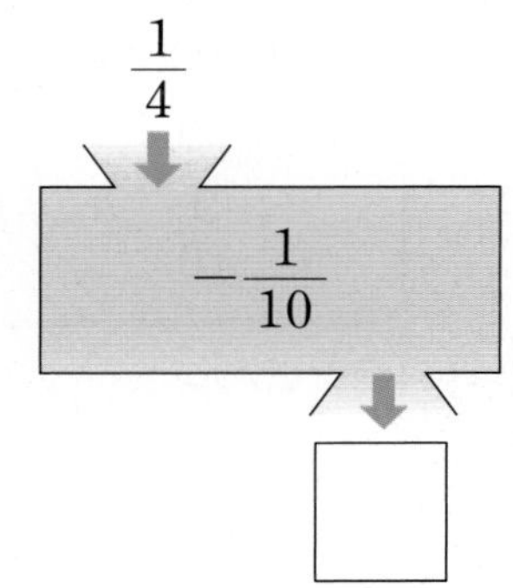

시험에 잘 나와요

4-3 두 수의 차를 빈 곳에 써넣으시오.

4-4 빈칸에 알맞은 수를 써넣으시오.

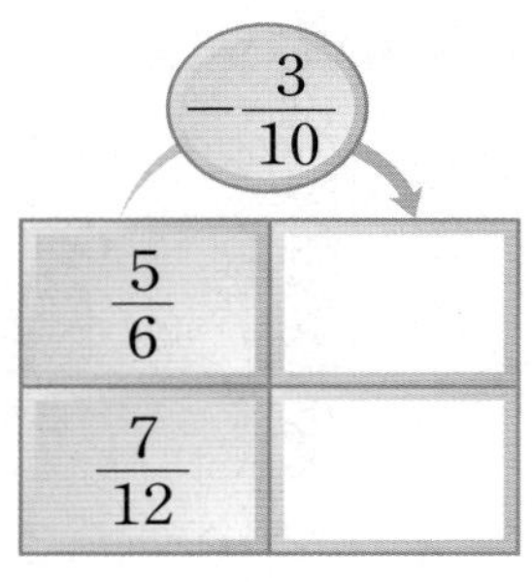

4-5 □ 안에 알맞은 수를 써넣으시오.

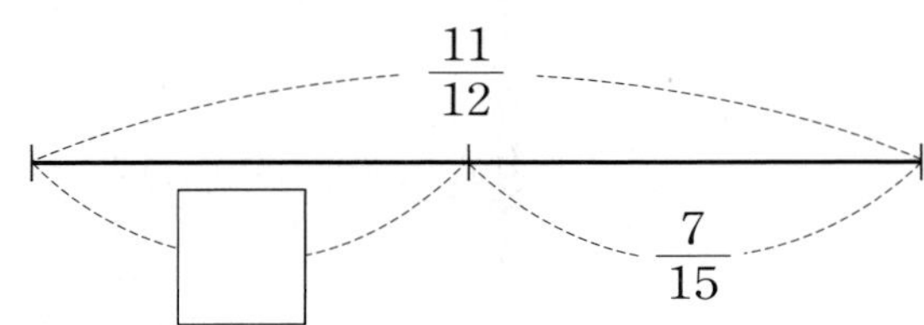

4-6 관계있는 것끼리 선으로 이으시오.

$\frac{3}{4}-\frac{1}{5}$ •	• $\frac{9}{20}$
$\frac{5}{8}-\frac{7}{20}$ •	• $\frac{11}{40}$
$\frac{7}{10}-\frac{1}{4}$ •	• $\frac{11}{20}$

4-7 계산 결과를 비교하여 ○ 안에 >, =, <를 알맞게 써넣으시오.

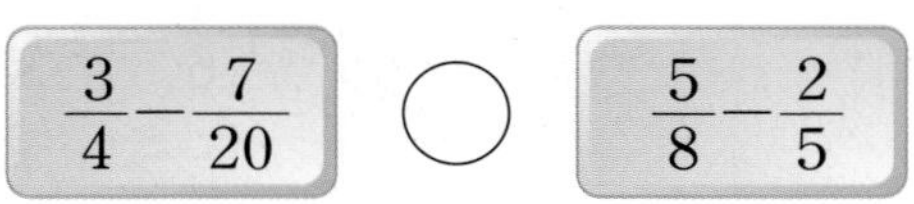

잘 틀려요

4-8 가장 큰 수와 가장 작은 수의 차를 구하시오.

$\frac{1}{6}$ $\frac{3}{10}$ $\frac{7}{15}$

(　　　　)

4-9 계산 결과가 가장 작은 것에 ○표 하시오.

$\frac{5}{8}-\frac{1}{6}$ $\frac{4}{5}-\frac{7}{15}$ $\frac{5}{12}-\frac{3}{8}$

(　　) (　　) (　　)

시험에 잘 나와요

4-10 □ 안에 알맞은 수를 써넣으시오.

$\frac{7}{12}+\square=\frac{11}{18}$

4-11 앵두를 예슬이는 $\frac{9}{10}$ kg 땄고 한별이는 $\frac{5}{8}$ kg 땄습니다. 예슬이는 한별이보다 앵두를 몇 kg 더 많이 땄습니까?

(　　　　)

유형 5 받아내림이 없는 분모가 다른 대분수의 뺄셈

자연수는 자연수끼리, 분수는 분수끼리 빼거나 대분수를 가분수로 고쳐서 계산합니다.

5 단원

5-1 계산을 하시오.

(1) $3\frac{4}{5}-2\frac{2}{7}$

(2) $2\frac{5}{6}-1\frac{3}{4}$

대표유형

5-2 빈 곳에 알맞은 수를 써넣으시오.

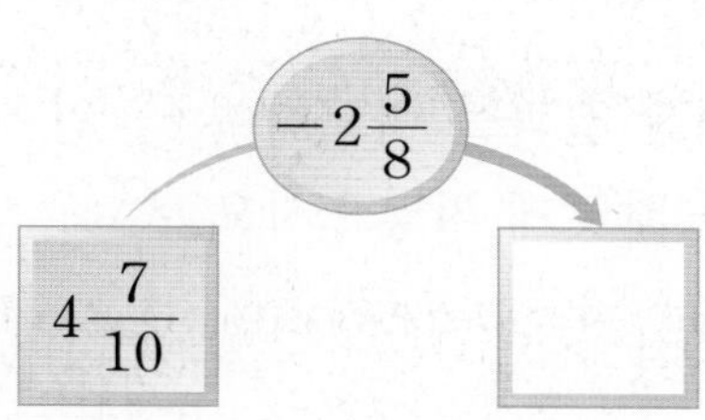

5-3 다음이 나타내는 수를 구하시오.

$2\frac{2}{3}$보다 $1\frac{1}{5}$ 작은 수

(　　　　)

5-4 □ 안에 알맞은 수를 써넣으시오.

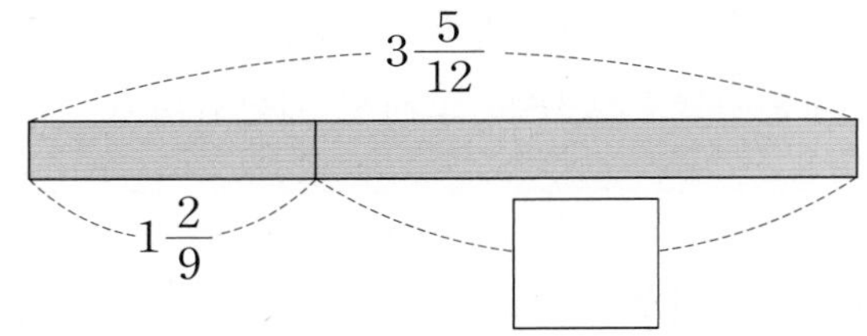

시험에 잘 나와요

5-5 빈칸에 알맞은 수를 써넣으시오.

$-3\frac{5}{6}$	$4\frac{7}{8}$	$6\frac{11}{12}$

5-6 계산 결과를 비교하여 ○ 안에 >, =, <를 알맞게 써넣으시오.

$4\frac{3}{8}-2\frac{1}{3}$ ○ $4\frac{5}{12}-2\frac{1}{4}$

5-7 석기의 몸무게는 $38\frac{3}{4}$ kg이고, 지혜의 몸무게는 석기보다 $1\frac{3}{5}$ kg 가볍습니다. 지혜의 몸무게는 몇 kg입니까?

( )

유형 6 받아내림이 있는 분모가 다른 대분수의 뺄셈

- 자연수는 자연수끼리, 분수는 분수끼리 빼서 계산합니다. 분수끼리 뺄셈이 되지 않을 때는 자연수 부분에서 받아내림하여 계산합니다.
- 대분수를 가분수로 고쳐서 계산합니다.

6-1 계산 과정 중에서 처음으로 계산이 잘못된 부분을 찾아 기호를 쓰시오.

$5\frac{3}{8}-3\frac{5}{6}=5\frac{9}{24}-3\frac{20}{24}$ … ㉠

$=5\frac{33}{24}-3\frac{20}{24}$ … ㉡

$=(5-3)+(\frac{33}{24}-\frac{20}{24})$ … ㉢

$=2+\frac{13}{24}=2\frac{13}{24}$ … ㉣

( )

6-2 계산을 하시오.

(1) $3\frac{1}{3}-1\frac{5}{6}$ (2) $4\frac{1}{6}-1\frac{4}{9}$

6-3 두 수의 차를 구하시오.

$2\frac{5}{7}$ $3\frac{2}{5}$

( )

6-4 계산 결과가 3보다 크고 4보다 작은 것을 모두 고르시오. (　　　　)

① $4\frac{7}{12}-1\frac{1}{8}$　② $5\frac{4}{9}-2\frac{5}{7}$

③ $6\frac{9}{16}-2\frac{3}{4}$　④ $7\frac{8}{15}-3\frac{1}{3}$

⑤ $8\frac{5}{8}-4\frac{7}{20}$

6-5 빈 곳에 두 수의 차를 써넣으시오.

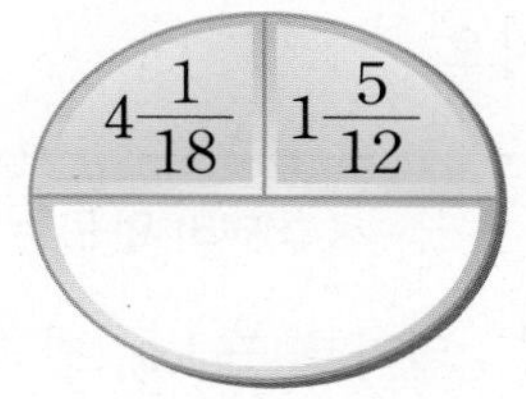

6-6 가장 큰 수와 가장 작은 수의 차를 구하시오.

$1\frac{3}{4}$　$4\frac{5}{24}$　$1\frac{7}{8}$

(　　　　)

시험에 잘 나와요

6-7 □ 안에 들어갈 수 있는 자연수는 모두 몇 개입니까?

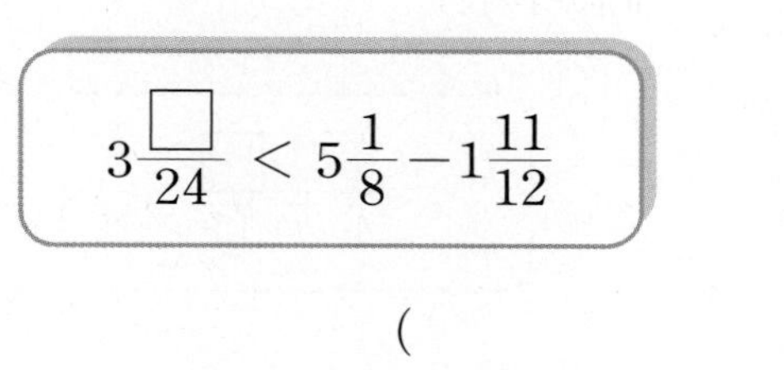

(　　　　)

6-8 오른쪽 그림과 같은 직사각형 모양의 종이에서 될 수 있는 대로 가장 큰 정사각형을 잘라 내고 남은 직사각형의 가로와 세로 중 긴 변의 길이는 몇 cm입니까?

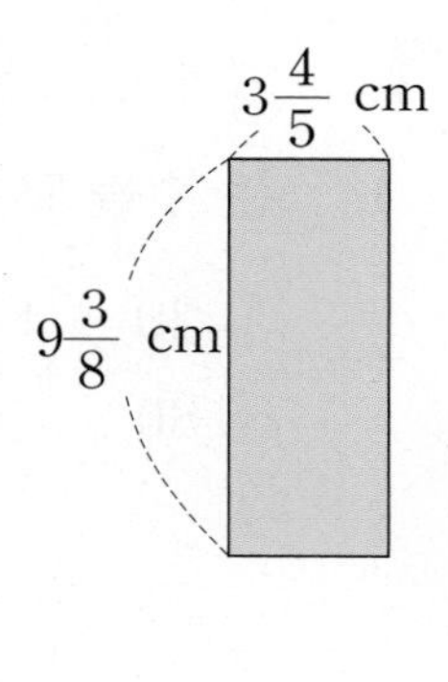

(　　　　)

6-9 입구에서 정상까지의 거리가 $9\frac{1}{4}$ km인 등산로가 있습니다. 동민이는 등산로 입구에서 출발하여 $5\frac{7}{10}$ km까지 올라갔습니다. 정상에 도착하려면 몇 km를 더 올라가야 합니까?

(　　　　)

잘 틀려요

6-10 다음 3장의 숫자 카드를 모두 사용하여 대분수를 만들려고 합니다. 만들 수 있는 대분수 중에서 가장 큰 수와 가장 작은 수의 차를 구하시오.

(　　　　)

5 단원

실력 팍팍

유형콕콕을 통해 다진 기본을 확인하고
신경향 문제를 풀며 실력을 높여요.

1 $\frac{1}{8}+\frac{3}{10}$의 계산에서 공통분모가 될 수 있는 수를 모두 고르시오. (　　　　)

① 20　② 40　③ 60
④ 80　⑤ 100

2 ㉠과 ㉡의 합을 구하시오.

㉠ $\frac{1}{12}$이 7개인 수
㉡ $\frac{1}{15}$이 11개인 수

(　　　　　　)

3 영수는 다음과 같이 계산했습니다. 계산이 처음으로 잘못된 곳을 찾아 ○표 하고, 옳게 고쳐 계산해 보시오.

$$\frac{7}{10}+\frac{1}{2}=\frac{7}{10}+\frac{1\times1}{2\times5}$$
$$=\frac{7}{10}+\frac{1}{10}$$
$$=\frac{8}{10}=\frac{4}{5}$$

$\frac{7}{10}+\frac{1}{2}$ ______________________

____

____

4 분수의 합이 1보다 큰 것을 찾아 기호를 쓰시오.

㉠ $\frac{1}{4}+\frac{3}{8}$　㉡ $\frac{1}{6}+\frac{5}{9}$
㉢ $\frac{7}{12}+\frac{2}{3}$　㉣ $\frac{5}{6}+\frac{1}{18}$

(　　　　　　)

新 경향문제

5 지혜는 수제비를 만들고 있습니다. 수제비 만드는 방법을 보고 수제비 반죽의 무게를 구하시오.

<수제비 만드는 방법>

재료 : 밀가루 $\frac{3}{8}$ kg, 반죽용 물 : $\frac{1}{10}$ kg, 감자 3개, 호박 $\frac{1}{2}$개

① 감자 3개, 호박 $\frac{1}{2}$개를 반달 모양으로 썹니다.
② 밀가루와 물을 섞어 수제비 반죽을 만듭니다.
③ 썬 감자와 호박에 물 2컵을 넣어 끓이다 밀가루 반죽을 떼어 넣고 끓입니다.

(　　　　　　)

6 □ 안에 들어갈 수 있는 자연수는 모두 몇 개입니까?

$$\frac{3}{4}+\frac{\square}{11}<1$$

(　　　　　　)

7 $1\frac{3}{4}+2\frac{5}{6}$를 2가지 방법으로 계산해 보시오.

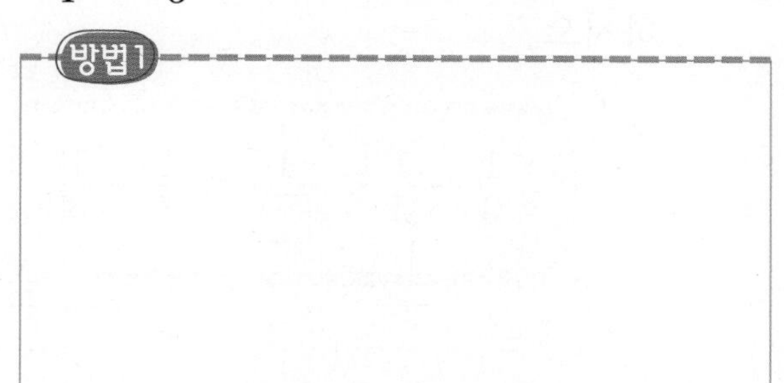

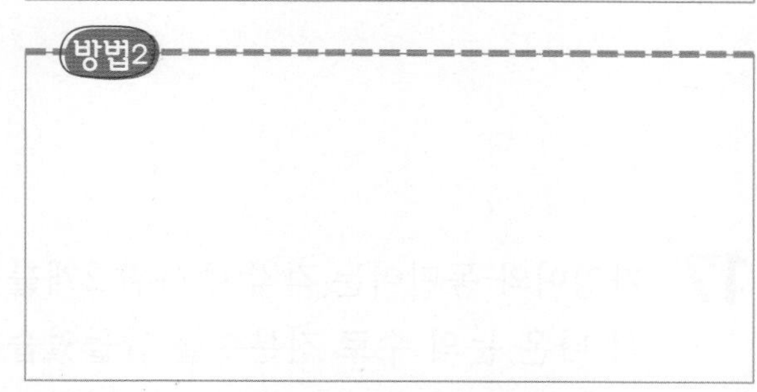

8 가 막대의 길이가 $3\frac{4}{5}$ m라면 나 막대의 길이는 몇 m입니까?

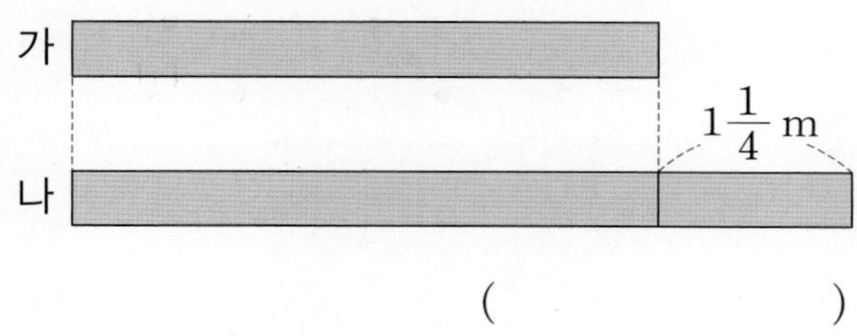

( )

9 다음 직사각형의 네 변의 길이의 합은 몇 cm입니까?

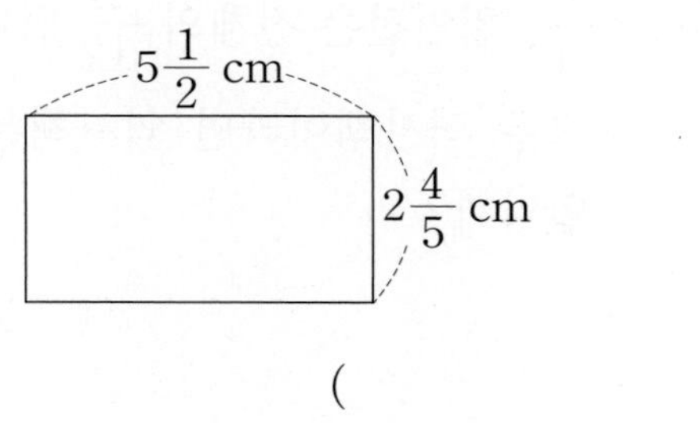

( )

10 □ 안에 들어갈 수 있는 자연수는 모두 몇 개입니까?

$$1\frac{5}{8}+2\frac{7}{12} > 4\frac{\square}{24}$$

( )

11 석기와 지혜가 각자 가지고 있는 숫자 카드를 모두 사용하여 가장 작은 대분수를 만들려고 합니다. 두 사람이 만들 수 있는 가장 작은 대분수의 합을 구하시오.

(1) 석기가 만들 수 있는 가장 작은 대분수를 구하시오.

( )

(2) 지혜가 만들 수 있는 가장 작은 대분수를 구하시오.

( )

(3) 두 사람이 만들 수 있는 가장 작은 대분수의 합을 구하시오.

( )

12 어떤 수에 $1\frac{4}{5}$를 더해야 할 것을 잘못하여 뺐더니 $2\frac{3}{4}$이 되었습니다. 바르게 계산하면 얼마입니까?

( )

5 단원

13 빈칸에 알맞은 수를 써넣으시오.

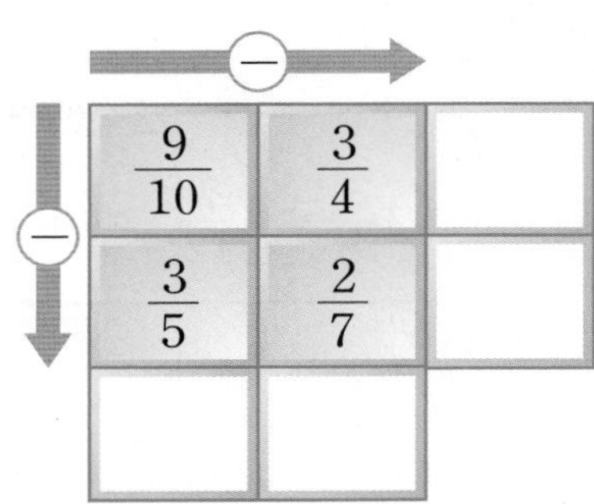

14 계산 결과가 가장 큰 것부터 차례로 기호를 쓰시오.

㉠ $\frac{7}{8}-\frac{5}{12}$

㉡ $\frac{2}{3}-\frac{1}{4}$

㉢ $\frac{13}{18}-\frac{4}{9}$

( )

15 가장 큰 수와 가장 작은 수의 차를 구하시오.

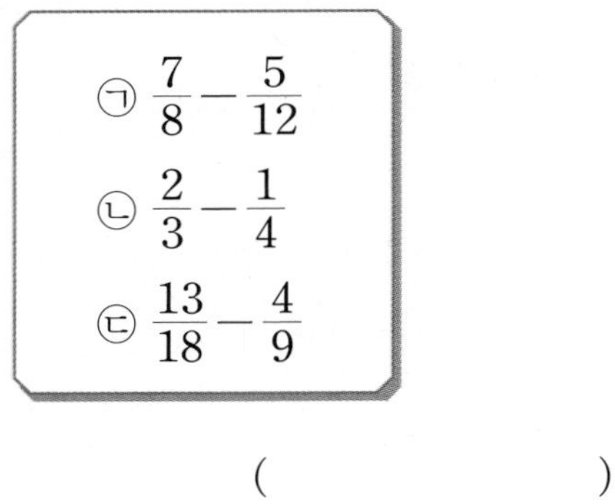

㉠ $\frac{1}{8}$이 5개인 수

㉡ $\frac{1}{10}$이 3개인 수

㉢ $\frac{1}{5}$이 2개인 수

( )

16 □ 안에 들어갈 수 있는 자연수를 모두 구하시오.

$$\frac{1}{3}-\frac{1}{4}<\frac{1}{\square}<\frac{1}{2}-\frac{1}{3}$$

( )

17 가영이와 동민이는 각각 주사위 2개를 던져서 나온 눈의 수로 진분수를 만들었습니다. 누가 만든 진분수가 얼마만큼 더 큽니까?

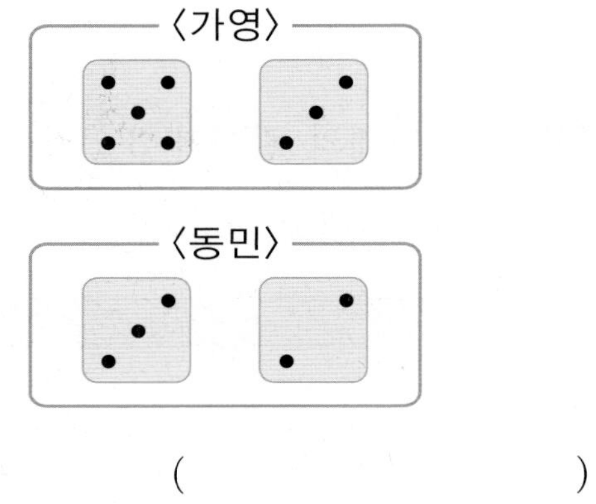

( )

18 예슬이네 반 학급 문고에는 동화책, 위인전, 역사책이 있습니다. 동화책은 전체의 $\frac{1}{4}$, 위인전은 전체의 $\frac{5}{12}$입니다. 나머지는 모두 역사책이라면 역사책은 전체의 얼마입니까?

( )

新 경향문제

19 $1\frac{1}{4}-\frac{1}{2}$을 분수 막대를 사용하여 계산하는 방법을 설명하고 그 값을 구해 보시오.

1											
$\frac{1}{2}$						$\frac{1}{2}$					
$\frac{1}{3}$				$\frac{1}{3}$				$\frac{1}{3}$			
$\frac{1}{4}$			$\frac{1}{4}$			$\frac{1}{4}$			$\frac{1}{4}$		

20 계산 결과가 가장 큰 것부터 차례로 기호를 쓰시오.

㉠ $2\frac{7}{12}-1\frac{3}{8}$ ㉡ $3\frac{7}{8}-3\frac{1}{6}$
㉢ $7\frac{5}{6}-6\frac{1}{2}$ ㉣ $1\frac{5}{6}-\frac{3}{4}$

( )

21 ㉠에 들어갈 수를 구하시오.

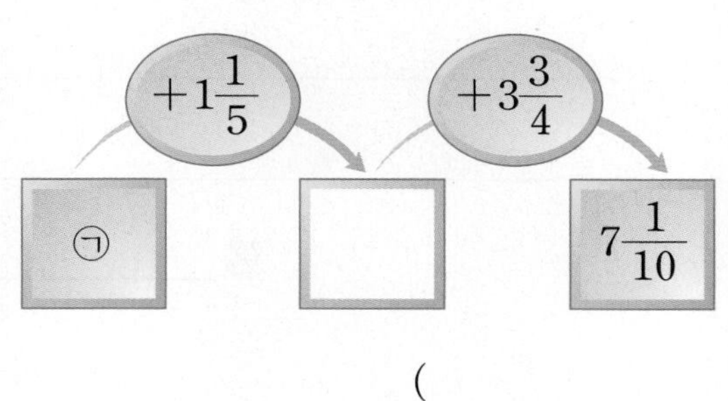

( )

22 □ 안에 알맞은 수를 써넣으시오.

$\square+2\frac{2}{3}=5\frac{5}{6}$

23 □ 안에 들어갈 수 있는 자연수를 모두 구하시오.

$6\frac{7}{12}-1\frac{5}{9}<\square<10\frac{1}{4}-1\frac{3}{5}$

( )

24 어떤 수에서 $3\frac{2}{9}$를 빼야 할 것을 잘못하여 더했더니 $7\frac{16}{45}$이 되었습니다. 바르게 계산하면 얼마입니까?

( )

新 경향문제

25 웅이와 신영이는 선물 상자를 꾸미고 있습니다. 웅이는 빨간 색종이 $3\frac{1}{4}$장과 파란 색종이 $2\frac{5}{8}$장을 사용했고, 신영이는 빨간 색종이 $4\frac{1}{2}$장과 파란 색종이 $1\frac{3}{4}$장을 사용했습니다. 누가 색종이를 얼마나 더 많이 사용했습니까?

( )

5 단원

서술 유형 익히기

주어진 풀이 과정을 함께 해결하면서
서술형 문제의 해결 방법을 익혀요.

1 영수의 가방의 무게는 $2\frac{4}{5}$ kg이고, 동민이의 가방의 무게는 $2\frac{3}{8}$ kg입니다. 영수와 동민이의 가방 중에서 누구의 가방이 몇 kg 더 무거운지 풀이 과정을 쓰고 답을 구하시오.

풀이 영수와 동민이의 가방의 무게를 비교하면

$(2\frac{4}{5}, 2\frac{3}{8}) \Rightarrow (2\frac{\square}{40}, 2\frac{\square}{40})$

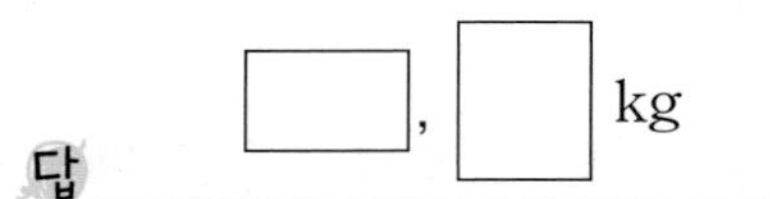

$\Rightarrow 2\frac{4}{5} \bigcirc 2\frac{3}{8}$입니다.

따라서 □의 가방이 $2\frac{4}{5}-2\frac{3}{8}=\square$(kg) 더 무겁습니다.

답 □, □ kg

2 웅이는 주스를 $\frac{3}{10}$ L 마셨고, 효근이는 웅이보다 $\frac{1}{4}$ L 더 많이 마셨습니다. 두 사람이 마신 주스의 양은 모두 몇 L인지 풀이 과정을 쓰고 답을 구하시오.

풀이 효근이가 마신 주스의 양은

$\frac{3}{10}+\frac{1}{4}=\frac{\square}{20}+\frac{\square}{20}=\frac{\square}{20}$(L)입니다.

따라서 두 사람이 마신 주스의 양은 모두

$\frac{3}{10}+\frac{\square}{20}=\frac{\square}{20}+\frac{\square}{20}=\frac{\square}{20}$(L) 입니다.

답 $\frac{\square}{20}$ L

1-1 지혜의 가방의 무게는 $2\frac{1}{10}$ kg이고, 석기의 가방의 무게는 $2\frac{3}{4}$ kg입니다. 지혜와 석기의 가방 중에서 누구의 가방이 몇 kg 더 무거운지 풀이 과정을 쓰고 답을 구하시오.

풀이 따라하기

답 ,

2-1 한별이는 물을 $\frac{2}{5}$ L 마셨고, 한솔이는 한별이보다 $\frac{1}{8}$ L 더 많이 마셨습니다. 두 사람이 마신 물의 양은 모두 몇 L인지 풀이 과정을 쓰고 답을 구하시오.

풀이 따라하기

답

3 가로와 세로의 합이 $14\frac{5}{8}$ cm인 직사각형이 있습니다. 이 직사각형의 세로가 $4\frac{3}{4}$ cm일 때 가로와 세로의 차는 몇 cm인지 풀이 과정을 쓰고 답을 구하시오.

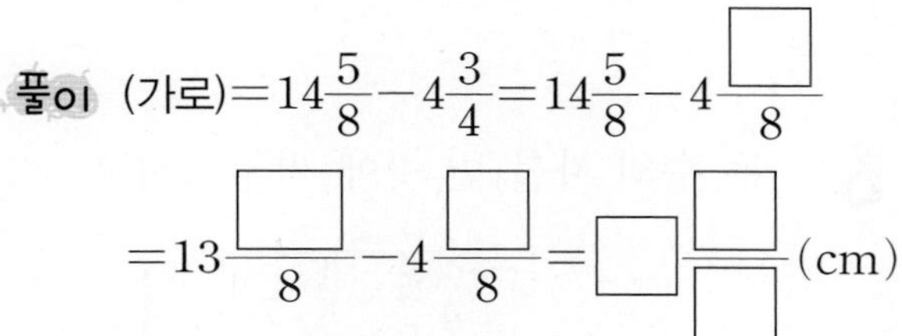

풀이 (가로) $=14\frac{5}{8}-4\frac{3}{4}=14\frac{5}{8}-4\frac{\square}{8}$

$=13\frac{\square}{8}-4\frac{\square}{8}=\square\frac{\square}{\square}$ (cm)

따라서 가로와 세로의 차는

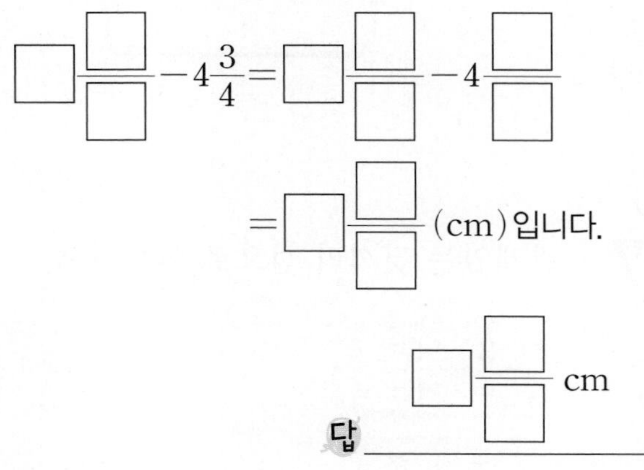

$\square\frac{\square}{\square}-4\frac{3}{4}=\square\frac{\square}{\square}-4\frac{\square}{\square}$

$=\square\frac{\square}{\square}$ (cm)입니다.

답 $\square\frac{\square}{\square}$ cm

3-1 가로와 세로의 차가 $2\frac{3}{8}$ cm인 직사각형이 있습니다. 이 직사각형의 세로가 $5\frac{3}{5}$ cm일 때 가로와 세로의 합은 몇 cm인지 풀이 과정을 쓰고 답을 구하시오. (단, 세로는 가로보다 더 긴 직사각형입니다.)

풀이 따라하기

답

4 영수는 할머니 댁에 가는 데 기차를 $2\frac{5}{24}$시간 동안 탔고, 버스는 45분 동안 탔습니다. 기차와 버스를 탄 시간은 모두 몇 시간인지 풀이 과정을 쓰고 답을 구하시오.

풀이 1시간=60분이므로

45분$=\frac{\square}{60}$시간$=\frac{\square}{4}$시간입니다.

따라서 기차와 버스를 탄 시간은

$2\frac{5}{24}+\frac{\square}{4}=2\frac{5}{24}+\frac{\square}{24}$

$=\square\frac{\square}{\square}$(시간)입니다.

답 $\square\frac{\square}{\square}$시간

4-1 지혜는 $1\frac{2}{3}$시간 동안 수학 숙제를 하고 바로 이어서 1시간 45분 동안 영어 숙제를 하였습니다. 숙제를 하기 시작하여 몇 시간이 지난 후에 숙제를 끝냈는지 풀이 과정을 쓰고 답을 구하시오.

풀이 따라하기

답

5 단원

단원 평가

점수

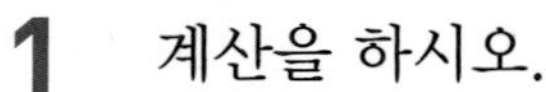

1 계산을 하시오.

(1) $\frac{3}{5}+\frac{7}{8}$ (2) $2\frac{2}{3}+3\frac{3}{4}$

(3) $\frac{7}{9}-\frac{5}{12}$ (4) $7\frac{5}{8}-2\frac{3}{4}$

2 바르게 계산한 것은 어느 것입니까?

(　　　)

① $\frac{1}{3}+\frac{3}{4}=\frac{4}{7}$ ② $\frac{2}{5}+\frac{1}{3}=\frac{3}{15}$

③ $\frac{4}{5}-\frac{2}{3}=\frac{2}{15}$ ④ $\frac{2}{5}-\frac{1}{7}=\frac{1}{35}$

⑤ $\frac{3}{8}-\frac{1}{4}=\frac{1}{2}$

3 빈 곳에 알맞은 수를 써넣으시오.

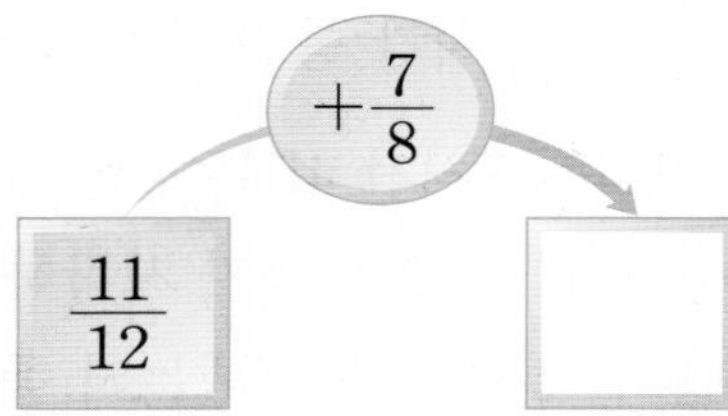

4 □ 안에 알맞은 수를 써넣으시오.

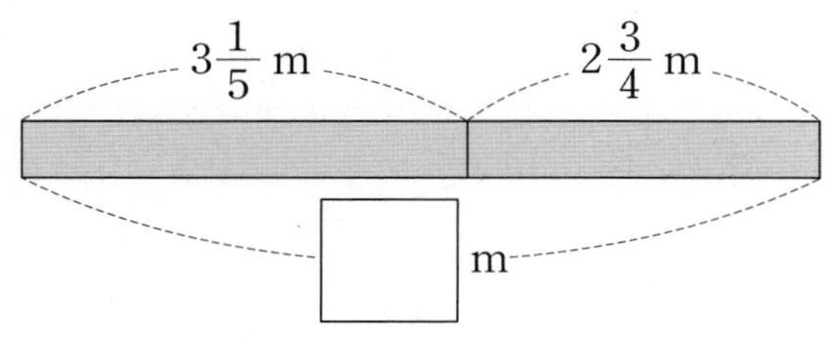

5 □ 안에 알맞은 수를 써넣으시오.

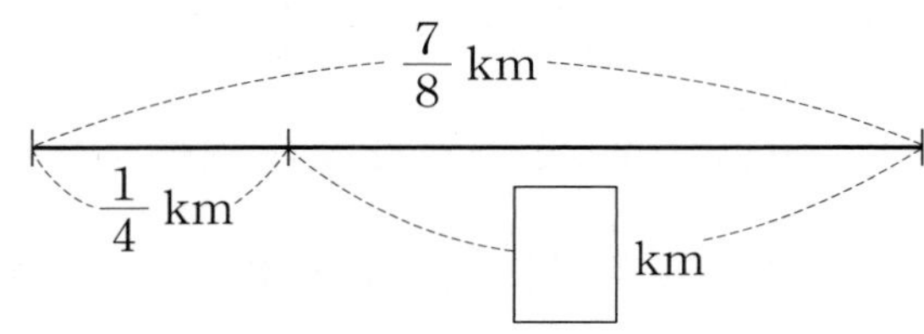

6 두 수의 차를 빈 곳에 써넣으시오.

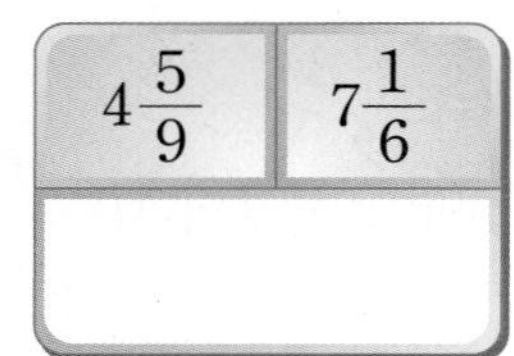

7 관계있는 것끼리 선으로 이으시오.

$\frac{3}{4}+\frac{5}{6}$ •	• $1\frac{1}{12}$
$1\frac{2}{3}-\frac{7}{12}$ •	• $1\frac{5}{12}$
$1\frac{7}{24}+\frac{1}{8}$ •	• $1\frac{7}{12}$

8 빈칸에 알맞은 수를 써넣으시오.

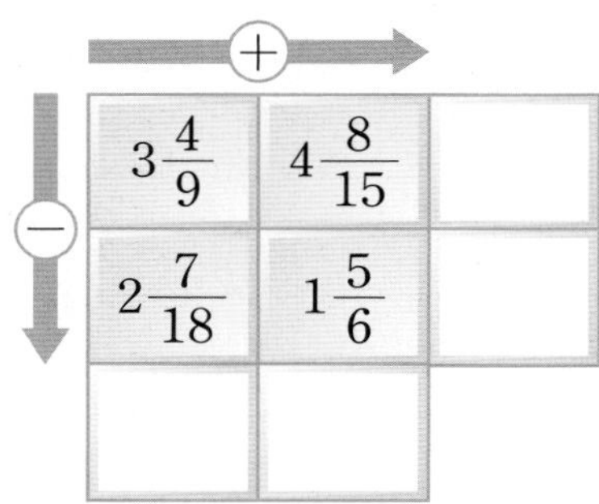

9 계산 결과가 1보다 큰 것을 찾아 ○표 하시오.

(　　) (　　) (　　)

10 계산 결과를 비교하여 ○ 안에 >, =, < 를 알맞게 써넣으시오.

(1) $4\frac{1}{4}+1\frac{7}{12}$ ○ $6\frac{1}{4}-1\frac{4}{5}$

(2) $8\frac{4}{7}-5\frac{1}{3}$ ○ $2\frac{1}{9}+1\frac{3}{4}$

11 계산 결과가 가장 큰 것을 찾아 기호를 쓰시오.

㉠ $1\frac{1}{6}+1\frac{2}{3}$ ㉡ $5\frac{1}{2}-3\frac{1}{6}$ ㉢ $3\frac{5}{8}-1\frac{1}{2}$

(　　　　)

12 계산 결과가 가장 큰 것부터 차례로 기호를 쓰시오.

㉠ $\frac{1}{5}+\frac{2}{3}$ ㉡ $3\frac{7}{9}-2\frac{2}{3}$ ㉢ $\frac{5}{12}+\frac{1}{4}$

(　　　　)

13 빈 곳에 알맞은 수를 써넣으시오.

14 □ 안에 들어갈 수 있는 자연수 중에서 가장 작은 수를 구하시오.

$$\frac{2}{5}+\frac{1}{6}<\frac{\square}{15}$$

(　　　　)

15 가장 큰 수와 가장 작은 수의 차를 구하시오.

$2\frac{3}{4}$　$2\frac{1}{7}$　$2\frac{5}{6}$　$2\frac{4}{5}$　$2\frac{1}{2}$

(　　　　)

5 단원

16 신영이는 동화책을 어제는 전체의 $\frac{1}{6}$을 읽었고 오늘은 전체의 $\frac{2}{5}$를 읽었습니다. 신영이가 어제와 오늘 읽은 동화책은 전체의 얼마입니까?

( )

17 재활용품을 상연이는 $7\frac{3}{5}$ kg 모았고 웅이는 $4\frac{5}{8}$ kg 모았습니다. 상연이는 웅이보다 재활용품을 몇 kg 더 모았습니까?

( )

18 (가), (나) 비커에 담긴 물의 높이가 각각 $2\frac{1}{8}$ cm, $3\frac{1}{4}$ cm입니다. 이 물을 모두 (다) 비커에 부으면 물의 높이는 몇 cm가 됩니까? (단, 3개의 비커는 모양과 크기가 모두 똑같습니다.)

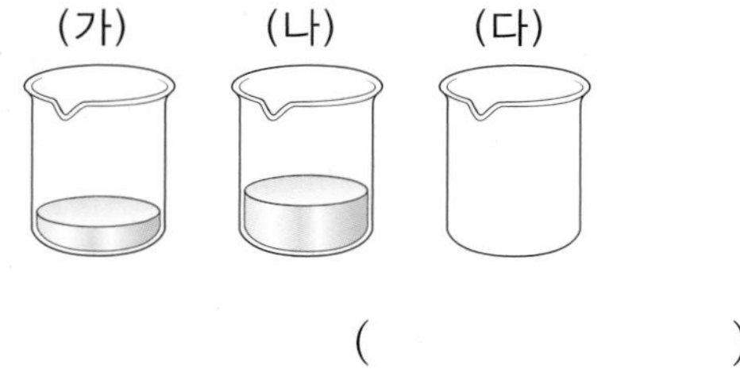

( )

19 영수는 약수터에서 물통에 물을 $2\frac{5}{8}$ L 담아 왔고 신영이는 $1\frac{9}{20}$ L 담아 왔습니다. 두 사람이 약수터에서 담아 온 물은 모두 몇 L입니까?

( )

20 예슬이네 집에서 석기네 집까지 가는 데 학교와 도서관 중 어디를 지나가는 것이 몇 km 더 가깝겠습니까?

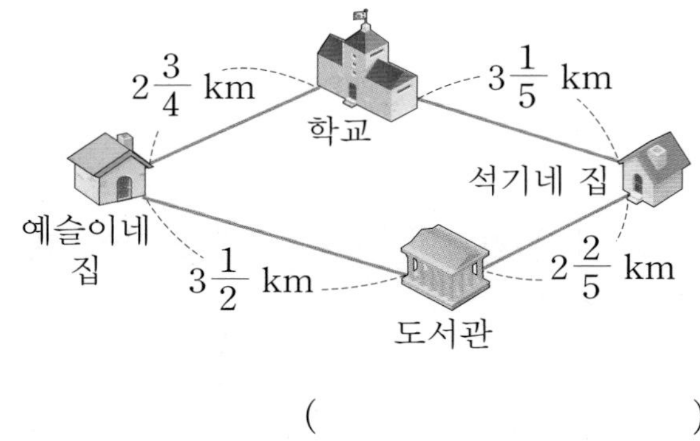

( )

21 어떤 수에서 $1\frac{8}{15}$을 빼야 할 것을 잘못하여 $\frac{8}{15}$을 더했더니 $6\frac{7}{60}$이 되었습니다. 바르게 계산하면 얼마입니까?

( )

서술형

22 계산 과정이 잘못된 이유를 설명하고 바르게 고쳐 계산하시오.

$$9\frac{5}{8}-3\frac{1}{3}=(9-3)-(\frac{5}{8}-\frac{1}{3})$$
$$=6-\frac{7}{24}=5\frac{17}{24}$$

풀이

23 $\frac{7}{12}+2\frac{11}{18}$의 계산 결과는 얼마인지 2가지 방법으로 설명하시오.

풀이

24 $4\frac{3}{10}-2\frac{7}{15}$의 계산 결과는 얼마인지 2가지 방법으로 설명하시오.

풀이

25 길이가 $1\frac{1}{8}$ m인 색 테이프 2장을 그림과 같이 이었습니다. 이은 색 테이프의 전체 길이는 몇 m인지 풀이 과정을 쓰고 답을 기약분수로 나타내시오.

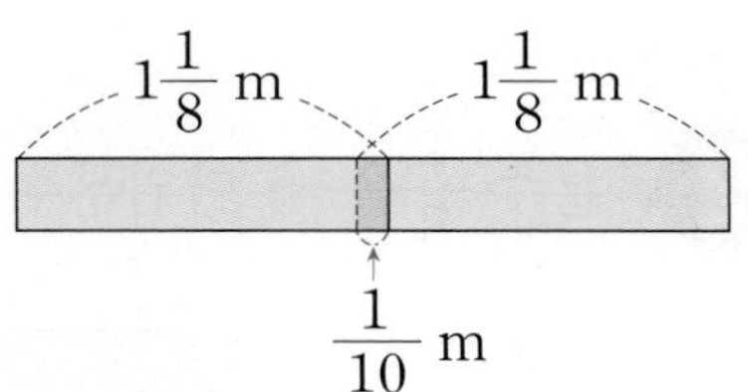

풀이

답

색종이 한 장은 1로 나타낼 수 있습니다. 색종이 한 장을 똑같이 반으로 접으면 크기가 $\frac{1}{2}$인 색종이를 만들 수 있고, 크기가 $\frac{1}{2}$인 색종이를 똑같이 반으로 접으면 크기가 $\frac{1}{4}$인 색종이를 만들 수 있습니다. 물음에 답하시오. [1~2]

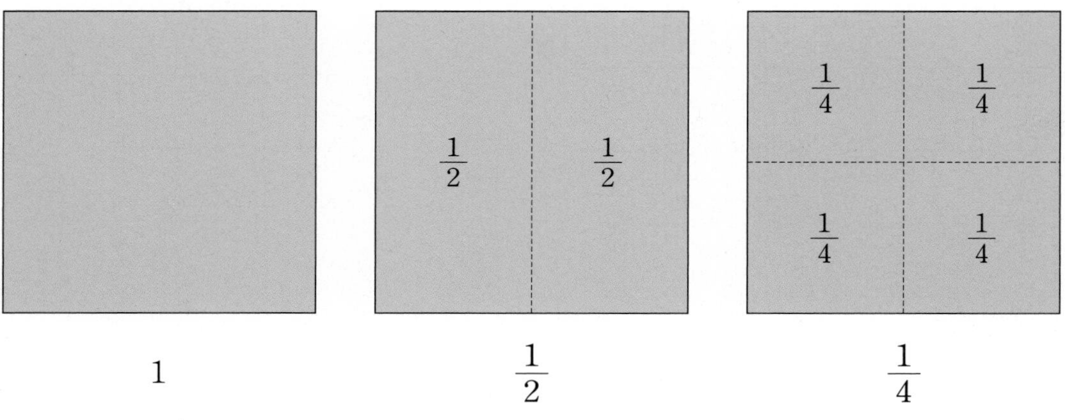

1 크기가 $\frac{1}{32}$인 색종이를 만들려면 모두 몇 번을 접어야 합니까?

(　　　　　　)

2 분수 $\frac{7}{8}$을 세 단위분수의 합으로 나타내어 보시오.

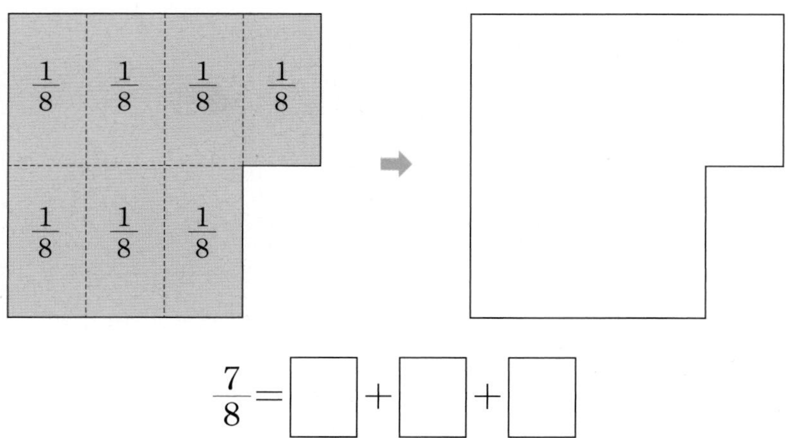

$\frac{7}{8}=\square+\square+\square$

생활 속의 수학

우리 가족 건강 챙기기

한별이가 일어나 거실에 나가보니 다들 아주 분주한 아침을 보내고 있었어요.

"엄마, 토요일 아침인데 다들 왜 이리 바빠요?"

"며칠 전부터 할머니 무릎이 아프셔서 오늘 치료를 받으러 병원에 다녀오려고 그런단다."

한별이는 어려서부터 할머니와 함께 살았어요. 직장 생활을 하시느라 늘 바쁜 엄마를 대신해서 한별이와 동생을 돌봐 주셨죠.

게다가 동생 한솔이는 잠시도 바닥에서 놀지 않고 할머니께 업어 달라고 칭얼거렸대요.

한별이와 한솔이를 키우느라 고생도 하셨고, 이제 연세가 있으시니 아무래도 무릎이 고장 나셨나 봐요.

점심 때쯤 할머니와 엄마가 병원에서 돌아 오셨어요.

"할머니~ 좀 어떠세요?"

"병원을 다녀오니 좀 낫구나. 열심히 운동해야 한다니 점심 식사하고 우리 공원이나 산책하자꾸나."

"네? 무릎도 아프신데 무슨 산책이에요. 그냥 누워서 푹 쉬셔야죠~"

"아니야, 한별아. 의사 선생님께서 그러시는데 무리만 되지 않으면 운동을 하는게 무릎 건강에 훨씬 좋다고 하시더라. 그러니까 할머니 모시고 산책 다녀와~"

식사를 마치고 한별이는 할머니와 산책을 나왔어요. 마침 한별이네 집 주변에는 산책로가 잘 되어 있어 산책하기 참 좋아요.

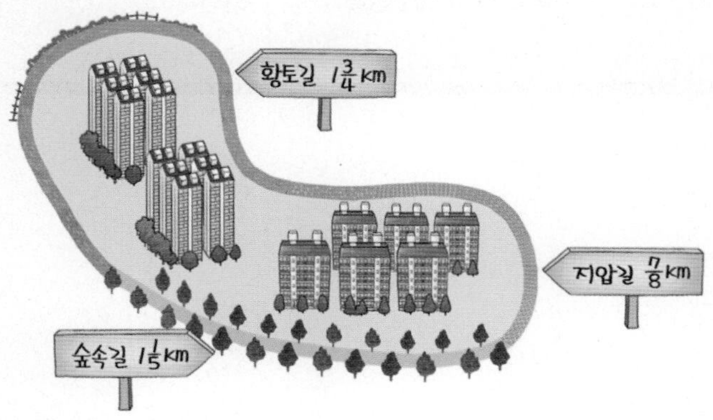

한별이는 할머니와 황토길, 숲속길, 지압길을 한 바퀴 돌아 집으로 돌아왔어요. 앞으로는 할머니를 모시고 하루에 한 바퀴씩 돌아야겠다고 한별이는 마음 먹었어요.

일요일이 되자 아버지는 한별이와 한솔이를 서둘러 깨우셨어요. 늦잠 자고 싶은 마음을 꾹 누르고 일어나니 아버지는 벌써 등산복 차림이시네요.

생활 속의 수학

"아빠, 이렇게 일찍 등산 가시려구요?"

"그래, 그런데 오늘은 아빠만 가는 것이 아니고, 너희 둘도 함께 데려가려고."

앗, 큰일이네요. 한별이는 산에 가는 것을 아주 싫어하거든요.

"한별아, 할머니 편찮으신거 봤지? 너희들도 평상시에 열심히 운동하지 않으면 나중에 몸이 좋지 않게 되어 고생할 수도 있단다. 그러니까 이제부터 일요일에는 아빠와 함께 등산하기로 약속하는 거다!"

한별이는 마음이 내키지 않았지만 건강을 위해서 하는 것이니 계속 안가겠다고 버틸 수가 없었어요. 동생 한솔이는 벌써 등산 모자와 등산화를 꺼내놓고 신나하고 있었거든요. 아침 식사를 마치고 한별이와 한솔이, 아빠는 차를 타고 산 입구에 도착했어요.등산 안내도를 보고 오늘은 선사암과 약수터를 거쳐 정상까지 가기로 정했어요. 힘은 들겠지만 건강을 위해 열심히 등산해야겠어요.

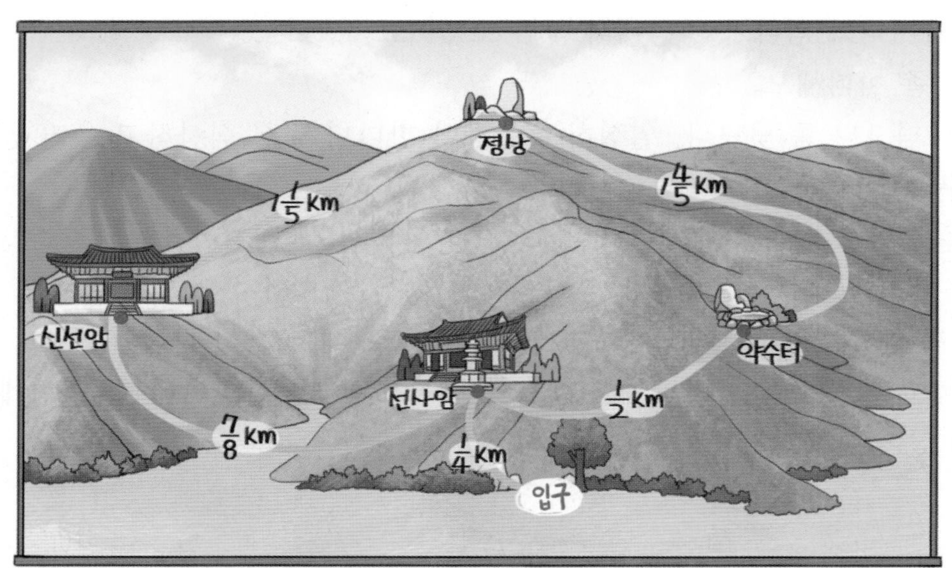

 한별이와 한솔이, 아빠가 산 입구에서 선사암과 약수터를 거쳐 정상까지 간 거리는 몇 km입니까?

6 다각형의 둘레와 넓이

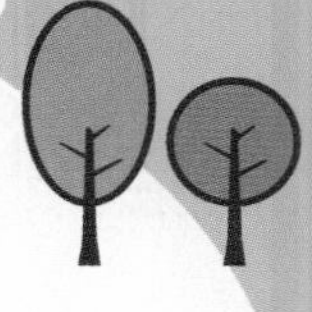

이전에 배운 내용

- 길이 알아보기
- 길이의 합과 차 알아보기
- 여러 가지 삼각형 알아보기
- 여러 가지 사각형 알아보기

이번에 배울 내용

1. 정다각형의 둘레 구하기
2. 사각형의 둘레 구하기
3. $1\ \mathrm{cm}^2$ 알고, 직사각형의 넓이 구하기
4. $1\ \mathrm{cm}^2$ 보다 더 큰 넓이 단위 알아보기
5. 평행사변형의 넓이 구하기
6. 삼각형의 넓이 구하기
7. 마름모의 넓이 구하기
8. 사다리꼴의 넓이 구하기
9. 다각형의 넓이 구하기

다음에 배울 내용

- 직육면체의 겉넓이와 부피 구하기
- 원주와 원의 넓이 구하기

개념 탄탄 1. 정다각형의 둘레 구하기

교과서 개념을 이해하고 확인 문제를 통해 익혀요.

정다각형의 둘레 구하기

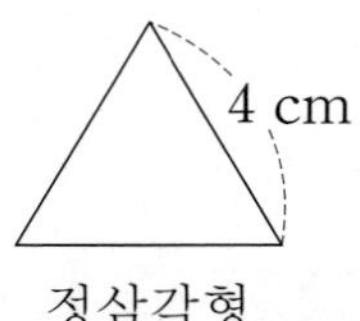

정삼각형

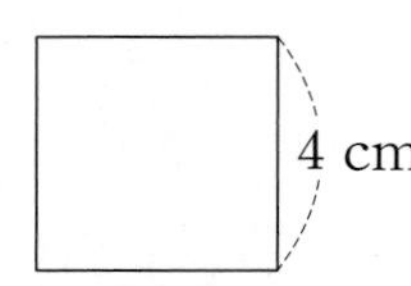

정사각형

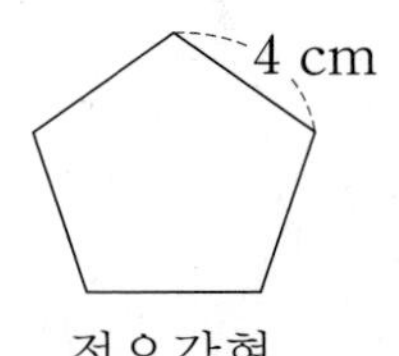

정오각형

(정삼각형의 둘레)$=4+4+4=4\times 3=12$(cm)

(정사각형의 둘레)$=4+4+4+4=4\times 4=16$(cm)

(정오각형의 둘레)$=4+4+4+4+4=4\times 5=20$(cm)

➡ 정다각형의 각 변의 길이는 모두 같기 때문에 정다각형의 한 변의 길이에 변의 수를 곱해 둘레를 구합니다.

(정다각형의 둘레)=(한 변의 길이)×(변의 수)

개념잡기

- 변의 길이가 모두 같고 각의 크기가 모두 같은 다각형을 정다각형이라고 합니다.
- 정다각형은 변의 수에 따라 변의 수가 3개이면 정삼각형, 4개이면 정사각형, 5개이면 정오각형, ……이라고 부릅니다.

개념확인 1

정다각형의 둘레 구하기

정다각형의 둘레를 구하시오.

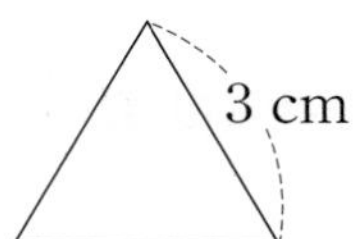

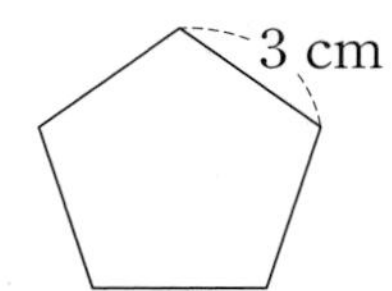

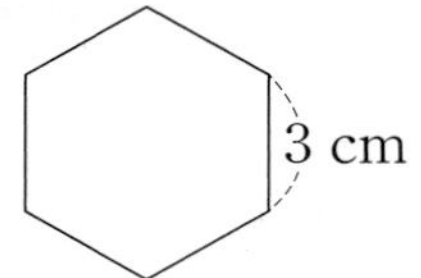

(1) 정삼각형의 둘레를 구하시오.

$3+3+3=3\times\square=\square$(cm)

(2) 정오각형의 둘레를 구하시오.

$3+3+3+3+3=3\times\square=\square$(cm)

(3) 정육각형의 둘레를 구하시오.

$3+3+3+3+3+3=3\times\square=\square$(cm)

(4) 표를 완성하시오.

	한 변의 길이(cm)	변의 수(개)	둘레(cm)
정삼각형	3		
정오각형	3		
정육각형	3		

(5) 정다각형의 둘레를 구하는 방법을 식으로 나타내어 보시오.

(정다각형의 둘레)=(한 변의 길이)×($\square$)

핵심 쏙쏙

기본 문제를 통해 교과서 개념을 다져요.

1 정사각형의 둘레를 구하려고 합니다. □ 안에 알맞은 수를 써넣으시오.

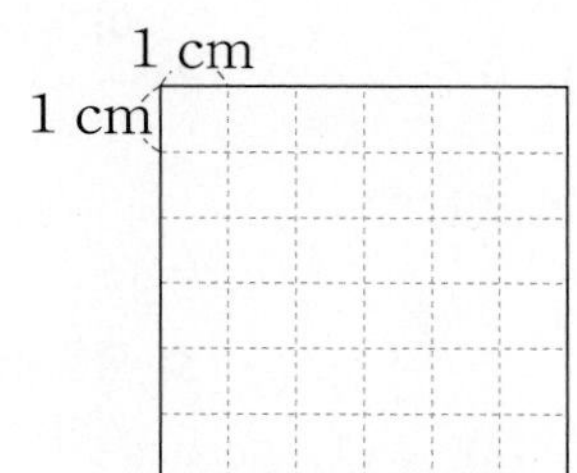

(정사각형의 둘레)

$=\square+\square+\square+\square$

$=\square\times4=\square$(cm)

2 정오각형의 둘레를 구하려고 합니다. □ 안에 알맞은 수를 써넣으시오.

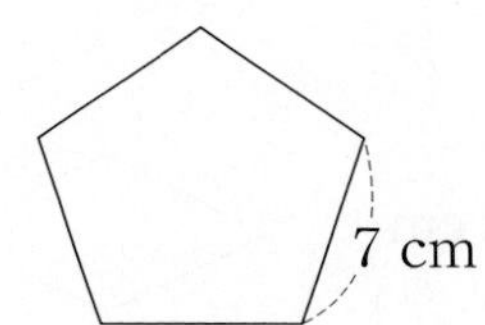

(정오각형의 둘레)

$=\square+\square+\square+\square+\square$

$=\square\times5=\square$(cm)

3 한 변의 길이가 12 m인 정삼각형 모양의 화단이 있습니다. 이 화단의 둘레를 구하시오.

$\square\times3=\square$(m)

(　　　　　　)

 정다각형의 둘레를 구하시오. [4~5]

4

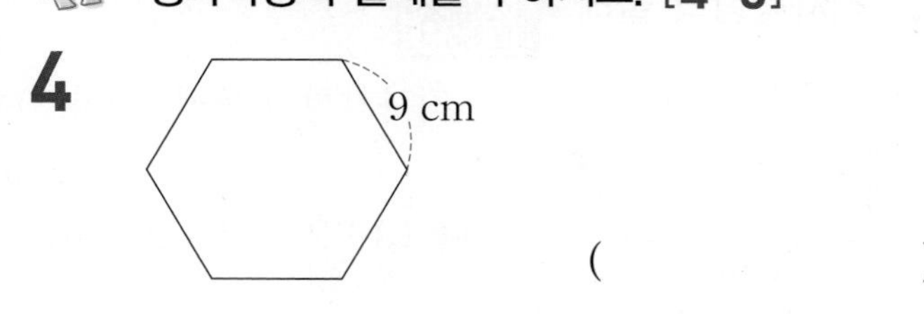

(　　　　　　)

5

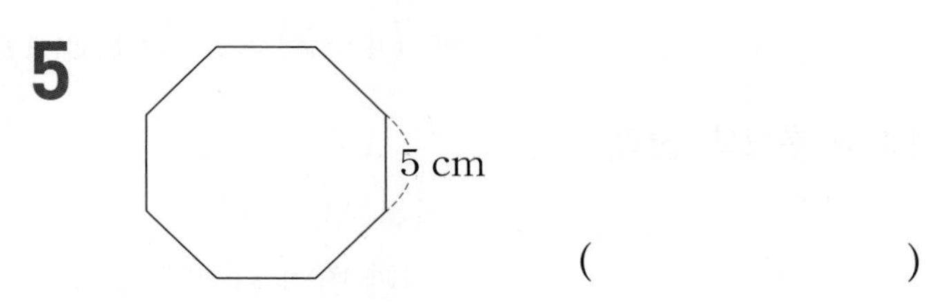

(　　　　　　)

6 표를 완성하시오.

	한 변의 길이(cm)	변의 수(개)	둘레(cm)
정오각형	14		
정팔각형	20		

7 둘레가 90 cm인 정육각형이 있습니다. 이 정육각형의 한 변의 길이는 몇 cm입니까?

(　　　　　　)

6 단원

개념 탄탄 2. 사각형의 둘레 구하기

교과서 개념을 이해하고 확인 문제를 통해 익혀요.

직사각형의 둘레

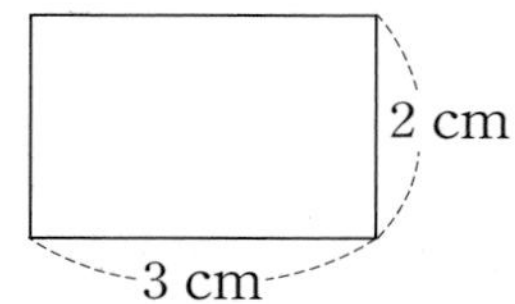

(직사각형의 둘레)=(가로)×2+(세로)×2

={(가로)+(세로)}×2

➡ (3+2)×2=10(cm) 가로와 세로가 각각 2개씩 있습니다.

평행사변형의 둘레

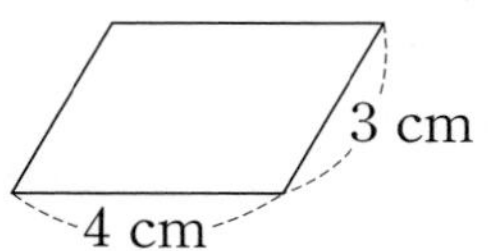

(평행사변형의 둘레)

=(한 변의 길이)×2+(다른 변의 길이)×2

={(한 변의 길이)+(다른 변의 길이)}×2

➡ (4+3)×2=14(cm)

마름모의 둘레

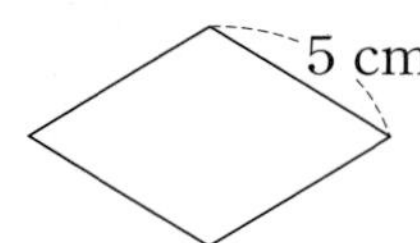

(마름모의 둘레)

=(한 변의 길이)×4

➡ 5×4=20(cm)

개념잡기

- 직사각형은 마주 보는 변의 길이가 같습니다.
- 평행사변형은 마주 보는 변의 길이가 같습니다.
- 마름모는 네 변의 길이가 모두 같습니다.

개념확인 1

사각형의 둘레 구하기

사각형의 둘레를 구하시오.

〈직사각형〉

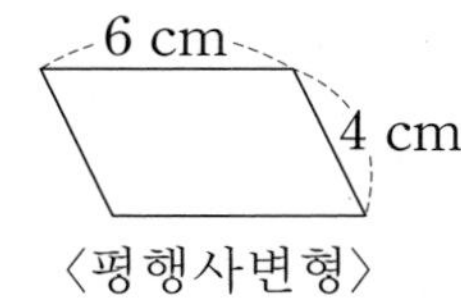

〈평행사변형〉

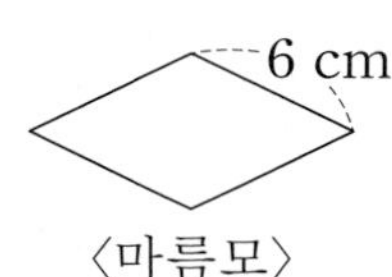

〈마름모〉

(1) 직사각형의 둘레를 구하시오.

(직사각형의 둘레)={(가로)+(세로)}×2

=(□+□)×□=□(cm)

(2) 평행사변형의 둘레를 구하시오.

(평행사변형의 둘레)={(한 변의 길이)+(다른 변의 길이)}×2

=(□+□)×□=□(cm)

(3) 마름모의 둘레를 구하시오.

(마름모의 둘레)=(한 변의 길이)×4

=□×□=□(cm)

핵심 쏙쏙

기본 문제를 통해 교과서 개념을 다져요.

1 직사각형의 둘레를 구하려고 합니다. □ 안에 알맞은 수를 써넣으시오.

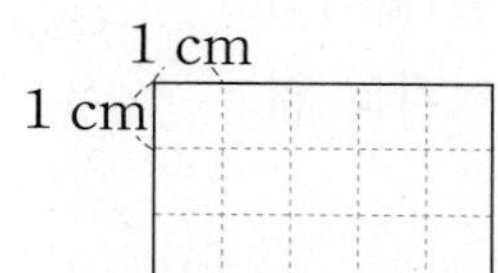

(직사각형의 둘레)

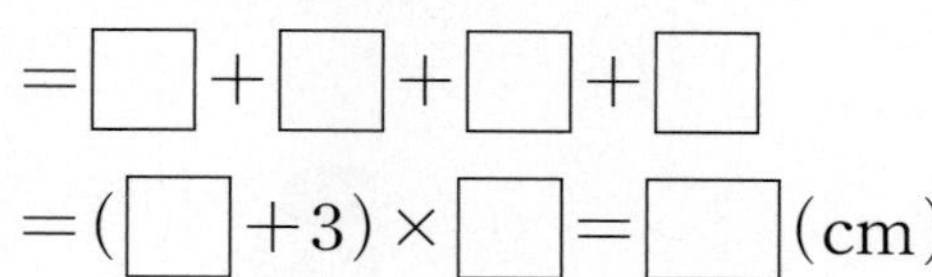

$=\square+\square+\square+\square$

$=(\square+3)\times\square=\square$(cm)

2 평행사변형의 둘레를 구하려고 합니다. □ 안에 알맞은 수를 써넣으시오.

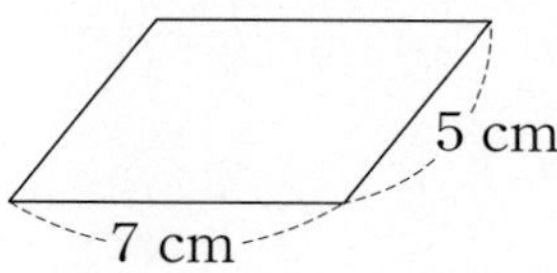

(평행사변형의 둘레)

$=\square+\square+\square+\square$

$=(\square+\square)\times2=\square$(cm)

3 마름모의 둘레를 구하려고 합니다. □ 안에 알맞은 수를 써넣으시오.

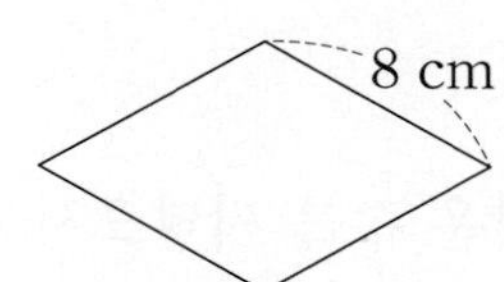

(마름모의 둘레)

$=\square+\square+\square+\square$

$=\square\times4=\square$(cm)

4 직사각형의 둘레를 구하시오.

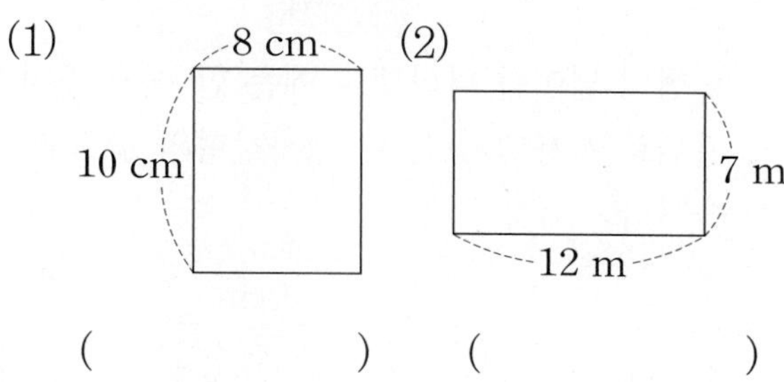

(1) (　　　　　)　(2) (　　　　　)

5 평행사변형의 둘레를 구하시오.

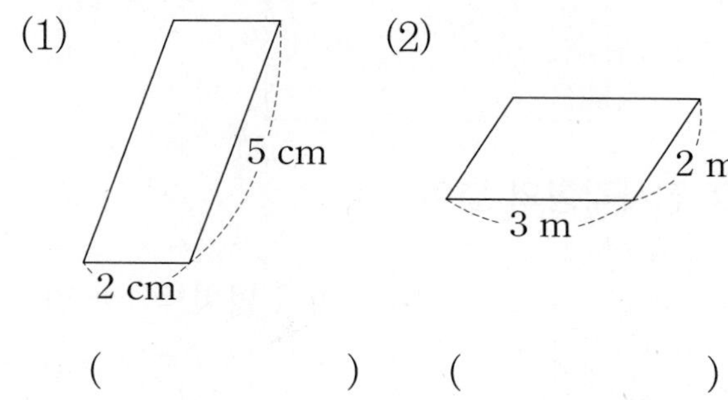

(1) (　　　　　)　(2) (　　　　　)

6 마름모의 둘레를 구하시오.

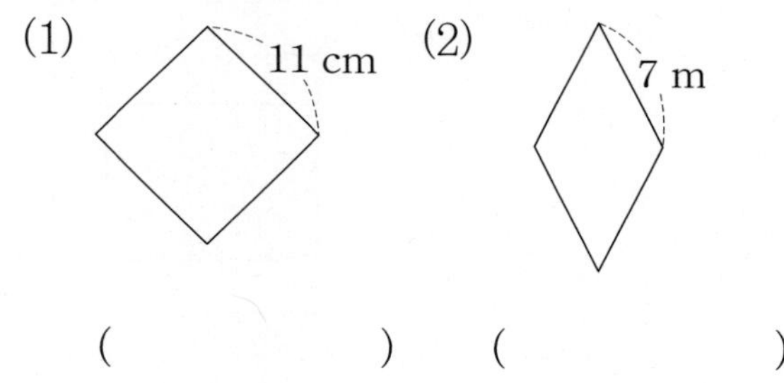

(1) (　　　　　)　(2) (　　　　　)

7 가로가 35 cm이고 세로가 20 cm인 직사각형 모양의 도화지가 있습니다. 이 도화지의 둘레는 몇 cm입니까?

(　　　　　)

6 단원

개념 탄탄 3. $1\,cm^2$ 알고, 직사각형의 넓이 구하기

교과서 개념을 이해하고 확인 문제를 통해 익혀요.

$1\,cm^2$ 알아보기

도형의 넓이를 나타낼 때에는 한 변의 길이가 1 cm인 정사각형의 넓이를 넓이의 단위로 사용합니다. 이 정사각형의 넓이를 $1\,cm^2$라 쓰고 1 제곱센티미터라고 읽습니다.

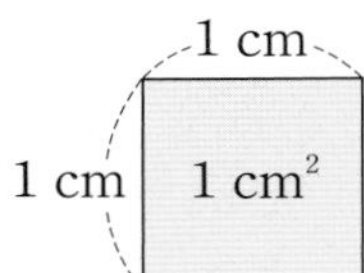

$1\,cm^2$

직사각형의 넓이

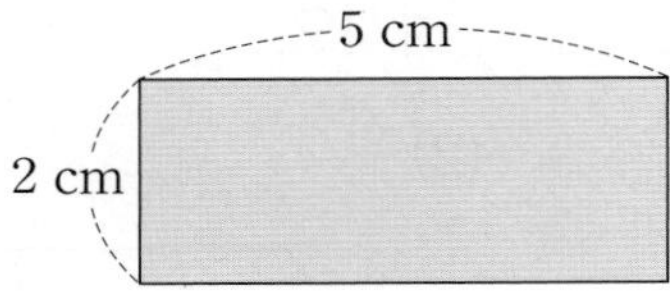

(직사각형의 넓이)=(가로)×(세로)
$=5\times2=10(cm^2)$

정사각형의 넓이

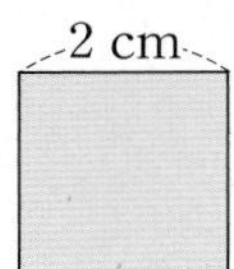

(정사각형의 넓이)=(한 변의 길이)×(한 변의 길이)
$=2\times2=4(cm^2)$

개념잡기

- $1\,cm^2$의 ▲배는 ▲ cm^2로 나타냅니다.

보충 정사각형은 직사각형이라고 할 수 있습니다.
(정사각형의 넓이)
=(직사각형의 넓이)
=(가로)×(세로)
=(한 변의 길이)×(한 변의 길이)

개념확인 1

직사각형의 넓이 구하기

직사각형의 넓이를 구하려고 합니다. □ 안에 알맞은 수를 써넣으시오.

1 cm²

(1) $1\,cm^2$인 단위넓이가 가로에 □개, 세로에 □개씩 있으므로 모두 □×□=□(개) 있습니다.

(2) 직사각형의 넓이는 □×□=□(cm^2)입니다.

개념확인 2

정사각형의 넓이 구하기

정사각형의 넓이를 구하려고 합니다. □ 안에 알맞은 수를 써넣으시오.

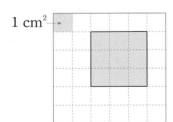

1 cm²

(1) $1\,cm^2$인 단위넓이가 가로에 □개, 세로에 □개씩 있으므로 모두 □×□=□(개) 있습니다.

(2) 정사각형의 넓이는 □×□=□(cm^2)입니다.

핵심 쏙쏙

기본 문제를 통해 교과서 개념을 다져요.

1 □ 안에 알맞게 써넣으시오.

한 변이 1 cm인 정사각형의 넓이를
□라 쓰고 □
라고 읽습니다.

2 넓이가 8 cm²인 것을 모두 찾아 기호를 쓰시오.

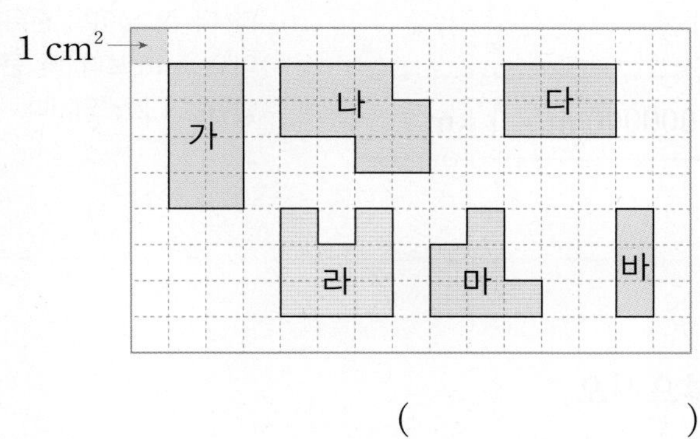

(　　　　　　　)

3 직사각형의 넓이를 구하시오.

(1)

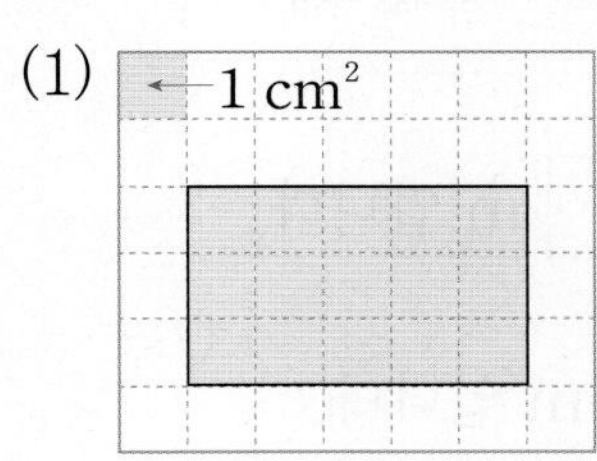

(　　　　　　　)

(2)

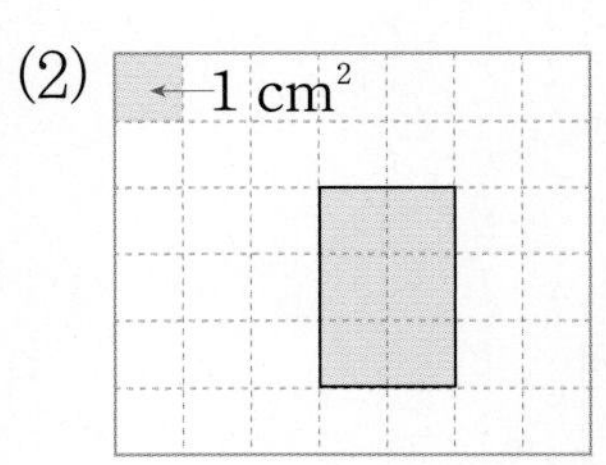

(　　　　　　　)

중요

4 직사각형의 넓이를 구하려고 합니다. 표를 완성하시오.

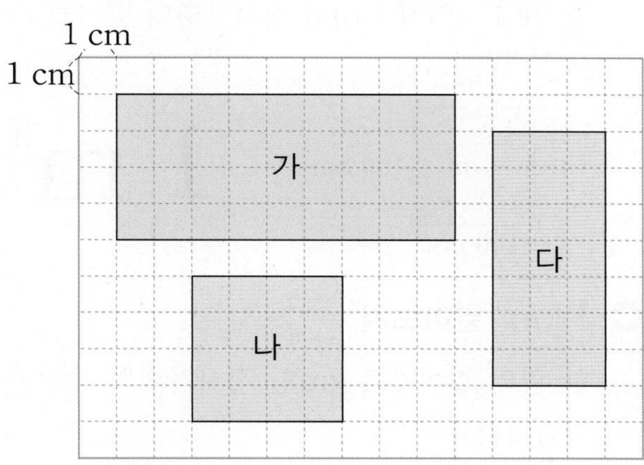

	가로(cm)	세로(cm)	넓이(cm²)
가			
나			
다			

5 직사각형의 넓이를 구하시오.

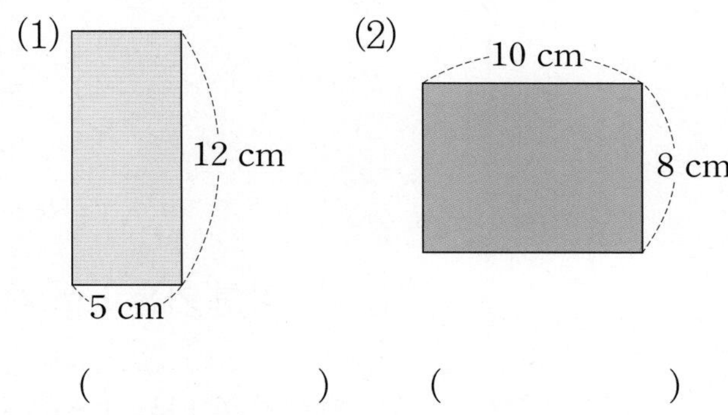

(　　　　　　　)　(　　　　　　　)

6 정사각형의 넓이를 구하시오.

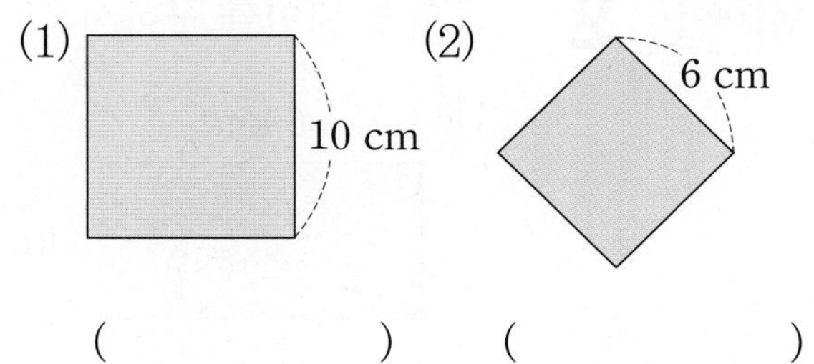

(　　　　　　　)　(　　　　　　　)

6 단원

개념 탄탄 4. 1 cm^2 보다 더 큰 넓이의 단위 알아보기

교과서 개념을 이해하고 확인 문제를 통해 익혀요.

1 m^2 알아보기

한 변의 길이가 1 m인 정사각형의 넓이를 1 m^2라 쓰고 1 제곱미터라고 읽습니다.

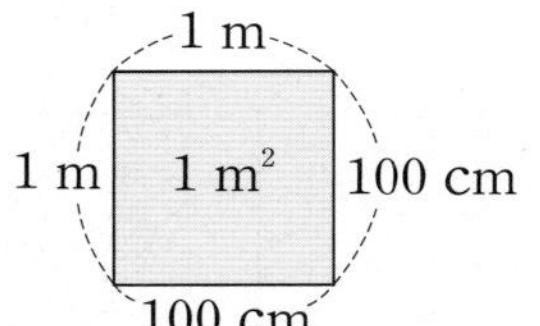

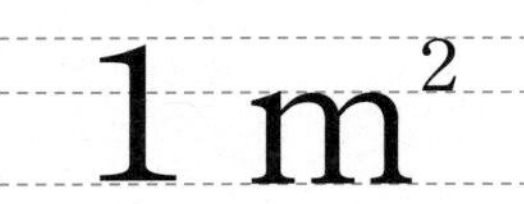

10000 cm^2=1 m^2

1 km^2 알아보기

한 변의 길이가 1 km인 정사각형의 넓이를 1 km^2라 쓰고 1 제곱킬로미터라고 읽습니다.

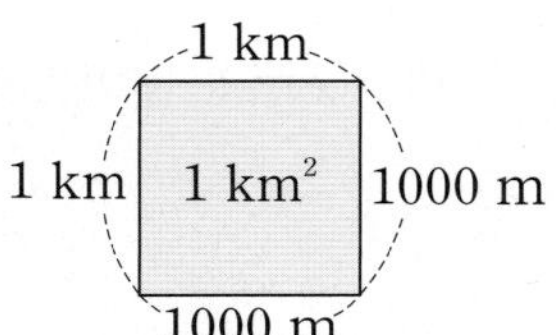

1000000 m^2=1 km^2

개념잡기

- m^2 단위가 사용되는 경우 칠판의 넓이, 화단의 넓이, 교실의 넓이 등
- 1 cm보다 더 긴 단위가 1 m이고 1 m보다 더 긴 단위가 1 km입니다. 따라서 1 cm^2보다 더 큰 넓이의 단위는 1 m^2이고, 1 m^2보다 더 큰 넓이의 단위는 1 km^2입니다.

개념확인 1

1 m^2 알아보기

그림을 보고 □ 안에 알맞은 수를 써넣으시오.

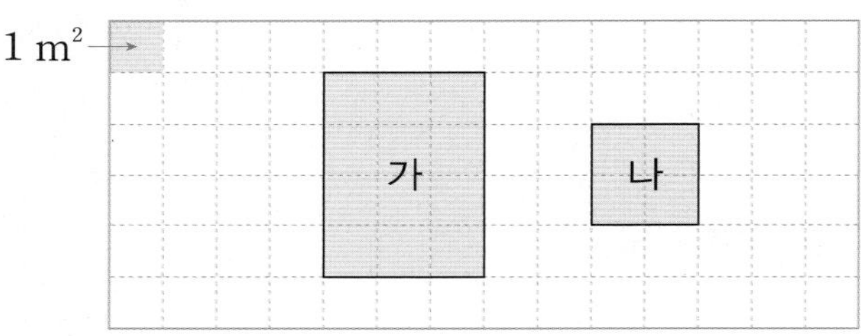

(1) 직사각형 가는 1 m^2가 □번 들어가므로 넓이는 □ m^2입니다.

(2) 정사각형 나는 1 m^2가 □번 들어가므로 넓이는 □ m^2입니다.

개념확인 2

1 km^2 알아보기

도형의 넓이를 구하시오.

(1)

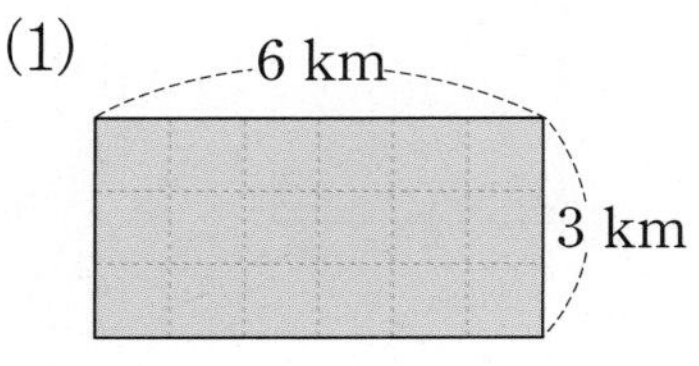

□×□=□(km^2)

(2)

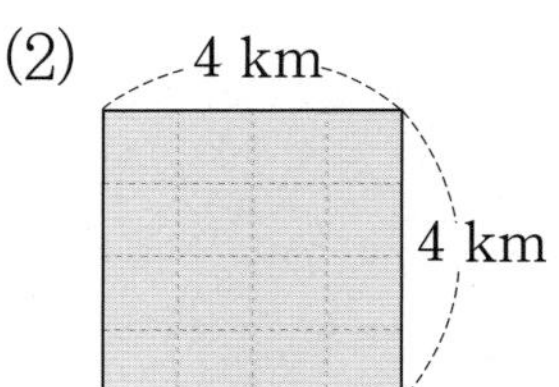

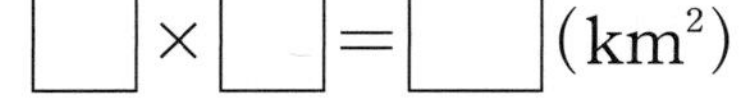
□×□=□(km^2)

핵심 쏙쏙

기본 문제를 통해 교과서 개념을 다져요.

1 그림을 보고 □ 안에 알맞은 수를 써넣으시오.

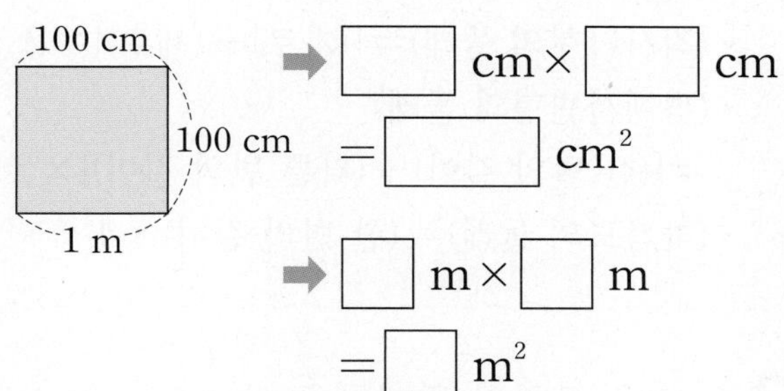

➡ □ cm × □ cm
= □ cm^2

➡ □ m × □ m
= □ m^2

2 1 m^2가 몇 번 들어가는지 □ 안에 알맞은 수를 써넣으시오.

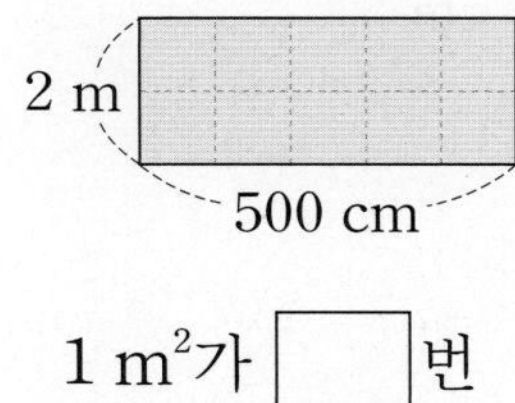

1 m^2가 □번

3 직사각형의 넓이를 구하시오.

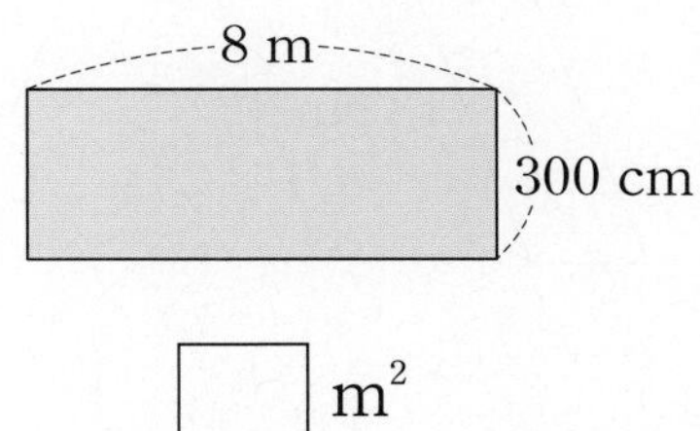

□ m^2

4 □ 안에 알맞은 수를 써넣으시오.

(1) 7 m^2= □ cm^2

(2) 12 m^2= □ cm^2

(3) 40000 cm^2= □ m^2

(4) 230000 cm^2= □ m^2

5 그림을 보고 □ 안에 알맞은 수를 써넣으시오.

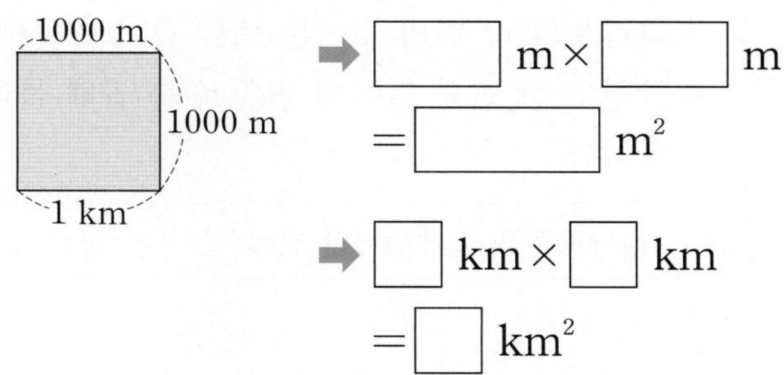

➡ □ m × □ m
= □ m^2

➡ □ km × □ km
= □ km^2

6 1 km^2가 몇 번 들어가는지 □ 안에 알맞은 수를 써넣으시오.

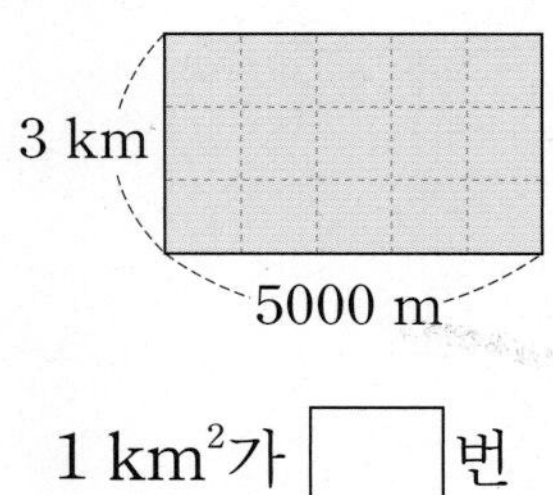

1 km^2가 □번

7 직사각형의 넓이를 구하시오.

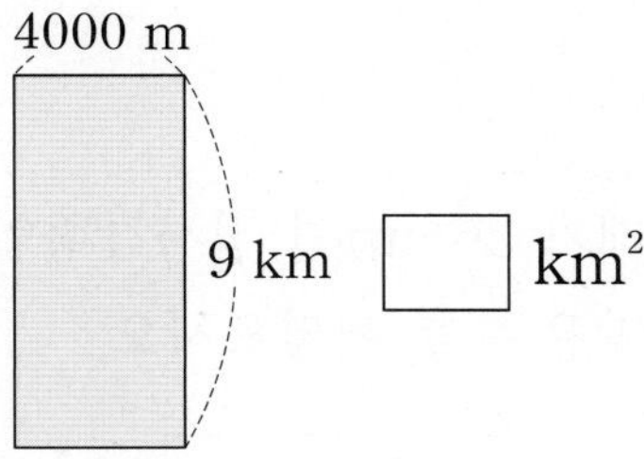

□ km^2

8 □ 안에 알맞은 수를 써넣으시오.

(1) 6 km^2= □ m^2

(2) 15 km^2= □ m^2

(3) 5000000 m^2= □ km^2

(4) 18000000 m^2= □ km^2

유형 콕콕

다양한 기본 유형 문제를 통해 실력을 탄탄히 다져요.

유형 1 정다각형의 둘레 구하기

정다각형의 각 변의 길이는 모두 같기 때문에 정다각형의 한 변의 길이에 변의 수를 곱해 둘레를 구합니다.

(정다각형의 둘레)=(한 변의 길이)×(변의 수)

1-1 정다각형의 둘레를 구하시오.

(1)

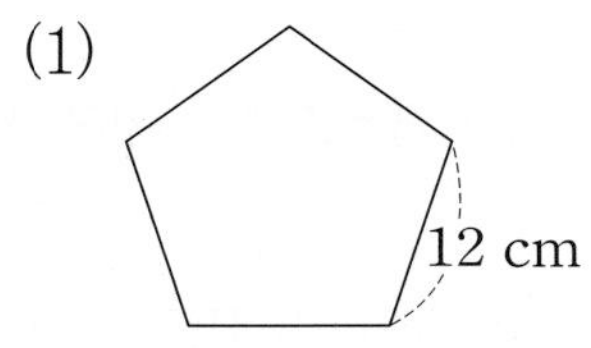

(　　　　　　)

(2)

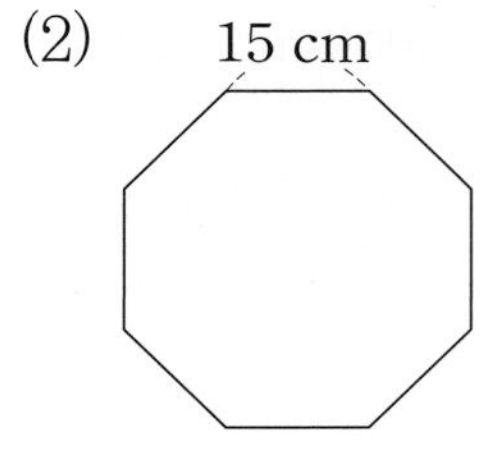

(　　　　　　)

1-2 둘레가 36 cm인 정사각형입니다. □ 안에 알맞은 수를 써넣으시오.

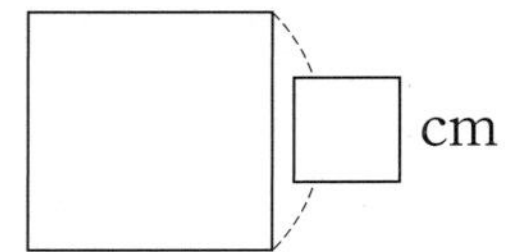

1-3 둘레가 180 cm인 정십이각형이 있습니다. 이 정십이각형의 한 변의 길이는 몇 cm입니까?

(　　　　　　)

유형 2 사각형의 둘레 구하기

- (직사각형의 둘레)={(가로)+(세로)}×2
- (평행사변형의 둘레)
={(한 변의 길이)+(다른 변의 길이)}×2
- (마름모의 둘레)=(한 변의 길이)×4

2-1 직사각형의 둘레를 구하시오.

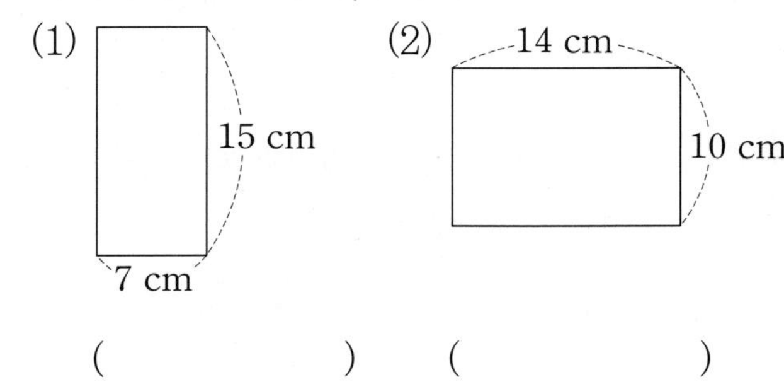

(　　　　　　)　(　　　　　　)

2-2 평행사변형의 둘레를 구하시오.

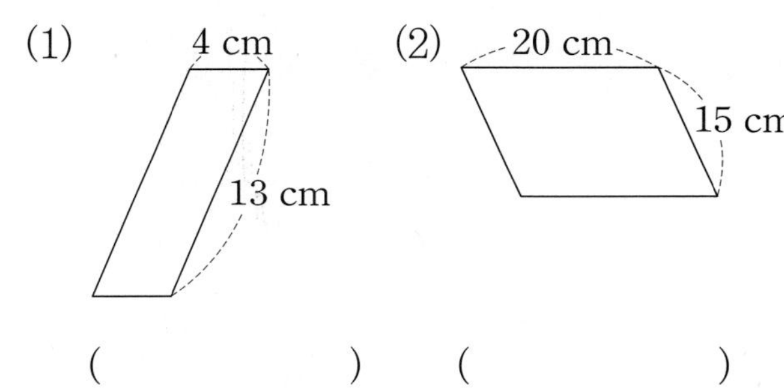

(　　　　　　)　(　　　　　　)

2-3 마름모의 둘레를 구하시오.

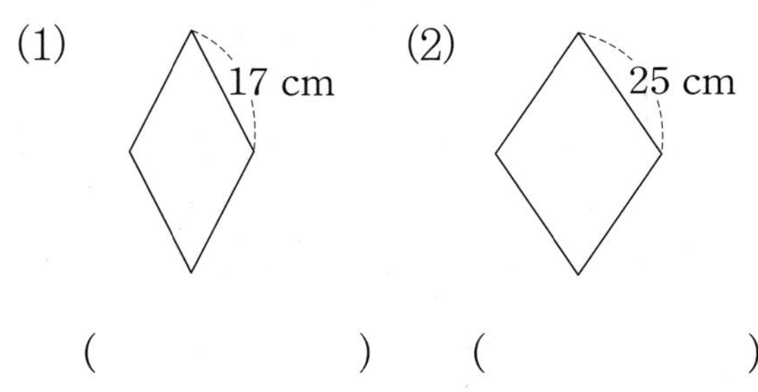

(　　　　　　)　(　　　　　　)

2-4 □ 안에 알맞은 수를 써넣으시오.

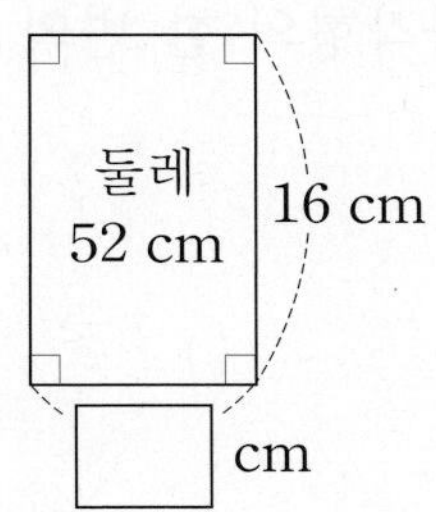

2-5 둘레가 더 긴 직사각형을 찾아 기호를 쓰시오.

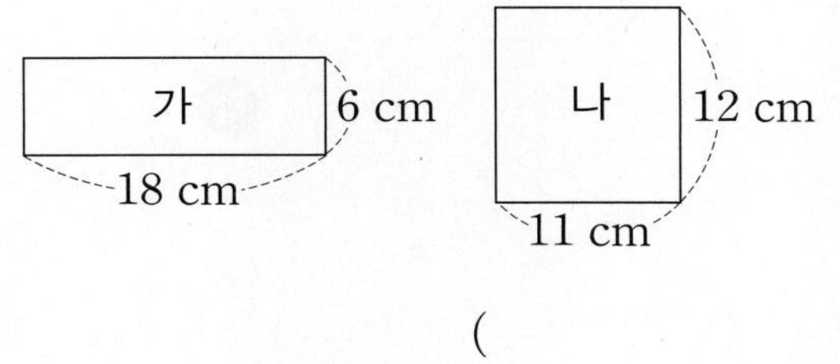

(　　　　　　)

잘 틀려요

2-6 평행사변형 가와 마름모 나의 둘레가 같습니다. 마름모 나의 한 변의 길이는 몇 cm입니까?

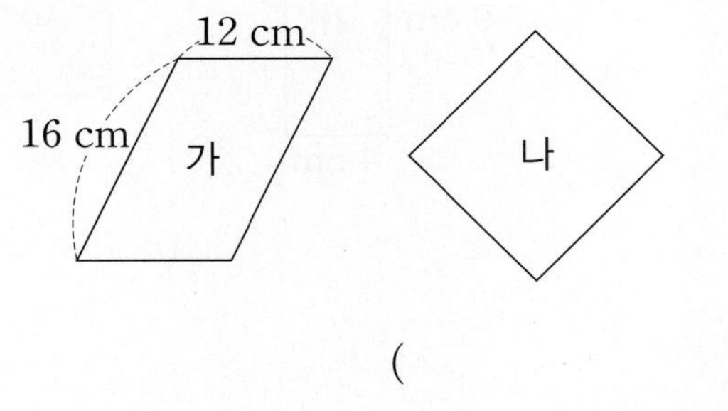

(　　　　　　)

2-7 둘레가 80 m인 마름모 모양의 화단이 있습니다. 이 화단의 한 변의 길이는 몇 m입니까?

(　　　　　　)

유형 3 $1\ cm^2$ 알고, 직사각형의 넓이 구하기

- 한 변의 길이가 1 cm인 정사각형의 넓이를 $1\ cm^2$라 쓰고 1 제곱센티미터라고 읽습니다.
- (직사각형의 넓이)=(가로)×(세로)
- (정사각형의 넓이)
=(한 변의 길이)×(한 변의 길이)

3-1 넓이가 다른 도형을 찾아 기호를 쓰시오.

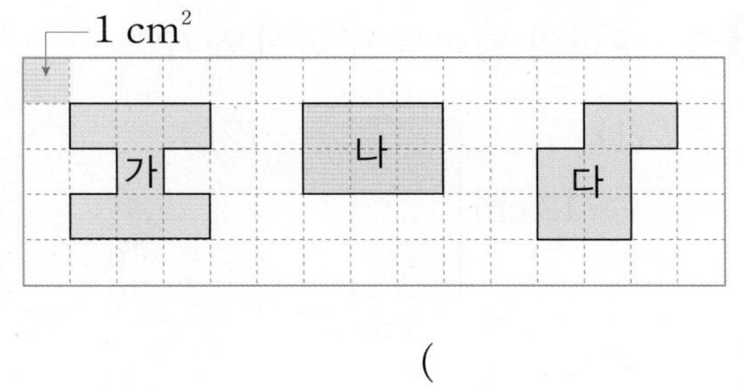

(　　　　　　)

3-2 도형의 넓이는 몇 cm^2입니까?

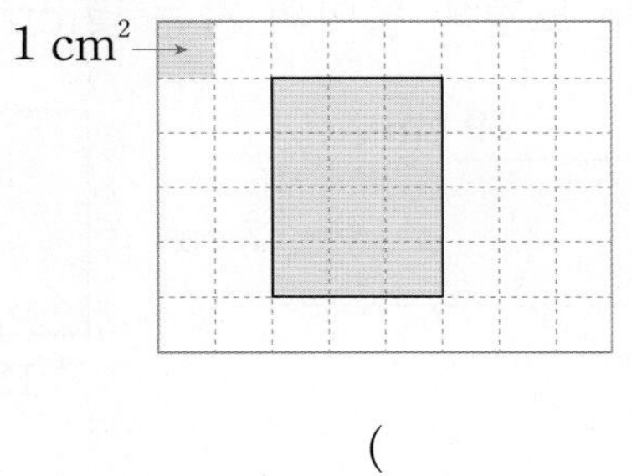

(　　　　　　)

3-3 모눈종이에 넓이가 $6\ cm^2$인 도형을 2개 그려 보시오.

3-4 가장 넓은 것부터 차례로 기호를 쓰시오.

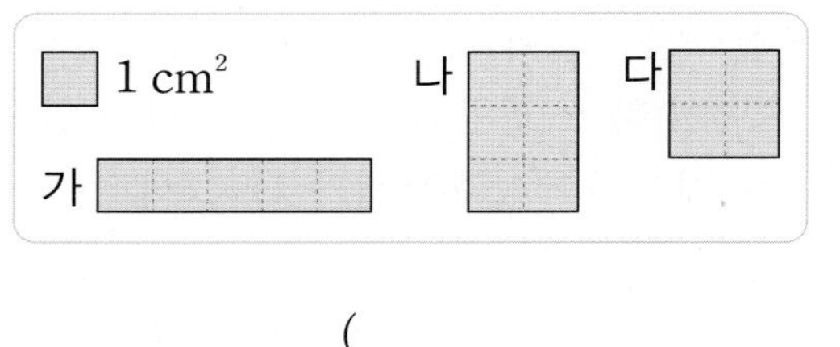

( )

대표유형

3-5 도형의 넓이를 구하시오.

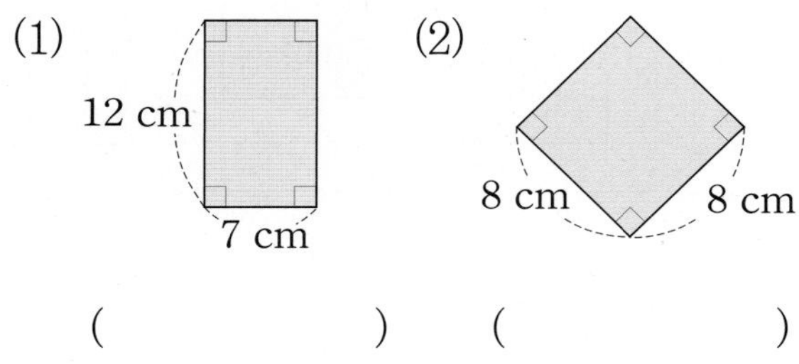

( ) ( )

3-6 두 도형의 넓이의 차는 몇 cm^2입니까?

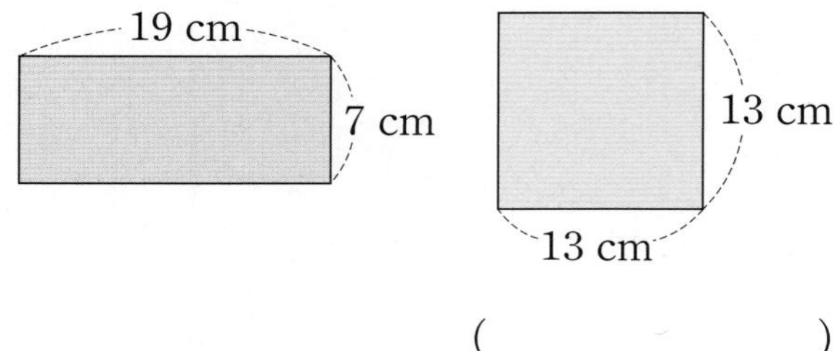

( )

3-7 직사각형의 넓이는 96 cm^2입니다. □ 안에 알맞은 수를 써넣으시오.

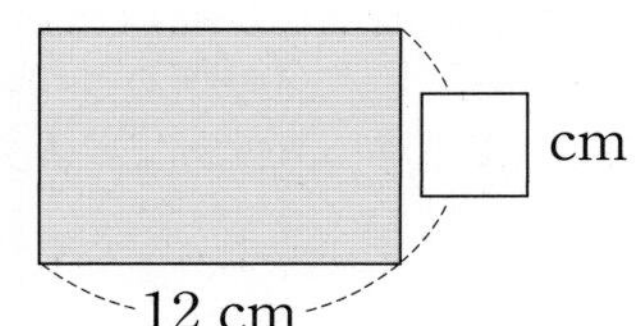

3-8 어떤 정사각형의 넓이는 81 cm^2입니다. 이 정사각형의 한 변의 길이는 몇 cm입니까?

( )

시험에 잘 나와요

3-9 지혜는 가로가 20 cm, 세로가 25 cm인 직사각형 모양의 도화지에 그림을 그렸습니다. 이 도화지의 넓이는 몇 cm^2입니까?

3-10 직사각형 가와 정사각형 나의 넓이가 같습니다. 정사각형 나의 한 변의 길이는 몇 cm입니까?

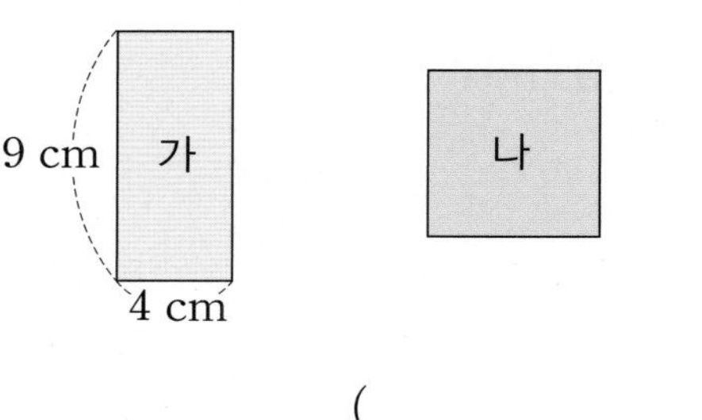

( )

잘 틀려요

3-11 둘레가 44 cm인 정사각형의 넓이는 몇 cm^2입니까?

( )

유형 4 1 cm^2보다 더 큰 넓이 단위 알아보기

- 한 변의 길이가 1 m인 정사각형의 넓이를 1 m^2라 쓰고 1 제곱미터라고 읽습니다.
- 한 변의 길이가 1 km인 정사각형의 넓이를 1 km^2라 쓰고 1 제곱킬로미터라고 읽습니다.

대표유형

4-1 직사각형의 넓이를 구하시오.

(1)

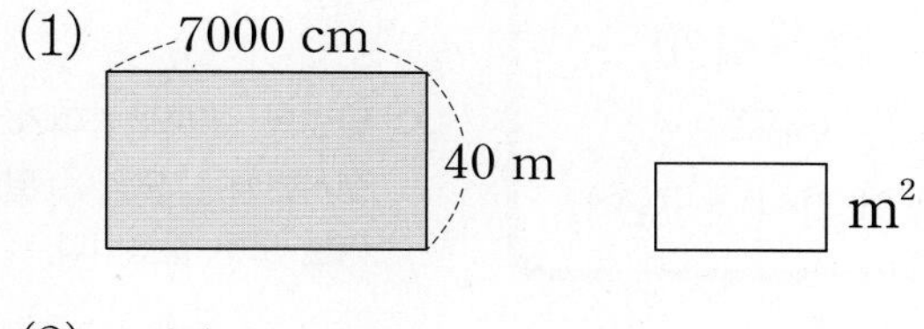

□ m^2

(2)

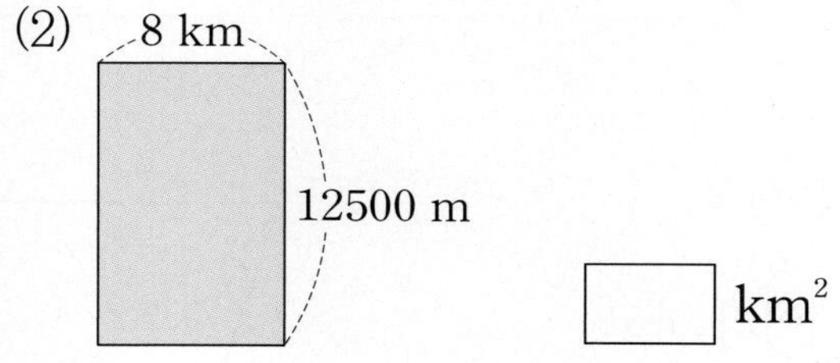

□ km^2

4-2 두 직사각형의 넓이의 합을 구하시오.

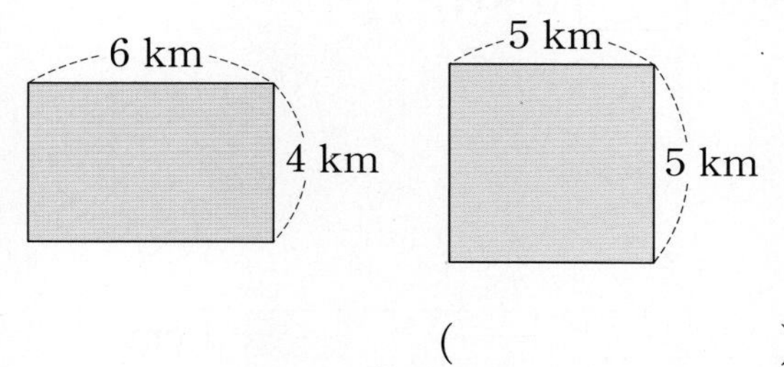

(　　　　　　)

4-3 직사각형의 넓이는 84 m^2입니다. □ 안에 알맞은 수를 써넣으시오.

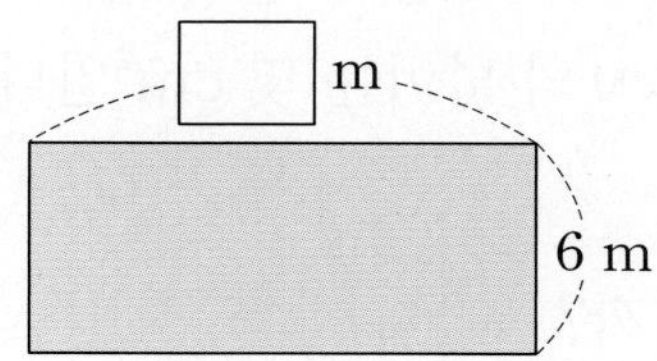

4-4 □ 안에 알맞은 수를 써넣으시오.

(1) 9 m^2=□ cm^2

(2) 3 km^2=□ m^2

(3) 50000 cm^2=□ m^2

(4) 11000000 m^2=□ km^2

시험에 잘 나와요

4-5 관계있는 것끼리 선으로 이어 보시오.

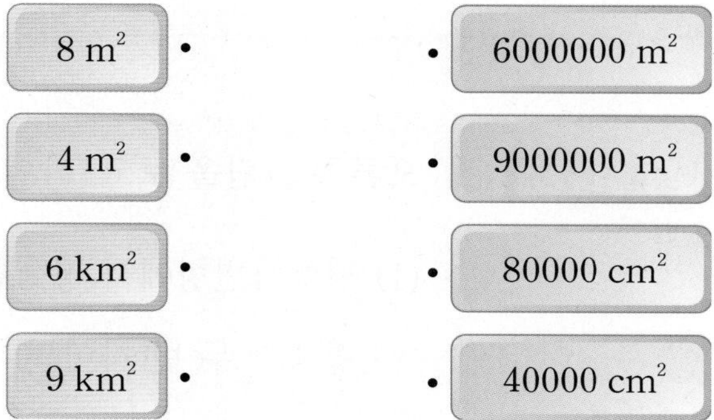

4-6 가로가 250 m이고, 세로가 200 m인 직사각형 모양의 밭이 있습니다. 이 밭의 넓이는 몇 m^2입니까?

(　　　　　　)

4-7 가 마을의 넓이는 15 km^2이고 나 마을의 넓이는 13500000 m^2입니다. 가와 나 마을 중 어느 마을이 더 넓습니까?

(　　　　　　)

6 단원

개념 탄탄 5. 평행사변형의 넓이 구하기

교과서 개념을 이해하고 확인 문제를 통해 익혀요.

평행사변형의 밑변과 높이

평행사변형에서 평행한 두 변을 밑변이라 하고 두 밑변 사이의 거리를 높이라고 합니다.

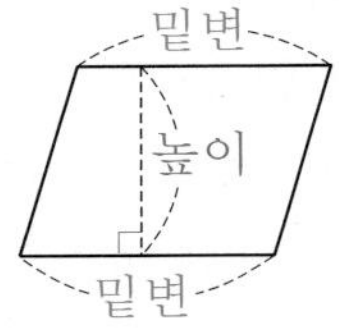

평행사변형의 넓이

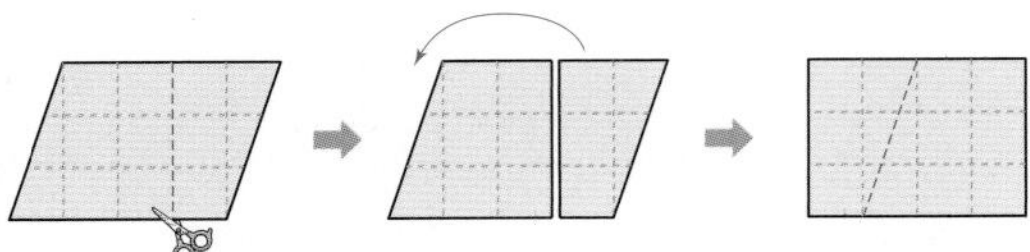

평행사변형의 넓이는 직사각형의 넓이와 같습니다.

(평행사변형의 넓이)
=(직사각형의 넓이)
=(가로)×(세로)
=(밑변의 길이)×(높이)

개념잡기

- 평행사변형의 밑변과 높이는 서로 수직으로 만납니다.
- 밑변은 '밑에 있는 변'이 아니라 '기준이 되는 변'을 말합니다.
- 평행사변형에서는 어느 변이나 밑변이 될 수 있고 그 밑변에 따라 높이가 달라집니다.
- 밑변의 길이와 높이가 같은 평행사변형은 모양이 달라도 넓이는 모두 같습니다.

개념확인 1

평행사변형의 밑변과 높이 알아보기

오른쪽 그림을 보고 □ 안에 알맞게 써넣으시오.

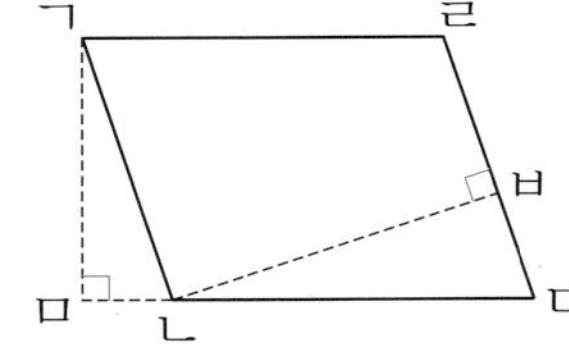

(1) 평행사변형에서 평행한 두 변을 □이라 하고,
평행한 두 변 사이의 거리를 □라고 합니다.

(2) 변 ㄴㄷ을 밑변으로 할 때 높이는 선분 □이고,
변 ㄱㄴ을 밑변으로 할 때 높이는 선분 □입니다.

개념확인 2

평행사변형의 넓이 구하기

그림을 보고 물음에 답하시오.

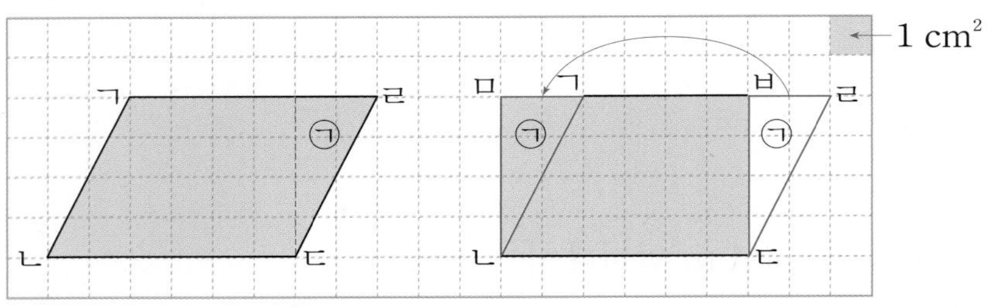

(1) 평행사변형 ㄱㄴㄷㄹ에서 삼각형 ㉠을 오른쪽 그림과 같이 옮겨 붙여 직사각형 ㅁㄴㄷㅂ을 만들었습니다. 직사각형 ㅁㄴㄷㅂ의 넓이는 몇 cm^2입니까?

( )

(2) 평행사변형 ㄱㄴㄷㄹ의 넓이는 몇 cm^2입니까?

( )

핵심 쏙쏙

기본 문제를 통해 교과서 개념을 다져요.

1 평행사변형의 높이를 나타내시오.

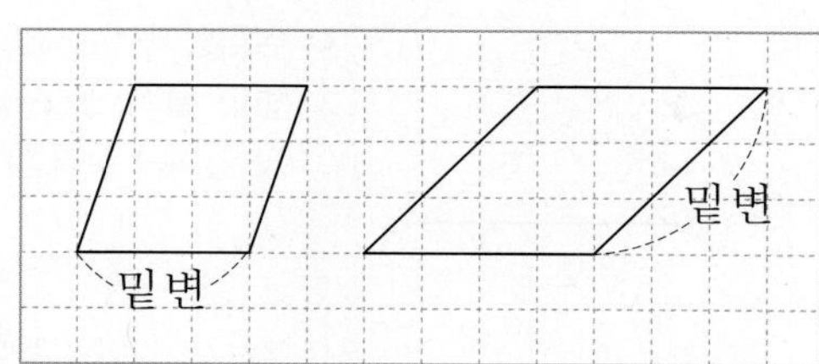

2 평행사변형 가, 나의 높이는 각각 몇 cm입니까?

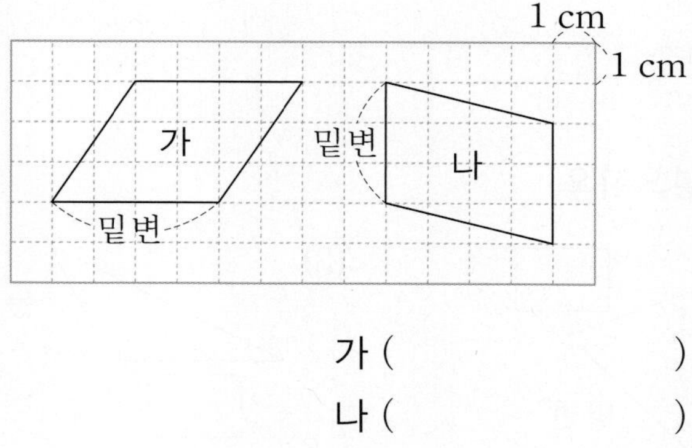

가 (　　　　　　　)

나 (　　　　　　　)

3 평행사변형의 넓이를 구하시오.

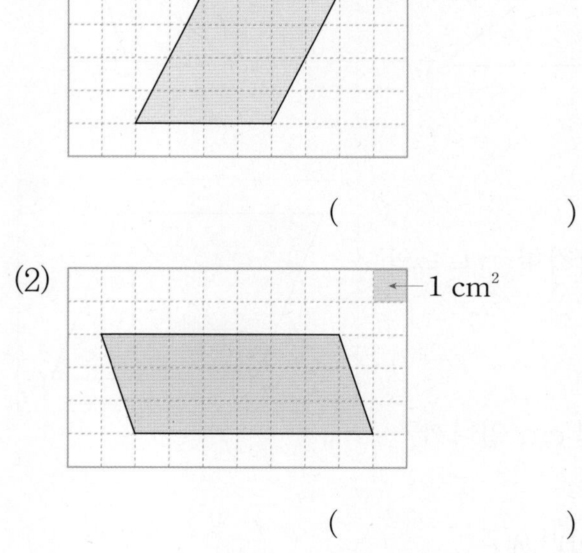

(1) (　　　　　　　)

(2) (　　　　　　　)

4 평행사변형을 보고 □ 안에 알맞은 수나 말을 써넣으시오.

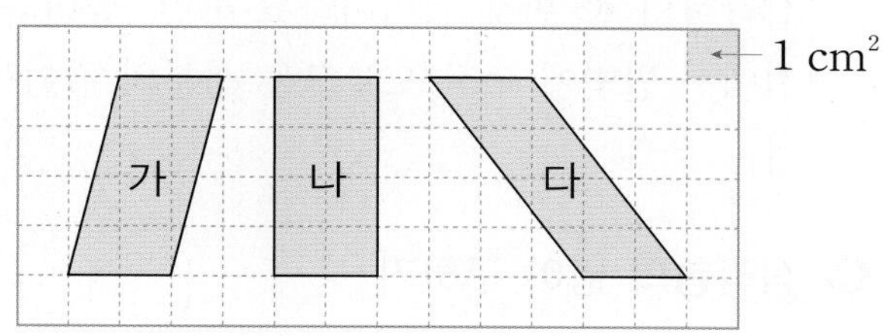

(1) 평행사변형의 넓이를 구하시오.

	가	나	다
넓이(cm^2)			

(2) □ 안에 알맞은 말을 써넣으시오.

> 평행사변형은 □의 길이와 □가 같으면 모양이 다르더라도 그 넓이는 모두 같습니다.

5 평행사변형의 넓이를 구하시오.

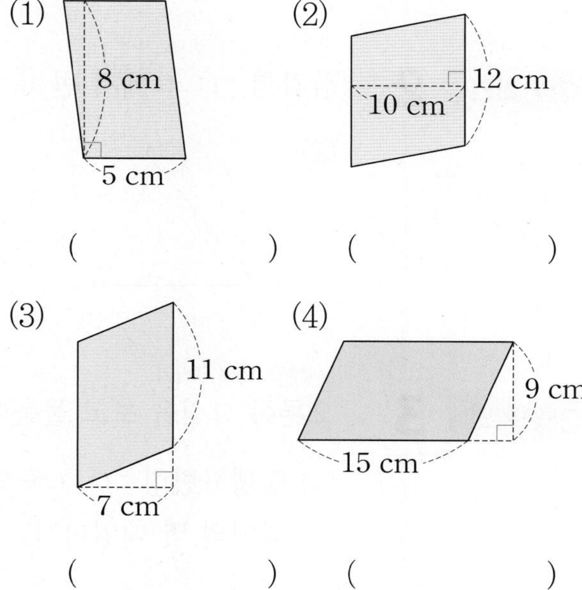

(1) (　　　　　　　) (2) (　　　　　　　)

(3) (　　　　　　　) (4) (　　　　　　　)

6 밑변의 길이가 14 m이고 높이가 12 m인 평행사변형의 넓이를 구하시오.

(　　　　　　　)

6 단원

개념 탄탄

6. 삼각형의 넓이 구하기

교과서 개념을 이해하고 확인 문제를 통해 익혀요.

삼각형의 밑변과 높이

삼각형의 한 변을 밑변이라고 하면, 밑변과 마주 보는 꼭짓점에서 밑변에 수직으로 그은 선분의 길이를 높이라고 합니다.

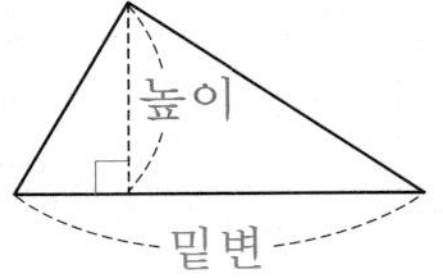

삼각형의 넓이 구하기

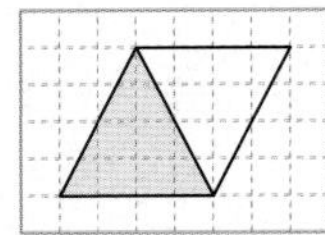

모양과 크기가 같은 삼각형 2개를 돌려 붙이면 평행사변형이 됩니다.

(삼각형의 넓이)
=(평행사변형의 넓이)÷2
=(밑변의 길이)×(높이)÷2

개념잡기

- 삼각형에서는 어느 변이나 밑변이 될 수 있고 그 밑변에 따라 높이가 달라집니다.
- 밑변의 길이와 높이가 같은 삼각형은 모양이 달라도 넓이는 모두 같습니다.

개념확인 1

삼각형의 밑변과 높이 알아보기

그림을 보고 □ 안에 알맞은 말을 써넣으시오.

(1)

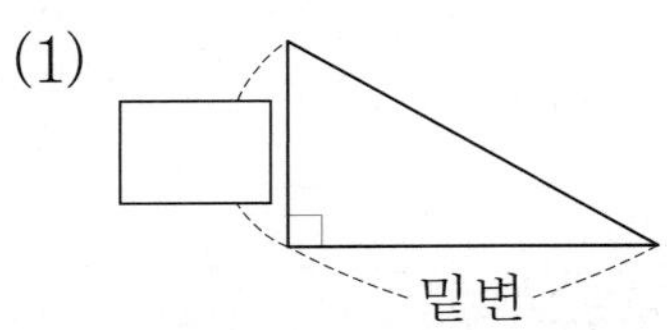

(2)

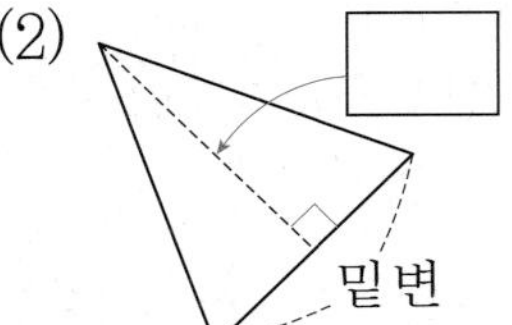

(3)

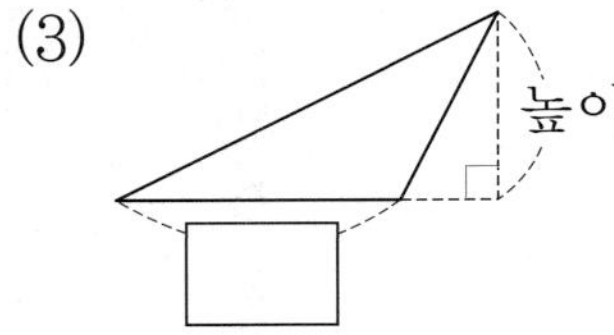

개념확인 2

삼각형의 높이 알아보기

삼각형 ㄱㄴㄷ에서 변 ㄴㄷ을 밑변이라 할 때 높이를 나타내시오.

(1)

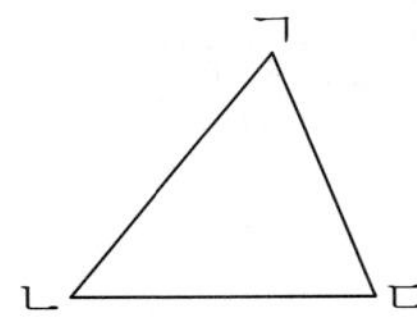

(2)

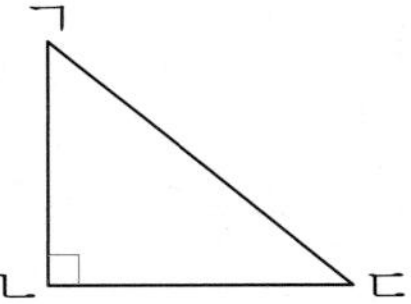

(3)

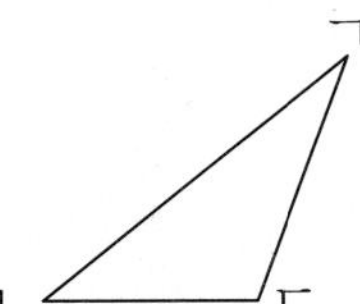

개념확인 3

삼각형의 넓이 구하기

오른쪽 그림을 보고 물음에 답하시오.

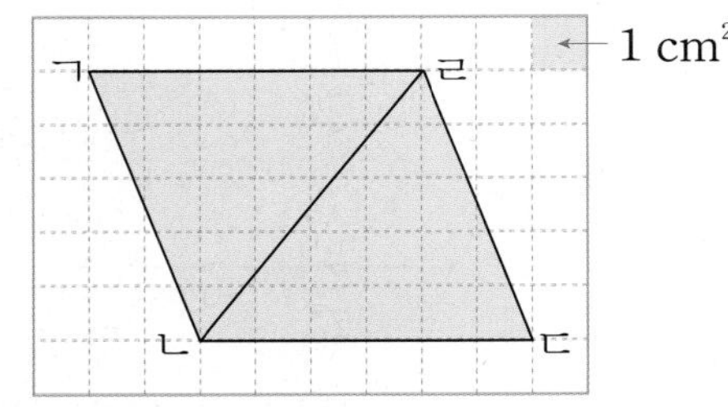

(1) 평행사변형 ㄱㄴㄷㄹ의 넓이는 삼각형 ㄱㄴㄹ의 넓이의 몇 배입니까?

(　　　　　　)

(2) 평행사변형 ㄱㄴㄷㄹ의 넓이는 몇 cm^2입니까?

(　　　　　　)

(3) 삼각형 ㄱㄴㄹ의 넓이는 몇 cm^2입니까?

(　　　　　　)

핵심 쏙쏙

기본 문제를 통해 교과서 개념을 다져요.

1 삼각형 가, 나의 높이는 각각 몇 cm입니까?

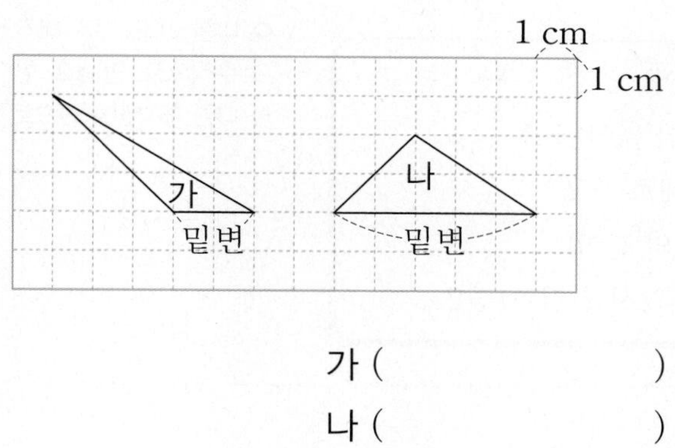

가 (　　　　　　)

나 (　　　　　　)

2 삼각형의 넓이를 구하시오.

(1)

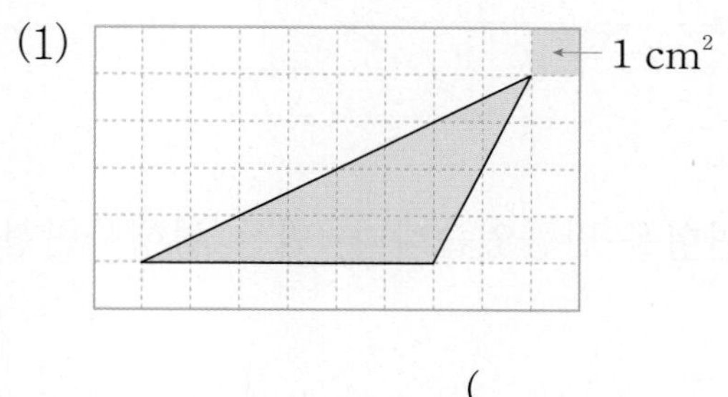

(　　　　　　)

(2) 1 cm²

(　　　　　　)

중요 **3** 오른쪽 삼각형의 넓이를 구하려고 합니다. □ 안에 알맞은 수를 써넣으시오.

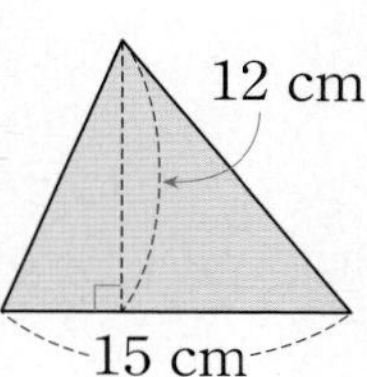

(넓이)=(밑변의 길이)×(높이)÷2

=□×□÷2=□(cm^2)

4 삼각형의 넓이를 구하시오.

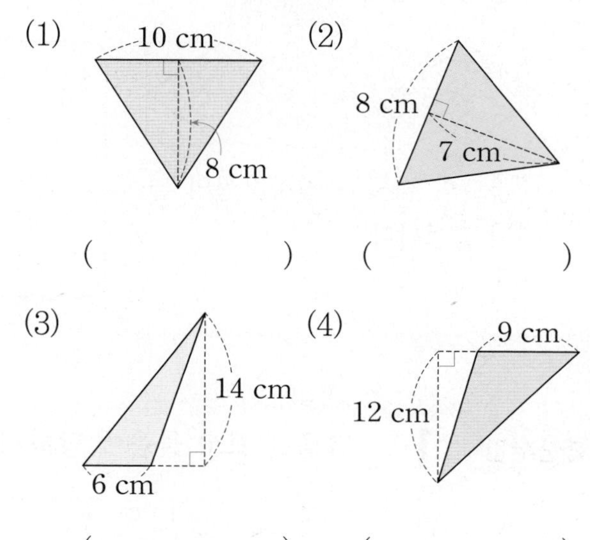

(1) (　　　　　　)　(2) (　　　　　　)

(3) 14 cm, 6 cm　(4) 9 cm, 12 cm

(3) (　　　　　　)　(4) (　　　　　　)

5 밑변의 길이가 16 m이고 높이가 13 m인 삼각형의 넓이를 구하시오.

(　　　　　　)

6 직선 가와 나는 서로 평행합니다. 물음에 답하시오.

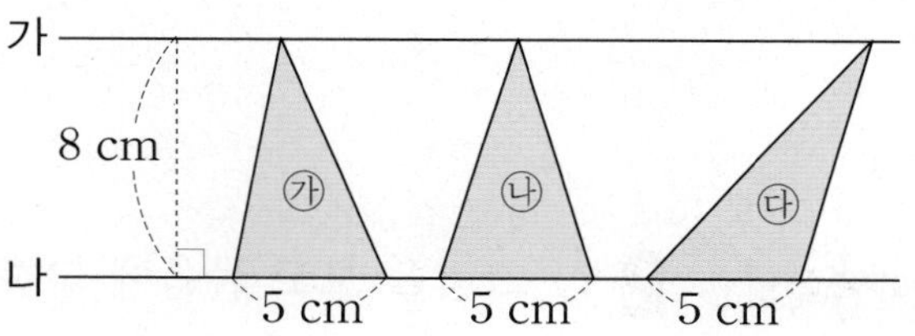

(1) 삼각형의 넓이를 구하시오.

	㉮	㉯	㉰
넓이(cm^2)			

(2) □ 안에 알맞은 말을 써넣으시오.

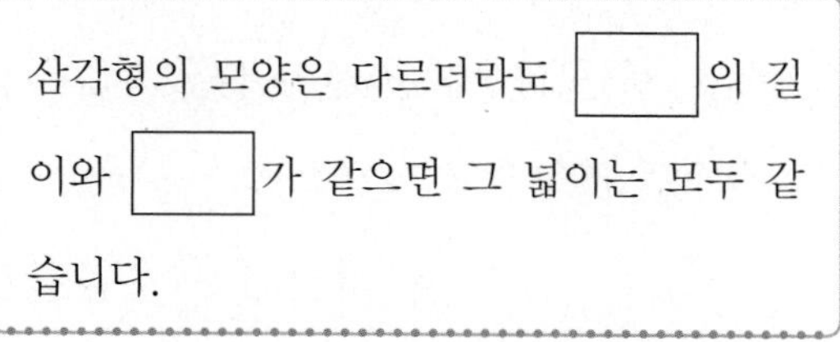

삼각형의 모양은 다르더라도 □의 길이와 □가 같으면 그 넓이는 모두 같습니다.

개념 탄탄

7. 마름모의 넓이 구하기

교과서 개념을 이해하고 확인 문제를 통해 익혀요.

마름모의 넓이

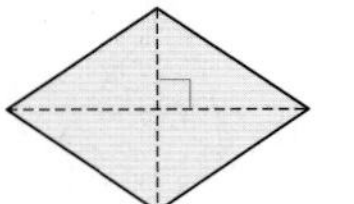

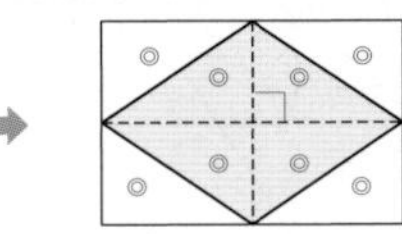

마름모의 넓이는 직사각형의 넓이의 반입니다.

(마름모의 넓이)
=(직사각형의 넓이)÷2
=(가로)×(세로)÷2
=(한 대각선의 길이)
×(다른 대각선의 길이)÷2

개념잡기

마름모에서 두 대각선은 서로 수직으로 만나고 한 대각선이 다른 대각선을 반으로 나눕니다.

마름모의 넓이 구하기(1)

개념확인 1 그림을 보고 물음에 답하시오.

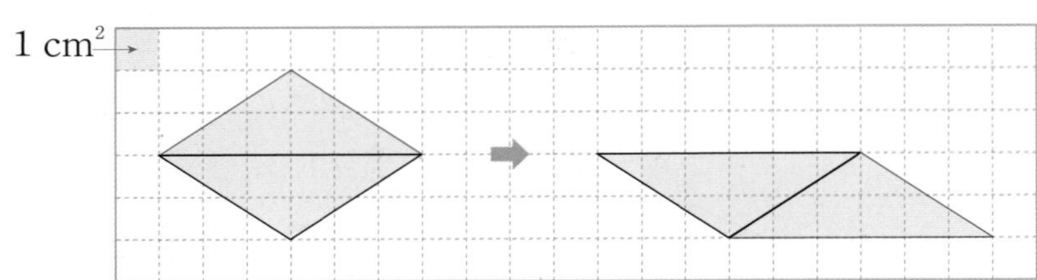

(1) 마름모를 한 대각선으로 잘라 평행사변형을 만들었습니다. 만든 평행사변형의 넓이는 몇 cm^2입니까?

( )

(2) 마름모의 넓이는 몇 cm^2입니까?

( )

마름모의 넓이 구하기(2)

개념확인 2 그림을 보고 물음에 답하시오.

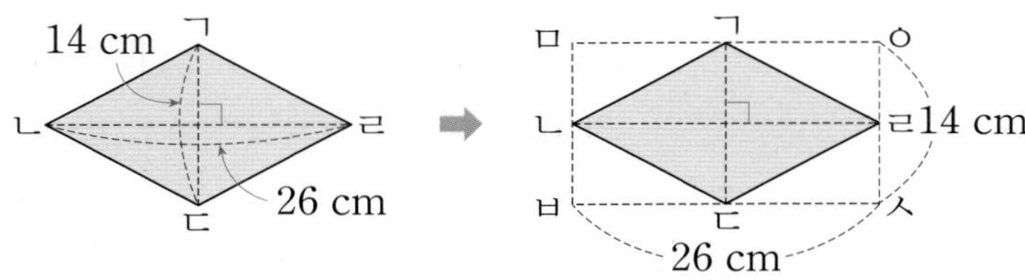

(1) 직사각형 ㅁㅂㅅㅇ의 넓이는 마름모 ㄱㄴㄷㄹ의 넓이의 몇 배입니까?

( )

(2) 직사각형 ㅁㅂㅅㅇ의 넓이는 몇 cm^2입니까?

( )

(3) 마름모 ㄱㄴㄷㄹ의 넓이는 몇 cm^2입니까?

( )

핵심 쏙쏙

기본 문제를 통해 교과서 개념을 다져요.

1 마름모의 넓이를 구하시오.

(1)

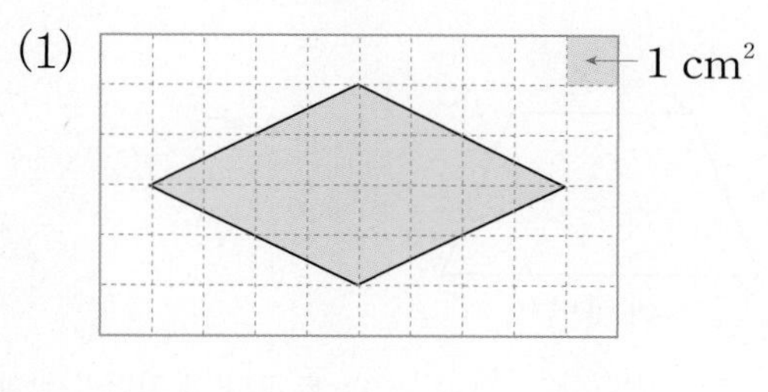

( )

(2)

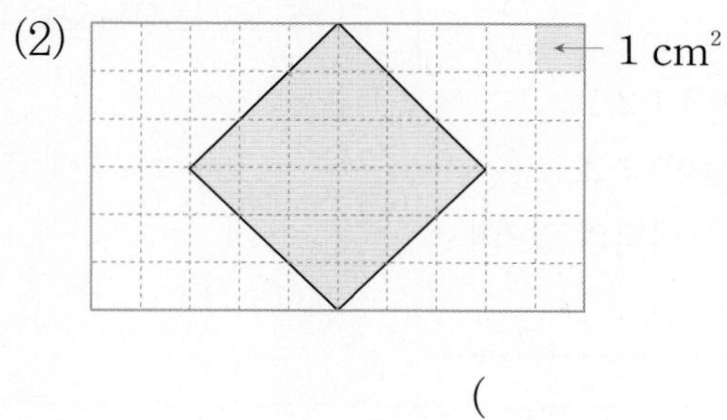

( )

2 마름모의 넓이를 구하려고 합니다. □ 안에 알맞은 수를 써넣으시오.

(1)

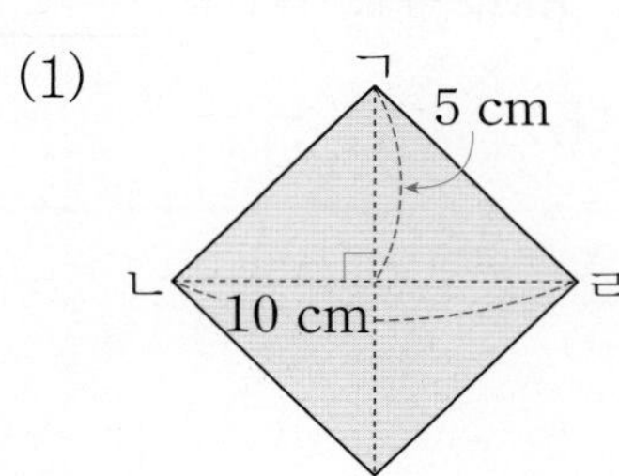

(넓이)=(삼각형 ㄱㄴㄹ의 넓이)×2

=□×□÷□×2

=□(cm²)

(2)

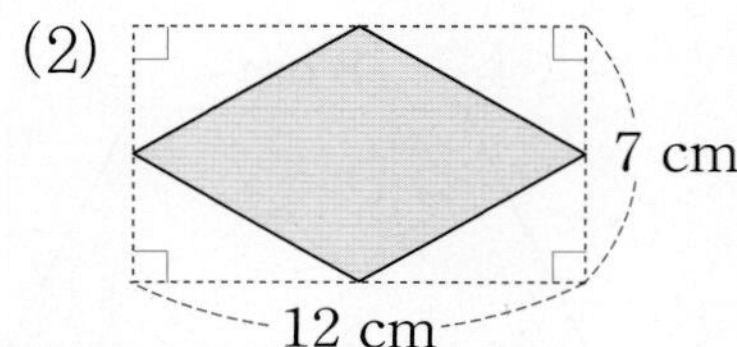

(넓이)=(직사각형의 넓이)÷2

=□×□÷2

=□(cm²)

3 마름모의 넓이를 구하시오.

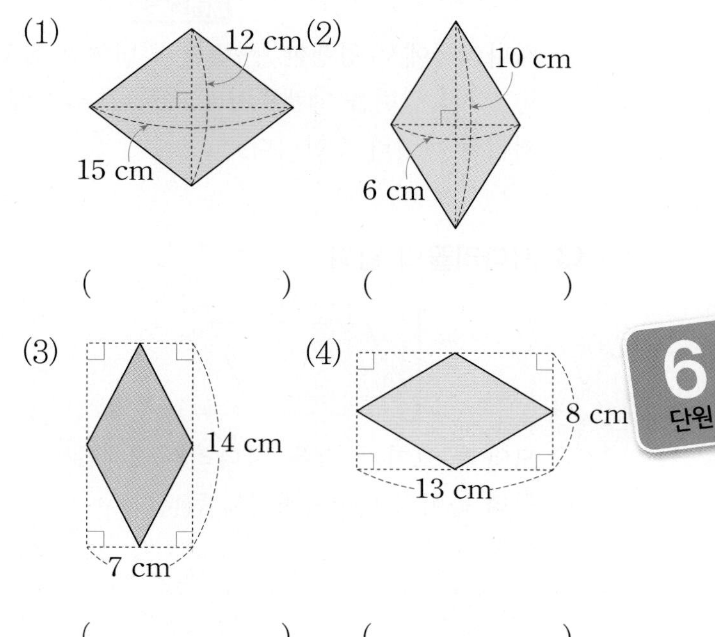

(1) ( ) (2) ( )

(3) ( ) (4) ( )

4 한 대각선이 10 m이고 다른 대각선이 12 m인 마름모의 넓이를 구하시오.

( )

5 삼각형 ㄱㄴㅇ의 넓이가 15 cm²일 때 마름모 ㄱㄴㄷㄹ의 넓이는 몇 cm²입니까?

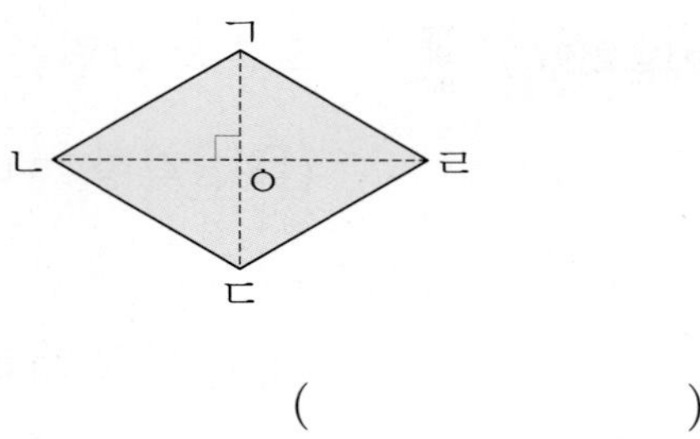

( )

6 단원

개념 탄탄

8. 사다리꼴의 넓이 구하기

교과서 개념을 이해하고 확인 문제를 통해 익혀요.

사다리꼴의 구성 요소

개념잡기

사다리꼴에서 평행한 두 변을 밑변이라 하고, 한 밑변을 윗변, 다른 밑변을 아랫변이라고 합니다. 이때 두 밑변 사이의 거리를 높이라고 합니다.

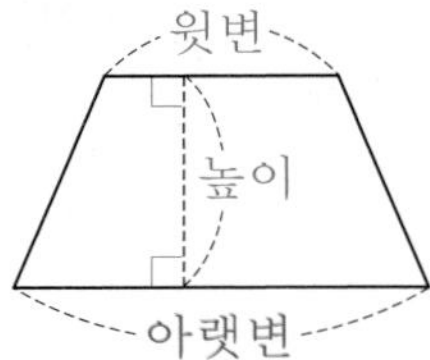

사다리꼴의 넓이

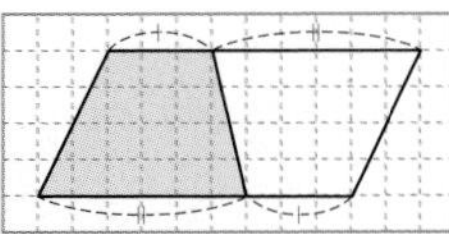

모양과 크기가 같은 사다리꼴 2개를 돌려 붙이면 평행사변형이 됩니다.

(사다리꼴의 넓이)
=(평행사변형의 넓이)÷2
=(밑변의 길이)×(높이)÷2
={(윗변의 길이)+(아랫변의 길이)}×(높이)÷2

◇ 두 밑변의 길이의 합과 높이가 같은 사다리꼴은 모양이 달라도 넓이는 모두 같습니다.

사다리꼴의 구성 요소 알아보기(1)

개념확인 1 □ 안에 알맞은 말을 써넣으시오.

사다리꼴에서 평행한 두 변을 □이라 하고, 한 밑변을 윗변, 다른 밑변을 □이라고 합니다. 이때 두 밑변 사이의 거리를 □라고 합니다.

사다리꼴의 구성 요소 알아보기(2)

개념확인 2 □ 안에 알맞은 말을 써넣으시오.

(1)

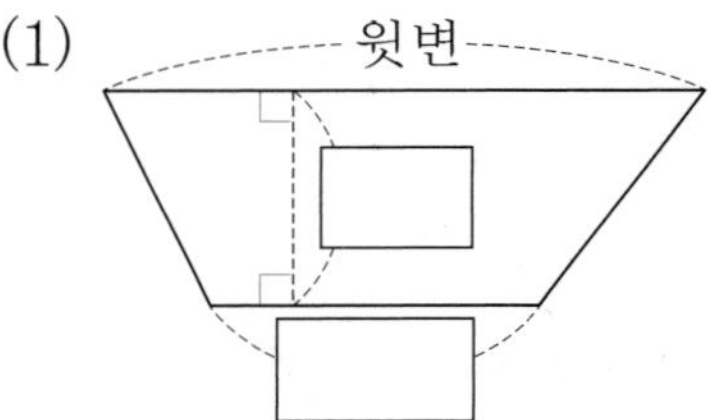

(2)

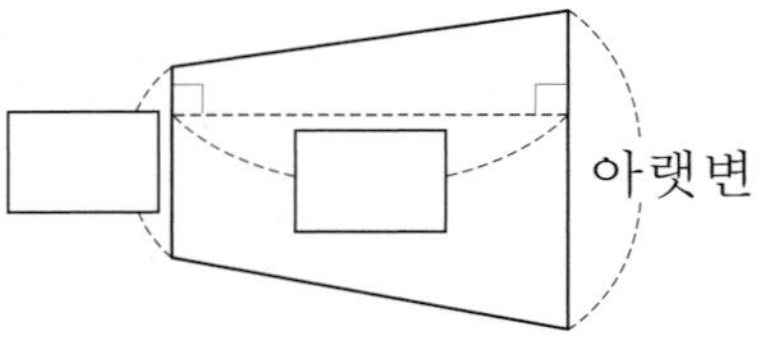

아랫변

사다리꼴의 넓이 구하기

개념확인 3 오른쪽 그림을 보고 물음에 답하시오.

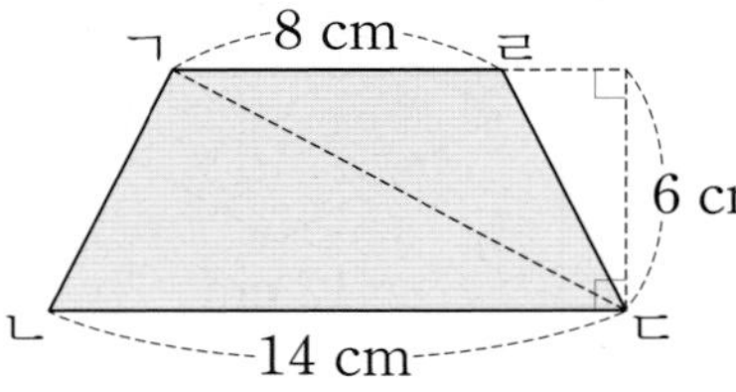

ㄱ, ㄴ, ㄷ, ㄹ, 8 cm, 6 cm, 14 cm

(1) 삼각형 ㄱㄴㄷ의 넓이는 몇 cm^2입니까?

( )

(2) 삼각형 ㄱㄷㄹ의 넓이는 몇 cm^2입니까?

( )

(3) 사다리꼴 ㄱㄴㄷㄹ의 넓이는 몇 cm^2입니까?

( )

핵심 쏙쏙

기본 문제를 통해 교과서 개념을 다져요.

1 사다리꼴을 보고 윗변, 아랫변, 높이를 각각 구하시오.

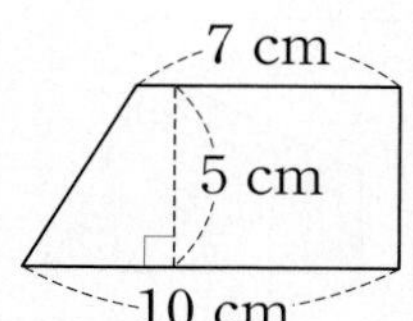

윗변 : 7 cm

아랫변 : □ cm

높이 : □ cm

2 사다리꼴의 넓이를 구하시오.

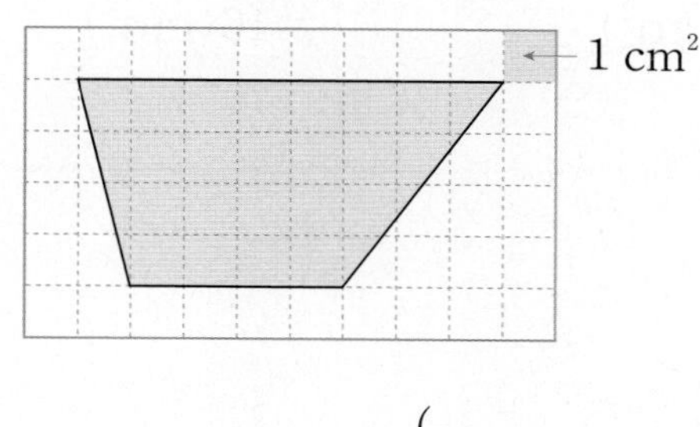

(　　　　　)

3 사다리꼴을 보고 물음에 답하시오.

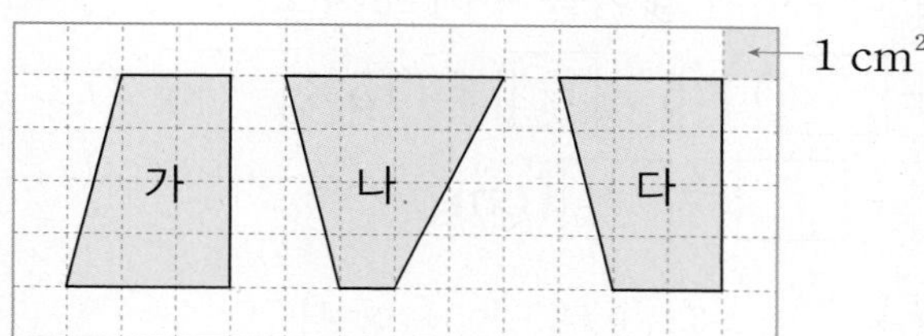

(1) 사다리꼴의 넓이를 구하시오.

	가	나	다
넓이(cm^2)			

(2) □ 안에 알맞은 말을 써넣으시오.

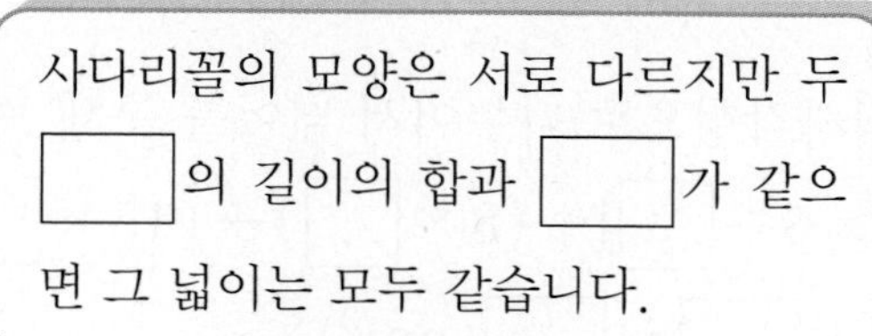

사다리꼴의 모양은 서로 다르지만 두 □의 길이의 합과 □가 같으면 그 넓이는 모두 같습니다.

4 사다리꼴 ㄱㄴㄷㄹ의 넓이를 구하려고 합니다. □ 안에 알맞은 수를 써넣으시오.

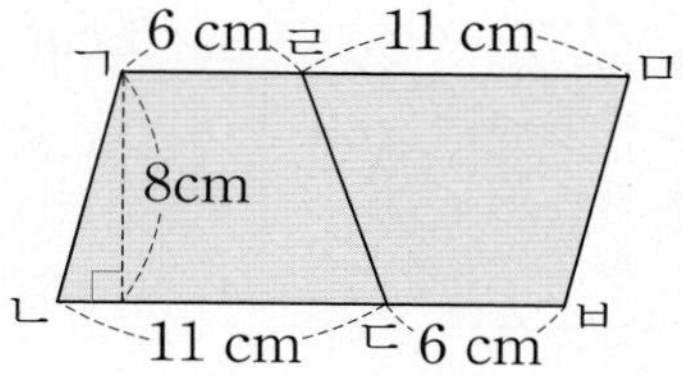

(사다리꼴 ㄱㄴㄷㄹ의 넓이)

=(평행사변형 ㄱㄴㅂㅁ의 넓이)÷2

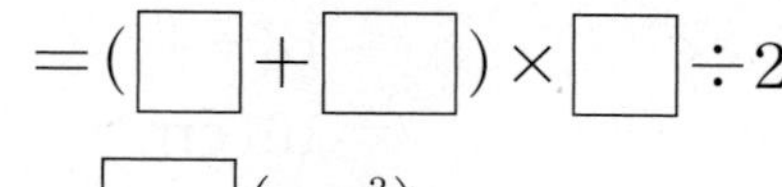

=(□+□)×□÷2

=□(cm^2)

5 사다리꼴의 넓이를 구하시오.

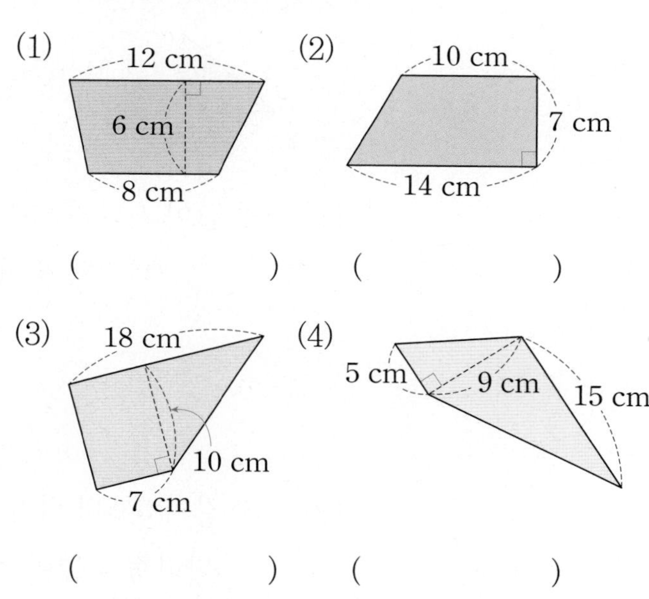

(1) (　　　　　)　(2) (　　　　　)

(3) (　　　　　)　(4) (　　　　　)

6 윗변의 길이가 7 m, 아랫변의 길이가 11 m이고 높이가 5 m인 사다리꼴의 넓이를 구하시오.

(　　　　　)

교과서 개념을 이해하고 확인 문제를 통해 익혀요.

다각형의 넓이 구하기

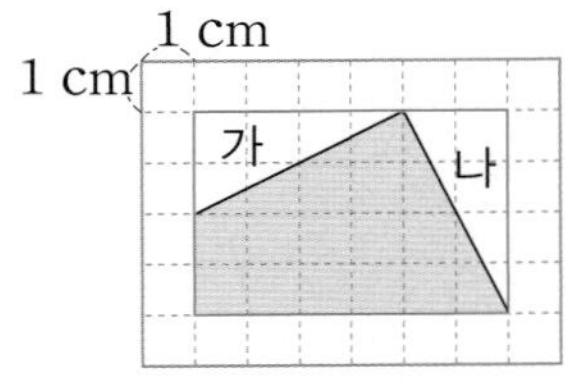

(직사각형의 넓이)−가−나

$=(6\times4)-(2\times4\div2)-(2\times4\div2)$

$=24-4-4$

$=16(\text{cm}^2)$

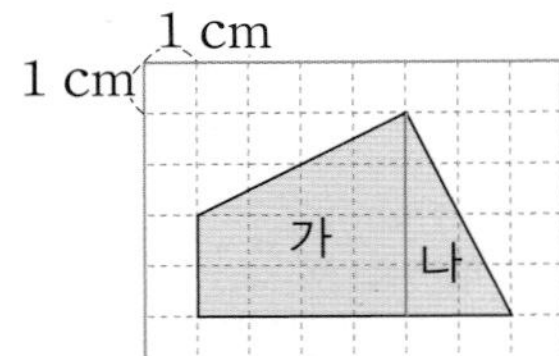

가+나

$=\{(2+4)\times4\div2\}+(2\times4\div2)$

$=12+4$

$=16(\text{cm}^2)$

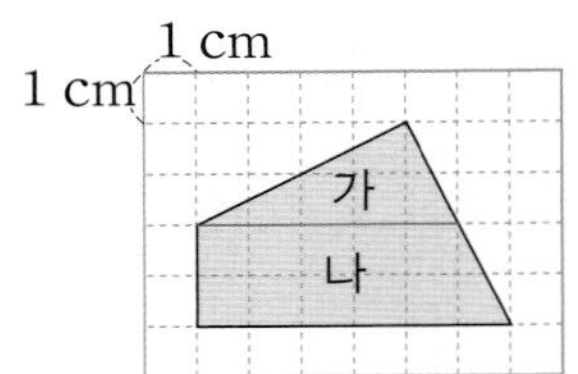

가+나

$=(5\times2\div2)+\{(5+6)\times2\div2\}$

$=5+11$

$=16(\text{cm}^2)$

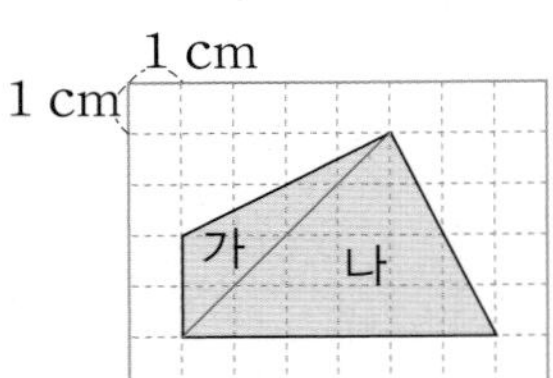

가+나

$=(2\times4\div2)+(6\times4\div2)$

$=4+12$

$=16(\text{cm}^2)$

개념확인 **1**

다각형의 넓이 구하기

그림을 보고 물음에 답하시오.

가

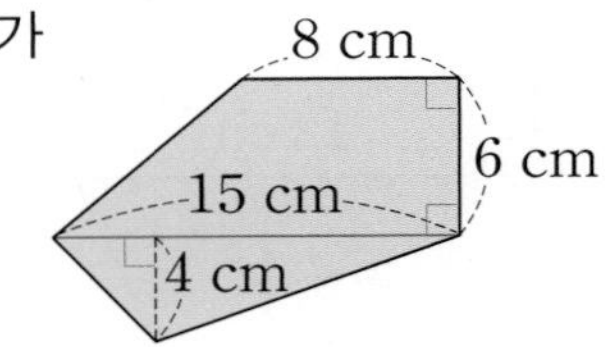

나

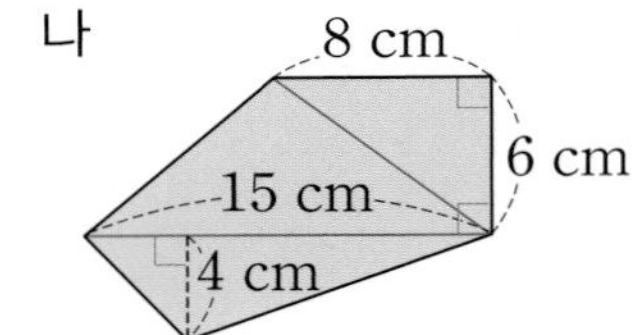

다

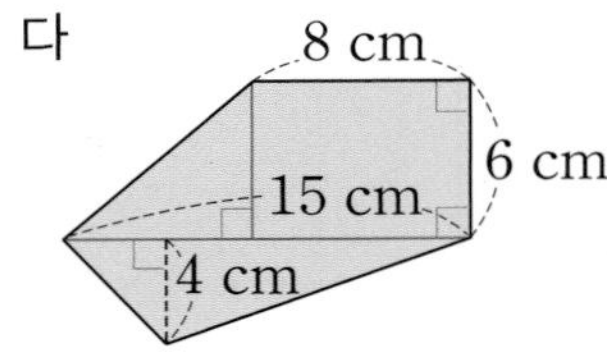

(1) 가와 같이 사다리꼴과 삼각형으로 나누어서 넓이를 구해 보시오.

(다각형의 넓이)$=\{(8+\square)\times6\div\square\}+(15\times\square\div2)$

$=\square+\square=\square(\text{cm}^2)$

(2) 나와 같이 3개의 삼각형으로 나누어서 넓이를 구해 보시오.

(다각형의 넓이)$=(8\times\square\div2)+(15\times\square\div2)+(\square\times4\div2)$

$=\square+\square+\square=\square(\text{cm}^2)$

(3) 다와 같이 2개의 삼각형과 1개의 직사각형으로 나누어서 넓이를 구해 보시오.

(다각형의 넓이)$=\{(15-\square)\times6\div\square\}+(8\times\square)+(15\times\square\div2)$

$=\square+\square+\square=\square(\text{cm}^2)$

핵심 쏙쏙

기본 문제를 통해 교과서 개념을 다져요.

1 다각형의 넓이를 구하시오.

(1)

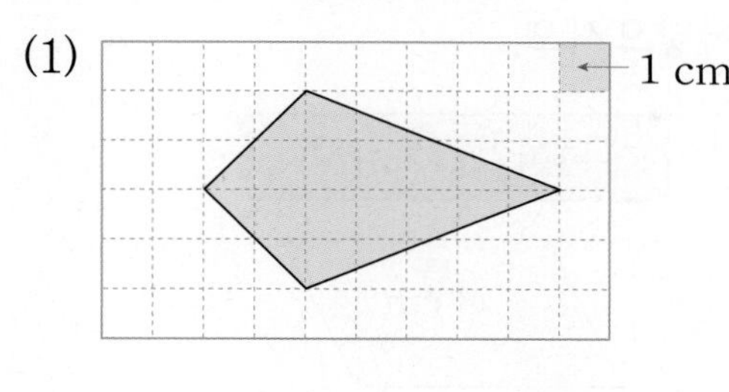

(　　　　　　　)

(2)

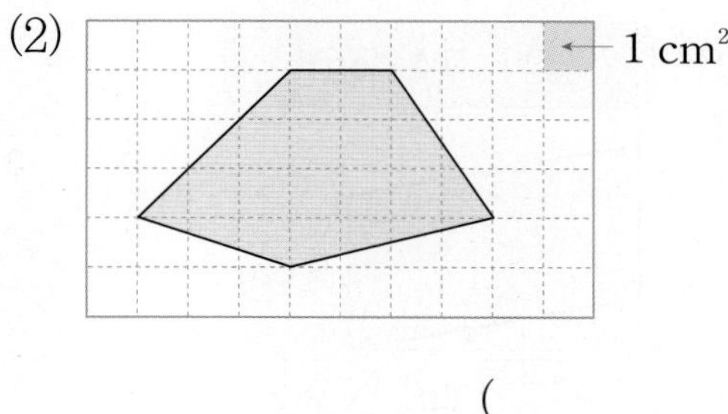

(　　　　　　　)

2 색칠한 부분의 넓이를 구하시오.

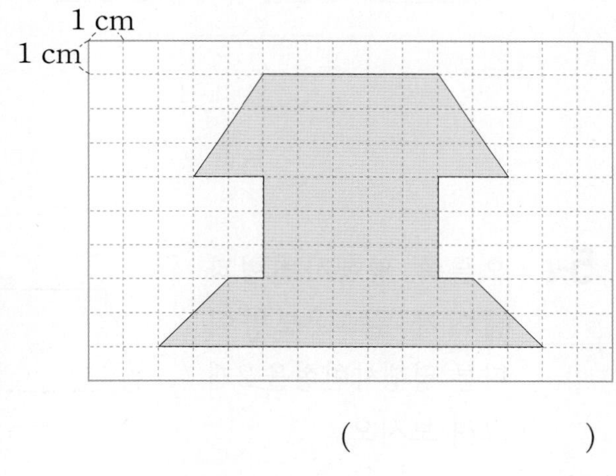

(　　　　　　　)

중요 **3** 다각형의 넓이를 구하려고 합니다. □ 안에 알맞은 수를 써넣으시오.

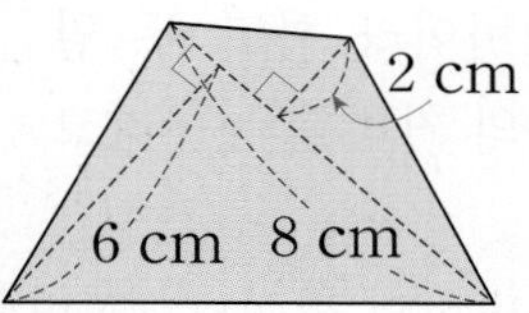

(다각형의 넓이)

=(두 삼각형의 넓이의 합)

$=(\square\times2\div2)+(8\times\square\div2)$

$=\square+\square$

$=\square(\mathrm{cm}^2)$

4 색칠한 부분의 넓이를 구하시오.

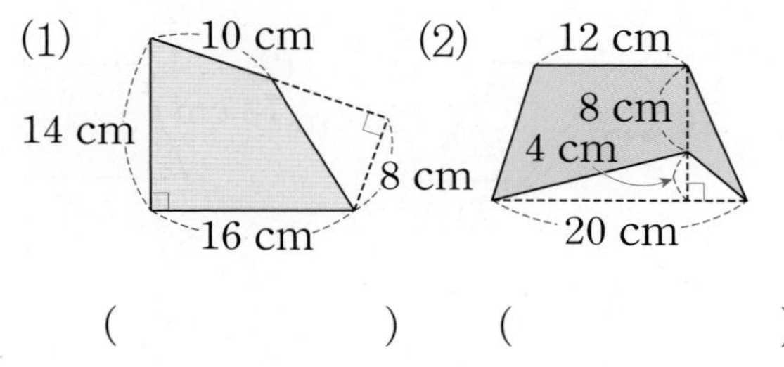

(　　　　　　　)　(　　　　　　　)

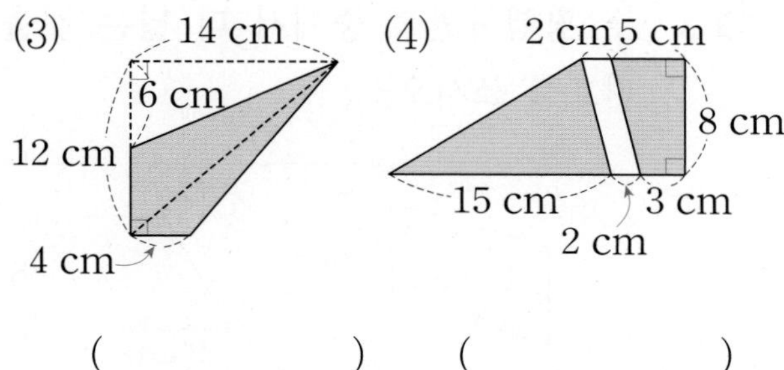

(　　　　　　　)　(　　　　　　　)

6 단원

유형 콕콕

유형 5 평행사변형의 넓이 구하기

• 평행사변형에서 평행한 두 변을 밑변이라 하고 두 밑변 사이의 거리를 높이라고 합니다.

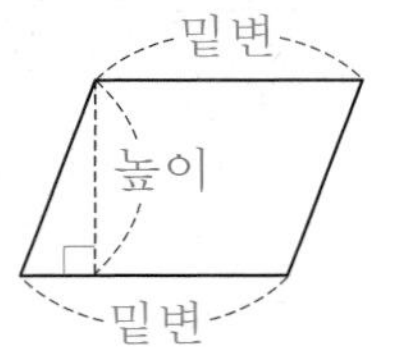

• (평행사변형의 넓이)=(밑변의 길이)×(높이)

5-1 평행사변형의 높이를 재어 보시오.

(1) (2)

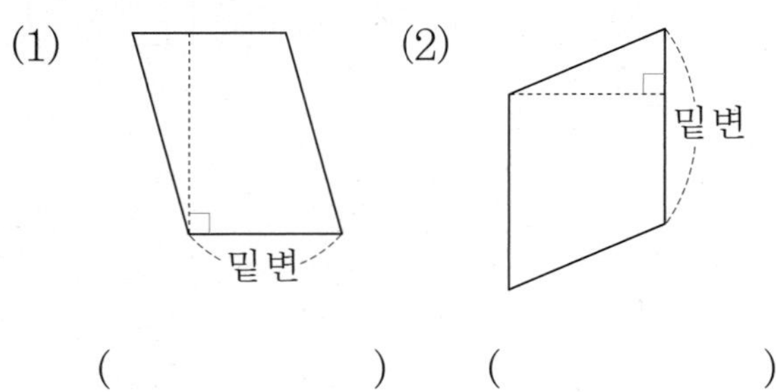

( ) ( )

대표유형

5-2 평행사변형의 넓이를 구하시오.

(1) (2)

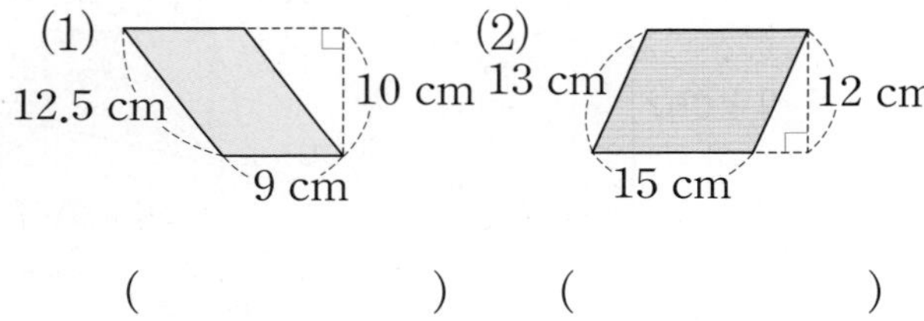

( ) ( )

시험에 잘 나와요

5-3 두 평행사변형 중에서 더 넓은 것을 찾아 기호를 쓰시오.

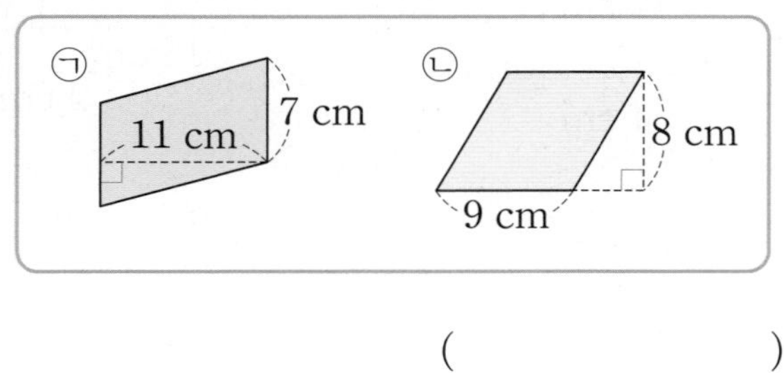

( )

5-4 평행사변형입니다. □ 안에 알맞은 수를 써넣으시오.

(1) 넓이 : $112\ cm^2$

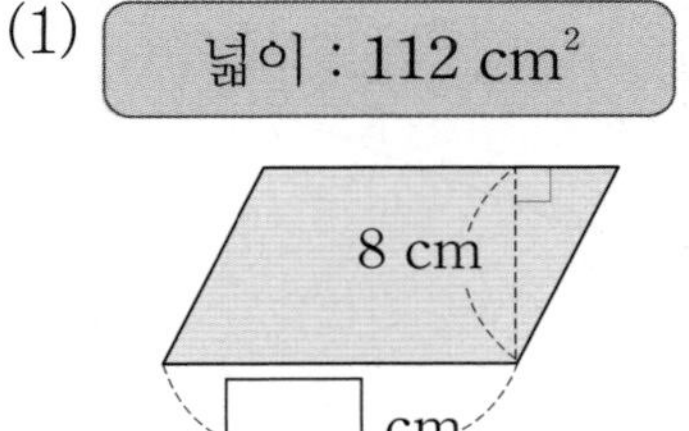

(2) 넓이 : $144\ cm^2$

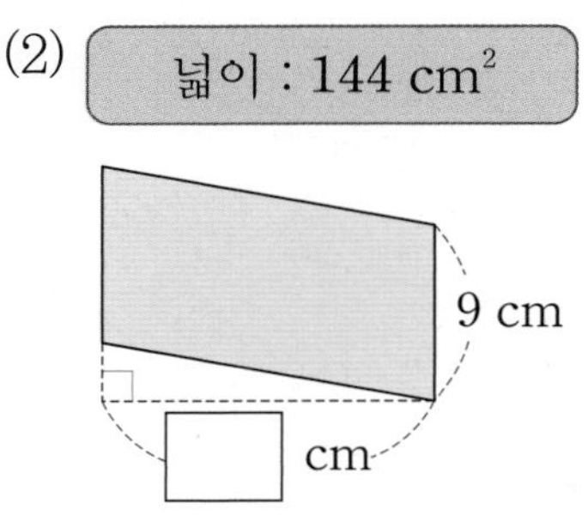

5-5 넓이가 다른 평행사변형을 찾아 기호를 쓰시오.

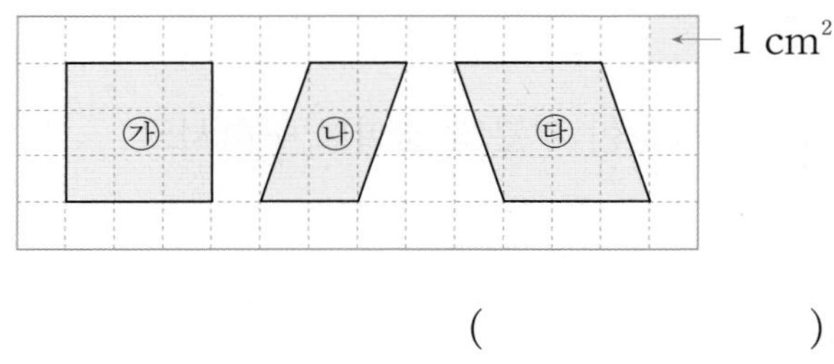

( )

5-6 오른쪽 평행사변형과 넓이가 같고 모양이 다른 평행사변형을 2개 그려 보시오.

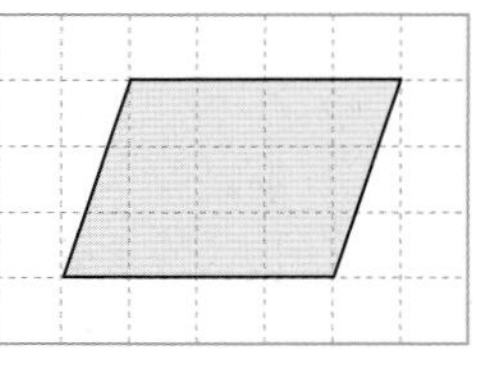

유형 6 삼각형의 넓이 구하기

- 삼각형의 한 변을 밑변이라고 하면 밑변과 마주 보는 꼭짓점에서 밑변에 수직으로 그은 선분의 길이를 높이라고 합니다.
- (삼각형의 넓이)=(밑변의 길이)×(높이)÷2

6-1 삼각형의 높이를 재어 보시오.

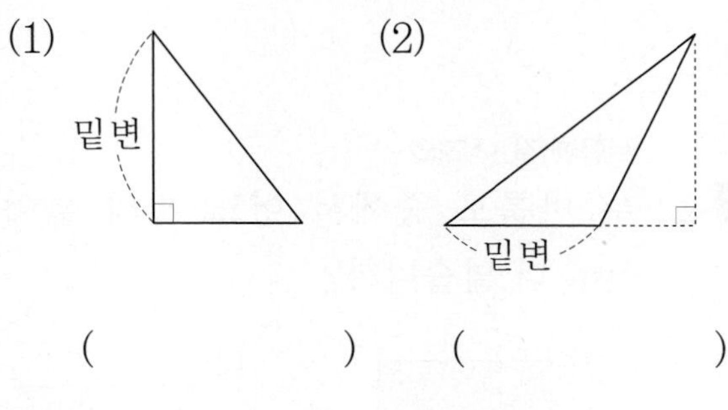

( ) ( )

대표유형

6-2 삼각형의 넓이를 구하시오.

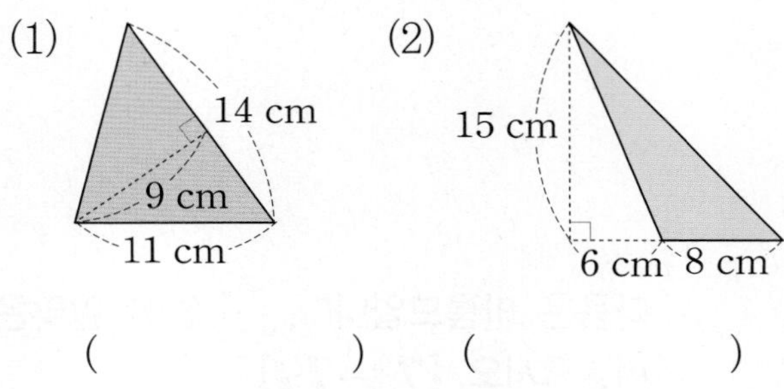

( ) ( )

6-3 두 삼각형의 넓이의 차를 구하시오.

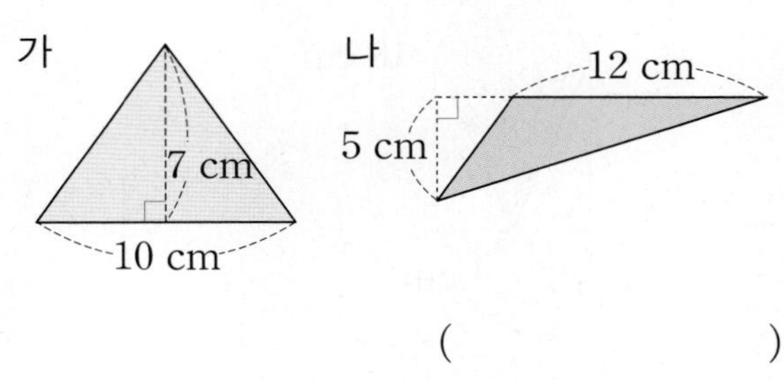

( )

6-4 □ 안에 알맞은 수를 써넣으시오.

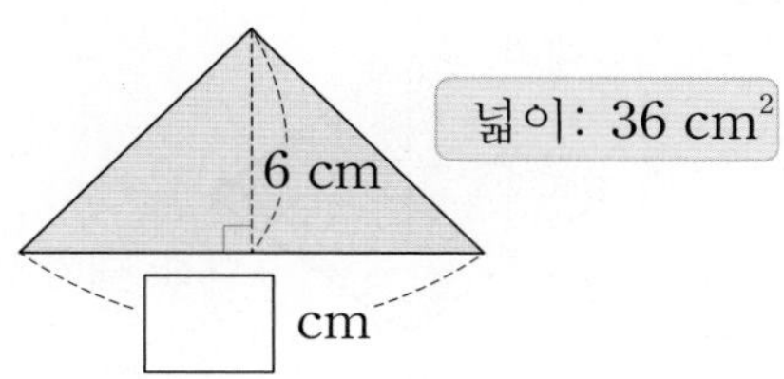

6-5 두 삼각형의 넓이는 각각 96 cm²입니다. ㉠, ㉡은 각각 몇 cm인지 차례로 쓰시오.

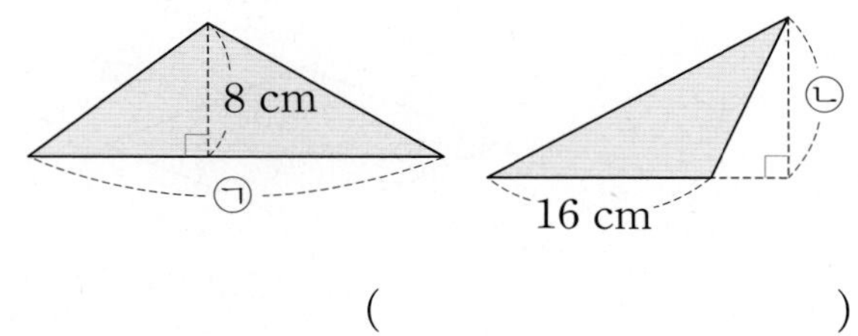

( )

6-6 넓이가 다른 삼각형을 찾아 기호를 쓰시오.

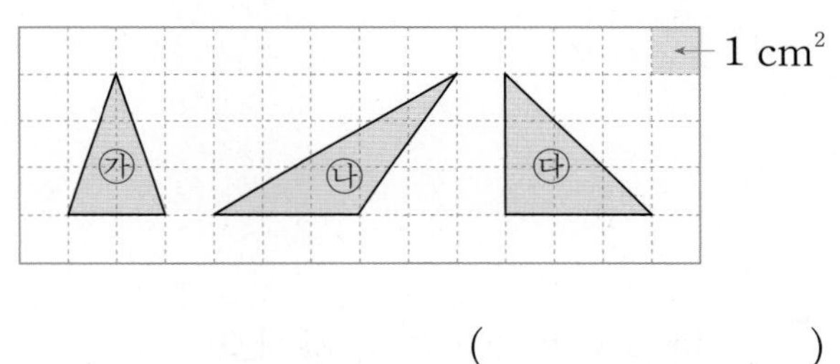

( )

시험에 잘 나와요

6-7 넓이가 250 cm²인 삼각형 모양의 표지판이 있습니다. 이 표지판의 밑변의 길이가 20 cm라면 높이는 몇 cm입니까?

( )

6 단원

유형 7 마름모의 넓이 구하기

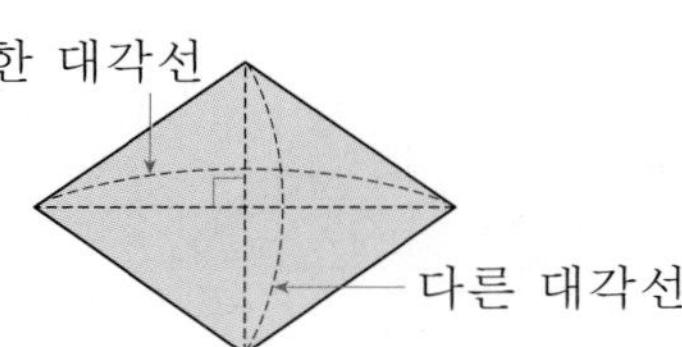

(마름모의 넓이)
=(한 대각선의 길이)×(다른 대각선의 길이)÷2

대표유형

7-1 마름모의 넓이를 구하려고 합니다. □ 안에 알맞은 수를 써넣으시오.

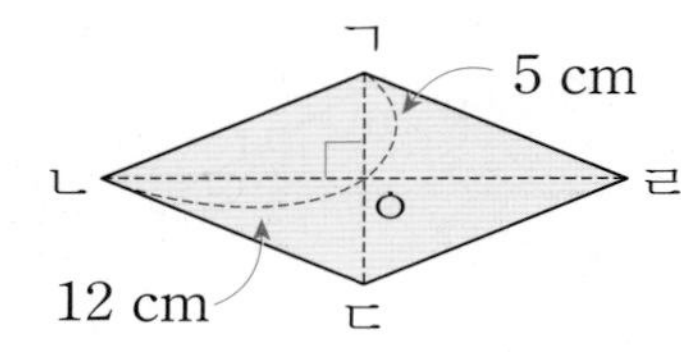

(마름모의 넓이)
=(삼각형 ㄱㄴㅇ의 넓이)×4
=(□×□÷□)×□
=□(cm^2)

7-2 마름모의 넓이를 구하시오.

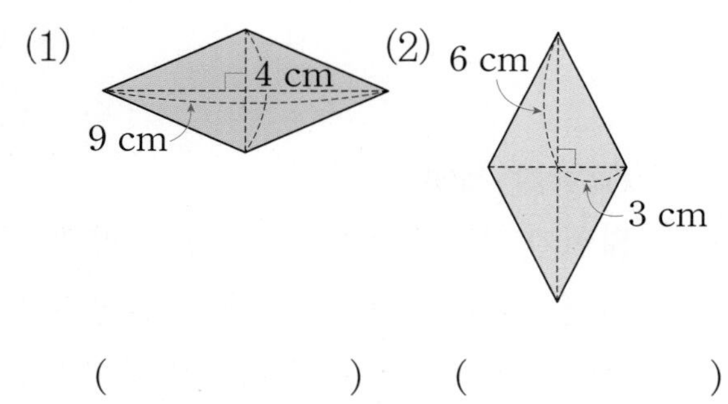

(　　　　) (　　　　)

7-3 다음 그림과 같이 한 변의 길이가 10 cm인 정사각형 안에 네 변의 가운데를 이어 그린 마름모의 넓이는 몇 cm^2입니까?

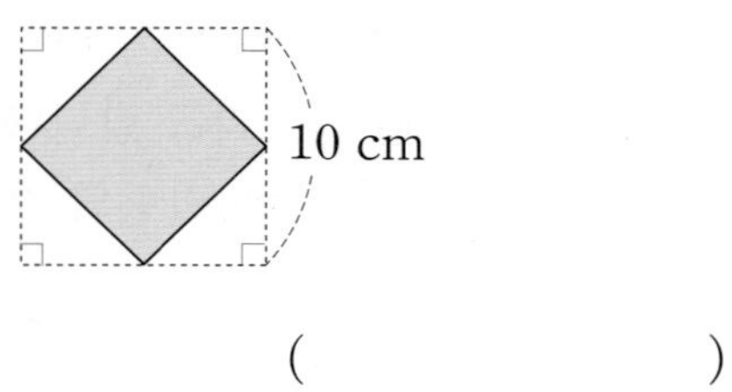

(　　　　)

시험에 잘 나와요

7-4 두 마름모 중에서 어느 것의 넓이가 몇 cm^2 더 넓습니까?

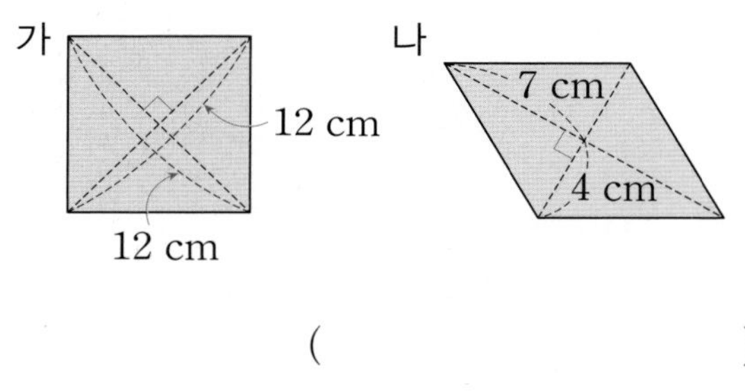

(　　　　)

다음은 마름모입니다. □ 안에 알맞은 수를 써넣으시오. [7-5~7-6]

7-5

넓이 : 72 cm^2

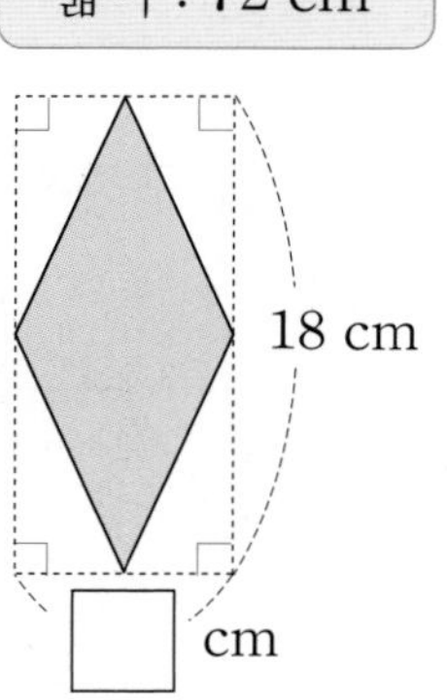

7-6 넓이 : 84 cm^2

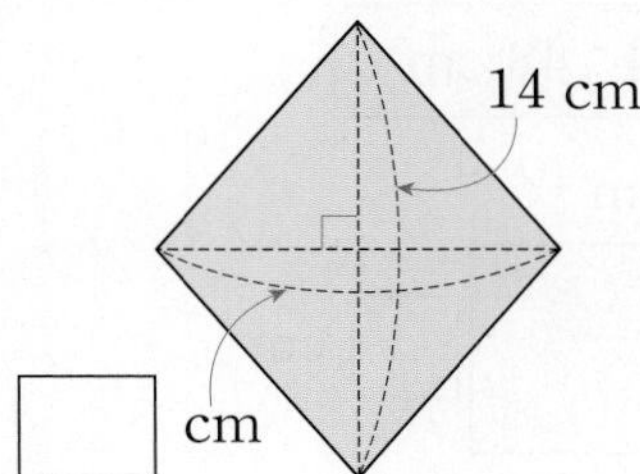

7-7 넓이가 8 cm^2인 마름모를 2개 그려 보시오.

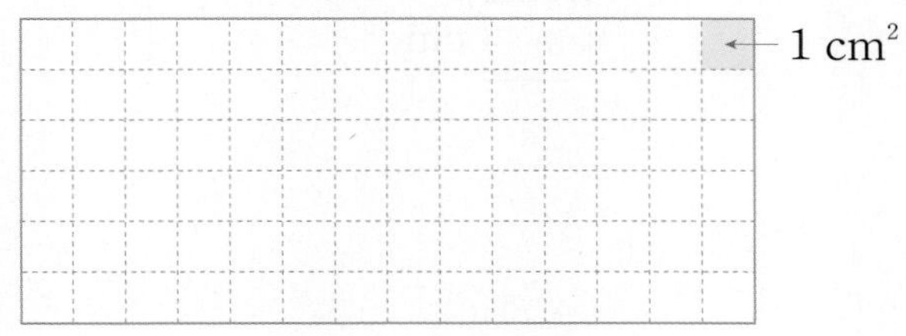

7-8 예슬이는 전통 놀이 시간에 가오리연을 만들었습니다. 가오리연의 몸통은 한 대각선이 60 cm이고, 다른 대각선은 70 cm인 마름모 모양입니다. 가오리연의 몸통의 넓이는 몇 cm^2입니까?

( )

잘 틀려요

7-9 반지름이 16 cm인 원 안에 그릴 수 있는 가장 큰 마름모의 넓이는 몇 cm^2입니까?

( )

유형 8 사다리꼴의 넓이 구하기

- 사다리꼴에서 평행한 두 변을 밑변이라 하고, 한 밑변을 윗변, 다른 밑변을 아랫변이라고 합니다. 이때 두 밑변 사이의 거리를 높이라고 합니다.

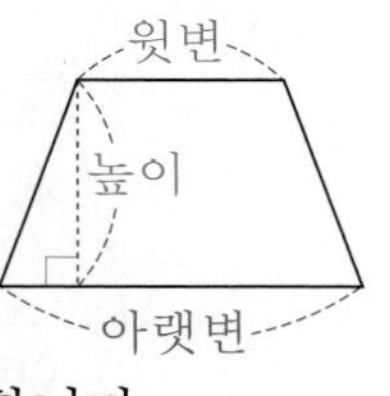

- (사다리꼴의 넓이)
  ={(윗변의 길이)+(아랫변의 길이)}×(높이)÷2

8-1 사다리꼴의 윗변, 아랫변, 높이를 각각 나타내고 그 길이를 재어 보시오.

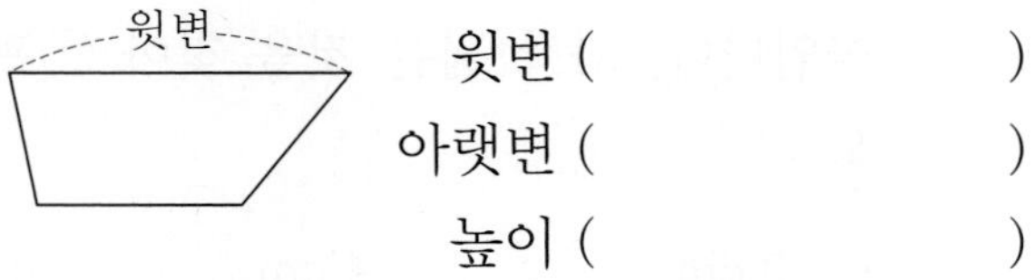

윗변 ( )
아랫변 ( )
높이 ( )

8-2 사다리꼴의 넓이를 구하는 방법을 이야기하고 있습니다. 바르게 말한 사람은 누구입니까?

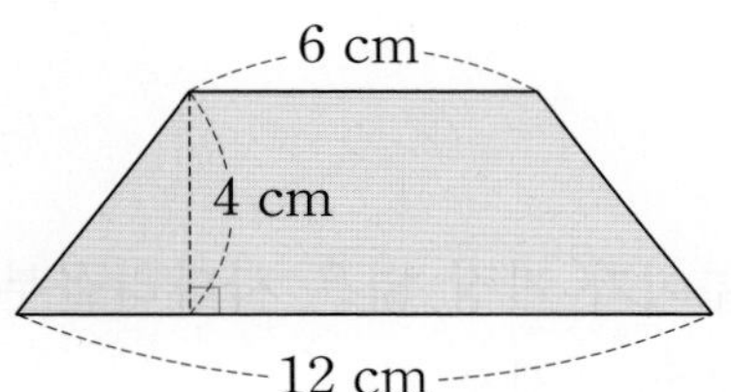

영수 : 밑변의 길이가 12 cm이고 높이가 4 cm이므로 넓이는 12×4로 구하면 돼.
석기 : 윗변의 길이와 아랫변의 길이의 차가 6 cm이고 높이가 4 cm이므로 넓이는 6×4÷2로 구하면 돼.
동민 : 윗변의 길이와 아랫변의 길이의 합이 18 cm이고 높이가 4 cm이므로 넓이는 18×4÷2로 구하면 돼.

( )

대표유형

8-3 사다리꼴의 넓이를 구하시오.

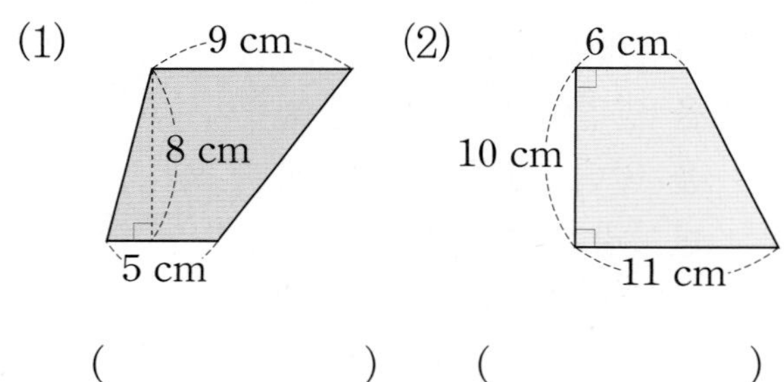

( ) ( )

8-4 아랫변의 길이와 높이가 각각 같은 사다리꼴입니다. 가장 넓은 것을 찾아 ○표 하시오.

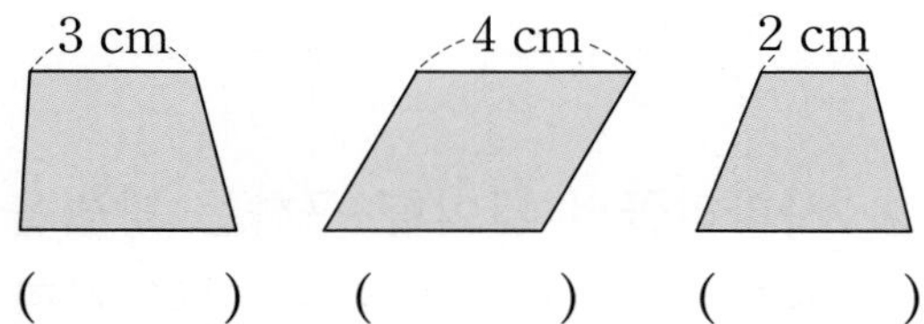

( ) ( ) ( )

8-5 넓이가 가장 넓은 사다리꼴부터 차례로 기호를 쓰시오.

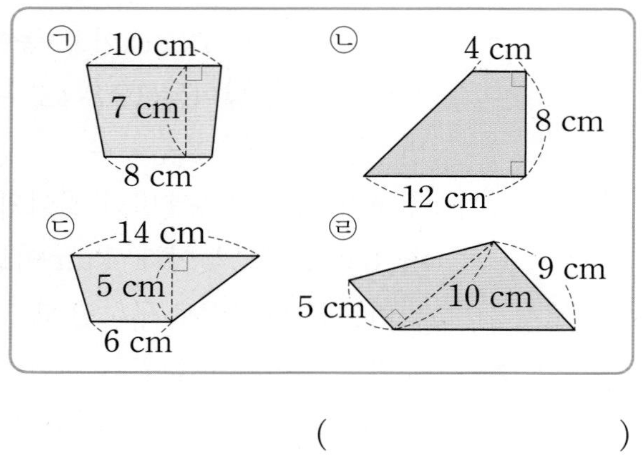

( )

8-6 □ 안에 알맞은 수를 써넣으시오.

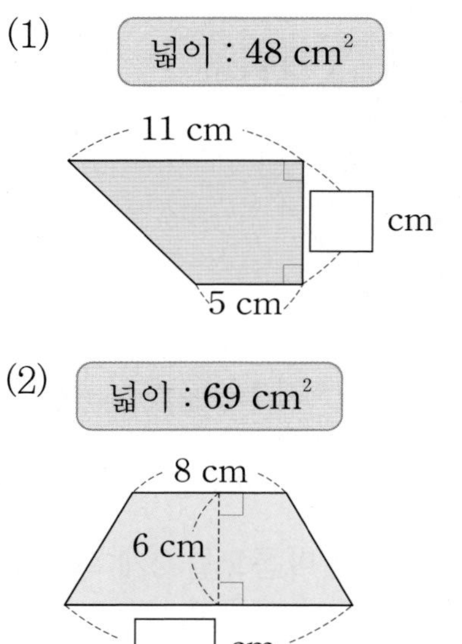

8-7 주어진 사다리꼴과 넓이가 같지만 모양이 다른 사다리꼴을 1개 그려 보시오.

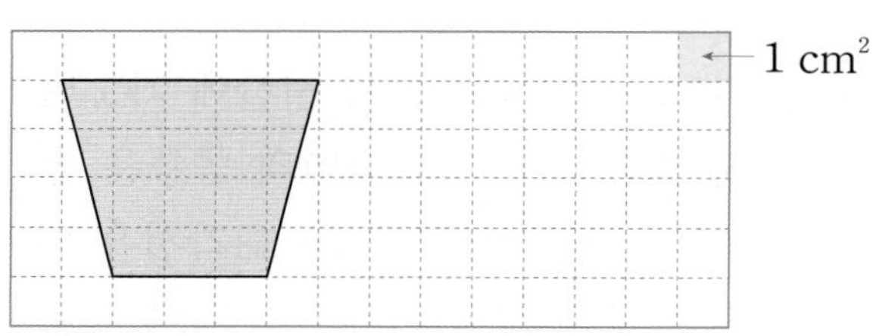

8-8 아랫변의 길이가 윗변의 길이의 2배인 사다리꼴이 있습니다. 윗변의 길이가 6 m이고 높이가 9 m라면 사다리꼴의 넓이는 몇 m^2입니까?

( )

유형 9 다각형의 넓이 구하기

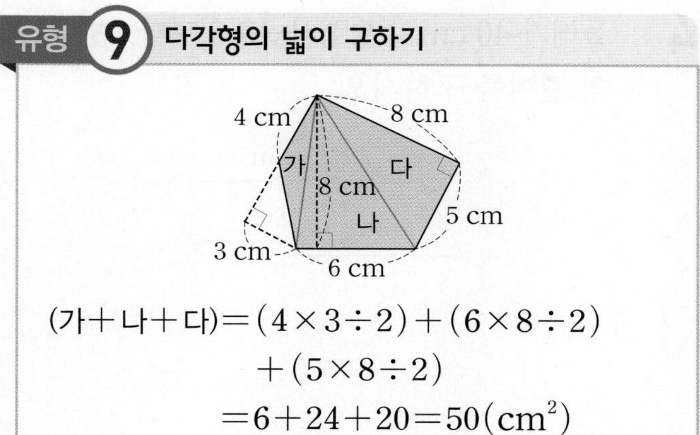

(가+나+다)$=(4\times3\div2)+(6\times8\div2)$
$+(5\times8\div2)$
$=6+24+20=50(cm^2)$

색칠한 부분의 넓이를 구하려고 합니다. 물음에 답하시오. [9-1~9-2]

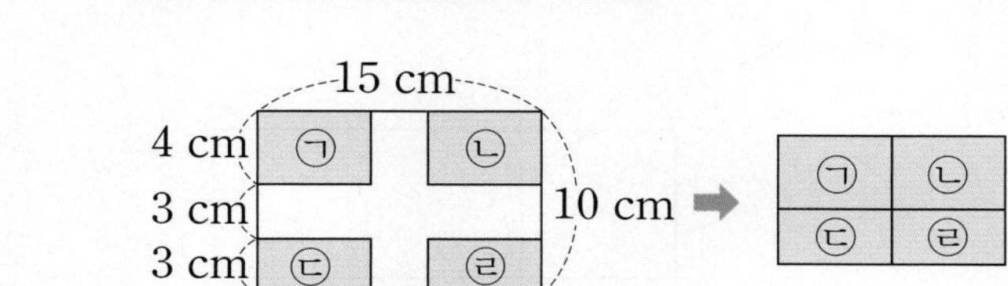

9-1 직사각형 ㉠, ㉡, ㉢, ㉣을 모아 하나의 직사각형을 만들 때 만든 직사각형의 가로와 세로를 각각 구하시오.

가로 (　　　　　　)
세로 (　　　　　　)

9-2 색칠한 부분의 넓이는 몇 cm^2입니까?

(　　　　　　)

9-3 다각형의 넓이를 구하시오.

(1)

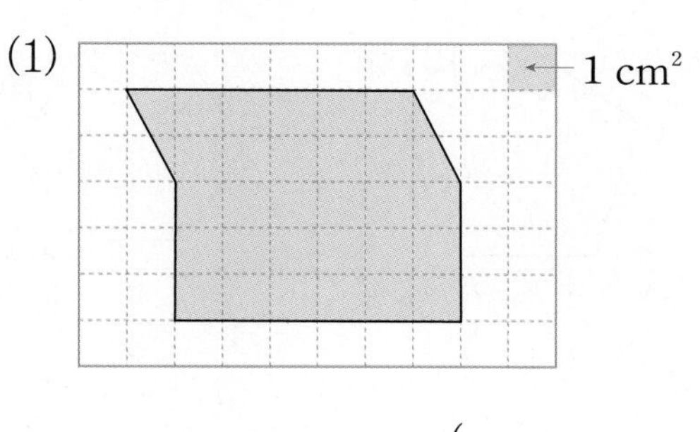

(　　　　　　)

(2)

$1\ cm^2$

(　　　　　　)

9-4 다각형의 넓이를 구하시오.

(1)

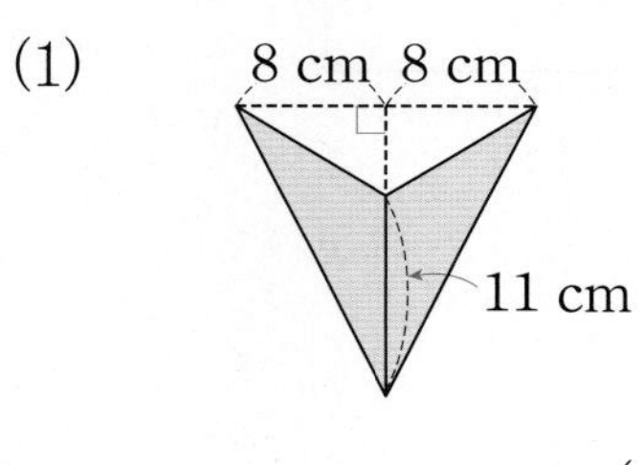

(　　　　　　)

(2)

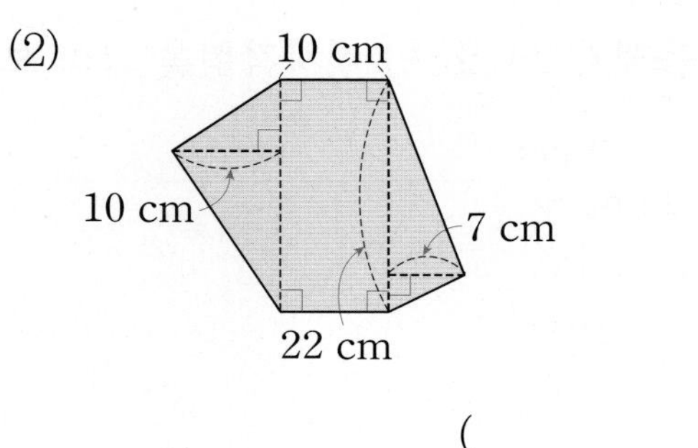

(　　　　　　)

6 단원

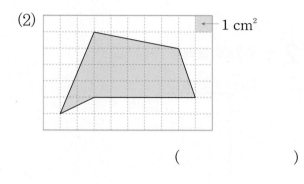

실력 팍팍

유형콕콕을 통해 다진 기본을 확인하고
신경향 문제를 풀며 실력을 높여요.

1 두 정다각형의 둘레의 차는 몇 cm입니까?

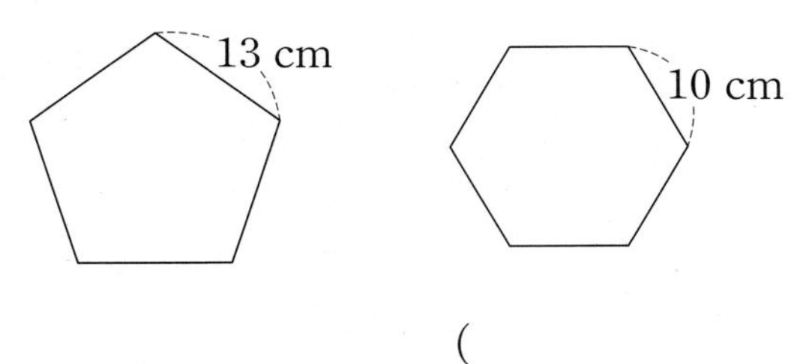

(　　　　　　　)

2 도형의 둘레를 구하시오.

(1)

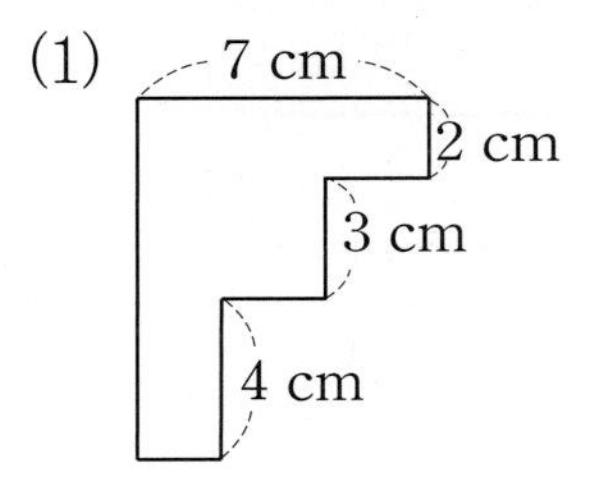

(　　　　　　　)

(2)

(　　　　　　　)

3 둘레가 24 cm인 정사각형을 그려 보시오.

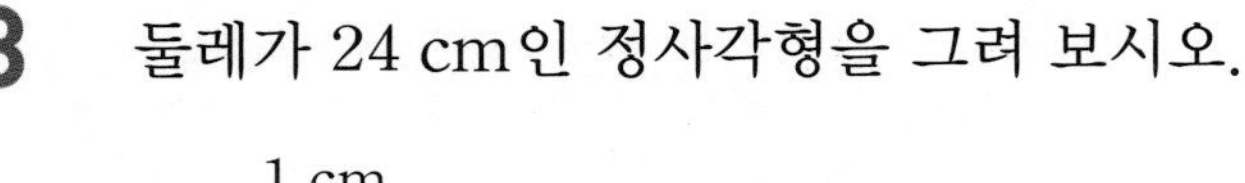
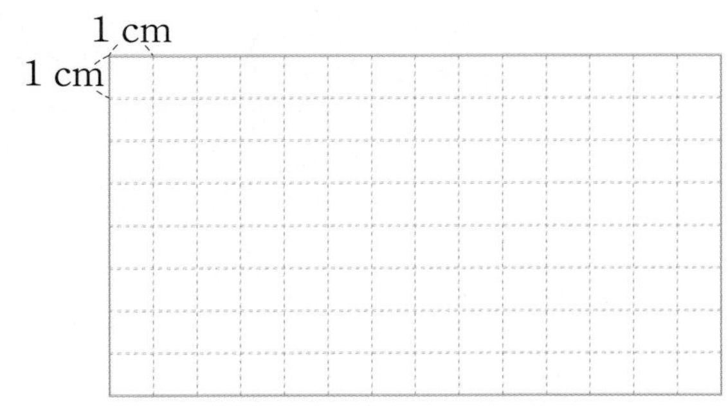

4 둘레가 40 cm인 평행사변형입니다. 변 ㄱㄴ의 길이를 구하시오.

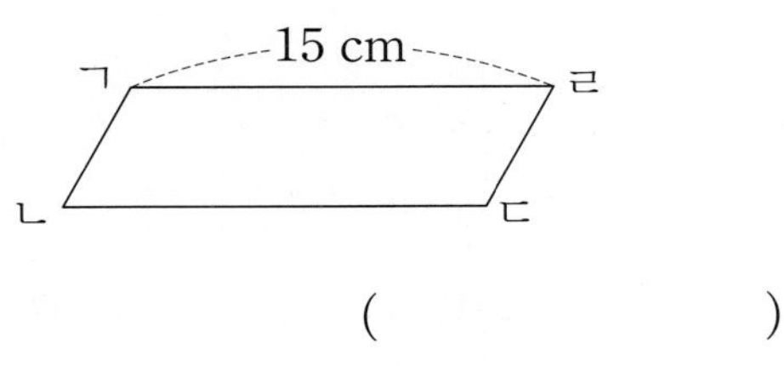

(　　　　　　　)

5 둘레가 28 cm인 정사각형 3개로 이루어진 직사각형입니다. 직사각형의 둘레를 구하시오.

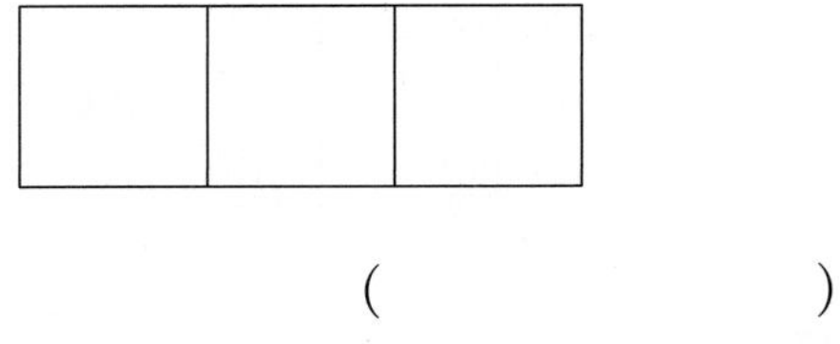

(　　　　　　　)

6 직사각형 가와 정사각형 나 중에서 어느 것의 넓이가 몇 cm^2 더 넓습니까?

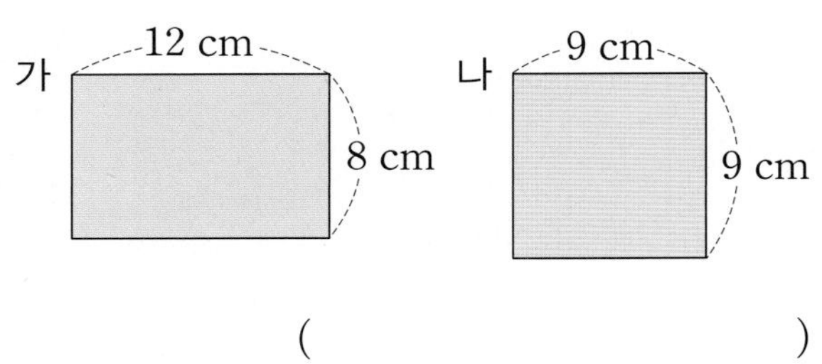

(　　　　　　　)

7 석기의 책상은 가로가 1.5 m이고 세로가 50 cm인 직사각형 모양입니다. 석기의 책상의 넓이는 몇 cm^2입니까?

(　　　　　　　)

직사각형을 보고 물음에 답하시오. [8~9]

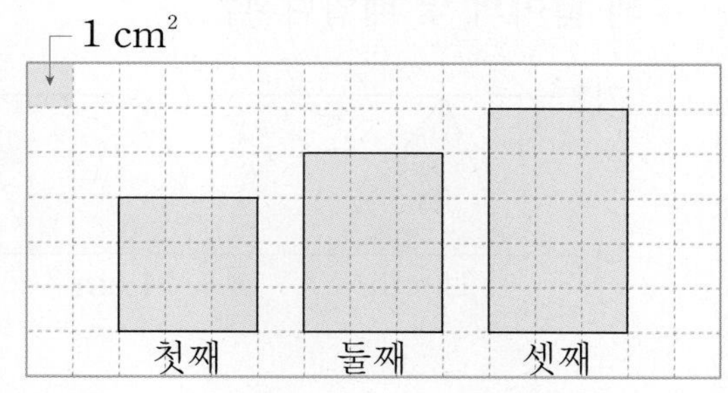

8 직사각형의 넓이가 얼마인지 표를 완성하시오.

직사각형	첫째	둘째	셋째
가로(cm)	3		
세로(cm)	3		
넓이(cm^2)			

9 위와 같은 규칙으로 직사각형을 계속 그렸을 때 옳은 문장을 찾아 기호를 쓰시오.

> ㉠ 세로의 길이는 변하지 않고 가로의 길이만 변합니다.
> ㉡ 세로가 1 cm 커지면 넓이도 1 cm^2만큼 커집니다.
> ㉢ 다섯째 직사각형의 넓이는 21 cm^2입니다.

(　　　　　　)

10 둘레가 38 m이고 세로가 4 m인 직사각형이 있습니다. 이 직사각형의 넓이는 몇 m^2입니까?

(　　　　　　)

도형의 넓이를 구하시오. [11~12]

11

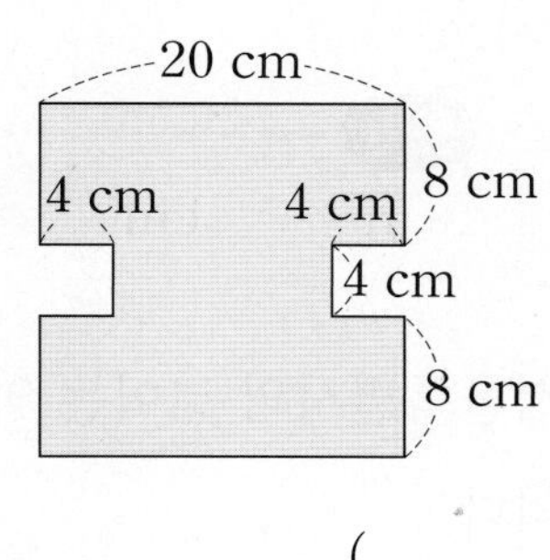

(　　　　　　)

12

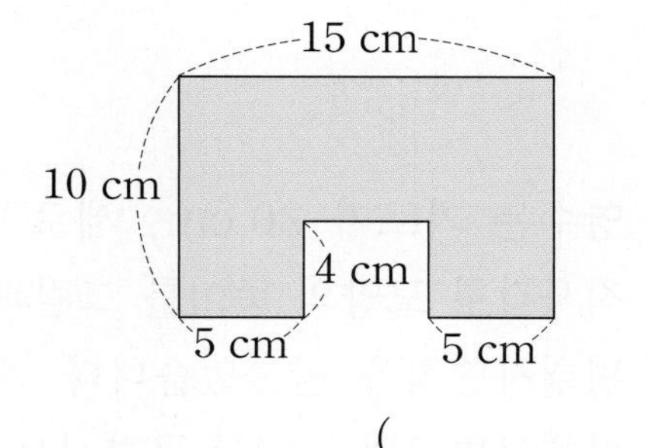

(　　　　　　)

13 태양광 발전을 위한 집열판은 가로가 80 cm, 세로가 50 cm인 직사각형입니다. 그림과 같이 건물 옥상에 집열판을 10개씩 5줄로 설치했을 때, 설치된 집열판만의 전체 넓이는 몇 m^2입니까?

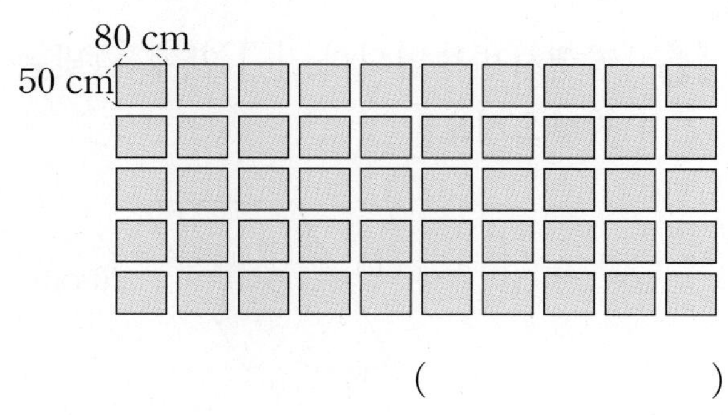

(　　　　　　)

6 단원

14 보기에서 알맞은 단위를 골라 □ 안에 써넣으시오.

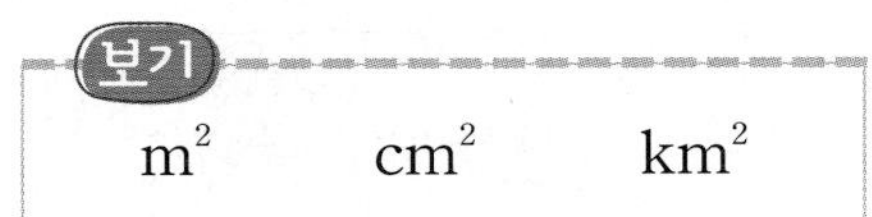

(1) 서울특별시의 넓이는 약 605 □ 입니다.

(2) 농구 경기장의 넓이는 450 □ 입니다.

(3) 공책의 넓이는 600 □ 입니다.

15 영수는 가로가 30 cm, 세로가 20 cm인 직사각형 모양의 종이를 그림과 같이 잘라 평행사변형을 만들었습니다. 영수가 만든 평행사변형의 넓이를 구하시오.

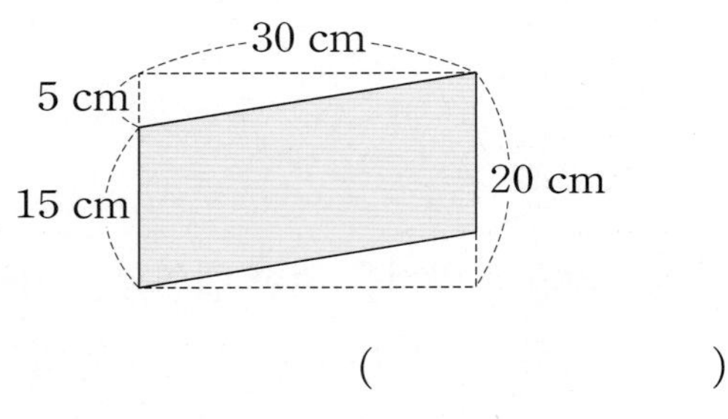

( )

16 평행사변형입니다. □ 안에 알맞은 수를 써넣으시오.

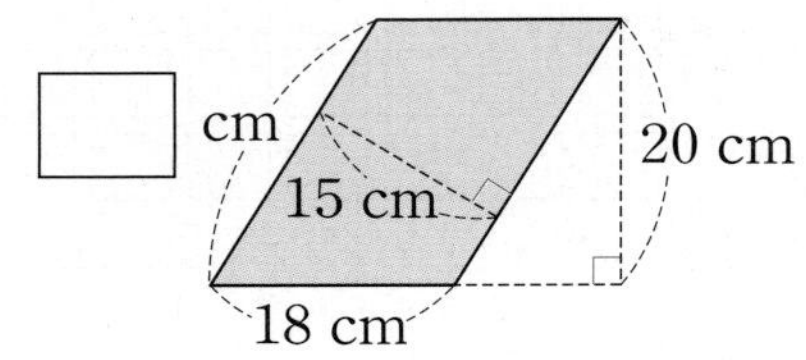

17 직선 가와 나가 평행할 때 ㉡의 넓이는 ㉠의 넓이의 몇 배입니까?

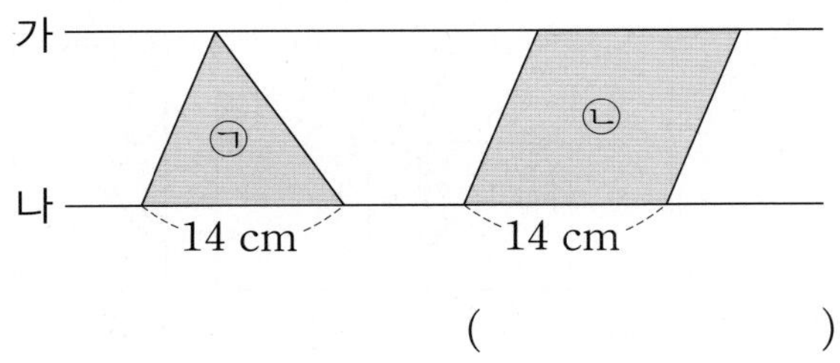

( )

18 색칠한 부분의 넓이를 구하시오.

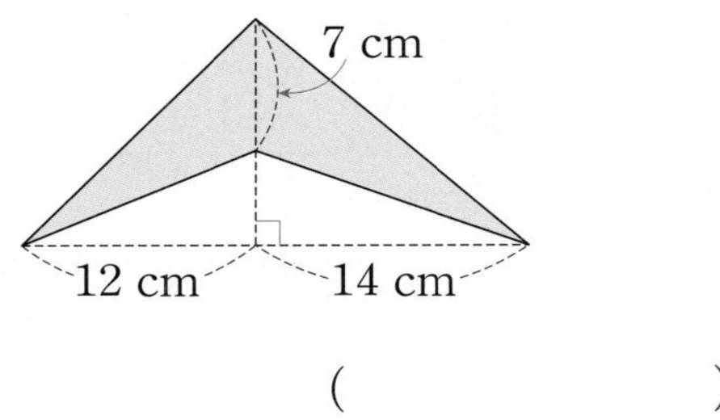

( )

19 평행사변형 ㄱㄴㄷㄹ의 넓이가 84 cm²일 때 색칠한 부분의 넓이는 몇 cm²입니까?

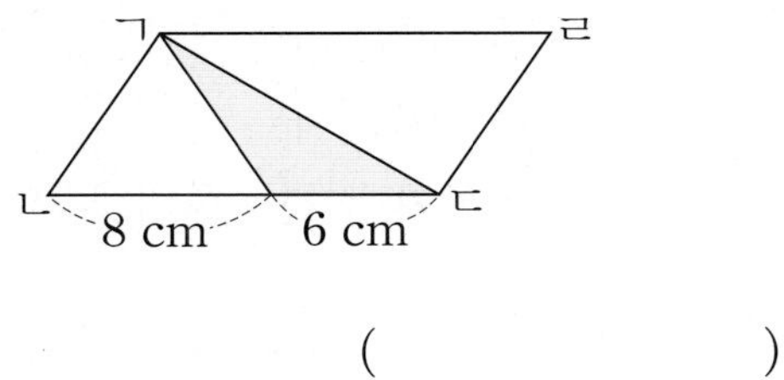

( )

20 오른쪽 이등변삼각형의 둘레가 36 cm일 때 이등변삼각형의 넓이는 몇 cm²입니까?

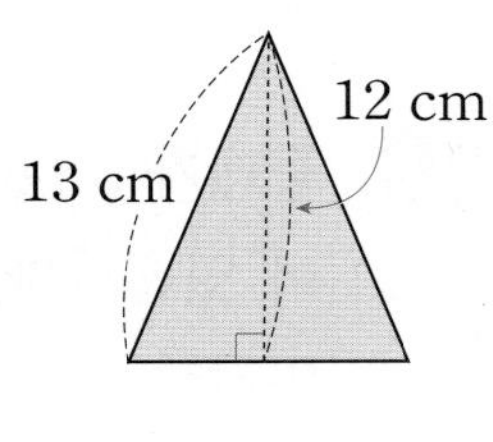

( )

21 □ 안에 알맞은 수를 써넣으시오.

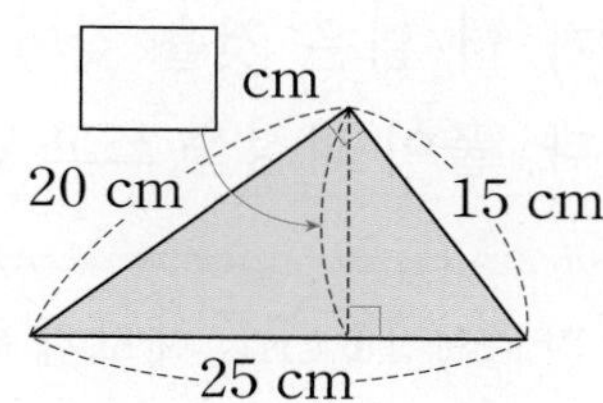

22 정사각형 안에 각 변의 한 가운데를 이어 마름모를 그렸습니다. 색칠한 부분의 넓이는 몇 cm^2입니까?

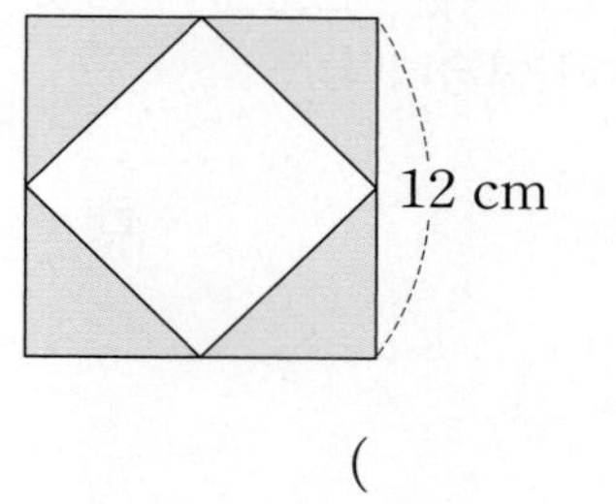

(　　　　　　　)

23 다음 그림과 같이 큰 마름모 안에 대각선의 길이의 반을 대각선으로 하는 작은 마름모를 그렸습니다. 색칠한 부분의 넓이는 몇 cm^2입니까?

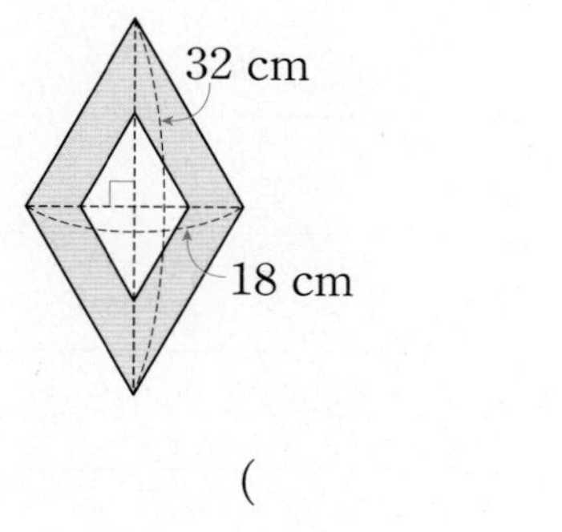

(　　　　　　　)

24 오른쪽 그림에서 삼각형 ㄹㄴㄷ의 넓이가 60 cm^2일 때 사다리꼴 ㄱㄴㄷㄹ의 넓이는 몇 cm^2입니까?

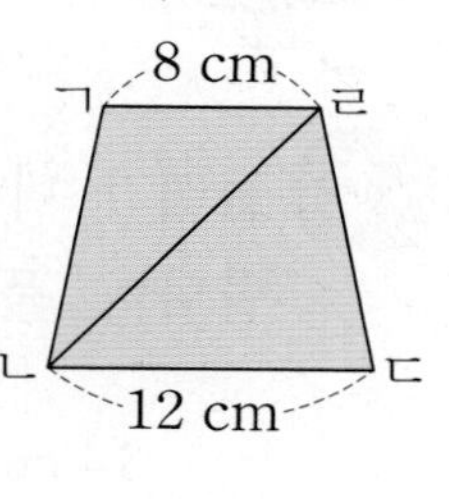

(　　　　　　　)

25 도형에서 ㉮의 넓이는 ㉯의 넓이의 4배입니다. □ 안에 알맞은 수를 써넣으시오.

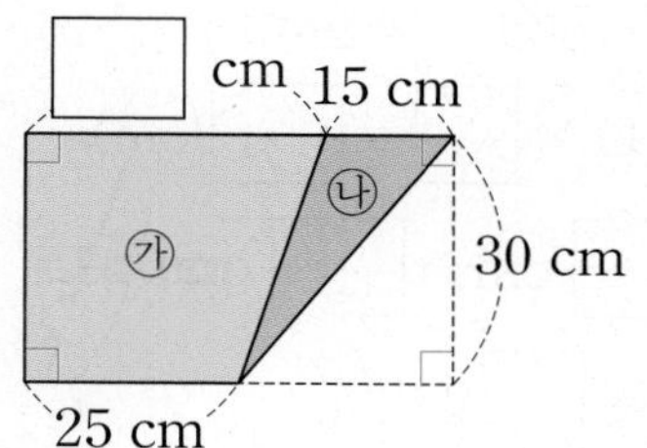

新 경향문제

26 웅이가 친구들과 함께 땅따먹기 놀이를 하여 다음과 같은 땅을 차지하였습니다. 웅이가 차지한 땅의 넓이를 서로 다른 2가지 방법으로 구하시오.

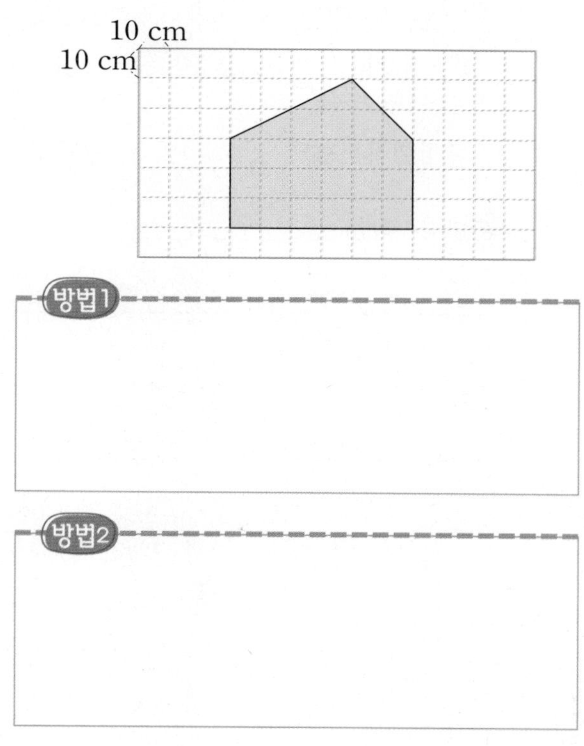

6 단원

서술 유형 익히기

주어진 풀이 과정을 함께 해결하면서
서술형 문제의 해결 방법을 익혀요.

1 둘레가 더 긴 도형을 찾아 기호를 쓰려고 합니다. 풀이 과정을 쓰고 답을 구하시오.

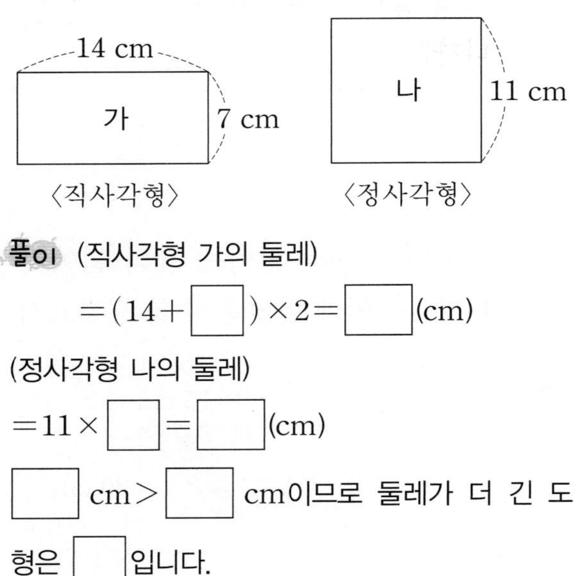

〈직사각형〉 〈정사각형〉

풀이 (직사각형 가의 둘레)

$=(14+\square)\times 2=\square$(cm)

(정사각형 나의 둘레)

$=11\times\square=\square$(cm)

$\square$ cm $>$ $\square$ cm이므로 둘레가 더 긴 도형은 $\square$입니다.

답 $\square$

2 넓이가 더 넓은 것을 찾아 기호를 쓰려고 합니다. 풀이 과정을 쓰고 답을 구하시오.

㉠ 가로가 11 cm, 세로가 8 cm인 직사각형
㉡ 한 변의 길이가 9 cm인 정사각형

풀이 두 도형의 넓이를 각각 구합니다.

㉠ : $11\times\square=\square$(cm^2)

㉡ : $\square\times\square=\square$(cm^2)

$\square$ cm^2 $>$ $\square$ cm^{2}이므로 $\square$이 $\square$보다 더 넓습니다.

답 $\square$

1-1 둘레가 더 긴 도형을 찾아 기호를 쓰려고 합니다. 풀이 과정을 쓰고 답을 구하시오.

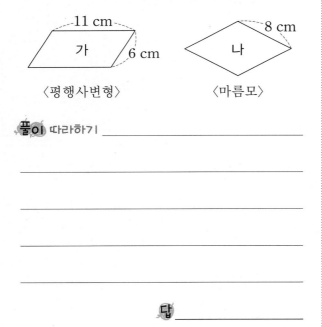

11 cm, 가, 6 cm 〈평행사변형〉 / 나, 8 cm 〈마름모〉

풀이 따라하기 ____________________

답 ____________________

2-1 넓이가 더 넓은 것을 찾아 기호를 쓰려고 합니다. 풀이 과정을 쓰고 답을 구하시오.

㉠ 한 변의 길이가 14 cm인 정사각형
㉡ 가로가 10 cm, 세로가 20 cm인 직사각형

풀이 따라하기 ____________________

답 ____________________

3 평행사변형과 마름모의 넓이는 같습니다. 평행사변형의 높이는 몇 cm인지 풀이 과정을 쓰고 답을 구하시오.

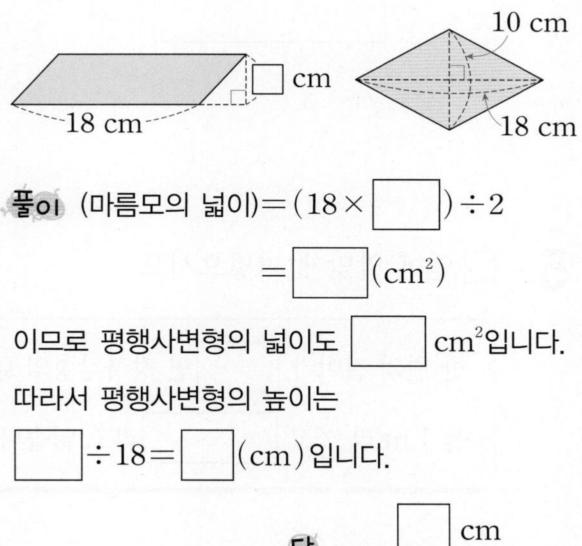

풀이 (마름모의 넓이)$=(18\times\square)\div2$

$=\square(\text{cm}^2)$

이므로 평행사변형의 넓이도 ☐ cm^2입니다.

따라서 평행사변형의 높이는

$\square\div18=\square(\text{cm})$입니다.

답 ☐ cm

4 삼각형 ㄹㄴㄷ의 넓이가 68 cm^2일 때 삼각형 ㄱㄴㄷ의 넓이는 몇 cm^2인지 풀이 과정을 쓰고 답을 구하시오.

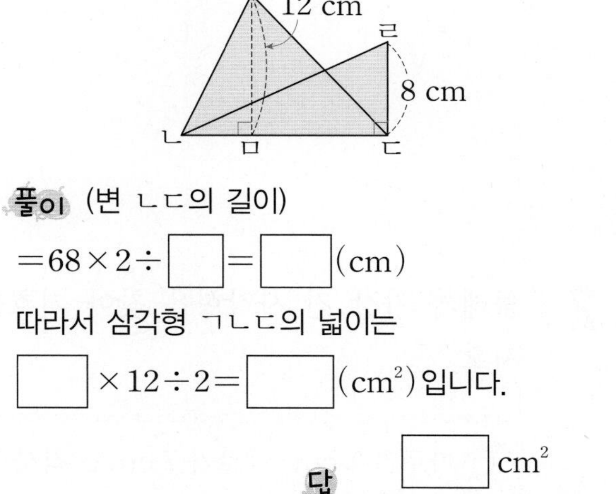

풀이 (변 ㄴㄷ의 길이)

$=68\times2\div\square=\square(\text{cm})$

따라서 삼각형 ㄱㄴㄷ의 넓이는

$\square\times12\div2=\square(\text{cm}^2)$입니다.

답 ☐ cm^2

3-1 평행사변형과 사다리꼴의 넓이는 같습니다. 평행사변형의 밑변의 길이는 몇 cm인지 풀이 과정을 쓰고 답을 구하시오.

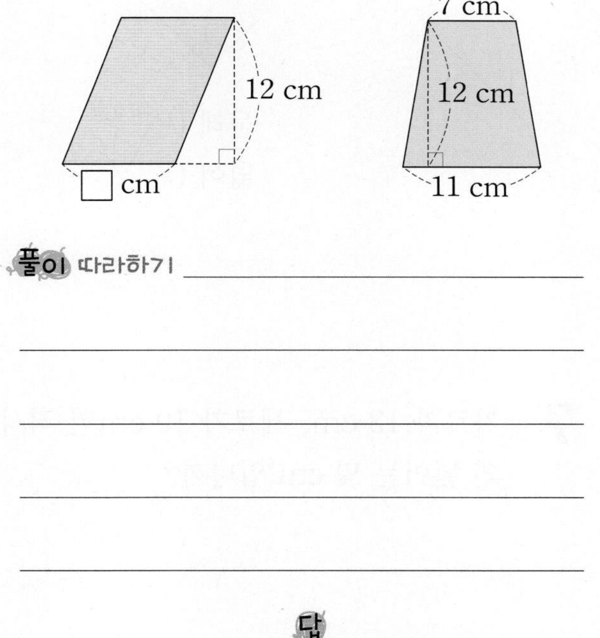

풀이 따라하기

답

4-1 삼각형 ㄱㄴㄷ의 넓이가 90 cm^2일 때 삼각형 ㄹㄴㄷ의 넓이는 몇 cm^2인지 풀이 과정을 쓰고 답을 구하시오.

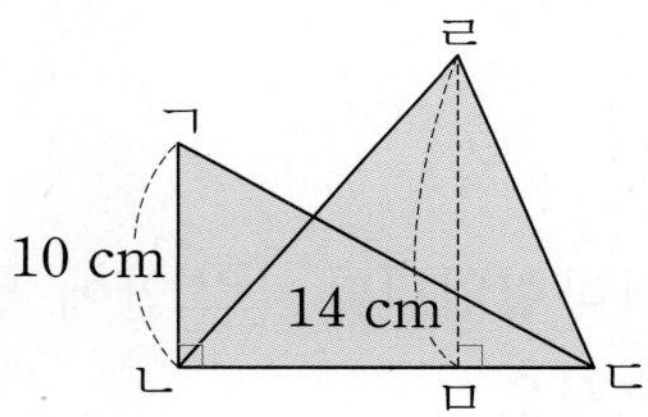

풀이 따라하기

답

6 단원

단원 평가

점수

1 정다각형의 둘레를 구하시오.

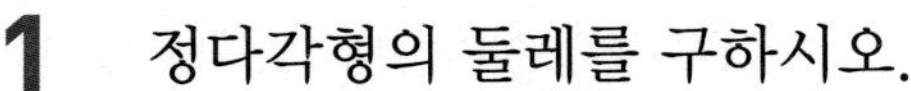

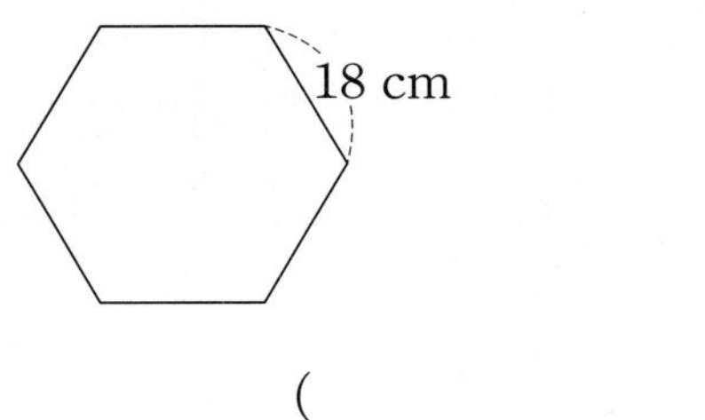

( )

2 둘레가 가장 긴 사각형을 찾아 기호를 쓰시오.

㉠ 가로가 2 cm, 세로가 7 cm인 직사각형
㉡ 한 변의 길이가 3 cm, 다른 변의 길이가 4 cm인 평행사변형
㉢ 한 변의 길이가 4 cm인 마름모

( )

3 직사각형입니다. □ 안에 알맞은 수를 써넣으시오.

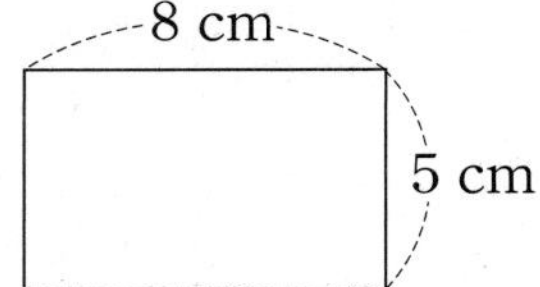

(직사각형의 둘레)=(8+□)×□

=□(cm)

4 둘레가 48 cm인 직사각형입니다. □ 안에 알맞은 수를 써넣으시오.

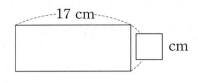

17 cm

□ cm

5 □ 안에 알맞게 써넣으시오.

한 변의 길이가 □인 정사각형의 넓이를 1 m^2라 쓰고 □라고 읽습니다.

6 정사각형의 둘레와 넓이를 각각 구하시오.

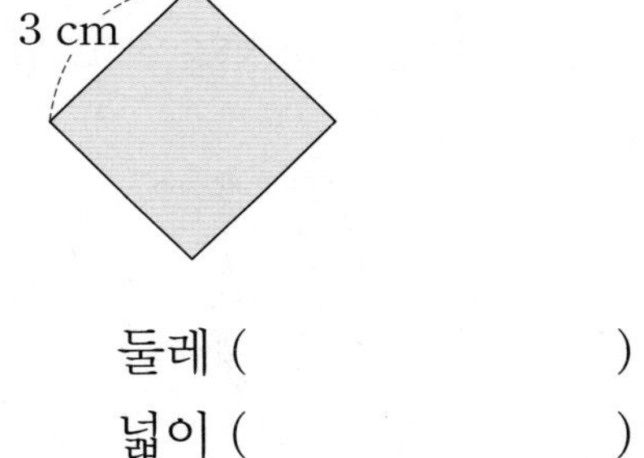

둘레 ( )
넓이 ( )

7 가로가 13 cm, 세로가 10 cm인 직사각형의 넓이는 몇 cm^2입니까?

( )

8 넓이가 $12\ m^2$인 직사각형을 2개 그려 보시오.

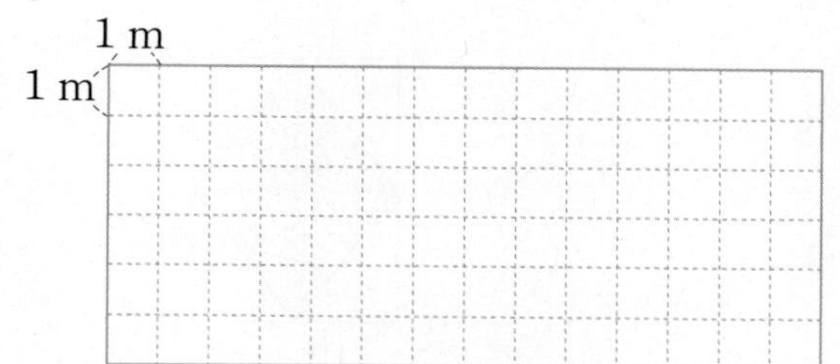

9 다음 직사각형과 넓이가 같은 정사각형을 그리려고 합니다. 정사각형의 한 변의 길이를 몇 cm로 해야 합니까?

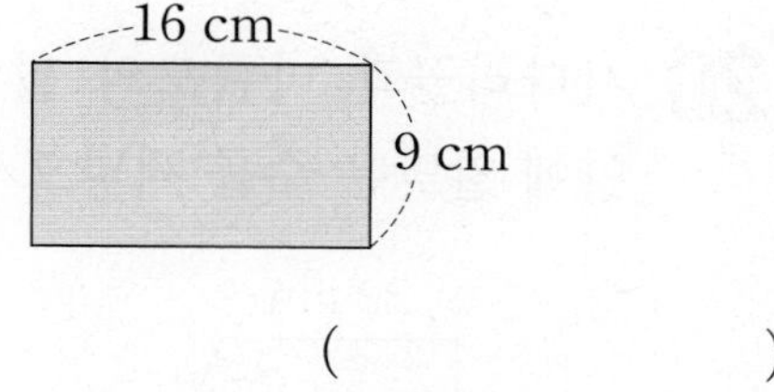

( )

10 □ 안에 알맞은 수를 써넣으시오.

(1) $17\ km^2=$ □ m^2

(2) $29000000\ m^2=$ □ km^2

11 □ 안에 알맞은 말을 써넣으시오.

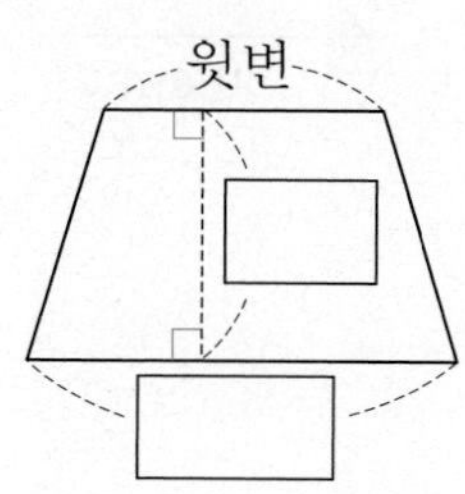

12 도형의 넓이를 구하시오.

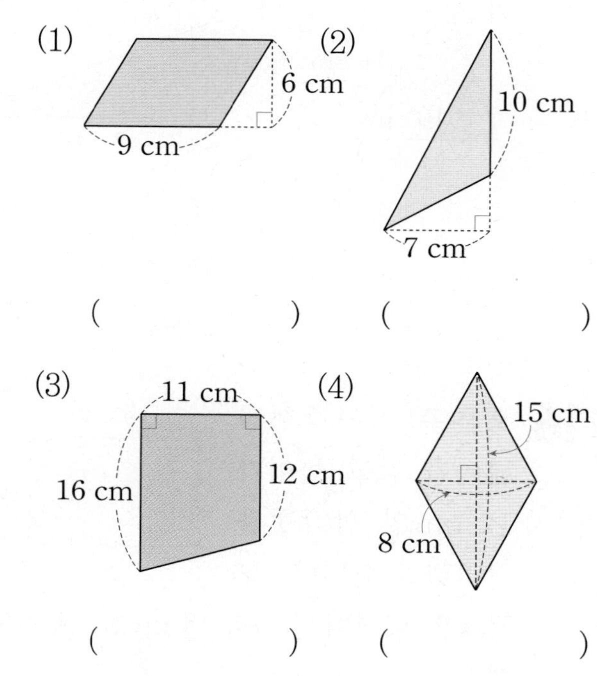

(1) ( )　(2) ( )

(3) ( )　(4) ( )

13 도형의 둘레와 넓이를 각각 구하시오.

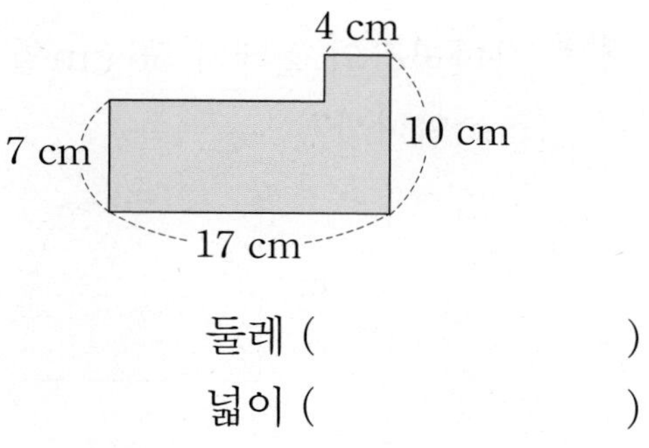

둘레 ( )

넓이 ( )

14 오른쪽 평행사변형의 넓이가 $187\ cm^2$라면 높이는 몇 cm입니까?

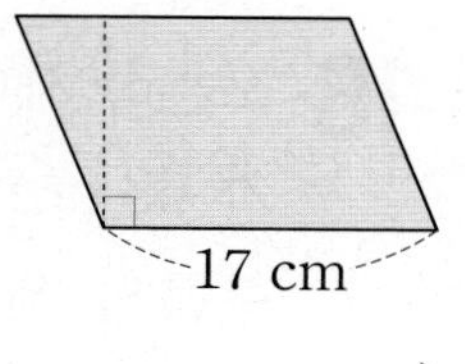

( )

6 단원

15 두 삼각형의 넓이의 차를 구하시오.

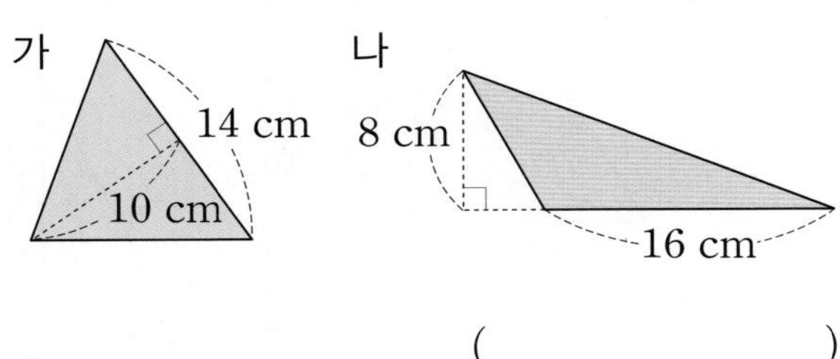

( )

16 오른쪽 직사각형과 넓이가 같고 높이가 12 cm인 삼각형을 그리려고 합니다. 삼각형의 밑변의 길이를 몇 cm로 해야 합니까?

( )

17 사다리꼴의 둘레가 56 cm일 때 넓이는 몇 cm^2입니까?

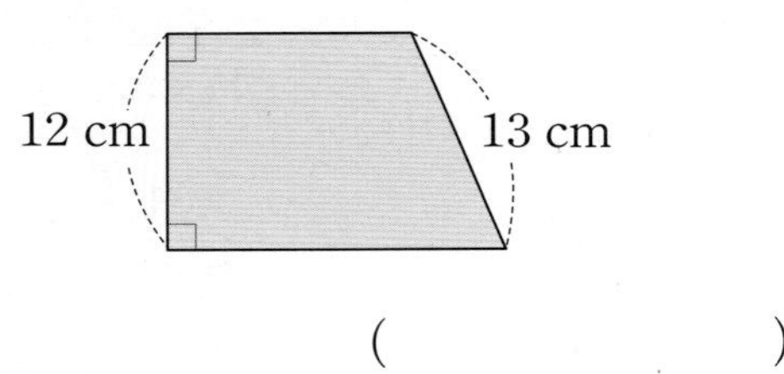

( )

18 오른쪽 사다리꼴의 넓이가 63 cm^2일 때 색칠한 부분의 넓이는 몇 cm^2입니까?

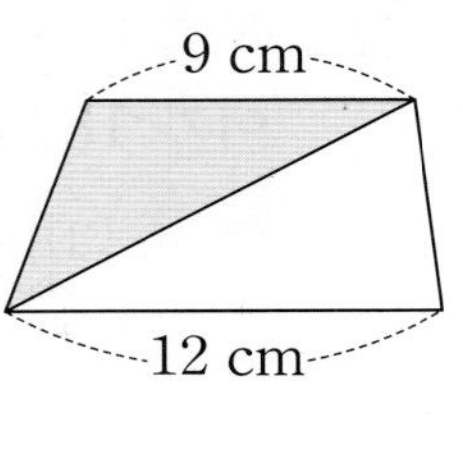

( )

19 도형에서 색칠한 부분의 넓이가 96 cm^2일 때 직사각형 ㄱㄴㄷㄹ의 둘레는 몇 cm입니까?

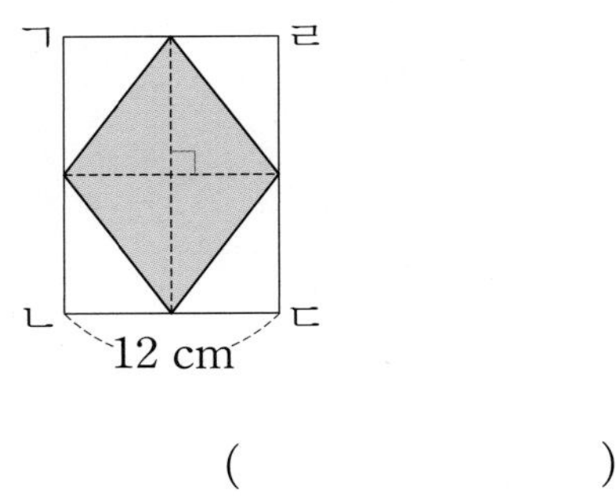

( )

20 사다리꼴과 마름모의 넓이가 같을 때 □ 안에 알맞은 수를 써넣으시오.

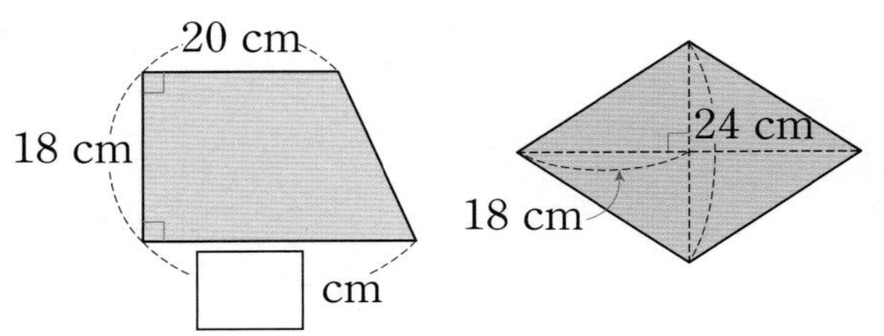

21 평행사변형에서 ㉠은 몇 cm입니까?

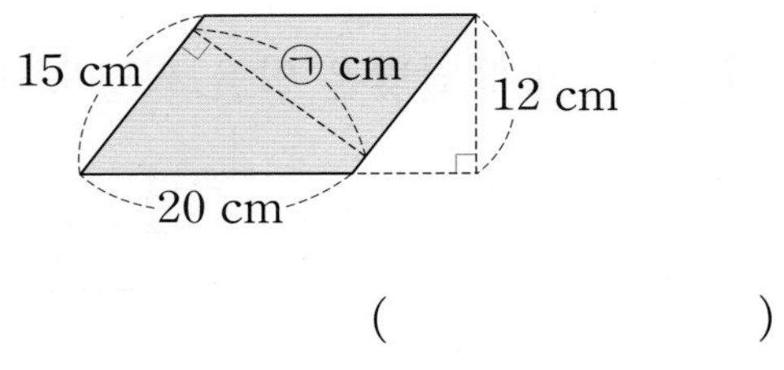

( )

서술형

22 넓이가 1200 cm²인 직사각형 모양의 달력이 있습니다. 이 달력의 세로가 30 cm일 때 가로는 몇 cm인지 풀이 과정을 쓰고 답을 구하시오.

풀이

답

23 직선 가와 나가 서로 평행할 때 넓이가 가장 넓은 평행사변형은 어느 것인지 풀이 과정을 쓰고 답을 구하시오.

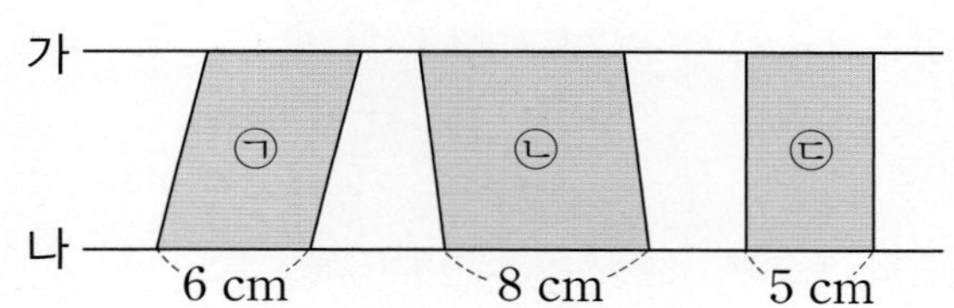

풀이

답

24 오른쪽 사다리꼴의 넓이는 몇 cm²인지 3가지 방법으로 설명하시오.

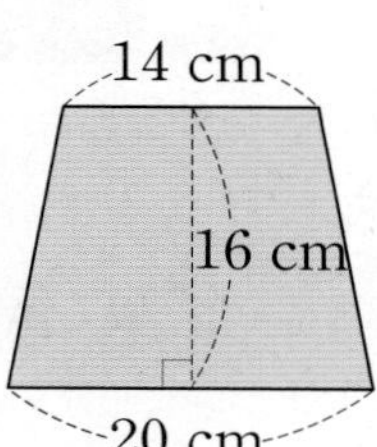

풀이

25 오른쪽 그림에서 색칠한 부분의 넓이는 몇 cm²인지 풀이 과정을 쓰고 답을 구하시오.

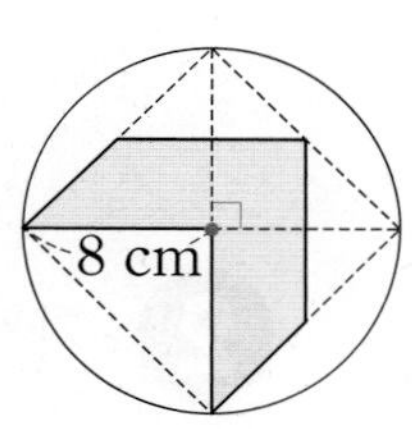

풀이

답

6 단원

 **둘레가 36 cm인 직사각형 가, 나, 다를 보고 물음에 답하시오. [1~3]**

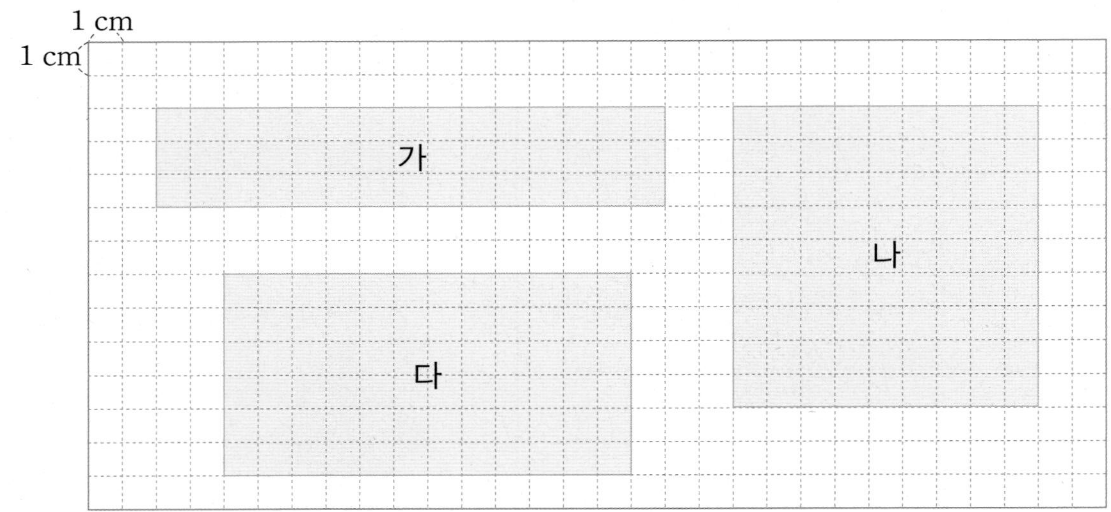

1 직사각형 가, 나, 다를 보고 표를 완성하시오.

	가로(cm)	세로(cm)	넓이(cm^2)
가			
나			
다			

2 가장 넓은 직사각형은 어느 것입니까?

( )

3 둘레가 일정할 때 가장 넓은 직사각형을 그리는 방법을 이야기해 보시오.

떡 박물관에 다녀 왔어요.

효근이는 요즘 친구들을 보면 도통 이해가 되지 않습니다. 우리 쌀로 만든 전통 음식에는 별로 관심이 없으면서 몸에도 좋지 않은 피자, 파스타, 자장면 그런 것들만 너무 좋아해서 걱정이에요.

그런데 효근이는 친구들과 좀 다르게 떡보예요. 떡을 어찌나 좋아하는지 사실 엄마는 그것도 걱정이랍니다. 효근이에게 떡을 조금만 먹으라고 말씀하실 때마다 효근이가 하는 말이 있어요.

"옛날부터 우리 조상들의 잔칫상에는 떡이 빠지는 일이 없었어요. 특별한 날 절대 빼놓지 않고 올리는 것이 있었으니 그게 바로 떡이죠. 명절은 물론 혼인, 백일 등 기념일에도 늘 떡을 준비했고, 그 외에도 액운을 막거나 떡점을 치기 위해서 먹기도 했어요. 떡으로 만든 국을 먹으며 한 해를 맞이하기도 하니 한국인에게 떡은 명절 음식 그 이상이라구요."

효근이는 친구들에게 우리 떡의 의미와 맛을 알게 해 주고 싶었어요. 그래서 오늘은 지혜 엄마의 도움을 받아 친구 여러 명과 함께 떡 박물관을 가기로 했답니다. 떡 박물관이라니 재미있겠죠?

떡 박물관은 윤숙자 소장님께서 우리 음식의 소중함을 알리고자 지난 20여 년간 모은 우리 전통의 부엌살림과 떡에 관한 소장품을 모아 놓은 곳이에요. 효근이는 진작에 가족들과 함께 이 박물관을 다녀왔어요. 효근이의 동생도 원래는 떡보다 피자를 더 좋아했었는데 떡 박물관에 다녀온 뒤로는 떡의 매력에 푹 빠졌거든요.

떡 박물관 1층에는 떡 카페, 2층에는 부엌살림 박물관이 있고, 떡 박물관은 3층에 있어요. 효근이와 친구들은 먼저 2층인 1관에 가서 명절마다 만들어 먹는 떡을 보았어요.

설날의 떡국, 봄을 알리는 삼월 삼짇날에는 진달래꽃으로 만드는 화전, 음력 6월 보름에는 주악, 햇곡식과 과일이 풍부한 추석에는 송편과 같은 떡 음식 등을 볼 수 있었죠. 또한 떡을 만드는 방법과 도구들이 전시되어 있어 떡을 이해하는 데 도움을 주었어요. 이렇게 절기마다 다른 떡을 만들어 먹었던 우리 조상들이 참 멋져 보이네요.

3층인 2관에서는 한국인의 전통 통과의례에 쓰였던 음식과 떡을 전시하고 있었어요. 한 사람의 일생을 통해 그 시기 때마다 쓰였던 음식과 떡을 전시하여 음식이 가진 의미를

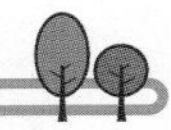

전달하고 있는 곳으로 백일, 돌, 결혼, 그리고 누가 돌아가셨을 때나 제사 등 그때마다 쓰였던 각기 다른 떡들을 보니 참 신기하고 재미있었어요. 이곳에는 떡을 직접 만들고 맛볼 수 있는 체험 프로그램도 있어요. 효근이와 친구들은 떡 만들기를 했는데 오늘은 운이 좋게도 효근이가 제일 좋아하는 절편을 만드네요. 절편은 보통 평행사변형 모양인데 오늘은 자기가 먹어 보고 싶은 다양한 모양의 절편을 만들어 보았어요.

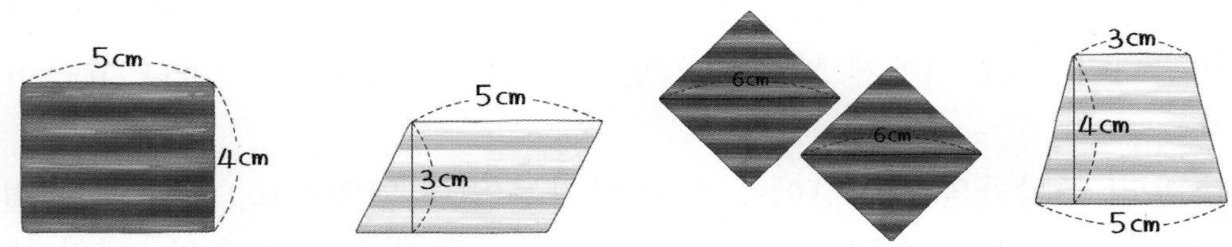

저쪽에 보니 외국인도 떡 만들기를 하고 있어요. 외국인 프로그램도 있어 한국을 방문한 외국인들에게 특별한 경험을 제공한다고 하니 외국인 친구가 놀러왔을 때 꼭 한번 와보면 좋을 것 같아요.

떡 만들기를 마치고 각자 만든 떡을 가지고 1층 떡 카페에 내려와 먹어 보았어요. 맛있는 수정과와 식혜를 곁들여 먹으니 정말 꿀맛이네요.

"효근아, 고마워~. 너 아니었으면 어떻게 이렇게 맛있는 떡을 먹어 보겠니?"

효근이는 이제 친구들도 떡을 좋아하게 될 것 같은 예감이 들었답니다.

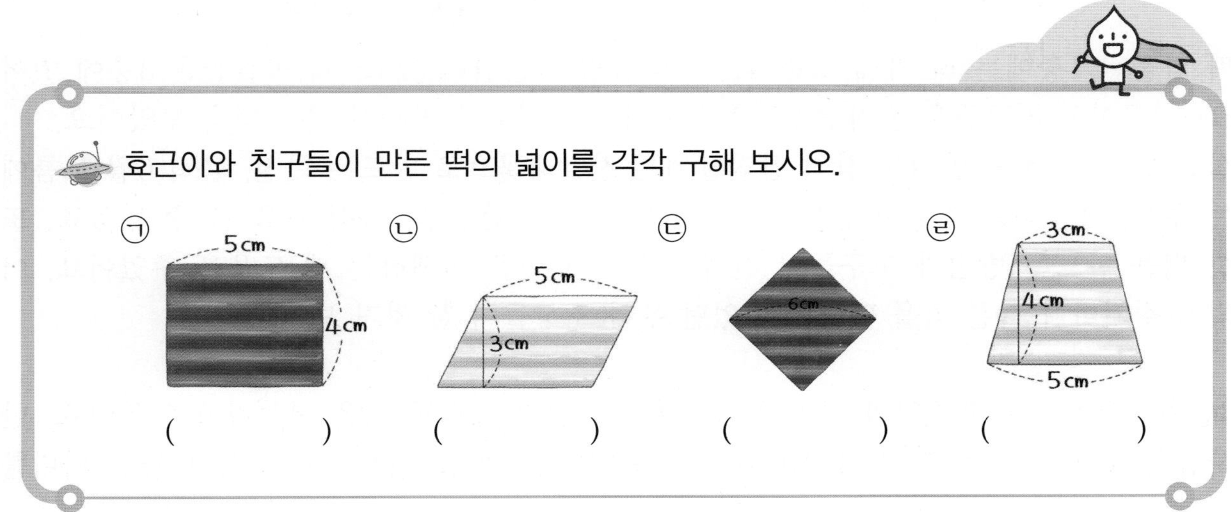

효근이와 친구들이 만든 떡의 넓이를 각각 구해 보시오.
㉠
5cm
4cm
㉡
5cm
3cm
㉢
6cm
㉣
3cm
4cm
5cm
(　　　)　(　　　)　(　　　)　(　　　)

Memo

Memo

초등
왕수학

초등
왕수학

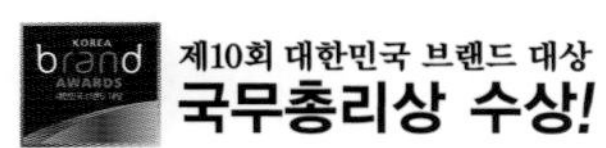

개념을 다지고
실력을 키우는

왕수학

기본편

5·1

정답과 풀이

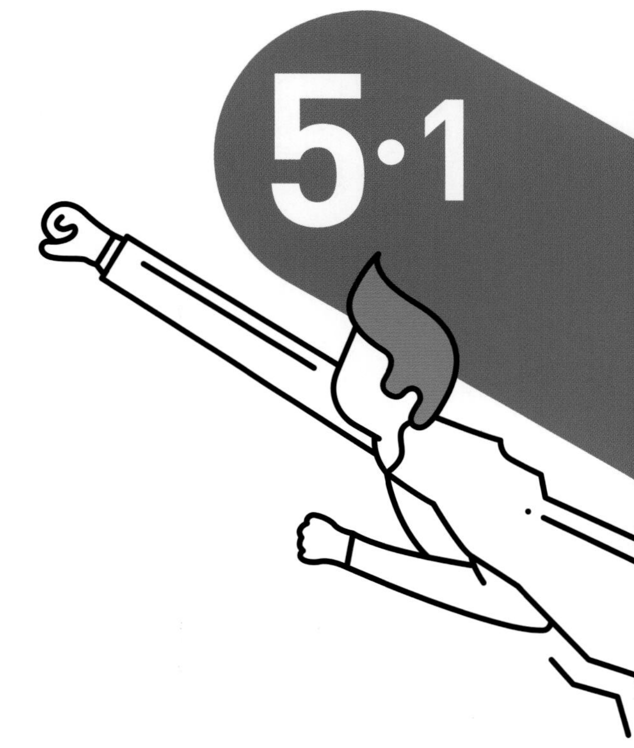

(주)에듀왕
www.eduwang.com

초등
왕수학

정답 및 풀이

1 자연수의 혼합 계산

Step 1 개념 탄탄 6쪽

1 (1) 26, 19, 15　(2) 19, 45
(3) 45, 30　(4) 26, 19, 30

2 (위에서부터) 31, 19, 31 / 7, 41, 7

1 (4) ① $26+19=45$, ② $45-15=30$

2 ( )가 있는 식은 ( ) 안을 먼저 계산하고, 덧셈과 뺄셈이 섞여 있는 식은 앞에서부터 차례로 계산합니다.

Step 2 핵심 쏙쏙 7쪽

1 (1) (위에서부터) 45 16, 45
(2) (위에서부터) 16, 72, 16

2 56, 17

3 $82-35+47=94$

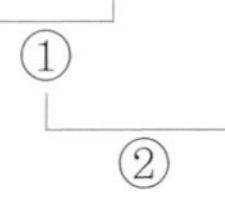

4 ㉡, ㉠, ㉢

5 (1) 32　(2) 6
(3) 40

6 (1) $52-9+17=60$
(2) $52-(9+17)=26$

7 (1) 풀이 참조　(2) 31, 13
(3) 풀이 참조

3 $82-35+47=47+47=94$

4 ( )가 있는 식은 ( ) 안을 먼저 계산하고, 덧셈과 뺄셈이 섞여 있는 식은 앞에서부터 차례로 계산합니다.

5 (3) 네 수의 덧셈과 뺄셈도 앞에서부터 차례로 계산합니다.

6 (1) $52-9+17=43+17=60$
(2) $52-(9+17)=52-26=26$

7 (1) 예 ㉠은 ( )가 없고 ㉡은 ( )가 있습니다.
(3) 예 ㉡은 ( )가 있어서 ( ) 안을 먼저 계산했기 때문에 두 식의 계산 결과가 다르게 나왔습니다.

Step 1 개념 탄탄 8쪽

1 (1) 풀이 참조　(2) 30, 150
(3) 150, 6　(4) 30, 25, 6

2 (위에서부터) 4, 2, 4 / 1, 28, 1

1 (1) 예

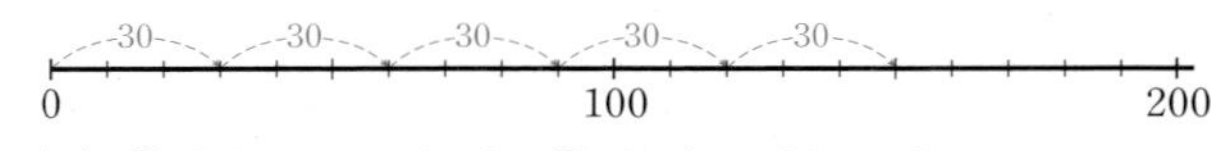

(4) ① $30\times5=150$　② $150\div25=6$

2 ( )가 있는 식은 ( ) 안을 먼저 계산하고, 곱셈과 나눗셈이 섞여 있는 식은 앞에서부터 차례로 계산합니다.

Step 2 핵심 쏙쏙 9쪽

1 (1) (위에서부터) 196, 28, 196
(2) (위에서부터) 45, 360, 45

2 12, 11

3 $26\times4\div13=8$

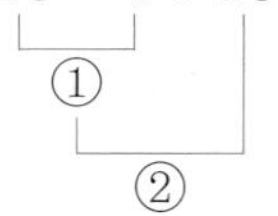

4 ㉢, ㉠, ㉡

5 (1) 15　(2) 64
(3) 21

6 (1) $48\div6\times4=32$　(2) $48\div(6\times4)=2$

7 (1) 풀이 참조　(2) 12, 3
(3) 풀이 참조

3 $26\times4\div13=104\div13$
$=8$

4 ( )가 있는 식은 ( ) 안을 먼저 계산하고, 곱셈과 나눗셈이 섞여 있는 식은 앞에서부터 차례로 계산합니다.

5 (3) 네 수의 곱셈과 나눗셈도 앞에서부터 차례로 계산합니다.

6 (1) $48 \div 6 \times 4 = 8 \times 4 = 32$
(2) $48 \div (6 \times 4) = 48 \div 24 = 2$

7 (1) 예 ㉠은 ( )가 없고 ㉡은 ( )가 있습니다.
(3) 예 ㉡은 ( )가 있어서 ( ) 안을 먼저 계산했기 때문에 두 식의 계산 결과가 다르게 나왔습니다.

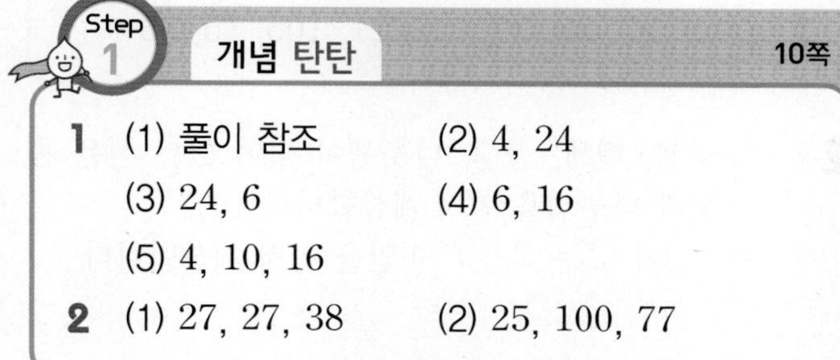

Step 1 **개념 탄탄** 10쪽

1 (1) 풀이 참조 (2) 4, 24
(3) 24, 6 (4) 6, 16
(5) 4, 10, 16

2 (1) 27, 27, 38 (2) 25, 100, 77

1 (1) 예

(5) ① $6 \times 4 = 24$ ② $30 - 24 = 6$
③ $6 + 10 = 16$

2 (1) 덧셈, 뺄셈, 곱셈이 섞여 있는 식은 곱셈을 먼저 계산합니다.
(2) ( )가 있는 식은 ( ) 안을 먼저 계산합니다.

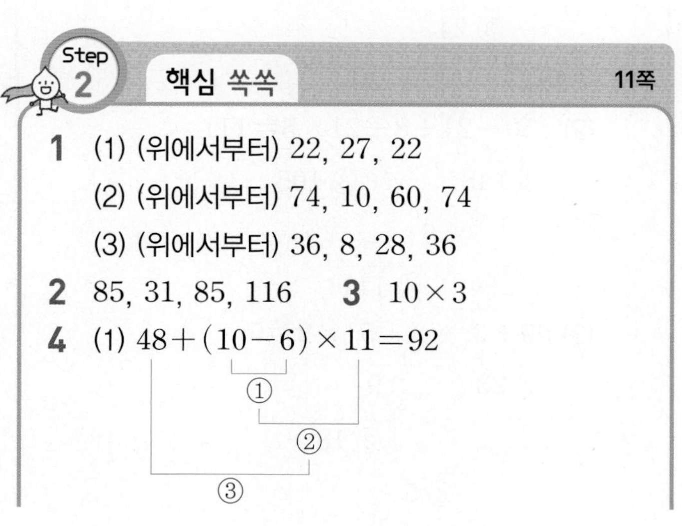

Step 2 **핵심 쏙쏙** 11쪽

1 (1) (위에서부터) 22, 27, 22
(2) (위에서부터) 74, 10, 60, 74
(3) (위에서부터) 36, 8, 28, 36

2 85, 31, 85, 116 **3** 10×3

4 (1) $48 + (10 - 6) \times 11 = 92$

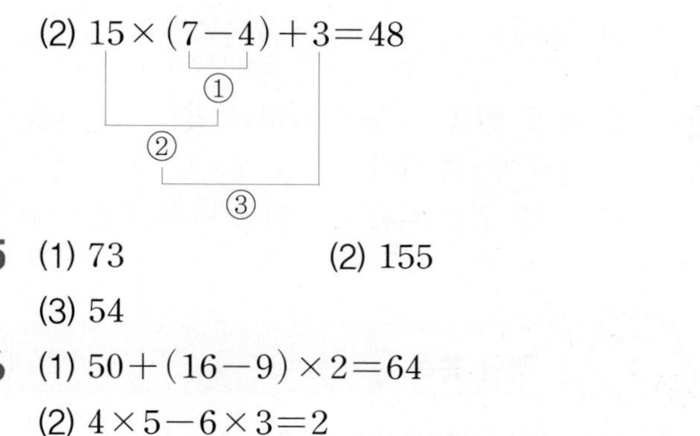

(2) $15 \times (7 - 4) + 3 = 48$

5 (1) 73 (2) 155
(3) 54

6 (1) $50 + (16 - 9) \times 2 = 64$
(2) $4 \times 5 - 6 \times 3 = 2$

3 덧셈, 뺄셈, 곱셈이 섞여 있는 식은 곱셈을 먼저 계산합니다.
$28 + 36 - 10 \times 3$

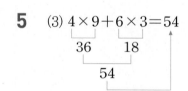

4 (1) $48 + (10 - 6) \times 11 = 48 + 4 \times 11$
$= 48 + 44$
$= 92$
(2) $15 \times (7 - 4) + 3 = 15 \times 3 + 3 = 45 + 3 = 48$

5 (3) $4 \times 9 + 6 \times 3 = 54$
36 18
54

6 (1) $50 + (16 - 9) \times 2 = 50 + 7 \times 2$
$= 50 + 14$
$= 64$
(2) $4 \times 5 - 6 \times 3 = 20 - 18 = 2$

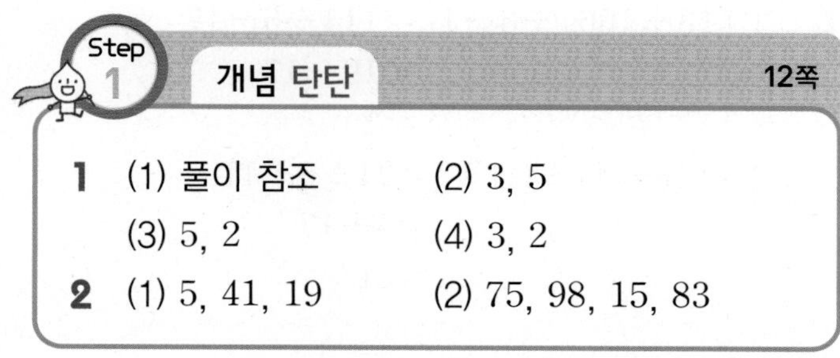

Step 1 **개념 탄탄** 12쪽

1 (1) 풀이 참조 (2) 3, 5
(3) 5, 2 (4) 3, 2

2 (1) 5, 41, 19 (2) 75, 98, 15, 83

1 (1) 예

지우개 1개
0 연필 1자루 5 연필 1자루 10 연필 1자루 15 20

(4) ① $15 \div 3 = 5$ ② $7 - 5 = 2$

2 (1) 덧셈, 뺄셈, 나눗셈이 섞여 있는 식은 나눗셈을 먼저 계산합니다.
(2) ( )가 있는 식은 ( ) 안을 먼저 계산합니다.

Step 2 핵심 쏙쏙 13쪽

1 (1) (위에서부터) 38, 6, 38
(2) (위에서부터) 58, 9, 5, 58
(3) (위에서부터) 39, 43, 4, 39

2 8, 7, 10 **3** ㉢, ㉠, ㉡

4 (1) $(8+106) \div 6 - 17 = 2$

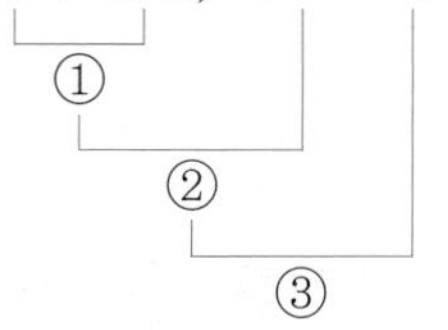

(2) $(28-4) \div 6 + 17 = 21$

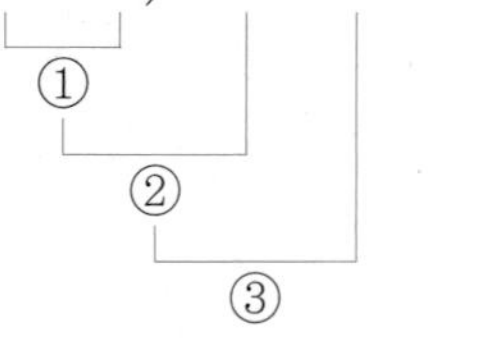

5 (1) 19 (2) 28
(3) 33

6 (1) $40 + (27-11) \div 4 = 44$
(2) $5 \div 5 + 18 \div 2 = 10$

3 덧셈, 뺄셈, 나눗셈이 섞여 있는 식은 나눗셈을 먼저 계산합니다.

4 (1) $(8+106) \div 6 - 17 = 114 \div 6 - 17$
$= 19 - 17$
$= 2$
(2) $(28-4) \div 6 + 17 = 24 \div 6 + 17$
$= 4 + 17$
$= 21$

5 (3) $150 \div 5 + 15 \div 5 = 33$
30 3
33

6 (1) $40 + (27-11) \div 4 = 40 + 16 \div 4$
$= 40 + 4$
$= 44$
(2) $5 \div 5 + 18 \div 2 = 1 + 9 = 10$

Step 1 개념 탄탄 14쪽

1 (1) 곱셈, 나눗셈 (2) 앞
(3) 앞

2 (1) 9, 27, 27, 39 (2) 21, 105, 15, 65

2 (1) 덧셈, 뺄셈, 곱셈, 나눗셈이 섞여 있는 식은 곱셈과 나눗셈을 먼저 계산합니다.
(2) ( )가 있는 식은 ( ) 안을 먼저 계산합니다.

Step 2 핵심 쏙쏙 15쪽

1 (1) (위에서부터) 12, 108, 6, 20, 12
(2) (위에서부터) 36, 24, 16, 52, 36

2 ㉢, ㉣, ㉠, ㉡

3 (1) 109 (2) 55

4 (1) $68 - 36 \div 9 \times 11 + 15 = 39$

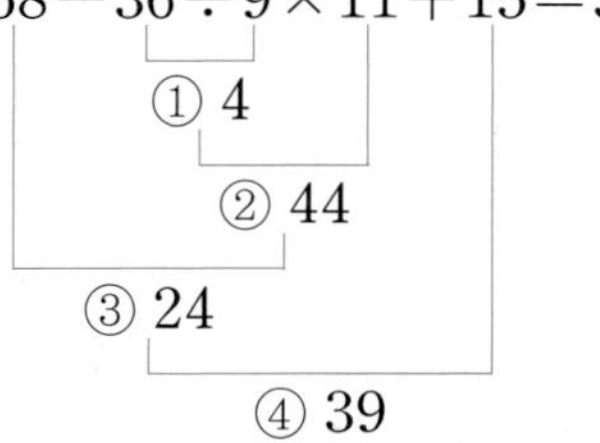

① 4
② 44
③ 24
④ 39

(2) $(50-2) \div 8 + 21 \times 5 = 111$
① 48 ③ 105
② 6
④ 111

(3) $69 \div 3 - (4+5) \times 2 = 5$
② 23 ① 9
③ 18
④ 5

5 (1) $34+15-72\div6\times4=1$
(2) $120-8\times7+28\div4=71$

3 (1) $9\times14-(56+63)\div7=109$
126, 119, 17, 109
(2) $81-15\times2+16\div4=55$
30, 4, 51, 55

5 (1) $34+15-72\div6\times4=34+15-12\times4$
$=34+15-48$
$=49-48$
$=1$
(2) $120-8\times7+28\div4=120-56+7$
$=64+7$
$=71$

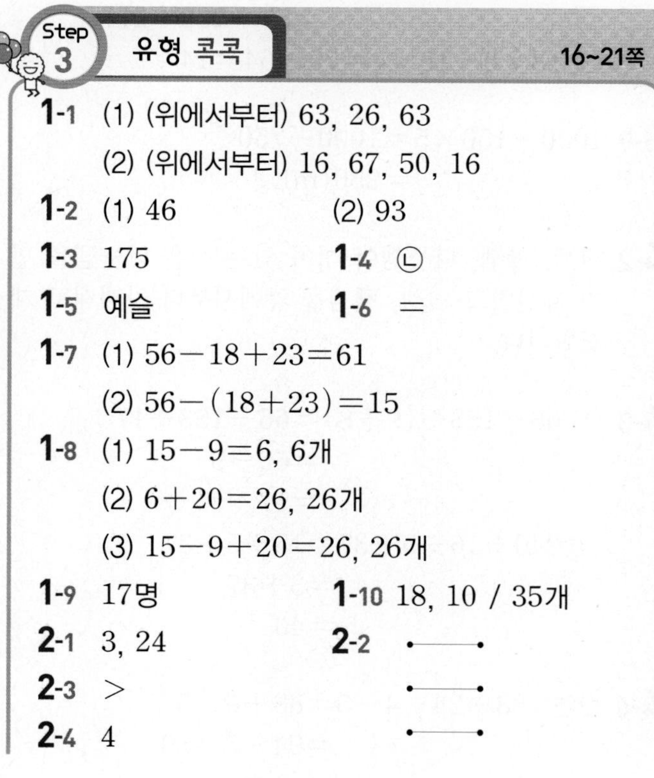

유형 콕콕 16~21쪽

1-1 (1) (위에서부터) 63, 26, 63
(2) (위에서부터) 16, 67, 50, 16
1-2 (1) 46 (2) 93
1-3 175
1-4 ㉡
1-5 예슬
1-6 =
1-7 (1) $56-18+23=61$
(2) $56-(18+23)=15$
1-8 (1) $15-9=6$, 6개
(2) $6+20=26$, 26개
(3) $15-9+20=26$, 26개
1-9 17명
1-10 18, 10 / 35개
2-1 3, 24
2-2 (선 잇기)
2-3 >
2-4 4
2-5 ③
2-6 (1) $56\div7\times4=32$
(2) $56\div(7\times4)=2$
2-7 $12\times8\div24=4$, 4자루
3-1 70, 30, 44
3-2 ㉡, ㉠, ㉢
3-3 (선 잇기)
3-4 $13+(22-4)\times3=67$
① 18, ② 54, ③ 67
3-5 $7\times24-13\times5+27=130$
① 168, ② 65, ③ 103, ④ 130
3-6 (○)
(   )
3-7 (1) $55+(120-9)\times2=277$
(2) $13\times6-16\times4=14$
3-8 (1) $450\times5=2250$, 2250원
(2) $3000-2250=750$, 750원
(3) $3000-450\times5=750$, 750원
3-9 $1000-150\times5=250$, 250 mL
4-1 (1) $42+36\div4-54\div18=48$
9, 3, 51, 48
4-2 ㉡, ㉠, ㉢
4-3 (1) 57 (2) 40
4-4 상연
4-5 ㉡
4-6 (1) $100-(37-13)\div6=96$
(2) $(28\div4)+(12\div12)=8$
4-7 $4920\div6-3000\div4=70$, 70원
5-1 8, 96, 30, 35

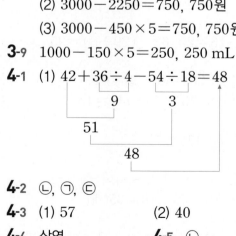

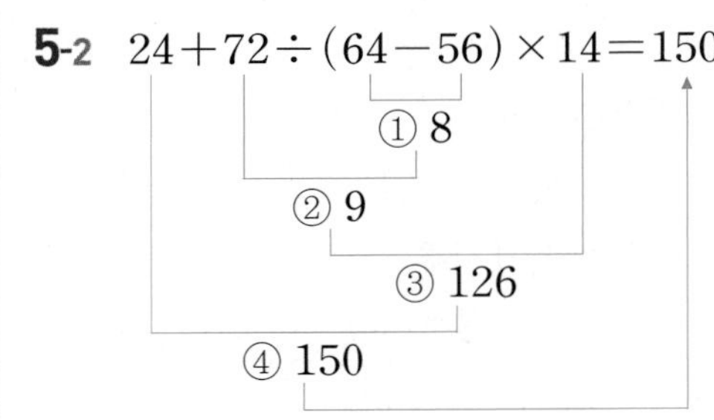

5-2 $24+72\div(64-56)\times14=150$

① 8

② 9

③ 126

④ 150

5-3 (1) 14 (2) 50

5-4 ② **5-5** ㉡

5-6 $5000-3950\div5\times4=1840$, 1840원

1-1 덧셈과 뺄셈이 섞여 있는 식은 앞에서부터 차례로 계산합니다.

1-3 $\square=100+350-275$
$=450-275$
$=175$

1-4 ( )가 있는 식은 ( ) 안을 먼저 계산합니다.

1-5 가영 : $26-(17-5)+9=26-12+9$
$=14+9$
$=23$
상연 : $32+8-(7-4)=32+8-3$
$=40-3$
$=37$

1-6 $27+14-16=25$, $62-(29+8)=25$

1-7 (1) $56-18+23=38+23=61$
(2) $56-(18+23)=56-41=15$

1-9 $13+11-7=17$(명)

1-10 먹은 것은 빼 주고 딴 것은 더해 줍니다.
$43-18+10=25+10=35$(개)

2-1 곱셈과 나눗셈이 섞여 있는 식은 앞에서부터 차례로 계산합니다.

2-2 $60\div(3\times5)=60\div15=4$
$60\div3\times5=20\times5=100$
$60\times3\div5=180\div5=36$

2-3 $87\times(6\div3)=174$, $175-68+39=146$

2-4 계산 순서를 거꾸로 생각하면
$36\div\square\times7=63$에서
$36\div\square=9$이므로 $\square=4$입니다.

2-5 ① 8 ② 2 ③ 72 ④ 8 ⑤ 8

2-6 (1) $56\div7\times4=8\times4=32$
(2) $56\div(7\times4)=56\div28=2$

2-7 $12\times8\div24=96\div24=4$(자루)

3-3 $36\times(12-10)=36\times2=72$
$24\times(5+3)=24\times8=192$
$2+7\times8=2+56=58$

3-5 곱셈 기호가 2개이면 앞의 곱셈부터 차례로 계산합니다.

3-6 $12+31\times4-54=82$
$195-(7+6)\times9=78$
➡ $82>78$

3-7 (1) $55+(120-9)\times2=55+111\times2$
$=55+222=277$
(2) $13\times6-16\times4=78-64=14$

3-9 $1000-150\times5=1000-750$
$=250$(mL)

4-2 덧셈, 뺄셈, 나눗셈이 섞여 있는 식은 나눗셈을 먼저 계산하고 덧셈, 뺄셈을 앞에서부터 차례대로 계산합니다.

4-3 (1) $66-153\div(9+8)=66-153\div17$
$=66-9$
$=57$
(2) $240\div16\div5+37=15\div5+37$
$=3+37$
$=40$

4-4 상연 : $88+24\div4-5=88+6-5$
$=94-5=89$

4-5 ㉠ 53 ㉡ 58 ➡ ㉠<㉡

4-6 (1) $100-(37-13)\div6=100-24\div6$
$=100-4$
$=96$
(2) $(28\div4)+(12\div12)=7+1=8$

4-7 ㉮ 과자 1봉지의 값은 $4920\div6=820$(원)이고,
㉯ 과자 1봉지의 값은 $3000\div4=750$(원)이므로
하나의 식으로 만들어 구하면
$4920\div6-3000\div4=70$(원)입니다.

5-3 (2) $56\div4+(102-84)\times2$
$=56\div4+18\times2$
$=14+36$
$=50$

5-4 ( )가 있는 식에서는 ( ) 안을 먼저 계산합니다.

5-5 ㉠ $12\times5-26+64\div2=66$
㉡ $54\div(4+5)\times15-22=68$
➡ $66<68$

5-6 라면 한 봉지는 $3950\div5=790$(원)이고 4봉지의 값은 $790\times4=3160$(원)입니다.
하나의 식으로 만들어 구하면
$5000-3950\div5\times4=1840$(원)입니다.

Step 4 실력 팍팍 22~25쪽

1 39, 17
2 ㉡
3 (선 잇기)
4 ㉡
5 ㉠
6 56 cm
7 ×
8 12
9 $50+28-17=61$, 61권
10 $36\times2\div9=8$, 8개
11 1500원
12 2500원
13 풀이 참조 / 3500원
14 49
15 $(12+48\div6)\times5-8=92$
16 $120\div(6\times5)+3-2=5$
17 ×, +, − / 235
18 1, 2, 3
19 1, 2, 4(또는 2, 1, 4) / 36
20 2, 4, 1(또는 4, 2, 1) / 9
21 20
22 $84\div4+75\div3-2=44$, 44 cm
23 3700원
24 (1) 6, ÷, 3, M+, 7, ×, 2, M−
(2) 풀이 참조

1 ㉠ $25+17-14=42-14=28$
㉡ $42-(16+15)=42-31=11$
합 : $28+11=39$, 차 : $28-11=17$

3 $18+21-7=39-7=32$
$53-(27+9)=53-36=17$
$36\div3\times2=12\times2=24$
$15\times(32\div8)=15\times4=60$

4 ㉠ $32-(8+12)=32-20=12$,
$32-8+12=36$
㉡ $9+(15-7)=9+8=17$,
$9+15-7=24-7=17$
㉢ $28-(15-9)=28-6=22$,
$28-15-9=13-9=4$

5 ㉠ : 21, ㉡ : 16, ㉢ : 17

6 도형의 둘레의 길이는 정삼각형의 한 변의 길이의 8배입니다.
➡ $21\div3\times8=7\times8=56$(cm)

7 ㉠ $81\div9\div3=9\div3=3$
㉡ $54\div(3□6)=3$에서 $3□6=18$이므로
□ 안에 알맞은 기호는 × 입니다.

8 $72\div9\times2=8\times2=16$
$72\div(9\times2)=72\div18=4$
➡ $16-4=12$

9 (학급 문고에 있는 책 수)$=50+28=78$(권)
(빌려 주고 남은 책 수)$=78-17=61$(권)
➡ $50+28-17=61$(권)

10 $36\times2\div9=8$

72

8

11 동민이가 내야할 돈 : 7500원
영수가 내야할 돈 : $2500+3500=6000$(원)
➡ $7500-(2500+3500)=1500$(원)

12 $5000-(1800+700)=5000-2500$
$=2500$(원)

13 예 돼지 저금통에 1500원이 있습니다. 500원씩 4일 동안 저금을 한다면 돼지 저금통에 들어 있는 돈은 모두 얼마가 되겠습니까?
$1500+500\times4=1500+2000$
$=3500$(원)

14 $54+\square\div7-48=13$, $54+\square\div7=61$,
$\square\div7=61-54=7$, $\square=49$

15
주의
$12+48\div6$에 ( )를 하지 않으면
$12+48\div6\times5-8=44$로 계산 결과가 달라집니다.

16 계산 순서가 달라질 수 있는 여러 부분에 ( ) 표시를 해 봅니다.
$120\div(6\times5)+3-2=5$(○)
$120\div6\times(5+3)-2=158$(×)
따라서 6×5에 ( ) 표시를 합니다.

17 계산 결과를 크게 하려면 큰 수가 곱해지도록 기호를 써야 합니다.
$24\times(8+2)-5=24\times10-5=240-5=235$

18 $54\div(2\times3)-2=7$이므로 $7>18\div6+\square$에서 $7>3+\square$입니다.
따라서 $\square$ 안에 들어갈 수 있는 수는 1, 2, 3입니다.

19 계산 결과를 가장 크게 만들려면 64를 나누는 수가 최소가 되어야 하므로 (1, 2, 4) 또는 (2, 1, 4)로 숫자 카드를 배치합니다.
$64\div(1\times2)+4=36$, $64\div(2\times1)+4=36$

20 계산 결과를 가장 작게 만들려면 64를 나누는 수가 최대가 되어야 하므로 (2, 4, 1) 또는 (4, 2, 1)로 숫자 카드를 배치합니다.
$64\div(2\times4)+1=9$, $64\div(4\times2)+1=9$

21 어떤 수를 $\square$라 하여 식을 만들면
$(38-\square)\times4=144\div2$,
$(38-\square)\times4=72$, $38-\square=18$,
$\square=20$입니다.

22 $84\div4+75\div3-2=21+25-2$
$=44$(cm)

23 (양파 3개의 가격)$=600\times3$
(당근 3개의 가격)$=4200\div6\times3$
$10000-2400-600\times3-4200\div6\times3$
$=10000-2400-1800-2100$
$=3700$(원)

24 (2) $15+6\div3-7\times2=3$

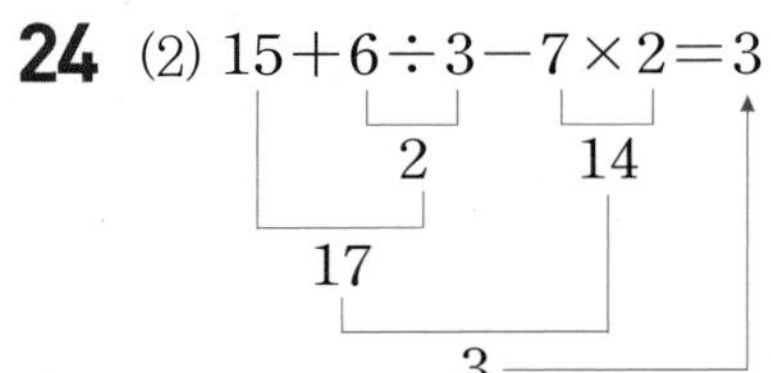

메모리 기능을 이용한 계산 결과와 같습니다.

1 17, 24, 24, 96, 17, 96, 96 / 96

1-1 풀이 참조, 3개

2 나눗셈, ㄴ, ㄱ, ㄷ, 7, 5, 66, 5, 71 / ㄴ, ㄱ, ㄷ, 71

2-1 풀이 참조, ㉢, ㉠, ㉡ / 120

3 ㉡, 곱셈

3-1 풀이 참조

4 곱셈, 40, 40, 24, 24, 3, 3, 12, 15 / 15

4-1 풀이 참조, 110

1-1 아버지와 어머니께서 사 오신 귤은 모두
$36+21=57$(개)이고,
필요한 바구니는 $57\div19=3$(개)입니다.
따라서 하나의 식으로 만들면
$(36+21)\div19=3$이고
필요한 바구니는 3개입니다.

2-1 덧셈과 뺄셈, 곱셈이 섞여 있는 식은 곱셈을 먼저 계산하므로 ㉢, ㉠, ㉡의 순서로 계산합니다.
따라서 계산 결과는
$81-24+9\times7=81-24+63$
$=57+63$
$=120$입니다.

3-1 ( )를 생략할 수 있는 식은 ㉢입니다.
그 이유는 덧셈, 뺄셈, 곱셈, 나눗셈이 섞여 있는 식에서는 곱셈과 나눗셈을 먼저 계산해야 하므로 ㉢의 식에서 ( )가 없어도 계산 결과가 달라지지 않기 때문입니다.

4-1 계산 순서에 따라 ( )를 먼저 계산한 후 나눗셈을 하여 72에서 뺀 값이 58입니다.
(◆$+16)\div9=72-58=14$이므로
◆$+16=14\times9=126$에서
◆$=126-16=110$입니다.

단원 평가 28~31쪽

1 ③ 2 30, 450
3 60, 6, 75 4 $56\div8$
5 (위에서부터) 41, 17, 15, 41
6 (선 잇기) 7 ×, −
8 >
9 $52\div4+117\div9=26$
10 $30-(82-4)\div6=17$
11 $76-(36-125\div25)=45$
12 ㉠, ㉡, ㉣, ㉢ 13 49
14 58 15 ㉠, ㉢, ㉡
16 6
17 $200\times3-600\div(3\times5)=560$
18 $(83-74)\div9\times(5+6)=11$
19 $40-4\times7=12$, 12권
20 $3000-(500\times2+1200)=800$, 800원
21 약 2 kg 22 풀이 참조
23 풀이 참조, 89 24 풀이 참조, 3680원
25 풀이 참조, 23개

1 ③ ●÷▲×■

2 곱셈과 나눗셈이 섞여 있는 식은 앞에서부터 차례로 계산합니다.

3 ( )가 있는 식은 ( ) 안을 먼저 계산합니다.

6 $3\times(36\div6)=3\times6=18$
$36\div(6\times3)=36\div18=2$
$6\times(36\div3)=6\times12=72$

7 $5\times5-5=25-5=20$

8 $36-24\div3+8=36-8+8=36$
$12+72\div8-3=12+9-3=18$
➡ $36>18$

9 $52\div4+117\div9=13+13=26$

10 $30-(82-4)\div6=30-78\div6=30-13=17$

13 $97-540\div(6+9)-12=49$

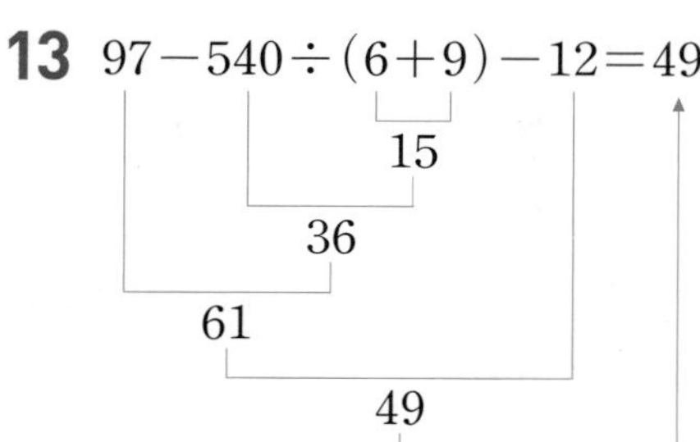

14 $42+256\div(45-13)\times2=58$

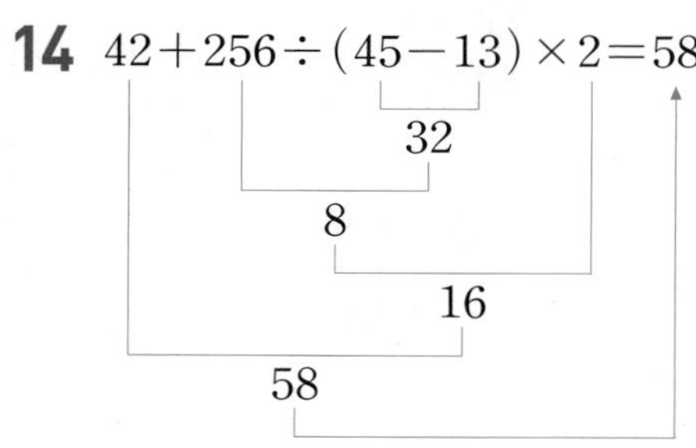

15 ㉠ 198 ㉡ 121 ㉢ 154

16 $186\div\square-8\times3=7$, $186\div\square-24=7$,
$186\div\square=31$, $\square=186\div31=6$

17 $200\times3-600\div(3\times5)$
$=200\times3-600\div15$
$=600-40$
$=560$

18 $(83-74)\div9\times(5+6)=9\div9\times(5+6)$
$=1\times11=11$

19 $40-4\times7=40-28$
$=12$(권)
① ②

20 (남은 돈)=(처음 가진 돈)
−(빵 2개와 사탕 한 봉지의 값)

21 $(42+48)\div6-13=15-13=2(\text{kg})$

서술형

22 덧셈과 뺄셈이 섞여 있는 식은 앞에서부터 차례로 계산합니다.

$68-19+41-15=49+41-15$
$=90-15$
$=75$
① ② ③

23 덧셈과 나눗셈이 섞여 있는 식은 나눗셈을 먼저 계산해야 하는데 덧셈부터 계산하였습니다.
따라서 바르게 계산하면
$(24+72\div8)+56=(24+9)+56$
$=33+56=89$입니다.
① ② ③

24 귤 1개의 값은 $2250\div5=450$(원)입니다.
따라서 하나의 식으로 만들어 계산하면
$940\times2+2250\div5\times4=1880+450\times4$
$=1880+1800$
$=3680$(원)입니다.

25 정삼각형이 1개씩 늘어날수록 필요한 면봉은 3개, 5개, 7개, 9개, ……로 2개씩 늘어납니다.
따라서 정삼각형을 11개 만드는 데 필요한 면봉은
$3+2\times10=23$(개)입니다.

탐구 수학 32쪽

1 20, 24
2 20, $8+4\times3$ / 24, $8+4\times4$
3 40개

3 아홉째 모양을 만드는 데 필요한 타일의 수는
$8+4\times8=40$(개)입니다.

33~34쪽

• 3개

2 약수와 배수

Step 1 **개념 탄탄** 36쪽

1 1, 1, 1 / 0, 2, 1, 0 / 2, 3, 6
2 1, 5　　3 1, 2, 5, 10

1 6÷1=6, 6÷2=3, 6÷3=2, 6÷4=1 ⋯ 2, 6÷5=1 ⋯ 1, 6÷6=1

2 5를 나누었을 때 나누어떨어지게 하는 수인 1, 5가 5의 약수입니다.

3 10의 약수는 10을 나누었을 때 나누어떨어지게 하는 수인 1, 2, 5, 10입니다.

Step 2 **핵심 쏙쏙** 37쪽

1 4, 2, 1, 1, 1 / 1, 2, 4
2 1, 2, 3, 4, 6, 12 / 1, 2, 3, 4, 6, 12
3 1, 3, 5, 15 / 1, 3, 5, 15
4 (1) 1, 2, 3, 6, 9, 18
(2) 1, 2, 4, 8, 16, 32
5 (○) (　) / (　) (○)　　6 ④
7 8개

1 4를 1, 2, 4로 나누면 나누어떨어집니다. 이때 1, 2, 4를 4의 약수라고 합니다.

2 12를 1, 2, 3, 4, 6, 12로 나누면 나누어떨어집니다. 이때 1, 2, 3, 4, 6, 12를 12의 약수라고 합니다.

3 15의 약수는 15를 나누었을 때 나누어떨어지게 하는 수입니다.
따라서 15의 약수는 1, 3, 5, 15입니다.

4 (1) 18÷1=18, 18÷2=9, 18÷3=6, 18÷6=3, 18÷9=2, 18÷18=1
(2) 32÷1=32, 32÷2=16, 32÷4=8, 32÷8=4, 32÷16=2, 32÷32=1

5 오른쪽 수를 왼쪽 수로 나누었을 때 나누어떨어지면 왼쪽 수는 오른쪽 수의 약수입니다.
16÷4=4　　20÷7=2⋯6
28÷5=5⋯3　　36÷9=4

6 ④ 24÷9=2⋯6이므로 9는 24의 약수가 아닙니다.

7 30의 약수 : 1, 2, 3, 5, 6, 10, 15, 30 ➡ 8개

Step 1 **개념 탄탄** 38쪽

1 6, 8, 10 / 6, 8, 10
2 (1) 3, 3　　(2) 4, 4

1 2×1=2, 2×2=4, 2×3=6, 2×4=8, 2×5=10, ⋯⋯

참고
간단한 배수 판정법
- 3의 배수 : 각 자리 숫자의 합이 3의 배수인 수
- 4의 배수 : 끝의 두 자리 수가 00 또는 4의 배수인 수
- 6의 배수 : 3의 배수이면서 짝수인 수
- 9의 배수 : 각 자리 숫자의 합이 9의 배수인 수

Step 2 **핵심 쏙쏙** 39쪽

1 4, 8, 12, 16, 20
2 (1) 18, 24, 30　　(2) 18, 27, 36, 45
3 (1) 5, 10, 15, 20, 25
(2) 7, 14, 21, 28, 35
4 ③, ⑤
5 ○표 – 33, 36, 39, 42, 45, 48
△표 – 40, 50
6 50, 60, 45　　7 3개
8 24, 30, 36

2 (1) $6\times1=6$, $6\times2=12$, $6\times3=18$, $6\times4=24$, $6\times5=30$, ……
(2) $9\times1=9$, $9\times2=18$, $9\times3=27$, $9\times4=36$, $9\times5=45$, ……

3 (1) $5\times1=5$, $5\times2=10$, $5\times3=15$, $5\times4=20$, $5\times5=25$
(2) $7\times1=7$, $7\times2=14$, $7\times3=21$, $7\times4=28$, $7\times5=35$

어떤 수의 배수 중에서 가장 작은 자연수는 어떤 수이므로 자기 자신을 빠뜨리지 않도록 합니다.

4 $8\times1=8$, $8\times2=16$, $8\times3=24$, $8\times4=32$, $8\times5=40$, $8\times6=48$, $8\times7=56$, $8\times8=64$, ……

5 3의 배수 ➡ $3\times11=33$, $3\times12=36$, $3\times13=39$, $3\times14=42$, $3\times15=45$, $3\times16=48$
10의 배수 ➡ $10\times4=40$, $10\times5=50$

6 $5\times10=50$, $5\times12=60$, $5\times9=45$

참고

5의 배수는 일의 자리 숫자가 0 또는 5입니다.

7 2의 배수는 ㉠, ㉢, ㉥이므로 모두 3개입니다.

Step 1 개념 탄탄 40쪽

1 (1) 1, 14, 2, 7 (2) 1, 2, 7, 14
(3) 1, 2, 7, 14
(4) 1, 2, 7, 14, 1, 2, 7, 14

2 (1) 4, 2 (2) 1, 2, 3, 4, 6, 12
(3) 1, 2, 3, 4, 6, 12

2 1은 모든 수의 약수이고, $12=2\times2\times3$에서 2, 3, $2\times2=4$, $2\times3=6$, $2\times2\times3=12$는 12를 모두 나누어떨어지게 하므로 약수가 됩니다.

Step 2 핵심 쏙쏙 41쪽

1 8, 4 / 2, 4, 2, 4

2 (1) 1, 3, 5, 15 (2) 1, 3, 5, 15

3 (1) 배수 (2) 약수

4 2, 5 / (1) 1, 2, 4, 5, 10, 20
(2) 1, 2, 4, 5, 10, 20

5 ( )
( ) (○)

6 9, 54

5 큰 수를 작은 수로 나누었을 때 나누어떨어지면 두 수는 서로 약수와 배수의 관계입니다.
$29\div6=4\cdots5$, $32\div7=4\cdots4$, $48\div8=6$

6 $27\div7=3\cdots6$, $27\div9=3$, $33\div27=1\cdots6$
$45\div27=1\cdots18$, $54\div27=2$

Step 3 유형 콕콕 42~45쪽

1-1 1, 2, 3, 6, 9, 18 / 1, 2, 3, 6, 9, 18

1-2 1, 2, 4, 5, 10, 20 /
$20\div1=20$, $20\div2=10$, $20\div4=5$, $20\div5=4$, $20\div10=2$, $20\div20=1$

1-3 1, 2, 4, 8, 16 **1-4** 1

1-5 ②, ④, ⑤ **1-6** 1, 9, 27

1-7 7, 29 **1-8** ③

1-9 28 **1-10** 8가지

1-11 풀이 참조

2-1 5, 2, 10, 3, 15, 4, 20, 5, 10, 15, 20

2-2 20, 30, 40, 50 **2-3** 8, 16, 24, 32, 40

2-4 ╱표 – 12, 16, 20, 24, 28, 32, 36, 40
╲표 – 18, 27, 36
○표 – 11, 22, 33

2-5 ㉡, ㉣, ㉥ **2-6** ①, ④

2-7 ②, ⑤ **2-8** 32, 48, 64

2-9 75 **2-10** 5개

2-11 45, 90

3-1 (1) 1, 2, 3, 5, 6, 10, 15, 30
(2) 1, 2, 3, 6, 7, 14, 21, 42
3-2 4, 6, 12, 약수, 4, 6, 12
3-3 ⑤ **3-4** ②, ④
3-5 1, 2, 4, 7, 14, 28
3-6 1, 3, 11, 33

1-1 18을 1, 2, 3, 6, 9, 18로 나누면 나누어떨어집니다.
이때 1, 2, 3, 6, 9, 18을 18의 약수라고 합니다.

1-3 $16\div1=16$, $16\div2=8$, $16\div4=4$, $16\div8=2$, $16\div16=1$

1-4 1은 모든 자연수를 나누어떨어지게 하는 수이므로 모든 자연수의 약수입니다.

1-5 ① $15\div4=3 \cdots 3$ ② $42\div6=7$
③ $18\div8=2 \cdots 2$ ④ $28\div7=4$
⑤ $27\div9=3$

1-6 27의 약수 : 1, 3, 9, 27

1-7 54를 나누었을 때 나누어떨어지지 않는 수를 찾아봅니다.
$54\div7=7 \cdots 5$, $54\div29=1 \cdots 25$

1-8 ① 6의 약수 : 1, 2, 3, 6 ➡ 4개
② 10의 약수 : 1, 2, 5, 10 ➡ 4개
③ 42의 약수 : 1, 2, 3, 6, 7, 14, 21, 42 ➡ 8개
④ 52의 약수 : 1, 2, 4, 13, 26, 52 ➡ 6개
⑤ 77의 약수 : 1, 7, 11, 77 ➡ 4개

가장 큰 수가 반드시 약수의 개수가 가장 많은 것은 아닙니다.

1-9 어떤 수의 약수 중에서 가장 작은 수는 1이고 가장 큰 수는 어떤 수 자신입니다. 따라서 가장 큰 수는 28이므로 어떤 수는 28입니다.

1-10 나누어 담는 방법의 수는 약수의 개수와 같습니다.
56의 약수 : 1, 2, 4, 7, 8, 14, 28, 56 ➡ 8개
따라서 나누어 담는 방법은 8가지입니다.

1-11 예 $36\div9=4$입니다. 36을 9로 나누었을 때 나누어떨어지므로 9는 36의 약수입니다.

2-3 $8\times1=8$, $8\times2=16$, $8\times3=24$, $8\times4=32$, $8\times5=40$

2-5 ㉡ $9\times4=36$ ㉣ $9\times6=54$ ㉥ $9\times11=99$

2-6 ① $1\times6=6$이므로 6은 1의 배수입니다.
④ $15\times2=30$이므로 30은 15의 배수입니다.

2-7 $12\times1=12$, $12\times2=24$, $12\times3=36$, $12\times4=48$, $12\times5=60$, $12\times6=72$, $12\times7=84$

2-8 30보다 큰 수는 32, 48, 50, 64입니다.
이 중에서 16의 배수는 $16\times2=32$, $16\times3=48$, $16\times4=64$입니다.

2-9 5를 1배, 2배, 3배, 4배, ⋯⋯ 한 수를 쓴 것입니다. 따라서 열다섯 번째 수는 5를 15배 한 수로 $5\times15=75$입니다.

2-10 $7\times3=21$, $7\times4=28$, $7\times5=35$, $7\times6=42$, $7\times7=49$로 모두 5개입니다.

2-11 $15\times2=30$, $15\times3=45$, $15\times4=60$, $15\times5=75$, $15\times6=90$, $15\times7=105$이므로 30보다 크고 100보다 작은 15의 배수 중 가장 작은 수는 45이고 가장 큰 수는 90입니다.

3-4 ① $58\div4=14 \cdots 2$
② $65\div5=13$ ③ $81\div7=11 \cdots 4$
④ $96\div8=12$ ⑤ $74\div6=12 \cdots 2$

3-5 ▲가 ■의 배수이려면 ■는 ▲의 약수이어야 합니다. 따라서 □는 28의 약수이므로 1, 2, 4, 7, 14, 28입니다.

3-6 □는 33의 약수이므로 1, 3, 11, 33입니다.

Step 1 개념 탄탄 46쪽

1 (1) 1, 3, 9 (2) 9
2 (1) 1, 2, 3, 6 (2) 6
(3) 1, 2, 3, 6 (4) 같습니다.

Step 2 핵심 쏙쏙 47쪽

1 (1) 1, 2, 4, 8, 16
(2) 1, 2, 3, 4, 6, 8, 12, 24
(3) 1, 2, 4, 8 (4) 8
2 (1) 1, 2, 5, 10 / 1, 2, 4, 5, 10, 20
(2) 1, 2, 5, 10 / 1, 2, 5, 10
(3) 10 (4) 1, 2, 5, 10
(5) 같습니다.
3 (1) 1, 2, 4, 5, 10, 20
(2) 1, 2, 3, 4, 6, 8, 12, 24
(3) 1, 2, 4 (4) 4
4 1, 7, 14
5 (1) 1, 3, 9 (2) 1, 3, 9
(3) 같습니다.
6 ①, ③

4 28의 약수 : 1, 2, 4, 7, 14, 28
42의 약수 : 1, 2, 3, 6, 7, 14, 21, 42
➡ 28과 42의 공약수 : 1, 2, 7, 14

5 (1) 27의 약수 : 1, 3, 9, 27
45의 약수 : 1, 3, 5, 9, 15, 45
➡ 27과 45의 공약수 : 1, 3, 9
(2) 27과 45의 최대공약수 : 9
9의 약수 : 1, 3, 9

6 30의 약수 : 1, 2, 3, 5, 6, 10, 15, 30

Step 1 개념 탄탄 48쪽

1 [방법 1] 3, 5, 15 / [방법 2] 3, 5, 15

1 [방법 1] 두 수를 각각 여러 수의 곱으로 나타내었을 때 공통으로 들어 있는 수를 모두 곱하면 두 수의 최대공약수가 됩니다.
[방법 2] 두 수의 공약수가 1뿐일 때까지 두 수의 공약수로 나누었을 때 공약수들을 모두 곱하면 두 수의 최대공약수가 됩니다.

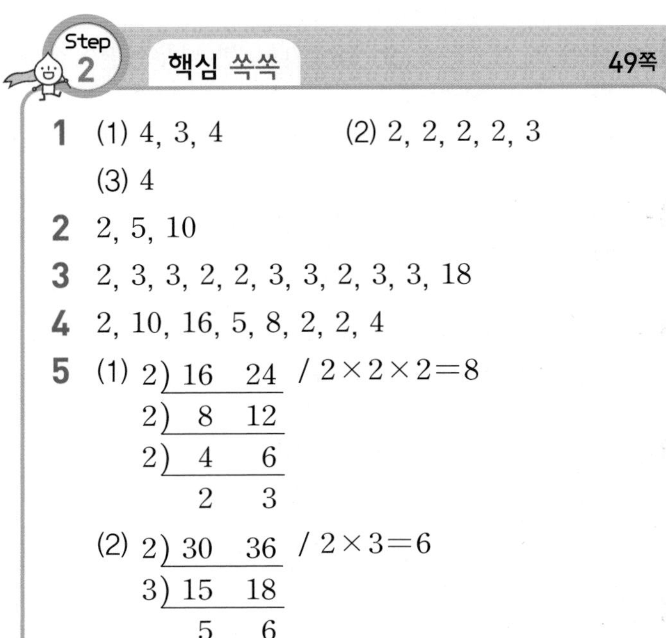

Step 2 핵심 쏙쏙 49쪽

1 (1) 4, 3, 4 (2) 2, 2, 2, 2, 3
(3) 4
2 2, 5, 10
3 2, 3, 3, 2, 2, 3, 3, 2, 3, 3, 18
4 2, 10, 16, 5, 8, 2, 2, 4
5 (1)
2) 16 24
2) 8 12
2) 4 6
2 3
/ $2\times2\times2=8$
(2)
2) 30 36
3) 15 18
5 6
/ $2\times3=6$

1 (3) 곱셈식 중 공통으로 들어 있는 가장 큰 수는 4 또는 2×2이므로 최대공약수는 4입니다.

3 참고
18과 36은 두 수가 서로 약수와 배수의 관계이므로 작은 수인 18이 최대공약수가 됩니다.

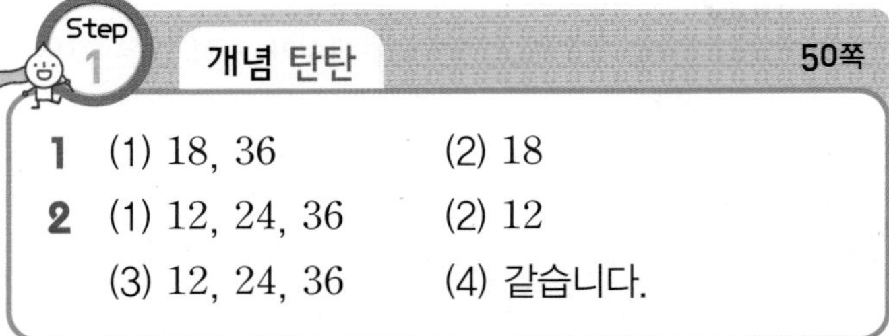

Step 1 개념 탄탄 50쪽

1 (1) 18, 36 (2) 18
2 (1) 12, 24, 36 (2) 12
(3) 12, 24, 36 (4) 같습니다.

1 (1) 6과 9의 배수 중에서 공통된 배수는 18, 36, ……입니다.

(2) 공배수 18, 36, …… 중에서 가장 작은 수는 18입니다.

Step 2 핵심 쏙쏙 51쪽

1 (1) 2, 4, 6, 8, 10, 12, 14, 16, 18, 20, 22, 24
(2) 3, 6, 9, 12, 15, 18, 21, 24
(3) 6, 12, 18, 24 (4) 6
2 (1) 18, 24, 30, 36, 42, 48
(2) 24, 32, 40, 48, 56, 64
(3) 24, 48, …… (4) 24
(5) 24, 48, …… (6) 같습니다.
3 (1) 8, 16, 24 (2) 12, 24
(3) 24, 48 (4) 24
4 (1) 66, 132 (2) 66, 132
(3) 같습니다.
5 ④, ⑤

3 두 수의 배수 중에서 공통된 배수를 공배수라 하고 공배수 중에서 가장 작은 수를 최소공배수라고 합니다.

4 (1) 22의 배수 : 22, 44, 66, 88, 110, 132, ……
33의 배수 : 33, 66, 99, 132, ……
➡ 22와 33의 공배수 : 66, 132, ……
(2) 22와 33의 최소공배수 : 66
66의 배수 : 66, 132, ……

5 20의 배수 : 20, 40, 60, ……

Step 1 개념 탄탄 52쪽

1 [방법 1] 3, 3, 2, 3, 54 /
[방법 2] 3, 3, 2, 3, 54

1 [방법 1] 두 수를 각각 여러 수의 곱으로 나타내었을 때 공통으로 들어 있는 수는 한 번만 곱하고 나머지 수를 모두 곱하면 두 수의 최소공배수가 됩니다.
[방법 2] 두 수의 공약수가 1뿐일 때까지 두 수의 공약수로 나누었을 때 공약수들과 몫을 곱하면 두 수의 최소공배수가 됩니다.

Step 2 핵심 쏙쏙 53쪽

1 (1) 4, 4, 7 (2) 2, 2, 2, 2, 7
(3) 56
2 2, 3, 3, 5, 90
3 2, 2, 2, 2, 2, 2, 2, 3, 2, 2, 2, 2, 3, 48
4 5, 5, 20, 1, 4, 3, 5, 1, 4, 60
5 (1) 2) 6 8 / $2\times3\times4=24$
3 4
(2) 2) 28 42 / $2\times7\times2\times3=84$
7) 14 21
2 3

1 (3) $2\times4\times7=56$ 또는 $2\times2\times2\times7=56$이므로 최소공배수는 56이 됩니다.

4 참고
15와 60은 두 수가 서로 약수와 배수의 관계이므로 큰 수인 60이 최소공배수가 됩니다.

Step 3 유형 콕콕 54~57쪽

4-1 1, 2, 4, 8 / 8
4-2 (1) 1, 2, 3, 6, 9, 18 / 1, 3, 9, 27
(2) 1, 3, 9 (3) 9
4-3 1, 2, 4 4-4 ③, ④
4-5 6개
4-6 1, 2, 4 / 4 / 1, 2, 7, 14 / 14

4-7 6개 **4-8** 1, 3, 7, 21
5-1 3, 5, 2, 3, 7, 2, 3, 6
5-2 3, 7, 14, 21, 2, 3 / 3, 7, 21
5-3
```
2) 16  40   / 2×2×2=8
2)  8  20
2)  4  10
    2   5
```
5-4 ① **5-5** 6명
5-6 15 cm
6-1 (1) 21, 42, 63 (2) 21, 42, 63
(3) 같습니다.
6-2 80, 160, 240 **6-3** 84, 168
6-4 2개
6-5 90 / 90, 180, 270 / 72 / 72, 144, 216
6-6 ①, ⑤
6-7 (1) 24 (2) 24, 48
7-1 2, 5, 2, 2, 7, 2, 2, 5, 7, 140
7-2 2, 3, 6, 15, 2, 5 / 2, 3, 2, 5, 60
7-3 (선 잇기) **7-4** ㉡, ㉠, ㉢
7-5 36분 후
7-6 30 cm

4-3 12의 약수 : 1, 2, 3, 4, 6, 12
32의 약수 : 1, 2, 4, 8, 16, 32
➡ 12와 32의 공약수 : 1, 2, 4

4-4 24의 약수 : 1, 2, 3, 4, 6, 8, 12, 24
30의 약수 : 1, 2, 3, 5, 6, 10, 15, 30
➡ 24와 30의 공약수 : 1, 2, 3, 6

4-5 36의 약수 : 1, 2, 3, 4, 6, 9, 12, 18, 36
54의 약수 : 1, 2, 3, 6, 9, 18, 27, 54
36과 54의 공약수 : 1, 2, 3, 6, 9, 18 ➡ 6개

4-6 16의 약수 : 1, 2, 4, 8, 16
28의 약수 : 1, 2, 4, 7, 14, 28
➡ 16과 28의 공약수 : 1, 2, 4
➡ 16과 28의 최대공약수 : 4
56의 약수 : 1, 2, 4, 7, 8, 14, 28, 56
70의 약수 : 1, 2, 5, 7, 10, 14, 35, 70
➡ 56과 70의 공약수 : 1, 2, 7, 14
➡ 56과 70의 최대공약수 : 14

4-7 두 수의 공약수는 두 수의 최대공약수의 약수와 같습니다.
28의 약수 : 1, 2, 4, 7, 14, 28 ➡ 6개

4-8 84와 63을 어떤 수로 나누면 나누어떨어지므로 어떤 수는 84와 63의 공약수입니다.
84의 약수 : 1, 2, 3, 4, 6, 7, 12, 14, 21, 28, 42, 84
63의 약수 : 1, 3, 7, 9, 21, 63
➡ 84와 63의 공약수 : 1, 3, 7, 21

5-3 두 수의 공약수가 1뿐일 때까지 두 수의 공약수로 나누었을 때 공약수들을 모두 곱하면 두 수의 최대공약수가 됩니다.

5-4 ① 9 ② 6 ③ 7 ④ 6 ⑤ 7

두 수가 크다고 해서 반드시 최대공약수가 큰 것은 아닙니다.

5-5
```
2) 42  30
3) 21  15   ➡ 최대공약수 : 2×3=6
    7   5
```

참고
연필과 지우개를 똑같이 나누어 주어야 하므로 공약수를 구해야 하고, 될 수 있는 대로 많은 학생들에게 나누어 주어야 하므로 공약수 중에서 최대공약수를 구해야 합니다.

5-6
```
3) 60  45
5) 20  15   ➡ 최대공약수 : 3×5=15
    4   3
```

6-2 16의 배수도 되고 40의 배수도 되는 수는 16과 40의 공배수입니다.
➡ 16과 40의 공배수 : 80, 160, 240, ……

6-3 14의 배수 : 14, 28, <u>42</u>, 56, ……
21의 배수 : 21, <u>42</u>, 63, 84, ……
14와 21의 최소공배수가 42이므로 42의 배수를 찾습니다. ➡ 42, 84, 126, 168, ……

6-4 9의 배수 : 9, 18, 27, 36, 45, ……
12의 배수 : 12, 24, 36, 48, ……
9와 12의 최소공배수는 36이므로 36의 배수는 36, 72입니다.

6-5 • 18과 45의 최소공배수는 90이므로 공배수는 90, 180, 270입니다.
• 24와 36의 최소공배수는 72이므로 공배수는 72, 144, 216입니다.

6-6 두 수의 공배수는 두 수의 최소공배수의 배수와 같습니다.
35의 배수 : 35, 70, 105, 140, 175, ……

6-7 (1) 6과 8의 최소공배수는 24이므로 처음으로 손뼉을 치면서 제자리 뛰기를 하게 되는 수는 24입니다.
(2) 1부터 50까지의 수 중에서 24의 배수는 24, 48입니다.

7-3 3) 15 18
　　5 6
➡ 최소공배수
$3\times5\times6=90$

2) 20 30
5) 10 15
　　2 3
➡ 최소공배수
$2\times5\times2\times3=60$

2) 28 42
7) 14 21
　　2 3
➡ 최소공배수
$2\times7\times2\times3=84$

7-4 ㉠ 5) 10 25
　　2 5
➡ 최소공배수
$5\times2\times5=50$

㉡ 3) 6 15
　　2 5
➡ 최소공배수
$3\times2\times5=30$

㉢ 13) 26 39
　　2 3
➡ 최소공배수
$13\times2\times3=78$

7-5 2) 12 18
3) 6 9
　　2 3
➡ 최소공배수 : $2\times3\times2\times3=36$

7-6 5) 10 15
　　2 3
➡ 최소공배수 : $5\times2\times3=30$

> **참고**
> 정사각형을 만들어야 하므로 공배수를 구해야 하고 될 수 있는 대로 작은 정사각형을 만들어야 하므로 공배수 중에서 최소공배수를 구해야 합니다.

Step 4 실력 팍팍

58~61쪽

1	6개		
2	(1) 24		(2) 93
3	16, 10, 25	**4**	16
5	4개	**6**	6번
7	26, 52, 65	**8**	294
9	2, 6	**10**	41, 43, 47, 49
11	30개	**12**	예 $6\times8=48$
13	①, ③		
14	3, 12 / 6, 12 / 5, 10		
15	9, 풀이 참조	**16**	16
17	4, 13	**18**	동민, 풀이 참조
19	1, 5	**20**	3
21	6명	**22**	4자루, 7개
23	27	**24**	8
25	45	**26**	5
27	4번	**28**	33개
29	43	**30**	22개

1 32를 나누어떨어지게 하는 수는 32의 약수입니다.
32의 약수 : 1, 2, 4, 8, 16, 32 ➡ 6개

2 (1) 14의 약수 : 1, 2, 7, 14
(14의 모든 약수들의 합)$=1+2+7+14$
$=24$
(2) 50의 약수 : 1, 2, 5, 10, 25, 50
(50의 모든 약수들의 합)
$=1+2+5+10+25+50$
$=93$

3 10의 약수 : 1, 2, 5, 10 ➡ 4개
16의 약수 : 1, 2, 4, 8, 16 ➡ 5개
25의 약수 : 1, 5, 25 ➡ 3개

4 48의 약수 : 1, 2, 3, 4, 6, 8, 12, 16, 24, 48
48의 약수 중 십의 자리 숫자가 1인 수는 12, 16이고, 이 중 24의 약수가 아닌 수는 16입니다.

5 81의 약수 : 1, 3, 9, 27, 81
이 중에서 3의 배수는 3, 9, 27, 81이므로 4개입니다.

6 9시, 9시 12분, 9시 24분, 9시 36분, 9시 48분, 10시 ➡ 6번

7 두 자리 수 중 13의 배수를 가장 작은 수부터 차례로 알아보면 13, 26, 39, 52, 65, 78, 91입니다.
이 중에서 4장의 숫자 카드로 만들 수 있는 수는 26, 52, 65입니다.

8 $300\div14=21\cdots6$이므로 14를 21배 한 수와 14를 22배 한 수 중에서 300에 더 가까운 수를 찾습니다.
$14\times21=294$, $14\times22=308$이므로 300에 가장 가까운 수는 294입니다.

9 십의 자리 숫자가 5인 4의 배수는 52, 56이므로 □ 안에 알맞은 숫자는 2, 6입니다.

참고
4의 배수가 되기 위해서는 끝의 두 자리 수가 00 또는 4의 배수가 되어야 합니다.

10 39부터 51까지의 수 중 2의 배수가 아닌 수에서 3의 배수를 찾아 지웁니다.
~~39~~, (41), (43), ~~45~~, (47), (49), ~~51~~

11 $100\div2=50$이므로 2의 배수는 50개이고, $100\div5=20$이므로 5의 배수는 20개입니다.
따라서 개수의 차는 $50-20=30$(개)입니다.

12 6은 48의 약수이고, 48은 6의 배수이므로
$6\times\square=48$에서 $\square=48\div6=8$입니다.

13 □ 안에 들어갈 수 있는 수는 6의 배수이면서 8의 배수인 6과 8의 공배수입니다.

14 $3\times4=12$, $6\times2=12$, $5\times2=10$

15 36의 약수는 1, 2, 3, 4, 9, 12, 18, 36이므로
36의 약수이면서 3의 배수는 3, 9, 12, 18, 36입니다.
이 중에서 5보다 크고 15보다 작은 홀수는 9이므로 조건을 모두 만족하는 수는 9입니다.

16 4의 약수의 합 : $1+2+4=7$
8의 약수의 합 : $1+2+4+8=15$
12의 약수의 합 : $1+2+3+4+6+12=28$
16의 약수의 합 : $1+2+4+8+16=31$

17 52의 약수는 1, 2, 4, 13, 26, 52이고 1보다 큰 홀수는 13뿐이므로 ▲$=13$입니다.
$52=$■$\times13$이므로 ■$=4$입니다.

18 30과 40의 공약수는 1, 2, 5, 10이므로 30과 40의 공약수 중에서 가장 큰 수는 10입니다.

19 □ 안에 공통으로 들어갈 수 있는 수는 35와 40을 모두 나누어떨어지게 하는 수이므로 35와 40의 공약수입니다.
35와 40의 공약수 : 1, 5

20 ㉠과 ㉡의 최대공약수는 $12=2\times2\times3$이므로
㉡$=2\times2\times\square\times5$에 $2\times2\times3$이 포함되어 있어야 합니다. 따라서 □ 안에 알맞은 수는 3입니다.

21 연필 2타는 24자루입니다.
24와 42의 최대공약수는 6이므로 연필과 지우개를

6명까지 나누어 줄 수 있습니다.

22 연필 : $24 \div 6 = 4$(자루)
지우개 : $42 \div 6 = 7$(개)

23 81의 약수 : 1, 3, 9, 27, 81
따라서 두 번째로 큰 수는 27입니다.

24 $34-2=32$와 $59-3=56$을 어떤 수로 나누면 나누어떨어지므로 어떤 수는 32와 56의 공약수입니다. 따라서 어떤 수 중에서 가장 큰 수는 32와 56의 최대공약수인 8입니다.

25 □ 안에 공통으로 들어갈 수 있는 수 중 가장 작은 수는 9와 15의 최소공배수이므로 45입니다.

26 $2 \times 3 \times 2 \times \square = 60$이므로 □ 안에 알맞은 수는 5입니다.

27 영수는 4의 배수마다 검은 바둑돌을 놓고, 효근이는 3의 배수마다 검은 바둑돌을 놓으므로 12의 배수마다 검은 바둑돌이 같이 놓입니다.
따라서 바둑돌을 50개 놓을 때 같은 자리에 검은 바둑돌이 놓이는 경우는 12번째, 24번째, 36번째, 48번째이므로 모두 4번입니다.

28 3으로도 나누어떨어지고 4로도 나누어떨어지는 수는 3과 4의 최소공배수인 12의 배수입니다.
$400 \div 12 = 33 \cdots 4$ ➡ 33개

29 (어떤 수)-3을 8과 10으로 나누면 나누어떨어지므로 (어떤 수)-3은 8과 10의 공배수입니다.
(어떤 수)-3 중에서 가장 작은 수는 8과 10의 최소공배수입니다.

$$\begin{array}{r|rr} 2 & 8 & 10 \\ \hline & 4 & 5 \end{array}$$
➡ 최소공배수 : $2 \times 4 \times 5 = 40$

따라서 (어떤 수)$-3=40$, (어떤 수)$=43$입니다.

30 말뚝을 가장 적게 사용하므로 36과 30의 최대공약수를 이용합니다.
직사각형의 둘레는 $36+30+36+30=132$(m)이므로 필요한 말뚝의 수는 $132 \div 6 = 22$(개)입니다.

서술 유형 익히기 62~63쪽

① 42, 42, 14, 21, 42, 8 / 8
1-1 풀이 참조, 6개

② 20, 20, 20, 40, 60, 80, 100, 5 / 5
2-1 풀이 참조, 5개

③ 40, 40, 6, 40, 8, 4, 8, 8 / 8
3-1 풀이 참조, 12

④ 최소공배수, 72, 72, 11, 12 / 11, 12
4-1 풀이 참조, 오후 5시 20분

1-1 28이 □의 배수이려면 □는 28의 약수이어야 합니다.
따라서 □ 안에 들어갈 수 있는 수는 28의 약수인 1, 2, 4, 7, 14, 28이므로 모두 6개입니다.

2-1 6과 9의 공배수는 6과 9의 최소공배수인 18의 배수와 같습니다.
따라서 1부터 100까지의 수 중 18의 배수는 18, 36, 54, 72, 90이므로 모두 5개입니다.

3-1 $65-5=60$과 $78-6=72$를 어떤 수로 나누면 나누어떨어지므로 어떤 수는 60과 72의 공약수 중 나머지인 5와 6보다 큰 수입니다. 60과 72의 최대공약수는 12이므로 두 수의 공약수는 1, 2, 3, 4, 6, 12입니다.
따라서 어떤 수는 12입니다.

4-1 공장에서는 25와 40의 최소공배수인 200분마다 두 자전거를 동시에 생산합니다.
따라서 다음 번에 두 자전거를 동시에 생산하는 시각은 오후 2시$+$200분$=$오후 5시 20분입니다.

단원 평가 64~67쪽

1 1, 2, 4, 8, 16, 32, 64
2 11, 22, 33, 44, 55 3 ㉣
4 10, 420 5 ④
6 ③, ④
7 ○표 – 36, 93, 48, 78, 51
△표 – 40, 95, 65, 70, 35
8 ①, ③ 9 ①
10 ③ 11 11개
12 420 13 20개
14 1, 2, 4, 8, 16 15 9
16 ⑤ 17 60
18 40 19 9
20 5개, 9개 21 4개, 5개
22 풀이 참조 23 풀이 참조
24 풀이 참조
25 풀이 참조, 오전 8시 12분

1 $64\div1=64$, $64\div2=32$, $64\div4=16$, $64\div8=8$, $64\div16=4$, $64\div32=2$, $64\div64=1$

2 $11\times1=11$, $11\times2=22$, $11\times3=33$, $11\times4=44$, $11\times5=55$

3 ㉠ $29\div9=3\cdots2$ ㉡ $15\div10=1\cdots5$
㉢ $86\div21=4\cdots2$ ㉣ $64\div16=4$

4 최대공약수 : $2\times5=10$
최소공배수 : $2\times5\times3\times2\times7=420$

5 72의 약수 : 1, 2, 3, 4, 6, 8, 9, 12, 18, 24, 36, 72

6 ① $112\div6=18\cdots4$ ② $218\div6=36\cdots2$
③ $390\div6=65$ ④ $450\div6=75$
⑤ $656\div6=109\cdots2$

7 3의 배수 : 3으로 나누어떨어지는 수 또는 각 자리의 숫자의 합이 3의 배수인 수
5의 배수 : 일의 자리 숫자가 0 또는 5인 수

8 24의 배수 : 24, 48, 72, 96, 120, ……
40의 배수 : 40, 80, 120, ……
24와 40의 공배수 : 120, 240, 360, 480, 600, ……

9 ① 모든 수의 약수가 되는 수는 1입니다.

10 ① 16의 약수 : 1, 2, 4, 8, 16 ➡ 5개
② 38의 약수 : 1, 2, 19, 38 ➡ 4개
③ 50의 약수 : 1, 2, 5, 10, 25, 50 ➡ 6개
④ 55의 약수 : 1, 5, 11, 55 ➡ 4개
⑤ 61의 약수 : 1, 61 ➡ 2개

11 $100\div9=11\cdots1$ ➡ 11개

12 $400\div42=9\cdots22$
$42\times9=378$, $42\times10=420$이므로 400에 가장 가까운 수는 420입니다.

13 1부터 70까지의 자연수 중 2의 배수 : 35개
1부터 31까지의 자연수 중 2의 배수 : 15개
➡ $35-15=20$(개)

14 [가]에 해당하는 수는 48과 64의 공약수입니다.
48의 약수 : 1, 2, 3, 4, 6, 8, 12, 16, 24, 48
64의 약수 : 1, 2, 4, 8, 16, 32, 64
➡ 48과 64의 공약수 : 1, 2, 4, 8, 16

15 두 수의 공약수는 두 수의 최대공약수의 약수와 같습니다.
45의 약수 : 1, 3, 5, 9, 15, 45
따라서 공약수 중에서 세 번째로 큰 수는 9입니다.

16 ① 32 ② 108 ③ 75 ④ 240 ⑤ 252

17 24☆36 ➡ 24와 36의 최대공약수 : 12

$$\begin{array}{r|rr} 2 & 24 & 36 \\ 2 & 12 & 18 \\ 3 & 6 & 9 \\ \hline & 2 & 3 \end{array}$$

최대공약수 : $2\times2\times3=12$

12◎15 ➡ 12와 15의 최소공배수 : 60

$3\overline{)12\quad 15}$ → 4　5　　최소공배수 : 3×4×5=60

18 (어떤 수)−4는 9와 12의 공배수이고 그중에서 가장 작은 수는 최소공배수입니다.

$3\overline{)9\quad 12}$ → 3　4　　최소공배수 : 3×3×4=36

(어떤 수)−4=36 ➡ (어떤 수)=40

19 45□÷3은 나누어떨어집니다.

15☆ / 3)45□ / 3 / 15 / 15 / □ / □ / 0

따라서 □ 안에 들어갈 수 있는 숫자는 0, 3, 6, 9이고 그중에서 가장 큰 수는 9입니다.

다른 풀이

각 자리 숫자의 합이 3의 배수가 되어야 합니다. 4+5+□=9+□이므로 □ 안에 들어갈 수 있는 숫자는 0, 3, 6, 9이고 그중에서 가장 큰 수는 9입니다.

20 $3\overline{)75\quad 135}$, $5\overline{)25\quad 45}$ → 5　9 ➡ 최대공약수 : 3×5=15

75와 135의 최대공약수는 15입니다.
따라서 한 봉지에 빵은 75÷15=5(개)씩, 사탕은 135÷15=9(개)씩 담아야 합니다.

21 $2\overline{)20\quad 16}$, $2\overline{)10\quad 8}$ → 5　4 ➡ 최소공배수 : 2×2×5×4=80

20과 16의 최소공배수는 80입니다.
따라서 적어도 딸기는 80÷20=4(개),
도토리는 80÷16=5(개) 필요합니다.

서술형

22 약수입니다.
576÷8=72이므로 576을 8로 나누면 나누어떨어집니다.
따라서 8은 576의 약수입니다.

23 배수입니다.
6의 배수는 6, 12, 18, 24, ……이고,
2의 배수는 2, 4, 6, 8, 10, 12, 14, 16, 18, ……인데 2의 배수 중 색칠한 수들은 모두 6의 배수입니다.
따라서 6의 배수는 모두 2의 배수입니다.

24 [방법 1] 54와 81을 각각 여러 수의 곱으로 나타내어 구합니다.
54=2×3×3×3, 81=3×3×3×3
➡ 최대공약수 : 3×3×3=27
[방법 2] 54와 81을 1이 아닌 두 수의 공약수로 나누어 구합니다.

$3\overline{)54\quad 81}$, $3\overline{)18\quad 27}$, $3\overline{)6\quad 9}$ → 2　3 ➡ 최대공약수 3×3×3=27

25 4와 12는 서로 약수와 배수의 관계이므로 큰 수인 12가 두 수의 최소공배수가 되고, 두 버스는 4와 12의 최소공배수인 12분마다 동시에 출발합니다.
따라서 다음 번에 두 버스가 동시에 출발하는 시각은 오전 8시+12분=오전 8시 12분입니다.

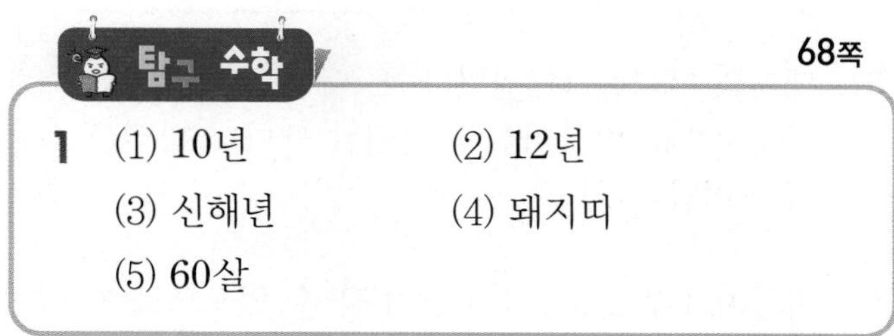

탐구 수학　68쪽

1 (1) 10년　(2) 12년
(3) 신해년　(4) 돼지띠
(5) 60살

1 (3) 2031년은 2019년의 12년 후이므로 신해년입니다.
(4) 2031년은 신해년이므로 돼지띠입니다.
(5) 할아버지와 내가 태어난 해의 이름이 같으므로 무술의 해가 다시 돌아오려면 10년과 12년의 최소공배수인 60년이 걸립니다.

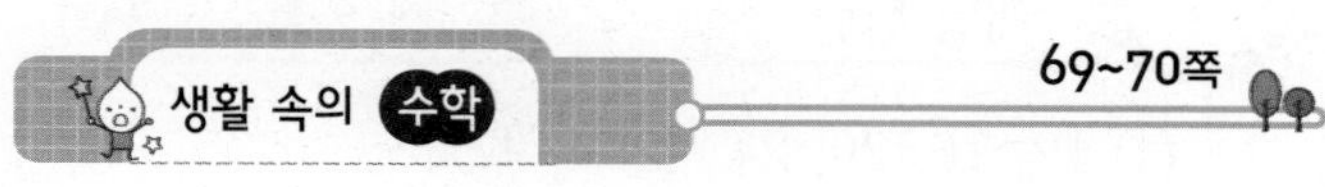

생활 속의 수학　69~70쪽

• 3번

Step 1 개념 탄탄 72쪽

1 6, 8, 10, 12 /
(1) 14 (2) 2
(3) 2 (4) 2

2 12, 15, 풀이 참조

2 예 탁자 다리의 수는 탁자의 수의 3배입니다. (또는 탁자의 수는 탁자 다리의 수를 3으로 나눈 몫입니다.)

Step 2 핵심 쏙쏙 73쪽

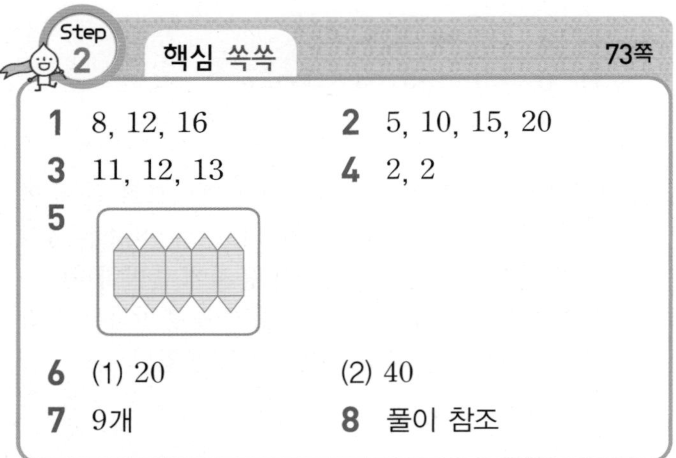

1 8, 12, 16 2 5, 10, 15, 20
3 11, 12, 13 4 2, 2
5
6 (1) 20 (2) 40
7 9개 8 풀이 참조

1 돼지의 다리는 4개입니다.
따라서 돼지가 1마리씩 늘어날 때마다 다리는 4개씩 늘어납니다.

2 자동차 1대에 5명의 사람이 탈 수 있으므로 자동차가 1대씩 늘어날 때마다 자동차에 탈 수 있는 사람의 수는 5명씩 늘어납니다.

8 예 삼각형의 수는 사각형의 수의 2배입니다.
사각형의 수는 삼각형의 수를 2로 나눈 몫입니다.

Step 1 개념 탄탄 74쪽

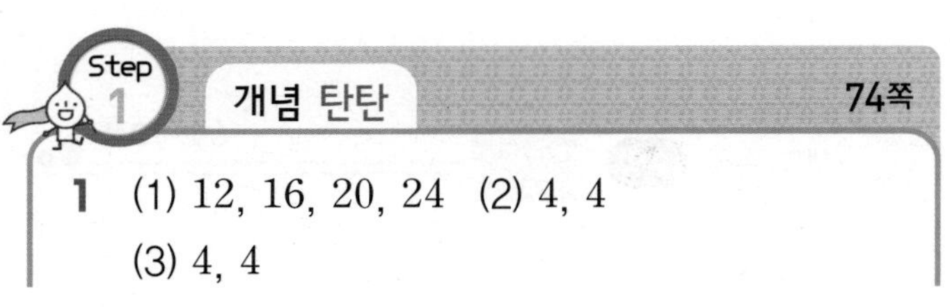

1 (1) 12, 16, 20, 24 (2) 4, 4
(3) 4, 4

2 (1) 5, 작습니다, 5 (2) 5, 큽니다, 5

Step 2 핵심 쏙쏙 75쪽

1 12, 16, 20 2 4, 4
3 11, 12, 13, 14, 15
4 ■=●+3(또는 ●=■−3)
5 ( ) (○) 6 ♥+5, ▲−5
7 ♥×3, ▲÷3 8 ♥−2, ▲+2

5 ◈는 ◆보다 2 큽니다. 또는 ◆는 ◈보다 2 작습니다.
➡ ◈=◆+2 또는 ◆=◈−2

Step 1 개념 탄탄 76쪽

1 (1) 6 (2) 24, 30
(3) 6, 6 (4) 6, 6

Step 2 핵심 쏙쏙 77쪽

1 5개 2 15, 20, 25
3 5, 5 4 ■×5, ▲÷5
5 7개 6 21, 28, 35
7 7, 7 8 ★×7, ●÷7

Step 3 유형 콕콕 78~81쪽

1-1 5 / 4, 5, 6, 7 1-2 17개
1-3 풀이 참조 1-4 12, 18, 24
1-5 8, 16, 24, 32, 40

1-6 9, 10, 13 **1-7** 풀이 참조
1-8 2, 3, 4, 5 **1-9** 풀이 참조
1-10 2, 3, 4 / 풀이 참조
1-11 0, 4, 5 / 6, 7, 8 **2-1** 7 / 12, 20
2-2 풀이 참조 **2-3** ■×4, ▲÷4
2-4 (1) 3 (2) 5
(3) ■−3, ▲+3
2-5 ④
2-6 ▲=●−9, ●=▲+9
2-7
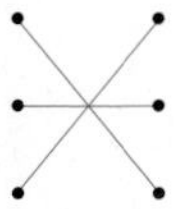
2-8 ◉×4, ■÷4
2-9 ■×2, ▲÷2
3-1 75, 100, 125
3-2 ■×25, ▲÷25 **3-3** 300장
3-4 32초 **3-5** 10, 13, 16
3-6 ★×3+1, (●−1)÷3
3-7 28개 **3-8** 8개

1-2 삼각판은 사각판보다 2개씩 더 많으므로 사각판이 15개일 때 삼각판은 17개 필요합니다.

1-3 ㉮ 삼각판의 수는 사각판의 수보다 2 큽니다.
사각판의 수는 삼각판의 수보다 2 작습니다.

1-4 접시에 딸기가 6개씩 담겨 있으므로 접시가 1개씩 늘어날 때마다 딸기는 6개씩 늘어납니다.

1-5 문어가 1마리씩 늘어날 때마다 다리는 8개씩 늘어납니다.

1-6 연도가 1년씩 늘어날 때마다 영수의 나이는 1살씩 늘어나고, 연도가 1년씩 줄어들 때마다 영수의 나이는 1살씩 줄어듭니다.

1-7 ㉮ 베이징의 시각은 도쿄의 시각보다 1시간 느립니다.
도쿄의 시각은 베이징의 시각보다 1시간 빠릅니다.

1-9 ㉮ 철봉 기둥의 수는 철봉 대의 수보다 1 큽니다.
철봉 대의 수는 철봉 기둥의 수보다 1 작습니다.

1-10 ㉮ ●는 ▶보다 3 작습니다.
▶는 ●보다 3 큽니다.

2-2 ㉮ 날개의 수는 드론의 수의 4배입니다.
드론의 수는 날개의 수를 4로 나눈 몫입니다.

2-5 ◆와 ♥의 합이 11입니다.
◆+♥=11, ◆=11−♥, ♥=11−◆

2-8 (정사각형의 둘레)=(한 변의 길이)×4
또는 (한 변의 길이)=(정사각형의 둘레)÷4

2-9 한 층에 면봉을 2개씩 쌓은 것입니다.

3-3 ▲=■×25이므로 ▲=12×25=300(장)입니다.

3-4 ■=▲÷25이므로 ■=800÷25=32(초)입니다.

3-7 ●=★×3+1이므로 ●=9×3+1=28(개)입니다.

3-8 ★=(●−1)÷3이므로
★=(25−1)÷3=8(개)입니다.

Step 4 실력 팍팍 82~85쪽

1 (1) 9, 10, 11, 12 (2) 풀이 참조
2 (1) 5, 7, 9, 11 (2) 풀이 참조
3 8, 24, 40, 56, 72 **4** 12, 14 / 2, 4, 6
5 30, 33 / 7, 8, 9 **6** 40
7 (1) 오후 3시, 오후 4시
(2) ■=▲+6 또는 ▲=■−6
8 ▲=■×8 또는 ■=▲÷8
9 ●=▲÷2 또는 ▲=●×2
10 ●=■×4 또는 ■=●÷4
11 ■+▲=20 또는 ■=20−▲ 또는 ▲=20−■
12 ▲=■×2+1 또는 ■=(▲−1)÷2

13 10 / 48, 72 / ▲=★×12 또는 ★=▲÷12
14 9, 11 / 32, 56 / ★=●×8 또는 ●=★÷8
15 영수 / 풀이 참조
16 ■=▲×2 또는 ▲=■÷2
17 (1) 18, 24, 30
(2) ★=■×6 또는 ■=★÷6
(3) 90개 (4) 25번째
18 풀이 참조 19 9, 16, 25
20 ▲=■×■ 21 64개
22 9개 23 48 cm
24 18 km
25 (1) ★=■×4+2 (2) 34개

1 (2) ⓔ 동생의 나이는 형의 나이보다 5살 더 적습니다. 형의 나이는 동생의 나이보다 5살 더 많습니다.

2 (2) ⓔ 누름 못의 수는 색종이의 수의 2배보다 1이 더 큽니다.

3 팔각형의 꼭짓점의 수는 8개입니다.

4 ■가 ▲보다 4 큰 수이면 ▲는 ■보다 4 작은 수입니다.

5 ●가 ■의 3배이면 ■는 ●를 3으로 나눈 몫입니다.

6 ★은 ▲의 5배이므로 ㉠에 알맞은 수는 15이고 ㉡에 알맞은 수는 25입니다. ➡ 15+25=40

7 서울의 시각은 모스크바의 시각보다 6시간 빠릅니다. ➡ ■=▲+6
모스크바의 시각은 서울의 시각보다 6시간이 느립니다. ➡ ▲=■−6

8 ▲는 ■의 8배이고, ■는 ▲를 8로 나눈 몫입니다.

9 ●는 ▲를 2로 나눈 몫이고 ▲는 ●의 2배입니다.

10 ●는 ■의 4배이고, ■는 ●를 4로 나눈 몫입니다.

11 ■와 ▲의 합이 항상 20입니다.

12 9=4×2+1, 17=8×2+1, 25=12×2+1, 33=16×2+1, 41=20×2+1

13 ▲는 ★의 12배이고, ★은 ▲를 12로 나눈 몫입니다.

14 문어의 다리 수는 8개입니다.

15 대응 관계를 식으로 나타낸 식 ■=▲÷80에서 ■는 이동하는 시간, ▲는 이동하는 거리를 나타냅니다.

16 모양 조각의 수를 ■, 수 카드의 수를 ▲로 하여 대응 관계를 식으로 나타내면 ■=▲×2 또는 ▲=■÷2입니다.

17 (3) ★=■×6에서 ★=15×6=90(개)입니다.
(4) ■=★÷6에서 ■=150÷6=25(번째)입니다.

18 ⓔ 운동장에 학생들이 ▣명씩 ▣줄로 서 있을 때 운동장에 서 있는 학생 수를 ⊙라고 하면 ▣와 ⊙ 사이의 대응 관계는 ▣×▣=⊙입니다.

20 한 변에 놓인 정사각형의 개수를 2번 곱하면 한 변이 1 cm인 정사각형의 개수와 같아집니다.

21 ▲=■×■에서 ■=8이므로 ▲=8×8=64(개)입니다.

22 81=9×9이므로 한 변에 놓인 정사각형의 개수는 9개입니다.

23 144=12×12이므로 한 변에 놓인 정사각형의 개수는 12개입니다.
따라서 만든 정사각형의 둘레는 12×4=48(cm)입니다.

24 (간 거리)=(자전거를 탄 시간)÷5이고
1시간 30분=90분이므로
영수가 1시간 30분 동안 자전거를 타고 간 거리는 90÷5=18(km)입니다.

25 (1)

■	1	2	3	4	……
★	6	10	14	18	……

➡ ★=■×4+2

(2) ★=■×4+2에서 ■=8이므로
★=8×4+2=34(개)입니다.

서술 유형 익히기 86~87쪽

① 3, 3, 3, 3, 3 / 3, 3

1-1 풀이 참조, ★=●+5 또는 ●=★−5

② 2, 2, 2, 2, 2, 2 / 2, 2

2-1 풀이 참조, ◈=⊙×8 또는 ⊙=◈÷8

③ 7, 8, 5, 5, 5, 25 / 25

3-1 풀이 참조, 180

④ 2, 8, 2, 17 / 17

4-1 풀이 참조, 37개

1-1 형과 영수의 나이의 차는 16−11=5(살)입니다.
형의 나이는 영수의 나이보다 5살 많으므로
★=●+5입니다.
영수의 나이는 형의 나이보다 5살 적으므로
●=★−5입니다.

2-1 케이크 한 개를 만드는 데 달걀이 8개 필요하므로 케이크의 수가 1씩 늘어날 때마다 달걀의 수는 8씩 늘어납니다.
달걀의 수는 케이크의 수의 8배이므로 ◈=⊙×8입니다.
케이크의 수는 달걀의 수를 8로 나눈 몫이므로
⊙=◈÷8입니다.

3-1 ●가 1일 때 ■는 6, ●가 2일 때 ■는 12, ●가 3일 때 ■는 18, ……입니다.
■는 ●에 6을 곱한 수이므로 ●와 ■ 사이의 대응 관계를 식으로 나타내면 ■=●×6입니다.
따라서 ●가 30일 때 ■=30×6=180입니다.

4-1 정오각형의 수를 ■, 면봉의 수를 ▲라고 할 때
■와 ▲ 사이의 대응 관계를 식으로 나타내면
▲=■×4+1입니다.
따라서 정오각형의 수가 9개일 때 면봉의 수는
9×4+1=37(개)입니다.

단원 평가 88~91쪽

1 2, 4, 6, 8 **2** 3
3 6 **4** 18
5 풀이 참조 **6** 39, 41, 42, 43
7 4, 5, 8 / 2, 3, 5 **8** 4, 5, 6
9 풀이 참조 **10** ◆−6, ♥+6
11 ◆×11, ♥÷11 **12** ③
13 ⑤
14 오후 7시, 오후 8시, 오후 10시 / 오후 1시, 오후 4시
15 오전 6시 **16** 예 ★=●×2+1
17 ▲=■×3 또는 ■=▲÷3
18 18층 **19** 12, 16, 20, 24
20 ★=♥×4 또는 ♥=★÷4
21 200 cm
22 풀이 참조, 예 ▣=◇×900, 9000원
23 풀이 참조, 1, 2, 3, 4, 5 / 4, 8, 12, 16, 20
24 풀이 참조, 40분 **25** 풀이 참조, 26명

1 타조의 다리는 2개입니다. 따라서 타조가 1마리씩 늘어날 때마다 다리는 2개씩 늘어납니다.

2 ●는 ▲보다 3 큽니다. 또는 ▲는 ●보다 3 작습니다.

3 1×6=6

4 3×6=18

5 예 ■는 ◆의 6배입니다. ◆는 ■를 6으로 나눈 몫입니다.

7 ♥=◆−4, ◆=♥+4

9 ㉮ 누름 못의 수는 도화지의 수보다 1 큽니다.
도화지의 수는 누름 못의 수보다 1 작습니다.

13 ⑤ 한별이가 지금 초등학교 2학년이라면 형은 초등학교 5학년입니다.

15 런던은 뉴욕보다 5시간 빠르므로
런던이 오전 11시이면 뉴욕은 오전 6시입니다.

16

●	1	2	3	4	5
★	3	5	7	9	11

➡ ★=●×2+1

17 층수가 한 층씩 높아질 때마다 면봉은 3개씩 늘어나므로 ▲=■×3입니다.

18 ▲=■×3이므로
54=■×3, ■=54÷3=18(층)

19 ♥=3일 때 ★=3×4=12
♥=4일 때 ★=4×4=16
♥=5일 때 ★=5×4=20
♥=6일 때 ★=6×4=24

20 (전체 정사각형의 둘레)
=(한 변에 놓인 정사각형의 개수)×4
➡ ★=♥×4

21 50×4=200(cm)

서술형

22 공책의 수를 ◇, 공책의 가격을 ▣라고 하면

◇	1	2	3	4	5
▣	900	1800	2700	3600	4500

▣=◇×900입니다.
◇=10이면 ▣=10×900=9000이므로
공책 10권의 가격은 9000원입니다.

23 ㉮ 자동차 한 대에는 바퀴가 4개씩 있습니다.
자동차의 수를 ▲, 바퀴의 수를 ■라고 하면
■=▲×4입니다.

24 (도막의 수)=(자른 횟수)+1이므로 통나무를 9도막으로 자르려면 모두 8번 잘라야 합니다.
따라서 모두 자르는 데 5×8=40(분)이 걸립니다.

25

식탁의 수(개)	1	2	3	4
앉을 수 있는 사람의 수(명)	4	6	8	10

(앉을 수 있는 사람의 수)=(식탁의 수)×2+2
따라서 식탁이 12개라면 앉을 수 있는 사람의 수는 12×2+2=26(명)입니다.

탐구 수학

92쪽

1 (1) 풀이 참조 (2) 풀이 참조
(3) ▲=■+3 또는 ■=▲−3
(4) 103개

1 (1) ㉮ 사각형 조각 4개를 사용하여 'ㅗ' 자 모양으로 만들었습니다.
(2) ㉮ 처음에 만든 모양에서 사각형이 위로 1개씩 늘어납니다. /
㉮ 처음에 만든 'ㅗ' 자 모양이 변하지 않습니다.
(3) 사각형 조각 수는 배열 순서보다 3 큽니다.
➡ ▲=■+3
배열 순서는 사각형 조각 수보다 3 작습니다.
➡ ■=▲−3
(4) ▲=■+3에서 ■=100이므로
▲=100+3=103(개)입니다.

생활 속의 수학

93~94쪽

• ㉮ ▲는 ■보다 3 큰 수입니다.

4 약분과 통분

Step 1 개념 탄탄 96쪽

1 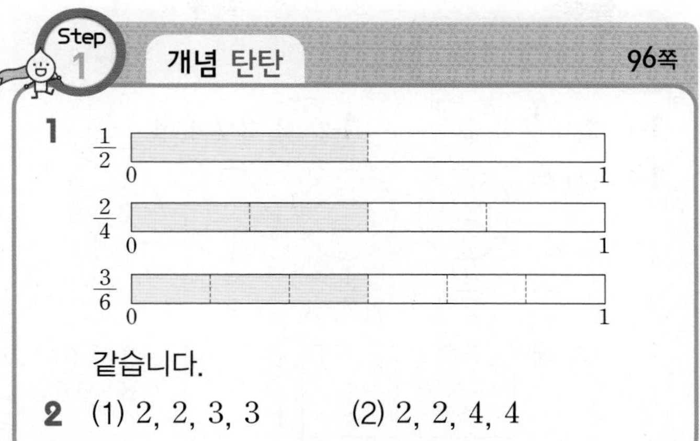

같습니다.

2 (1) 2, 2, 3, 3 (2) 2, 2, 4, 4

Step 2 핵심 쏙쏙 97쪽

1 (1) $\frac{3}{5}$ $\frac{5}{10}$ $\frac{6}{10}$

(2) $\frac{1}{3}$ $\frac{4}{6}$ $\frac{8}{12}$

2 /

2, 2 / 3, 3 / 4, 4

3 /

2, 2 / 4, 4 / 8, 8

4 (1) 3, 21, 3 (2) 2, 7, 2

5 (1) 10 (2) 42

(3) 9 (4) 5

6 (1) $\frac{10}{12}$, $\frac{15}{18}$, $\frac{20}{24}$ (2) $\frac{6}{14}$, $\frac{9}{21}$, $\frac{12}{28}$

1 (1) 분수만큼 색칠하면 $\frac{3}{5}$과 $\frac{6}{10}$의 크기가 같습니다.

(2) 분수만큼 색칠하면 $\frac{4}{6}$와 $\frac{8}{12}$의 크기가 같습니다.

2 $\frac{3}{4}=\frac{6}{8}=\frac{9}{12}=\frac{12}{16}$

3 $\frac{8}{16}=\frac{4}{8}=\frac{2}{4}=\frac{1}{2}$

4 (1) $5\times3=15$이므로 분자에 3을 곱하면 분모에도 똑같이 3을 곱해야 합니다.

$\frac{5}{7}=\frac{5\times3}{7\times3}=\frac{15}{21}$

(2) $12\div2=6$이므로 분자를 2로 나누면 분모도 똑같이 2로 나누어야 합니다.

$\frac{12}{14}=\frac{12\div2}{14\div2}=\frac{6}{7}$

5 (1) $\frac{4}{5}=\frac{4\times2}{5\times2}=\frac{8}{10}$

(2) $\frac{6}{11}=\frac{6\times7}{11\times7}=\frac{42}{77}$

(3) $\frac{9}{27}=\frac{9\div3}{27\div3}=\frac{3}{9}$

(4) $\frac{20}{32}=\frac{20\div4}{32\div4}=\frac{5}{8}$

6 (1) $\frac{5}{6}=\frac{5\times2}{6\times2}=\frac{5\times3}{6\times3}=\frac{5\times4}{6\times4}$

(2) $\frac{3}{7}=\frac{3\times2}{7\times2}=\frac{3\times3}{7\times3}=\frac{3\times4}{7\times4}$

Step 1 개념 탄탄 98쪽

1 (1) 1, 2, 4, 8

(2) 2, $\frac{8}{12}$ / 4, $\frac{4}{6}$ / 8, $\frac{2}{3}$

(3) $\frac{8}{12}$, $\frac{4}{6}$, $\frac{2}{3}$

2 (1) 6, 9 / 2, 3 / $\frac{2}{3}$ (2) 12, $\frac{2}{3}$

Step 2 핵심 쏙쏙 99쪽

1 기약분수

2 2, 3, 6 / 2, $\frac{6}{9}$ / 3, $\frac{4}{6}$ / 6, 6, $\frac{2}{3}$

3 (1) 5　　(2) 6

4 $\frac{2}{5}$, $\frac{4}{7}$, $\frac{13}{20}$

5 (1) $\frac{16}{28} \Rightarrow \frac{\overset{8}{\cancel{16}}}{\underset{14}{\cancel{28}}} \Rightarrow \frac{\overset{\overset{4}{\cancel{8}}}{\cancel{16}}}{\underset{\underset{7}{\cancel{14}}}{\cancel{28}}} \Rightarrow \frac{4}{7}$

(2) $\frac{20}{32} \Rightarrow \frac{\overset{10}{\cancel{20}}}{\underset{16}{\cancel{32}}} \Rightarrow \frac{\overset{\overset{5}{\cancel{10}}}{\cancel{20}}}{\underset{\underset{8}{\cancel{16}}}{\cancel{32}}} \Rightarrow \frac{5}{8}$

6 (1) 3) 9　27 / 3) 3　9 / 1　3 ➡ 최대공약수 : 3×3=9

$\frac{9}{27}=\frac{9\div9}{27\div9}=\frac{1}{3}$

(2) 2) 28　42 / 7) 14　21 / 2　3 ➡ 최대공약수 : 2×7=14

$\frac{28}{42}=\frac{28\div14}{42\div14}=\frac{2}{3}$

7 (1) $\frac{4}{5}$　　(2) $\frac{3}{4}$

(3) $\frac{3}{5}$　　(4) $\frac{2}{3}$

3 (1) $\frac{10}{25}=\frac{10\div5}{25\div5}=\frac{2}{5}$

(2) $\frac{54}{81}=\frac{54\div9}{81\div9}=\frac{6}{9}$

4 분모와 분자의 공약수가 1뿐인 분수가 기약분수입니다.

7 (1) $\frac{12}{15}=\frac{12\div3}{15\div3}=\frac{4}{5}$

(2) $\frac{27}{36}=\frac{27\div9}{36\div9}=\frac{3}{4}$

(3) $\frac{30}{50}=\frac{30\div10}{50\div10}=\frac{3}{5}$

(4) $\frac{48}{72}=\frac{48\div24}{72\div24}=\frac{2}{3}$

Step 3 유형 콕콕 100~103쪽

1-1 2, 2 / 3, 3　　**1-2** 2, 2 / 4, 4

1-3 (1) 예

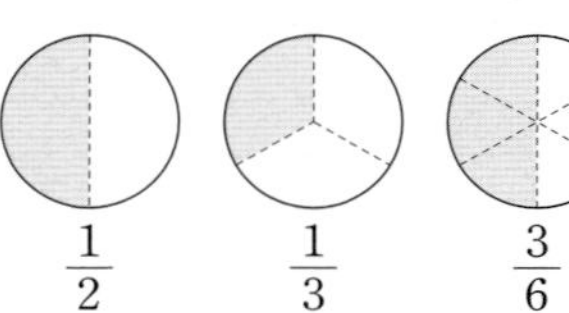

/ $\frac{1}{2}$, $\frac{3}{6}$

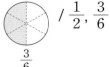

(2) 예 $\frac{2}{4}$　$\frac{3}{8}$　$\frac{6}{16}$ / $\frac{3}{8}$, $\frac{6}{16}$

1-4 /

2, 2 / 3, 3 / 4, 4

1-5 /

2, 2 / 3, 3 / 6, 6

1-6 (1) 4, 28, 4　　(2) 6, 5, 6

1-7 $\frac{8}{18}$, $\frac{12}{27}$, $\frac{16}{36}$　　**1-8** ㉡, ㉣, ㉥

1-9 $\frac{1}{3}$, $\frac{2}{6}$, $\frac{3}{9}$, $\frac{4}{12}$

1-10 (1) 10, 3, 20　　(2) 15, 6, 5

1-11 ㉢　　**1-12** ②, ③, ④

1-13 ㉡　　**2-1** ⑤

2-2 (1) 2, 12　　(2) 3, 20

(3) 4, 6　　(4) 6, 10

(5) 12, 2

2-3 (1) $\frac{24}{32}$, $\frac{12}{16}$, $\frac{6}{8}$, $\frac{3}{4}$

(2) $\frac{28}{42}$, $\frac{14}{21}$, $\frac{8}{12}$, $\frac{4}{6}$, $\frac{2}{3}$

2-4 ㉣　　**2-5** 2, 3, 6

2-6 ①, ④　　**2-7** $\frac{9}{27}$, $\frac{15}{18}$

2-8 2, 4 / 2, 2, $\frac{2}{3}$　　**2-9** 8, 8, $\frac{4}{5}$

2-10 (1) $\frac{3}{5}$　　(2) $\frac{4}{7}$

(3) $\frac{5}{7}$ (4) $\frac{2}{5}$

2-11 (그림: 선 잇기) **2-12** 10

2-13 $\frac{5}{8}$

1-3 색칠한 부분의 크기가 같은 것을 찾아봅니다.

1-7 $\frac{4}{9}=\frac{4\times2}{9\times2}=\frac{4\times3}{9\times3}=\frac{4\times4}{9\times4}$

1-8 ㉡ $\frac{3}{7}=\frac{3\times2}{7\times2}=\frac{6}{14}$

㉣ $\frac{3}{7}=\frac{3\times3}{7\times3}=\frac{9}{21}$

㉥ $\frac{3}{7}=\frac{3\times5}{7\times5}=\frac{15}{35}$

1-9 $\frac{12}{36}=\frac{12\div12}{36\div12}=\frac{12\div6}{36\div6}=\frac{12\div4}{36\div4}=\frac{12\div3}{36\div3}$

1-10 (1) 분모와 분자에 0이 아닌 같은 수를 곱하여 크기가 같은 분수를 만듭니다.
(2) 분모와 분자를 0이 아닌 같은 수로 나누어 크기가 같은 분수를 만듭니다.

1-11 ㉢ $\frac{5}{8}=\frac{5\times5}{8\times5}=\frac{25}{40}$

1-12 ② $\frac{12}{20}=\frac{12\div4}{20\div4}=\frac{3}{5}$

③ $\frac{12}{20}=\frac{12\div2}{20\div2}=\frac{6}{10}$

④ $\frac{12}{20}=\frac{12\times2}{20\times2}=\frac{24}{40}$

1-13 $\frac{3}{6}=\frac{3\times3}{6\times3}=\frac{3\times6}{6\times6}$ ➡ $\frac{3}{6}=\frac{9}{18}=\frac{18}{36}$

2-1 분모와 분자의 공약수가 아닌 수를 찾습니다.
48과 72의 최대공약수 : 24
48과 72의 공약수 : 1, 2, 3, 4, 6, 8, 12, 24

2-2 24와 60의 공약수는 1, 2, 3, 4, 6, 12이므로 2, 3, 4, 6, 12로 분모와 분자를 나눕니다.

2-3 (2) 56과 84의 최대공약수 : 28
56과 84의 공약수 : 1, 2, 4, 7, 14, 28
$\frac{56}{84}=\frac{28}{42}=\frac{14}{21}=\frac{8}{12}=\frac{4}{6}=\frac{2}{3}$

2-4 1을 제외한 공약수의 개수가 가장 많은 분수를 찾습니다.
㉠ 30과 45의 최대공약수 : 15
➡ 공약수 : 1, 3, 5, 15
㉡ 28과 36의 최대공약수 : 4
➡ 공약수 : 1, 2, 4
㉢ 21과 70의 최대공약수 : 7 ➡ 공약수 : 1, 7
㉣ 48과 80의 최대공약수 : 16
➡ 공약수 : 1, 2, 4, 8, 16

2-5 30과 42의 공약수를 구합니다.

```
2)30 42
3)15 21
   5  7
```

최대공약수가 $2\times3=6$이므로 30과 42의 공약수는 1, 2, 3, 6입니다.

2-6 ② $\frac{4}{10}=\frac{4\div2}{10\div2}=\frac{2}{5}$

③ $\frac{9}{21}=\frac{9\div3}{21\div3}=\frac{3}{7}$

⑤ $\frac{13}{39}=\frac{13\div13}{39\div13}=\frac{1}{3}$

2-7 $\frac{9}{27}=\frac{9\div9}{27\div9}=\frac{1}{3}$

$\frac{15}{18}=\frac{15\div3}{18\div3}=\frac{5}{6}$

2-10 분모와 분자의 최대공약수로 약분합니다.

(1) $\frac{33}{55}=\frac{33\div11}{55\div11}=\frac{3}{5}$

(2) $\frac{32}{56}=\frac{32\div8}{56\div8}=\frac{4}{7}$

(3) $\frac{60}{84}=\frac{60\div12}{84\div12}=\frac{5}{7}$

(4) $\frac{42}{105}=\frac{42\div21}{105\div21}=\frac{2}{5}$

2-11 $\frac{20}{30}=\frac{20\div10}{30\div10}=\frac{2}{3}$, $\frac{35}{45}=\frac{35\div5}{45\div5}=\frac{7}{9}$,
$\frac{15}{24}=\frac{15\div3}{24\div3}=\frac{5}{8}$

2-12 36과 84의 최대공약수 : 12
$\frac{36}{84}=\frac{36\div12}{84\div12}=\frac{3}{7}$이므로 $3+7=10$입니다.

2-13 24와 15의 최대공약수 : 3
$\frac{15}{24}=\frac{15\div3}{24\div3}=\frac{5}{8}$

Step 1 개념 탄탄 104쪽

1 (1) 2, 3, 8, 6, 9, 16
(2) 2, 3, 4, 6

2 (1) 6, 8, 8, $\frac{18}{48}$, $\frac{40}{48}$ (2) 3, 4, 4, $\frac{9}{24}$, $\frac{20}{24}$

Step 2 핵심 쏙쏙 105쪽

1 2, 3, 16 / 10, 15, 24 / 3, 10

2 50 / 10, 10, 5, 5 / $\frac{30}{50}$, $\frac{35}{50}$

3 24 / 3, 3, 2, 2 / $\frac{21}{24}$, $\frac{10}{24}$

4 (1) $\frac{10}{15}$, $\frac{12}{15}$ (2) $\frac{27}{36}$, $\frac{28}{36}$

5 (1) $\frac{27}{30}$, $\frac{14}{30}$ (2) $\frac{16}{60}$, $\frac{9}{60}$

6 ㉢ **7** ②, ④

4 (1) $(\frac{2}{3}, \frac{4}{5}) \Rightarrow (\frac{2\times5}{3\times5}, \frac{4\times3}{5\times3}) \Rightarrow (\frac{10}{15}, \frac{12}{15})$
(2) $(\frac{3}{4}, \frac{7}{9}) \Rightarrow (\frac{3\times9}{4\times9}, \frac{7\times4}{9\times4}) \Rightarrow (\frac{27}{36}, \frac{28}{36})$

5 (1) 10과 15의 최소공배수 : 30
$(\frac{9}{10}, \frac{7}{15}) \Rightarrow (\frac{9\times3}{10\times3}, \frac{7\times2}{15\times2})$
$\Rightarrow (\frac{27}{30}, \frac{14}{30})$

(2) 15와 20의 최소공배수 : 60
$(\frac{4}{15}, \frac{3}{20}) \Rightarrow (\frac{4\times4}{15\times4}, \frac{3\times3}{20\times3})$
$\Rightarrow (\frac{16}{60}, \frac{9}{60})$

6 ㉢ $(\frac{1}{6}, \frac{5}{8}) \Rightarrow (\frac{1\times12}{6\times12}, \frac{5\times9}{8\times9})$
$\Rightarrow (\frac{12}{72}, \frac{45}{72})$

7 두 분수의 공통분모는 두 분모의 공배수입니다.
12와 18의 공배수 : 36, 72, 108, ……

Step 1 개념 탄탄 106쪽

1 $\frac{8}{12}$, $\frac{9}{12}$, $<$

2 20, 20, $<$, 32, 25, $>$, 6, $>$ / $\frac{4}{5}$, $\frac{3}{4}$, $\frac{5}{8}$

Step 2 핵심 쏙쏙 107쪽

1 (1) $\frac{50}{60}$, $\frac{54}{60}$, $<$ (2) $\frac{21}{36}$, $\frac{22}{36}$, $<$

2 (1) $<$ (2) $>$

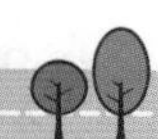

3 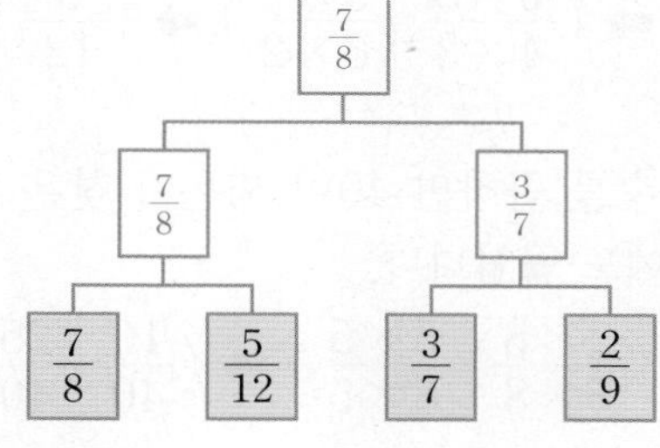

4 가영

5 $<, >, <$ / $\frac{5}{6}, \frac{3}{8}, \frac{1}{4}$

6 (1) $\frac{11}{12}, \frac{4}{5}, \frac{7}{9}$ (2) $\frac{13}{15}, \frac{3}{4}, \frac{7}{10}$

7 $\frac{5}{12}$ $\frac{8}{15}$ $\frac{3}{8}$

2 (1) $(\frac{1}{4}, \frac{2}{7}) \Rightarrow (\frac{7}{28}, \frac{8}{28}) \Rightarrow \frac{1}{4} < \frac{2}{7}$

(2) $(\frac{5}{6}, \frac{7}{9}) \Rightarrow (\frac{15}{18}, \frac{14}{18}) \Rightarrow \frac{5}{6} > \frac{7}{9}$

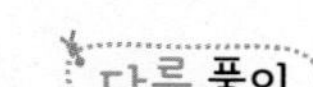

(1) $\frac{1}{4} \times \frac{2}{7}$에서 $1 \times 7 < 2 \times 4$이므로 $\frac{1}{4} < \frac{2}{7}$입니다.

(2) $\frac{5}{6} \times \frac{7}{9}$에서 $5 \times 9 > 7 \times 6$이므로 $\frac{5}{6} > \frac{7}{9}$입니다.

3 $(\frac{7}{8}, \frac{5}{12}) \Rightarrow (\frac{21}{24}, \frac{10}{24}) \Rightarrow \frac{7}{8} > \frac{5}{12}$

$(\frac{3}{7}, \frac{2}{9}) \Rightarrow (\frac{27}{63}, \frac{14}{63}) \Rightarrow \frac{3}{7} > \frac{2}{9}$

$(\frac{7}{8}, \frac{3}{7}) \Rightarrow (\frac{49}{56}, \frac{24}{56}) \Rightarrow \frac{7}{8} > \frac{3}{7}$

4 $(\frac{3}{4}, \frac{2}{5}) \Rightarrow (\frac{15}{20}, \frac{8}{20}) \Rightarrow \frac{3}{4} > \frac{2}{5}$

따라서 가영이가 우유를 더 많이 마셨습니다.

5 $(\frac{1}{4}, \frac{5}{6}) \Rightarrow (\frac{3}{12}, \frac{10}{12}) \Rightarrow \frac{1}{4} < \frac{5}{6}$

$(\frac{5}{6}, \frac{3}{8}) \Rightarrow (\frac{20}{24}, \frac{9}{24}) \Rightarrow \frac{5}{6} > \frac{3}{8}$

$(\frac{1}{4}, \frac{3}{8}) \Rightarrow (\frac{2}{8}, \frac{3}{8}) \Rightarrow \frac{1}{4} < \frac{3}{8}$

6 (1) $\frac{4}{5} > \frac{7}{9}, \frac{7}{9} < \frac{11}{12}, \frac{4}{5} < \frac{11}{12}$

$\Rightarrow \frac{7}{9} < \frac{4}{5} < \frac{11}{12}$

(2) $\frac{3}{4} > \frac{7}{10}, \frac{7}{10} < \frac{13}{15}, \frac{3}{4} < \frac{13}{15}$

$\Rightarrow \frac{7}{10} < \frac{3}{4} < \frac{13}{15}$

7 $\frac{5}{12} < \frac{8}{15}, \frac{8}{15} > \frac{3}{8}, \frac{5}{12} > \frac{3}{8} \Rightarrow \frac{3}{8} < \frac{5}{12} < \frac{8}{15}$

Step 1 개념 탄탄 108쪽

1 $\frac{4}{10}, \frac{6}{10}$, 0.3, 0.7

2 (1) 9, 8, $>$ (2) 8, 0.8, $>$

Step 2 핵심 쏙쏙 109쪽

1 (1) 0.8 (2) 0.9
(3) 6 (4) 4

2 (1) 5, 5, 5, 0.5 (2) 2, 2, 4, 0.4

3 (1) 7, 9, 7, $<$, 9, $<$
(2) 7, 9, 0.7, 0.9, 0.7, $<$, 0.9, $<$

4 (1) $<, \frac{9}{10}$ (2) $>, \frac{53}{100}$

5 (1) $>$, 0.2 (2) $<$, 1.5

6 (1) $>$ (2) $<$

7 $1\frac{1}{4}$

6 (1) $\frac{3}{4} = 0.75$ ⓶ $>$ 0.7

(2) $0.6 = \frac{6}{10}$ $<$ $\frac{4}{5} = \frac{8}{10}$

7 $1\frac{1}{4} = 1\frac{25}{100} = 1.25 \Rightarrow 1\frac{1}{4} < 1.53$

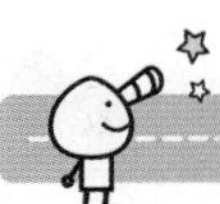

Step 3 유형 콕콕 110~113쪽

3-1 (1) 9, $\frac{45}{54}$, 6, $\frac{12}{54}$, $\frac{45}{54}$, $\frac{12}{54}$

(2) 3, $\frac{15}{18}$, 2, $\frac{4}{18}$, $\frac{15}{18}$, $\frac{4}{18}$

3-2 (1) 5, 8　(2) 9, 10

3-3 $\frac{16}{40}$, $\frac{25}{40}$　**3-4** $\frac{60}{96}$, $\frac{56}{96}$

3-5 (1) $\frac{16}{36}$, $\frac{15}{36}$　(2) $\frac{5}{30}$, $\frac{16}{30}$

3-6 72, $(\frac{39}{72}, \frac{38}{72})$

3-7 ㉣　**3-8** ①, ④

3-9 $\frac{7}{8}$, $\frac{5}{6}$　**3-10** 3개

4-1 $\frac{14}{21}$, $\frac{12}{21}$, $>$

4-2 (1) $>$　(2) $<$

4-3 ③, ④

4-4 $<$, $>$, $<$ / $\frac{5}{6}$, $\frac{4}{9}$, $\frac{1}{3}$

4-5 $\frac{11}{12}$, $\frac{7}{8}$, $\frac{5}{6}$

4-6

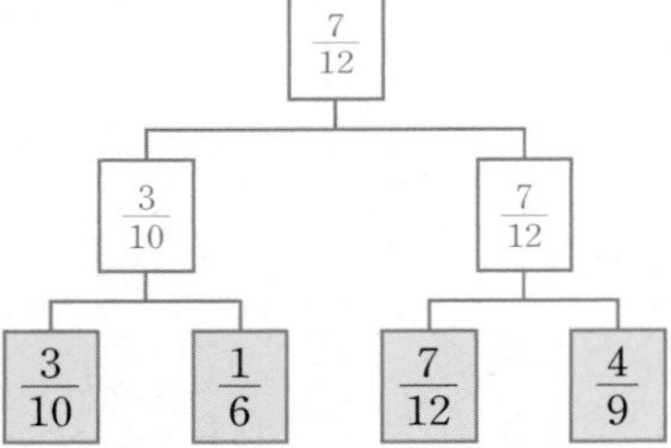

4-7 3개　**4-8** 석기

4-9 도서관

5-1 ㉠ $\frac{3}{100}$　㉡ $\frac{7}{100}$

5-2 (1) $>$, 0.25　(2) $<$, 0.6

5-3 (1) $<$, $\frac{9}{10}$　(2) $>$, $\frac{53}{100}$

5-4 (1) $<$　(2) $>$

5-5 ③　**5-6** ㉡, ㉢, ㉠

5-7 한별

3-2 (1) $(\frac{1}{2}, \frac{4}{5}) \Rightarrow (\frac{1\times5}{2\times5}, \frac{4\times2}{5\times2}) \Rightarrow (\frac{5}{10}, \frac{8}{10})$

(2) $(\frac{3}{4}, \frac{5}{6}) \Rightarrow (\frac{3\times3}{4\times3}, \frac{5\times2}{6\times2}) \Rightarrow (\frac{9}{12}, \frac{10}{12})$

3-3 분모에 어떤 수를 곱하면 40이 되는지 찾은 후 같은 수를 분자에도 곱합니다.

$(\frac{2}{5}, \frac{5}{8}) \Rightarrow (\frac{2\times8}{5\times8}, \frac{5\times5}{8\times5}) \Rightarrow (\frac{16}{40}, \frac{25}{40})$

3-4 $(\frac{5}{8}, \frac{7}{12}) \Rightarrow (\frac{5\times12}{8\times12}, \frac{7\times8}{12\times8}) \Rightarrow (\frac{60}{96}, \frac{56}{96})$

3-5 (1) 9와 12의 최소공배수 : 36

$(\frac{4}{9}, \frac{5}{12}) \Rightarrow (\frac{4\times4}{9\times4}, \frac{5\times3}{12\times3}) \Rightarrow (\frac{16}{36}, \frac{15}{36})$

(2) 6과 15의 최소공배수 : 30

$(\frac{1}{6}, \frac{8}{15}) \Rightarrow (\frac{1\times5}{6\times5}, \frac{8\times2}{15\times2}) \Rightarrow (\frac{5}{30}, \frac{16}{30})$

3-6 두 분수의 공통분모 중 가장 작은 수는 분모의 최소공배수입니다.
24와 36의 최소공배수 : 72

$(\frac{13}{24}, \frac{19}{36}) \Rightarrow (\frac{13\times3}{24\times3}, \frac{19\times2}{36\times2}) \Rightarrow (\frac{39}{72}, \frac{38}{72})$

3-7 ㉣ $(\frac{1}{6}, \frac{5}{9}) \Rightarrow (\frac{1\times3}{6\times3}, \frac{5\times2}{9\times2}) \Rightarrow (\frac{3}{18}, \frac{10}{18})$

3-8 두 분수의 공통분모는 두 분모의 공배수입니다.
10과 14의 공배수 : 70, 140, 210, 280, ……

3-9 $\frac{21}{24}$과 $\frac{20}{24}$을 약분하여 기약분수로 나타냅니다.

$\frac{21}{24}=\frac{21\div3}{24\div3}=\frac{7}{8}$, $\frac{20}{24}=\frac{20\div4}{24\div4}=\frac{5}{6}$

3-10 9와 21의 공배수 : 63, 126, 189, 252, ……
따라서 200보다 작은 수는 모두 3개입니다.

4-2 (1) $(\frac{7}{12}, \frac{9}{16}) \Rightarrow (\frac{28}{48}, \frac{27}{48}) \Rightarrow \frac{7}{12}>\frac{9}{16}$

(2) $(\frac{5}{18}, \frac{7}{24}) \Rightarrow (\frac{20}{72}, \frac{21}{72}) \Rightarrow \frac{5}{18}<\frac{7}{24}$

4-3 ① $(\frac{2}{9}, \frac{5}{6}) \Rightarrow (\frac{4}{18}, \frac{15}{18}) \Rightarrow \frac{2}{9}<\frac{5}{6}$

② $(\frac{4}{5}, \frac{8}{15}) \Rightarrow (\frac{12}{15}, \frac{8}{15}) \Rightarrow \frac{4}{5}>\frac{8}{15}$

⑤ $(\frac{6}{7}, \frac{7}{8}) \Rightarrow (\frac{48}{56}, \frac{49}{56}) \Rightarrow \frac{6}{7}<\frac{7}{8}$

4-4 $\frac{1}{3}<\frac{5}{6}$, $\frac{5}{6}>\frac{4}{9}$, $\frac{1}{3}<\frac{4}{9}$이므로 $\frac{5}{6}>\frac{4}{9}>\frac{1}{3}$입니다.

4-5 $\frac{5}{6}<\frac{11}{12}$, $\frac{11}{12}>\frac{7}{8}$, $\frac{5}{6}<\frac{7}{8} \Rightarrow \frac{5}{6}<\frac{7}{8}<\frac{11}{12}$

다른 풀이

분모가 분자보다 1씩 크면 분모가 클수록 더 큽니다.
분모가 6<8<12이므로 $\frac{5}{6}<\frac{7}{8}<\frac{11}{12}$입니다.

4-6 $(\frac{3}{10}, \frac{1}{6}) \Rightarrow (\frac{9}{30}, \frac{5}{30}) \Rightarrow \frac{3}{10}>\frac{1}{6}$

$(\frac{7}{12}, \frac{4}{9}) \Rightarrow (\frac{21}{36}, \frac{16}{36}) \Rightarrow \frac{7}{12}>\frac{4}{9}$

$(\frac{3}{10}, \frac{7}{12}) \Rightarrow (\frac{18}{60}, \frac{35}{60}) \Rightarrow \frac{3}{10}<\frac{7}{12}$

4-7 $\frac{1}{2}>\frac{1}{3}$, $\frac{1}{2}<\frac{3}{5}$, $\frac{1}{2}>\frac{4}{9}$, $\frac{1}{2}>\frac{3}{10}$, $\frac{1}{2}<\frac{5}{7}$

따라서 $\frac{1}{2}$보다 작은 분수는 $\frac{1}{3}$, $\frac{4}{9}$, $\frac{3}{10}$으로 모두 3개입니다.

참고

분자를 2배 한 수가 분모보다 크면 그 분수는 $\frac{1}{2}$보다 크고, 작으면 그 분수는 $\frac{1}{2}$보다 작습니다.

4-8 $\frac{5}{8}=\frac{25}{40}$ ⓒ< $\frac{7}{10}=\frac{28}{40}$이므로
우유를 더 많이 마신 사람은 석기입니다.

4-9 $(1\frac{1}{2}<1\frac{5}{8})$, $(1\frac{5}{8}<1\frac{3}{4})$

$\Rightarrow 1\frac{1}{2}<1\frac{5}{8}<1\frac{3}{4}$

따라서 학교에서 가장 가까운 곳은 도서관입니다.

5-1 0과 0.1 사이를 10등분 하였으므로 눈금 한 칸의 크기는 0.01입니다.

㉠ $0.03=\frac{3}{100}$ ㉡ $0.07=\frac{7}{100}$

5-4 (1) $\frac{4}{5}=0.8$ (<) 0.82

(2) $\frac{13}{20}=0.65$ (>) 0.6

5-5 ③ $1\frac{12}{25}=1.48 \Rightarrow 1\frac{12}{25}<1.84$

5-6 분수를 소수로 고쳐서 크기를 비교합니다.

㉠ $\frac{11}{20}=0.55$ ㉡ $\frac{3}{4}=0.75$

$\Rightarrow \frac{3}{4}>0.64>\frac{11}{20}$

5-7 $1\frac{1}{2}=1\frac{5}{10}=1.5$이므로 $1.47<1\frac{1}{2}$입니다.
따라서 한별이의 키가 더 큽니다.

Step 4 실력 팍팍 114~117쪽

1 $\frac{2}{3}$, $\frac{4}{6}$, $\frac{6}{9}$ **2** $\frac{14}{16}$

3 $\frac{2}{6}$ **4** 4조각

5 $\frac{3}{12}$ **6** $\frac{20}{24}$

7 영수와 석기, 분모와 분자를 0이 아닌 같은 수로 나누어 크기가 같은 분수를 만들었습니다.

8 $\frac{10}{15}$

9 영수, $\frac{18}{30}$을 약분해서 나타낸 분수 중 분모가 가장 큰 분수는 $\frac{18}{30}=\frac{18\div2}{30\div2}=\frac{9}{15}$입니다.

10 $\frac{1}{9}$, $\frac{2}{9}$, $\frac{4}{9}$, $\frac{5}{9}$, $\frac{7}{9}$, $\frac{8}{9}$

11 4개

12 $\frac{50}{70}$

13 $\frac{98}{126}$

14 $\frac{21}{37}$

15 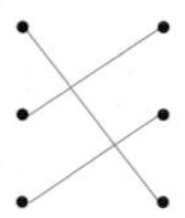

16 4개

17 6, 28, 28

18 (1) $\frac{9}{20}$ (2) 풀이 참조

19 풀이 참조

20 $\frac{5}{6}$

21 영수

22 ㉠, ㉣, ㉡, ㉢

23 1, 2, 3

24 9개

25 $\frac{5}{7}$

26 $\frac{19}{45}$

1 $\frac{24}{36}=\frac{24\div12}{36\div12}=\frac{2}{3}$, $\frac{24}{36}=\frac{24\div6}{36\div6}=\frac{4}{6}$, $\frac{24}{36}=\frac{24\div4}{36\div4}=\frac{6}{9}$

2 $\frac{7}{8}=\frac{7\times2}{8\times2}=\frac{14}{16}$

3 분모 54를 나누어 6으로 만드는 수를 □라 하면 54÷□=6, □=9입니다.
따라서 $\frac{18}{54}=\frac{18\div9}{54\div9}=\frac{2}{6}$입니다.

4 가영이는 전체의 $\frac{1}{4}$을 먹었으므로 영수는 $\frac{1}{4}$과 같은 크기인 $\frac{4}{16}$를 먹어야 합니다.
따라서 가영이와 같은 양을 먹으려면 영수는 4조각을 먹어야 합니다.

5 $\frac{1}{4}=\frac{2}{8}=\frac{3}{12}=\frac{4}{16}=\cdots\cdots$

6 $\frac{5}{6}$와 크기가 같은 분수를 만든 후 분모와 분자의 합이 44인 분수를 찾습니다.
$\frac{5}{6}=\frac{10}{12}=\frac{15}{18}=\frac{20}{24}=\frac{25}{30}=\cdots\cdots$

다른 풀이

$\frac{5}{6}$는 분모와 분자의 합이 6+5=11이므로 44가 되려면 분모와 분자에 각각 4를 곱해주면 됩니다.
$\frac{5}{6}=\frac{5\times4}{6\times4}=\frac{20}{24}$

8 45÷3=15이므로 분모와 분자를 3으로 나누어야 합니다.
$\frac{30}{45}=\frac{30\div3}{45\div3}=\frac{10}{15}$

10 분모가 9인 진분수 중 기약분수는 $\frac{1}{9}, \frac{2}{9}, \frac{4}{9}, \frac{5}{9}, \frac{7}{9}, \frac{8}{9}$입니다.

11 $\frac{1}{8}, \frac{3}{8}, \frac{5}{8}, \frac{7}{8}$ ➡ 4개

12 $\frac{5}{7}$에서 분모와 분자의 차는 7−5=2입니다.
20÷2=10이므로 분모와 분자의 차가 20인 분수는 $\frac{5\times10}{7\times10}=\frac{50}{70}$입니다.

13 어떤 분수를 $\frac{\triangle}{\square}$라 하면
$\frac{\triangle\div14}{\square\div14}=\frac{7}{9}$, $\frac{\triangle}{\square}=\frac{7\times14}{9\times14}=\frac{98}{126}$입니다.

14 3으로 약분하여 $\frac{7}{9}$이 되었으므로 약분하기 전의 분수는 $\frac{7}{9}=\frac{7\times3}{9\times3}=\frac{21}{27}$입니다.
따라서 어떤 분수는 $\frac{21}{27+10}=\frac{21}{37}$입니다.

15 $(\frac{3}{5}, \frac{8}{9})$ ➡ $(\frac{27}{45}, \frac{40}{45})$
$(\frac{4}{15}, \frac{1}{4})$ ➡ $(\frac{16}{60}, \frac{15}{60})$
$(\frac{7}{12}, \frac{3}{10})$ ➡ $(\frac{35}{60}, \frac{18}{60})$
$(\frac{2}{3}, \frac{17}{24})$ ➡ $(\frac{16}{24}, \frac{17}{24})$
$(\frac{7}{8}, \frac{11}{12})$ ➡ $(\frac{21}{24}, \frac{22}{24})$

$(\frac{13}{45}, \frac{13}{15}) \Rightarrow (\frac{13}{45}, \frac{39}{45})$

16 3과 8의 최소공배수 : 24
100÷24=4 ⋯ 4이므로 공통분모가 될 수 있는 수 중 100보다 작은 수는 모두 4개입니다.

17 $\frac{3}{4}=\frac{21}{㉠}$ (×7) ➡ ㉠=28, $\frac{㉢}{7}=\frac{24}{㉡}$ (×4) ➡ ㉡=28, ㉢=6

18 (2) $\frac{1}{4}$보다 큽니다.
예 $\frac{1}{4}$은 $\frac{2}{5}$보다 작기 때문에 $\frac{1}{4}$보다 크다는 조건은 필요 없는 조건입니다.

19 $\frac{3}{4}=\frac{45}{60}$, $\frac{4}{5}=\frac{48}{60}$, $\frac{5}{6}=\frac{50}{60}$이므로
$\frac{5}{6}>\frac{4}{5}>\frac{3}{4}$입니다.
분자가 분모보다 1 작은 분수는 분모가 클수록 큽니다.

20 $\frac{5}{6}>\frac{4}{5}>\frac{1}{2}$이므로 수직선에 나타낼 때,
가장 오른쪽에 있는 분수는 $\frac{5}{6}$입니다.

21 $\frac{2}{3}>\frac{7}{12}>\frac{3}{8}$이므로 딸기를 가장 많이 먹은 사람은 영수입니다.

22 ㉠ $3\frac{4}{5}=3\frac{8}{10}=3.8$ ㉢ $3\frac{1}{4}=3\frac{25}{100}=3.25$
➡ ㉠>㉣>㉡>㉢

23 $(\frac{5}{12}, \frac{\square}{8}) \Rightarrow (\frac{10}{24}, \frac{\square\times 3}{24})$
10>□×3에서 □ 안에 들어갈 수 있는 자연수는 1, 2, 3입니다.

24 구하려는 분수를 $\frac{\square}{24}$라 하면 $\frac{1}{3}<\frac{\square}{24}<\frac{3}{4}$에서
$\frac{8}{24}<\frac{\square}{24}<\frac{18}{24}$, 8<□<18입니다.
따라서 □ 안에 들어갈 수 있는 자연수는 9부터 17까지이므로 모두 17−9+1=9(개)입니다.

25 만들 수 있는 진분수 : $\frac{2}{3}$, $\frac{2}{5}$, $\frac{3}{5}$, $\frac{2}{7}$, $\frac{3}{7}$, $\frac{5}{7}$
분모가 같은 분수는 분자가 클수록 큰 수이므로
$\frac{2}{3}$, $\frac{3}{5}$, $\frac{5}{7}$의 크기를 비교합니다.
$\frac{2}{3}>\frac{3}{5}$, $\frac{3}{5}<\frac{5}{7}$, $\frac{2}{3}<\frac{5}{7}$ ➡ $\frac{3}{5}<\frac{2}{3}<\frac{5}{7}$

26 $\frac{2}{9}<\frac{\square}{45}<\frac{7}{15}$ ➡ $\frac{10}{45}<\frac{\square}{45}<\frac{21}{45}$이므로
$\frac{10}{45}$보다 크고 $\frac{21}{45}$보다 작은 분수 중에서 분모가 45인 가장 큰 기약분수는 $\frac{19}{45}$입니다.

서술 유형 익히기 118~119쪽

1 8, 8, 8, 32, 32 / 32

1-1 풀이 참조, $\frac{49}{63}$

2 5, 6, 7, 8, 9, 10, 11, 1, 5, 7, 11, 4 / 4

2-1 풀이 참조, 8개

3 3, 3, $4\frac{15}{40}$, $4\frac{8}{40}$, >, 검은 / 검은

3-1 풀이 참조, 학교

4 10, 12, 10, 12, 11 / 11

4-1 풀이 참조, $\frac{19}{24}$

1-1 분모가 63인 진분수를 $\frac{\square}{63}$라고 하면

$\frac{\square}{63}=\frac{\square\div7}{63\div7}=\frac{7}{9}$이므로 $\square\div7=7$입니다.

따라서 $\square=7\times7=49$이므로 구하는 분수는 $\frac{49}{63}$입니다.

2-1 분모가 15인 진분수는 $\frac{1}{15}, \frac{2}{15}, \frac{3}{15}, \frac{4}{15}, \frac{5}{15}, \frac{6}{15}, \frac{7}{15}, \frac{8}{15}, \frac{9}{15}, \frac{10}{15}, \frac{11}{15}, \frac{12}{15}, \frac{13}{15}, \frac{14}{15}$입니다.

이 중에서 기약분수는 $\frac{1}{15}, \frac{2}{15}, \frac{4}{15}, \frac{7}{15}, \frac{8}{15}, \frac{11}{15}, \frac{13}{15}, \frac{14}{15}$로 모두 8개입니다.

3-1 $1\frac{1}{4}$을 소수로 나타내면 $1\frac{1}{4}=1\frac{25}{100}=1.25$입니다.

따라서 $1.7>1\frac{1}{4}$이므로 예슬이네 집에서 학교가 더 멉니다.

4-1 $\frac{3}{4}$과 $\frac{5}{6}$를 공통분모를 24로 하여 통분하면 $\frac{18}{24}$과 $\frac{20}{24}$입니다.

따라서 $\frac{18}{24}$보다 크고 $\frac{20}{24}$보다 작은 수 중에서 분모가 24인 분수는 $\frac{19}{24}$입니다.

단원 평가 120~123쪽

1	⑤	**2**	①, ③
3	$\frac{75}{90}, \frac{63}{90}$		
4	(1) >		(2) <
5	$\frac{14}{18}, \frac{21}{27}$	**6**	②, ⑤
7	$\frac{1}{2}, \frac{4}{11}, \frac{3}{7}$	**8**	12, $\frac{5}{8}$
9	$\frac{22}{30}, \frac{27}{30}$	**10**	②
11	㉢, ㉣	**12**	$\frac{5}{8}, \frac{3}{4}, \frac{9}{11}$
13	효근	**14**	가영
15	6개	**16**	$\frac{4}{9}$
17	$\frac{24}{84}$	**18**	$\frac{3}{4}, \frac{5}{9}$
19	2개	**20**	1, 2, 3, 4, 5
21	3	**22**	풀이 참조
23	풀이 참조	**24**	풀이 참조
25	풀이 참조		

1 분모와 분자에 0이 아닌 같은 수를 곱하거나 분모와 분자를 0이 아닌 같은 수로 나누어 크기가 같은 분수를 만들 수 있습니다.

2 60과 84의 최대공약수 : 12
60과 84의 공약수 : 1, 2, 3, 4, 6, 12

3 $(\frac{5}{6}, \frac{7}{10}) \Rightarrow (\frac{5\times15}{6\times15}, \frac{7\times9}{10\times9}) \Rightarrow (\frac{75}{90}, \frac{63}{90})$

4 (1) 0.6 $\bigcirc\!\!\!\!>$ $\frac{11}{20}=\frac{55}{100}=0.55$

(2) 0.3 $\bigcirc\!\!\!\!<$ $\frac{8}{25}=\frac{32}{100}=0.32$

5 $\frac{7}{9}=\frac{7\times2}{9\times2}=\frac{7\times3}{9\times3} \Rightarrow \frac{7}{9}=\frac{14}{18}=\frac{21}{27}$

6 ② $\frac{9}{27}=\frac{9\div9}{27\div9}=\frac{1}{3}$

⑤ $\frac{25}{100}=\frac{25\div25}{100\div25}=\frac{1}{4}$

7 분모와 분자의 공약수가 1뿐인 분수가 기약분수입니다.

8 분모와 분자를 최대공약수로 나누면 기약분수가 됩니다.
60과 96의 최대공약수 : 12
$\frac{60}{96}=\frac{60\div12}{96\div12}=\frac{5}{8}$

9 15와 10의 최소공배수 : 30
$(\frac{11}{15}, \frac{9}{10}) \Rightarrow (\frac{11\times2}{15\times2}, \frac{9\times3}{10\times3}) \Rightarrow (\frac{22}{30}, \frac{27}{30})$

10 ① $(\frac{10}{18}, \frac{15}{18})$ ③ $(\frac{15}{42}, \frac{16}{42})$
④ $(\frac{21}{30}, \frac{8}{30})$ ⑤ $(\frac{56}{70}, \frac{45}{70})$

11 ㉢ $(\frac{3}{7}, \frac{5}{6}) \Rightarrow (\frac{18}{42}, \frac{35}{42}) \Rightarrow \frac{3}{7}<\frac{5}{6}$
㉣ $(\frac{5}{8}, \frac{4}{5}) \Rightarrow (\frac{25}{40}, \frac{32}{40}) \Rightarrow \frac{5}{8}<\frac{4}{5}$

12 $(\frac{3}{4}, \frac{5}{8}) \Rightarrow (\frac{6}{8}, \frac{5}{8}) \Rightarrow \frac{3}{4}>\frac{5}{8}$
$(\frac{5}{8}, \frac{9}{11}) \Rightarrow (\frac{55}{88}, \frac{72}{88}) \Rightarrow \frac{5}{8}<\frac{9}{11}$
$(\frac{3}{4}, \frac{9}{11}) \Rightarrow (\frac{33}{44}, \frac{36}{44}) \Rightarrow \frac{3}{4}<\frac{9}{11}$
따라서 $\frac{5}{8}<\frac{3}{4}<\frac{9}{11}$입니다.

13 $10\frac{11}{20}=10\frac{55}{100}=10.55$ ⃝> 10.32
따라서 효근이가 사과를 더 많이 땄습니다.

14 $\frac{3}{4}<\frac{7}{8}, \frac{7}{8}<\frac{9}{10} \Rightarrow \frac{3}{4}<\frac{7}{8}<\frac{9}{10}$
따라서 가영이가 물을 가장 적게 마셨습니다.

15 $\frac{9}{14}=\frac{18}{28}=\frac{27}{42}=\frac{36}{56}=\frac{45}{70}=\frac{54}{84}=\frac{63}{98}=\cdots\cdots$

16 189와 84의 최대공약수 : 21
$\frac{84}{189}=\frac{84\div21}{189\div21}=\frac{4}{9}$

17 어떤 분수를 $\frac{\triangle}{\square}$라 하면
$\frac{\triangle\div12}{\square\div12}=\frac{2}{7}, \frac{\triangle}{\square}=\frac{2\times12}{7\times12}=\frac{24}{84}$입니다.

18 $\frac{27}{36}=\frac{27\div9}{36\div9}=\frac{3}{4}$
$\frac{20}{36}=\frac{20\div4}{36\div4}=\frac{5}{9}$

19 만들 수 있는 진분수 : $\frac{2}{3}, \frac{2}{6}, \frac{3}{6}, \frac{2}{9}, \frac{3}{9}, \frac{6}{9}$
따라서 기약분수는 $\frac{2}{3}, \frac{2}{9}$로 모두 2개입니다.

20 $(\frac{\square}{7}, \frac{4}{5}) \Rightarrow (\frac{\square\times5}{35}, \frac{28}{35})$
$\square\times5<28$에서 □ 안에 들어갈 수 있는 자연수는 1, 2, 3, 4, 5입니다.

21 $\frac{1}{2}$의 분모에 6을 더하고 분자에 □를 더한 분수는 $\frac{1}{2}$과 크기가 같습니다.
$\frac{1+\square}{2+6}=\frac{1}{2}=\frac{4}{8}$, $1+\square=4$, $\square=3$

서술형

22 [방법 1] 분모와 분자에 0이 아닌 같은 수를 곱하여 크기가 같은 분수를 만들 수 있습니다.
$\Rightarrow \frac{3}{8}=\frac{3\times5}{8\times5}=\frac{15}{40}$
[방법 2] 분모와 분자를 0이 아닌 같은 수로 나누어 크기가 같은 분수를 만들 수 있습니다.
$\Rightarrow \frac{15}{40}=\frac{15\div5}{40\div5}=\frac{3}{8}$

23 분모와 분자의 공약수가 1뿐인 분수가 기약분수입니다. $\frac{14}{35}$에서 분모와 분자의 최대공약수는 7이므로 기약분수가 아닙니다.
따라서 기약분수로 바르게 나타내면
$\frac{28}{70}=\frac{28\div14}{70\div14}=\frac{2}{5}$입니다.

24 분모의 곱은 $5\times7=35$이므로 공통분모는 35입니다.
$(\frac{4}{5}, \frac{6}{7})$에서 35를 공통분모로 하여 통분하면
$(\frac{4}{5}, \frac{6}{7}) \Rightarrow (\frac{4\times7}{5\times7}, \frac{6\times5}{7\times5}) \Rightarrow (\frac{28}{35}, \frac{30}{35})$입니다.

25 [방법 1] 분모의 곱을 공통분모로 하여 통분하면
$(\frac{2}{9}, \frac{4}{15}) \Rightarrow (\frac{30}{135}, \frac{36}{135})$이므로 $\frac{2}{9}$는 $\frac{4}{15}$보다 작습니다.
[방법 2] 분모의 최소공배수를 공통분모로 하여 통분하면
$(\frac{2}{9}, \frac{4}{15}) \Rightarrow (\frac{10}{45}, \frac{12}{45})$이므로 $\frac{2}{9}$는 $\frac{4}{15}$보다 작습니다.

124쪽

1 예슬

1 예슬

② $\frac{21}{9}$	③ $\frac{2}{3}$	③ $\frac{11}{2}$	$\frac{7}{4}$
③ $3\frac{1}{3}$	① $\frac{1}{5}$	③ $\frac{3}{2}$	② $\frac{15}{3}$
① $\frac{1}{8}$	$6\frac{1}{4}$	② $\frac{27}{6}$	$\frac{8}{7}$
② $\frac{33}{6}$	$\frac{13}{5}$	$1\frac{7}{8}$	① $\frac{2}{9}$

석기

③ $\frac{1}{3}$	$\frac{5}{8}$	$2\frac{1}{4}$	② $\frac{15}{6}$
② $\frac{30}{9}$	③ $\frac{1}{2}$	① $\frac{1}{7}$	③ $1\frac{1}{3}$
② $\frac{3}{6}$	① $\frac{1}{9}$	$\frac{4}{5}$	③ $\frac{7}{2}$
$\frac{5}{7}$	③ $1\frac{5}{6}$	③ $1\frac{1}{3}$	② $\frac{42}{9}$

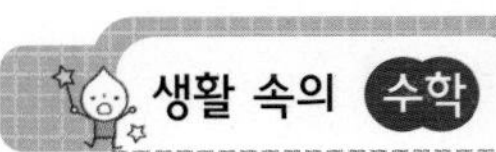

125~126쪽

둘째

5 분수의 덧셈과 뺄셈

Step 1 개념 탄탄 128쪽

1 2, 3, 5 / 2, 3, 5

2 (1) 8, 6, 6, 8, 30, 38, 19

(2) 4, 3, 3, 4, 15, 19

1 두 분수를 통분하여 분모가 같은 분수로 고친 다음 분자끼리 더합니다.

Step 2 핵심 쏙쏙 129쪽

1 15, 4, 19

2 (1) 9, 6, 9, 24, 33, 11

(2) 3, 2, 3, 8, 11

3 (1) $\frac{1}{4}+\frac{1}{6}=\frac{1\times3}{4\times3}+\frac{1\times2}{6\times2}=\frac{3}{12}+\frac{2}{12}$
$=\frac{5}{12}$

(2) $\frac{5}{6}+\frac{1}{8}=\frac{5\times4}{6\times4}+\frac{1\times3}{8\times3}=\frac{20}{24}+\frac{3}{24}$
$=\frac{23}{24}$

4 (1) $\frac{7}{10}$ (2) $\frac{19}{36}$

(3) $\frac{19}{30}$ (4) $\frac{14}{21}\left(=\frac{2}{3}\right)$

5 $\frac{37}{40}$ **6** $\frac{19}{24}$, $\frac{29}{36}$

7 $\frac{37}{60}$시간

2 (1) 분모의 곱을 공통분모로 하여 통분한 후 계산합니다.

(2) 분모의 최소공배수를 공통분모로 하여 통분한 후 계산합니다.

3 보기 는 분모의 최소공배수를 공통분모로 하여 통분한 후 계산한 것입니다.

4 (1) $\frac{2}{5}+\frac{3}{10}=\frac{4}{10}+\frac{3}{10}=\frac{7}{10}$

(2) $\frac{1}{9}+\frac{5}{12}=\frac{4}{36}+\frac{15}{36}=\frac{19}{36}$

(3) $\frac{1}{6}+\frac{7}{15}=\frac{5}{30}+\frac{14}{30}=\frac{19}{30}$

(4) $\frac{4}{7}+\frac{2}{21}=\frac{12}{21}+\frac{2}{21}=\frac{14}{21}=\frac{2}{3}$

5 $\frac{3}{8}+\frac{11}{20}=\frac{15}{40}+\frac{22}{40}=\frac{37}{40}$

6 $\frac{5}{12}+\frac{3}{8}=\frac{10}{24}+\frac{9}{24}=\frac{19}{24}$

$\frac{5}{12}+\frac{7}{18}=\frac{15}{36}+\frac{14}{36}=\frac{29}{36}$

7 $\frac{1}{6}+\frac{9}{20}=\frac{10}{60}+\frac{27}{60}=\frac{37}{60}$(시간)

Step 1 개념 탄탄 130쪽

1 3, 4, 1 / 3, 4, 7, $1\frac{1}{6}$

2 (1) 6, 9, 9, 24, 45, 69, 1, 15, 1, 5

(2) 2, 3, 3, 8, 15 23, 1, 5

Step 2 핵심 쏙쏙 131쪽

1 10, 12, 22, $1\frac{7}{15}$

2 (1) 8, 6, 40, 42, 82, 1, 34, 1, 17

(2) 4, 3, 20, 21, 41, 1, 17

3 $\frac{5}{6}+\frac{7}{12}=\frac{5\times2}{6\times2}+\frac{7}{12}=\frac{10}{12}+\frac{7}{12}=\frac{17}{12}$
$=1\frac{5}{12}$

4 (1) $1\frac{1}{36}$ (2) $1\frac{11}{42}$

5 $1\frac{11}{40}$ **6** $1\frac{16}{45}$, $1\frac{13}{90}$

7 $1\frac{3}{10}$시간

3 분모의 최소공배수를 공통분모로 하여 통분한 후 계산한 것입니다.

4 (1) $\frac{1}{4}+\frac{7}{9}=\frac{9}{36}+\frac{28}{36}=\frac{37}{36}=1\frac{1}{36}$
(2) $\frac{3}{7}+\frac{5}{6}=\frac{18}{42}+\frac{35}{42}=\frac{53}{42}=1\frac{11}{42}$

5 $\frac{5}{8}+\frac{13}{20}=\frac{25}{40}+\frac{26}{40}=\frac{51}{40}=1\frac{11}{40}$

6 $\frac{4}{5}+\frac{5}{9}=\frac{36}{45}+\frac{25}{45}=\frac{61}{45}=1\frac{16}{45}$
$\frac{8}{15}+\frac{11}{18}=\frac{48}{90}+\frac{55}{90}=\frac{103}{90}=1\frac{13}{90}$

7 $\frac{1}{2}+\frac{4}{5}=\frac{5}{10}+\frac{8}{10}=1\frac{3}{10}$(시간)

Step 1 개념 탄탄 132쪽

1 3, 4 / 3, 1
2, 3, 4, 2, 7, 2, 1, 1, 3, 1
2 (1) 5, 8, 3, 5, 11, 5, 1, 1, 6, 1
(2) 14, 33, 28, 33, 61, 6, 1

1 자연수는 자연수끼리, 분수는 분수끼리 더해서 계산합니다.

Step 2 핵심 쏙쏙 133쪽

1 (1) 5, 15, 8, 5, 23, 5, 1, 3, 6, 3
(2) 15, 12, 75, 48, 123, 6, 3
2 (1) $1\frac{5}{8}+2\frac{5}{6}=(1+2)+(\frac{15}{24}+\frac{20}{24})$
$=3+\frac{35}{24}=3+1\frac{11}{24}=4\frac{11}{24}$
(2) $2\frac{3}{4}+1\frac{3}{5}=(2+1)+(\frac{15}{20}+\frac{12}{20})$
$=3+\frac{27}{20}=3+1\frac{7}{20}=4\frac{7}{20}$
3 (1) $5\frac{5}{12}$ (2) $5\frac{1}{18}$
4 (1) $4\frac{5}{21}$ (2) $7\frac{5}{24}$
5 $3\frac{9}{20}$ m

3 (1) $1\frac{2}{3}+3\frac{3}{4}=(1+3)+(\frac{8}{12}+\frac{9}{12})$
$=4+1\frac{5}{12}=5\frac{5}{12}$
(2) $2\frac{1}{6}+2\frac{8}{9}=(2+2)+(\frac{3}{18}+\frac{16}{18})$
$=4+1\frac{1}{18}=5\frac{1}{18}$

4 (1) $2\frac{4}{7}+1\frac{2}{3}=(2+1)+(\frac{12}{21}+\frac{14}{21})$
$=3+1\frac{5}{21}=4\frac{5}{21}$
(2) $4\frac{5}{8}+2\frac{7}{12}=(4+2)+(\frac{15}{24}+\frac{14}{24})$
$=6+1\frac{5}{24}=7\frac{5}{24}$

5 $1\frac{7}{10}+1\frac{3}{4}=(1+1)+(\frac{14}{20}+\frac{15}{20})$
$=2+1\frac{9}{20}=3\frac{9}{20}$(m)

Step 3 유형 콕콕 134~137쪽

1-1 (1) $\frac{7}{10}$ (2) $\frac{11}{12}$
(3) $\frac{37}{40}$ (4) $\frac{8}{9}$
1-2 $\frac{19}{28}$ **1-3** $\frac{23}{36}$
1-4 $\frac{38}{45}$ **1-5** $\frac{5}{8}$, $\frac{31}{40}$
1-6 $\frac{9}{10}$
1-7

2-1 (1) $1\frac{2}{15}$ (2) $1\frac{1}{18}$

(3) $1\frac{2}{12}(=1\frac{1}{6})$ (4) $1\frac{5}{24}$

2-2

$\frac{1}{3}+\frac{1}{4}$	$\frac{4}{9}+\frac{3}{5}$
$\frac{2}{5}+\frac{2}{3}$	$\frac{3}{10}+\frac{7}{15}$

2-3 $1\frac{27}{60}(=1\frac{9}{20})$ **2-4** >

2-5 ㉢ **2-6** $1\frac{19}{40}$ km

2-7 $1\frac{17}{24}$ **3-1** ㉣

3-2 (1) $5\frac{11}{35}$ (2) $7\frac{1}{36}$

3-3 $5\frac{1}{20}$ **3-4** $4\frac{1}{18}$

3-5 $9\frac{7}{24}$ **3-6** $3\frac{29}{30}$, $5\frac{13}{60}$

3-7 $4\frac{3}{14}$

3-8

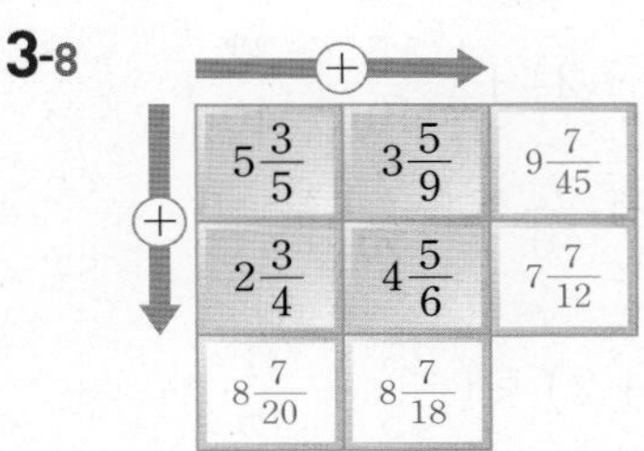

3-9 ㉠ **3-10** 3

3-11 ㉢ **3-12** $6\frac{3}{20}$ m

3-13 $3\frac{11}{42}$ **3-14** $14\frac{22}{63}$

1-1 (1) $\frac{1}{5}+\frac{1}{2}=\frac{2}{10}+\frac{5}{10}=\frac{7}{10}$

(2) $\frac{1}{6}+\frac{3}{4}=\frac{2}{12}+\frac{9}{12}=\frac{11}{12}$

(3) $\frac{3}{10}+\frac{5}{8}=\frac{12}{40}+\frac{25}{40}=\frac{37}{40}$

(4) $\frac{2}{3}+\frac{2}{9}=\frac{6}{9}+\frac{2}{9}=\frac{8}{9}$

1-2 $\frac{1}{4}+\frac{3}{7}=\frac{7}{28}+\frac{12}{28}=\frac{19}{28}$

1-3 $\frac{2}{9}+\frac{5}{12}=\frac{8}{36}+\frac{15}{36}=\frac{23}{36}$

1-4 ㉠ $\frac{2}{5}$ ㉡ $\frac{4}{9}$

➡ ㉠+㉡$=\frac{2}{5}+\frac{4}{9}=\frac{18}{45}+\frac{20}{45}=\frac{38}{45}$

1-5 $\frac{1}{4}+\frac{3}{8}=\frac{2}{8}+\frac{3}{8}=\frac{5}{8}$

$\frac{2}{5}+\frac{3}{8}=\frac{16}{40}+\frac{15}{40}=\frac{31}{40}$

1-6 $\frac{2}{5}+\frac{1}{2}=\frac{4}{10}+\frac{5}{10}=\frac{9}{10}$

1-7 $\frac{1}{12}+\frac{4}{9}=\frac{3}{36}+\frac{16}{36}=\frac{19}{36}$,

$\frac{11}{36}+\frac{1}{6}=\frac{11}{36}+\frac{6}{36}=\frac{17}{36}$,

$\frac{7}{12}+\frac{5}{18}=\frac{21}{36}+\frac{10}{36}=\frac{31}{36}$

2-1 (1) $\frac{2}{3}+\frac{7}{15}=\frac{10}{15}+\frac{7}{15}=\frac{17}{15}=1\frac{2}{15}$

(2) $\frac{5}{6}+\frac{2}{9}=\frac{15}{18}+\frac{4}{18}=\frac{19}{18}=1\frac{1}{18}$

(3) $\frac{3}{4}+\frac{5}{12}=\frac{9}{12}+\frac{5}{12}=\frac{14}{12}=1\frac{2}{12}=1\frac{1}{6}$

(4) $\frac{5}{8}+\frac{7}{12}=\frac{15}{24}+\frac{14}{24}=\frac{29}{24}=1\frac{5}{24}$

2-2 $\frac{1}{3}+\frac{1}{4}=\frac{4}{12}+\frac{3}{12}=\frac{7}{12}$,

$\frac{4}{9}+\frac{3}{5}=\frac{20}{45}+\frac{27}{45}=\frac{47}{45}=1\frac{2}{45}$,

$\frac{2}{5}+\frac{2}{3}=\frac{6}{15}+\frac{10}{15}=\frac{16}{15}=1\frac{1}{15}$,

$\frac{3}{10}+\frac{7}{15}=\frac{9}{30}+\frac{14}{30}=\frac{23}{30}$

2-3 $\frac{13}{15}+\frac{7}{12}=\frac{52}{60}+\frac{35}{60}=\frac{87}{60}=1\frac{27}{60}=1\frac{9}{20}$

2-4 $\frac{1}{2}+\frac{8}{9}=\frac{9}{18}+\frac{16}{18}=\frac{25}{18}=1\frac{7}{18}$

$\frac{5}{6}+\frac{7}{18}=\frac{15}{18}+\frac{7}{18}=\frac{22}{18}=1\frac{4}{18}$

→ $1\frac{7}{18}>1\frac{4}{18}$

2-5 ㉠ $1\frac{2}{15}$ ㉡ $1\frac{1}{6}$ ㉢ $1\frac{1}{3}$

$(1\frac{2}{15}, 1\frac{1}{6}, 1\frac{1}{3}) \Rightarrow (1\frac{4}{30}, 1\frac{5}{30}, 1\frac{10}{30})$

2-6 $\frac{3}{5}+\frac{7}{8}=\frac{24}{40}+\frac{35}{40}=\frac{59}{40}=1\frac{19}{40}$(km)

2-7 (어떤 수)$-\frac{7}{8}=\frac{5}{6}$

(어떤 수)$=\frac{5}{6}+\frac{7}{8}=\frac{20}{24}+\frac{21}{24}=\frac{41}{24}=1\frac{17}{24}$

3-1 ㉣ 계산 결과가 가분수이면 대분수로 고쳐서 나타내야 하므로 $5\frac{57}{40}$이 아니라 $6\frac{17}{40}$이어야 합니다.

3-2 (1) $3\frac{5}{7}+1\frac{3}{5}=(3+1)+(\frac{25}{35}+\frac{21}{35})$

$=4+1\frac{11}{35}=5\frac{11}{35}$

(2) $4\frac{4}{9}+2\frac{7}{12}=(4+2)+(\frac{16}{36}+\frac{21}{36})$

$=6+1\frac{1}{36}=7\frac{1}{36}$

3-3 $1\frac{3}{4}+3\frac{3}{10}=(1+3)+(\frac{15}{20}+\frac{6}{20})$

$=4+1\frac{1}{20}=5\frac{1}{20}$

3-4 $2\frac{2}{9}+1\frac{5}{6}=(2+1)+(\frac{4}{18}+\frac{15}{18})$

$=3+1\frac{1}{18}=4\frac{1}{18}$

3-5 $3\frac{11}{12}+5\frac{3}{8}=(3+5)+(\frac{22}{24}+\frac{9}{24})$

$=8+1\frac{7}{24}=9\frac{7}{24}$

3-6 $1\frac{3}{10}+2\frac{2}{3}=(1+2)+(\frac{9}{30}+\frac{20}{30})$

$=3+\frac{29}{30}=3\frac{29}{30}$

$1\frac{3}{10}+3\frac{11}{12}=(1+3)+(\frac{18}{60}+\frac{55}{60})$

$=4+1\frac{13}{60}=5\frac{13}{60}$

3-7 $2\frac{4}{7}+1\frac{9}{14}=(2+1)+(\frac{8}{14}+\frac{9}{14})$

$=3+1\frac{3}{14}=4\frac{3}{14}$

3-8 $5\frac{3}{5}+3\frac{5}{9}=(5+3)+(\frac{27}{45}+\frac{25}{45})$

$=8+1\frac{7}{45}=9\frac{7}{45}$

$2\frac{3}{4}+4\frac{5}{6}=(2+4)+(\frac{9}{12}+\frac{10}{12})$

$=6+1\frac{7}{12}=7\frac{7}{12}$

$5\frac{3}{5}+2\frac{3}{4}=(5+2)+(\frac{12}{20}+\frac{15}{20})$

$=7+1\frac{7}{20}=8\frac{7}{20}$

$3\frac{5}{9}+4\frac{5}{6}=(3+4)+(\frac{10}{18}+\frac{15}{18})$

$=7+1\frac{7}{18}=8\frac{7}{18}$

3-9 ㉠ $4\frac{7}{10}+\frac{5}{8}=4+(\frac{28}{40}+\frac{25}{40})$

$=4+1\frac{13}{40}=5\frac{13}{40}$

㉡ $2\frac{3}{8}+2\frac{4}{5}=(2+2)+(\frac{15}{40}+\frac{32}{40})$

$=4+1\frac{7}{40}=5\frac{7}{40}$

3-10 $3\frac{5}{9}+2\frac{7}{15}=(3+2)+(\frac{25}{45}+\frac{21}{45})$

$=5+1\frac{1}{45}=6\frac{1}{45}(=6\frac{2}{90})$

$6\frac{2}{90}<6\frac{\square}{90}$이므로 □ 안에 들어갈 수 있는 가장 작은 수는 3입니다.

3-11 ㉠ $1\frac{1}{3}+3\frac{5}{6}=(1+3)+(\frac{2}{6}+\frac{5}{6})$

$=4+1\frac{1}{6}=5\frac{1}{6}=5\frac{3}{18}$

㉡ $2\frac{1}{2}+2\frac{4}{9}=(2+2)+(\frac{9}{18}+\frac{8}{18})$

$=4+\frac{17}{18}=4\frac{17}{18}$

㉢ $\frac{11}{18}+4\frac{2}{3}=4+(\frac{11}{18}+\frac{12}{18})$

$=4+1\frac{5}{18}=5\frac{5}{18}$

3-12 $2\frac{9}{10}+3\frac{1}{4}=(2+3)+(\frac{18}{20}+\frac{5}{20})$
$=5+1\frac{3}{20}=6\frac{3}{20}$(m)

3-13 (어떤 수)$-1\frac{1}{3}=1\frac{13}{14}$,
(어떤 수)$=1\frac{13}{14}+1\frac{1}{3}$
$=(1+1)+(\frac{39}{42}+\frac{14}{42})$
$=2+1\frac{11}{42}=3\frac{11}{42}$

3-14 가장 큰 수 : $9\frac{4}{7}$, 가장 작은 수 : $4\frac{7}{9}$
$9\frac{4}{7}+4\frac{7}{9}=(9+4)+(\frac{36}{63}+\frac{49}{63})$
$=13+1\frac{22}{63}=14\frac{22}{63}$

Step 1 개념 탄탄 138쪽

1 4, 3 / 4, 3, 1
2 (1) 15, 6, 6, 75, 24, 51, 17
(2) 5, 2, 2, 25, 8, 17

1 두 분수를 통분하여 분모가 같은 분수로 고친 다음 분자끼리 뺍니다.

Step 2 핵심 쏙쏙 139쪽

1 16 15 1
2 (1) 8, 12, 12, 56, 36, 20, 5
(2) 2, 3, 3, 14, 9, 5
3 (1) $\frac{9}{10}-\frac{5}{6}=\frac{9\times3}{10\times3}-\frac{5\times5}{6\times5}$
$=\frac{27}{30}-\frac{25}{30}=\frac{2}{30}=\frac{1}{15}$
(2) $\frac{11}{14}-\frac{1}{4}=\frac{11\times2}{14\times2}-\frac{1\times7}{4\times7}$
$=\frac{22}{28}-\frac{7}{28}=\frac{15}{28}$

4 (1) $\frac{7}{12}$ (2) $\frac{4}{45}$

5 ⊖

$\frac{7}{9}$	$\frac{2}{3}$	$\frac{1}{9}$
$\frac{9}{10}$	$\frac{7}{15}$	$\frac{13}{30}$

6 (선 잇기)

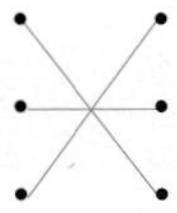

7 $\frac{19}{40}$ m

2 (1) 분모의 곱으로 통분하여 계산합니다.
(2) 분모의 최소공배수로 통분하여 계산합니다.

3 보기는 분모의 최소공배수를 공통분모로 하여 통분한 후 계산한 것입니다.

4 (1) $\frac{5}{6}-\frac{1}{4}=\frac{10}{12}-\frac{3}{12}=\frac{7}{12}$
(2) $\frac{8}{15}-\frac{4}{9}=\frac{24}{45}-\frac{20}{45}=\frac{4}{45}$

5 $\frac{7}{9}-\frac{2}{3}=\frac{7}{9}-\frac{6}{9}=\frac{1}{9}$
$\frac{9}{10}-\frac{7}{15}=\frac{27}{30}-\frac{14}{30}=\frac{13}{30}$

6 $\frac{7}{8}-\frac{1}{6}=\frac{21}{24}-\frac{4}{24}=\frac{17}{24}$,
$\frac{5}{6}-\frac{7}{24}=\frac{20}{24}-\frac{7}{24}=\frac{13}{24}$,
$\frac{3}{8}-\frac{1}{12}=\frac{9}{24}-\frac{2}{24}=\frac{7}{24}$

7 $\frac{7}{8}-\frac{2}{5}=\frac{35}{40}-\frac{16}{40}=\frac{19}{40}$(m)

Step 1 개념 탄탄 140쪽

1 3, 2, 1, 1, 1
2 (1) 12, 5, 1, 7, 1, 7
(2) 19, 7, 57, 35, 22, 1, 7

1 자연수는 자연수끼리, 분수는 분수끼리 뺍니다. 분수의 뺄셈은 분수를 통분하여 분모가 같은 분수로 고쳐서 계산합니다.

2 (2) 계산 결과가 가분수이면 대분수로 고칩니다.

Step 2 핵심 쏙쏙 141쪽

1 10, 3, 7, 7
2 (1) 12, 7, 5, 2, 5
(2) 34, 5, 68, 35, 33, 2, 5
3 풀이 참조
4 (1) $3\frac{11}{20}$ (2) $2\frac{10}{15}(=2\frac{2}{3})$
5 $2\frac{3}{8}$, $4\frac{1}{20}$
6 $3\frac{13}{45}$
7 $1\frac{5}{10}$ L$(=1\frac{1}{2}$ L$)$

3 $3\frac{5}{6}-2\frac{3}{8}=(3-2)+(\frac{5}{6}-\frac{3}{8})$
$=1+(\frac{20}{24}-\frac{9}{24})$
$=1+\frac{11}{24}=1\frac{11}{24}$

4 (1) $5\frac{3}{4}-2\frac{1}{5}=(5-2)+(\frac{15}{20}-\frac{4}{20})$
$=3+\frac{11}{20}=3\frac{11}{20}$
(2) $3\frac{4}{5}-1\frac{2}{15}=(3-1)+(\frac{12}{15}-\frac{2}{15})$
$=2+\frac{10}{15}$
$=2\frac{10}{15}=2\frac{2}{3}$

5 $4\frac{5}{8}-2\frac{1}{4}=(4-2)+(\frac{5}{8}-\frac{2}{8})=2+\frac{3}{8}=2\frac{3}{8}$
$6\frac{3}{10}-2\frac{1}{4}=(6-2)+(\frac{6}{20}-\frac{5}{20})$
$=4+\frac{1}{20}=4\frac{1}{20}$

6 $3\frac{11}{15}-\frac{4}{9}=3+(\frac{33}{45}-\frac{20}{45})=3+\frac{13}{45}=3\frac{13}{45}$

7 $2\frac{7}{10}-1\frac{1}{5}=(2-1)+(\frac{7}{10}-\frac{2}{10})=1+\frac{5}{10}$
$=1\frac{5}{10}=1\frac{1}{2}$(L)

Step 1 개념 탄탄 142쪽

1 4, 5, 14, 5, 14, 5, 9
2 (1) 2, 10, 10, 5, 5, $1\frac{5}{8}$
(2) 13, 13, 26, 13, 13, $1\frac{5}{8}$

Step 2 핵심 쏙쏙 143쪽

1 예 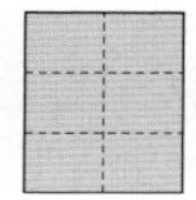 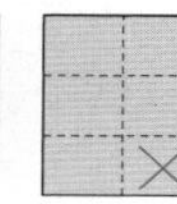 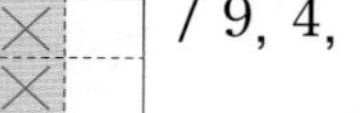 / 9, 4, 5
2 (1) 18, 5, 18, 5, 13, $1\frac{13}{15}$
(2) 21, 7, 63, 35, 28, $1\frac{13}{15}$
3 풀이 참조
4 (1) $2\frac{13}{20}$ (2) $1\frac{17}{30}$
5 $2\frac{13}{24}$, $1\frac{1}{2}$
6 $\frac{7}{20}$
7 $\frac{9}{10}$ km

3 $3\frac{2}{9}-1\frac{2}{3}=\frac{29}{9}-\frac{5}{3}=\frac{29}{9}-\frac{15}{9}=\frac{14}{9}=1\frac{5}{9}$

4 (1) $4\frac{1}{4}-1\frac{3}{5}=4\frac{5}{20}-1\frac{12}{20}$
$=3\frac{25}{20}-1\frac{12}{20}=2\frac{13}{20}$
(2) $3\frac{4}{15}-1\frac{7}{10}=3\frac{8}{30}-1\frac{21}{30}$
$=2\frac{38}{30}-1\frac{21}{30}=1\frac{17}{30}$

5 $4\frac{3}{8}-1\frac{5}{6}=4\frac{9}{24}-1\frac{20}{24}=3\frac{33}{24}-1\frac{20}{24}=2\frac{13}{24}$

$3\frac{1}{3}-1\frac{5}{6}=3\frac{2}{6}-1\frac{5}{6}=2\frac{8}{6}-1\frac{5}{6}=1\frac{3}{6}=1\frac{1}{2}$

6 $2\frac{1}{4}-1\frac{9}{10}=2\frac{5}{20}-1\frac{18}{20}=1\frac{25}{20}-1\frac{18}{20}=\frac{7}{20}$

7 $2\frac{1}{2}-1\frac{3}{5}=2\frac{5}{10}-1\frac{6}{10}$

$=1\frac{15}{10}-1\frac{6}{10}=\frac{9}{10}$(km)

Step 3 유형 콕콕 144~147쪽

4-1 (1) $\frac{5}{12}$ (2) $\frac{7}{12}$ (3) $\frac{7}{18}$ (4) $\frac{5}{10}(=\frac{1}{2})$

4-2 $\frac{3}{20}$ **4-3** $\frac{1}{24}$

4-4 $\frac{8}{15}$, $\frac{17}{60}$ **4-5** $\frac{9}{20}$

4-6 (선 잇기 그림) **4-7** $>$

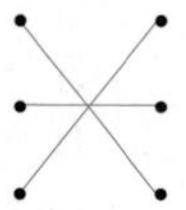

4-8 $\frac{9}{30}(=\frac{3}{10})$

4-9 (　　) (　　) (○)

4-10 $\frac{1}{36}$ **4-11** $\frac{11}{40}$ kg

5-1 (1) $1\frac{18}{35}$ (2) $1\frac{1}{12}$

5-2 $2\frac{3}{40}$ **5-3** $1\frac{7}{15}$

5-4 $2\frac{7}{36}$ **5-5** $1\frac{1}{24}$, $3\frac{1}{12}$

5-6 $<$ **5-7** $37\frac{3}{20}$ kg

6-1 ㉡

6-2 (1) $1\frac{1}{2}$ (2) $2\frac{13}{18}$

6-3 $\frac{24}{35}$ **6-4** ①, ③

6-5 $2\frac{23}{36}$ **6-6** $2\frac{11}{24}$

6-7 4개 **6-8** $5\frac{23}{40}$ cm

6-9 $3\frac{11}{20}$ km **6-10** $4\frac{24}{35}$

4-1 (1) $\frac{2}{3}-\frac{1}{4}=\frac{8}{12}-\frac{3}{12}=\frac{5}{12}$

(2) $\frac{3}{4}-\frac{1}{6}=\frac{9}{12}-\frac{2}{12}=\frac{7}{12}$

(3) $\frac{5}{6}-\frac{4}{9}=\frac{15}{18}-\frac{8}{18}=\frac{7}{18}$

(4) $\frac{4}{5}-\frac{3}{10}=\frac{8}{10}-\frac{3}{10}=\frac{5}{10}=\frac{1}{2}$

4-2 $\frac{1}{4}-\frac{1}{10}=\frac{5}{20}-\frac{2}{20}=\frac{3}{20}$

4-3 $(\frac{7}{8}, \frac{5}{6}) \Rightarrow (\frac{21}{24}, \frac{20}{24}) \Rightarrow \frac{7}{8}>\frac{5}{6}$

$\frac{7}{8}-\frac{5}{6}=\frac{21}{24}-\frac{20}{24}=\frac{1}{24}$

4-4 $\frac{5}{6}-\frac{3}{10}=\frac{25}{30}-\frac{9}{30}=\frac{16}{30}=\frac{8}{15}$

$\frac{7}{12}-\frac{3}{10}=\frac{35}{60}-\frac{18}{60}=\frac{17}{60}$

4-5 $\frac{11}{12}-\frac{7}{15}=\frac{55}{60}-\frac{28}{60}=\frac{27}{60}=\frac{9}{20}$

4-6 $\frac{3}{4}-\frac{1}{5}=\frac{15}{20}-\frac{4}{20}=\frac{11}{20}$,

$\frac{5}{8}-\frac{7}{20}=\frac{25}{40}-\frac{14}{40}=\frac{11}{40}$,

$\frac{7}{10}-\frac{1}{4}=\frac{14}{20}-\frac{5}{20}=\frac{9}{20}$

4-7 $\frac{3}{4}-\frac{7}{20}=\frac{15}{20}-\frac{7}{20}=\frac{8}{20}=\frac{16}{40}$

$\frac{5}{8}-\frac{2}{5}=\frac{25}{40}-\frac{16}{40}=\frac{9}{40}$

→ $\frac{16}{40}>\frac{9}{40}$

4-8 가장 큰 수 : $\frac{7}{15}$, 가장 작은 수 : $\frac{1}{6}$

$\frac{7}{15}-\frac{1}{6}=\frac{14}{30}-\frac{5}{30}=\frac{9}{30}=\frac{3}{10}$

4-9 $\frac{5}{8}-\frac{1}{6}=\frac{15}{24}-\frac{4}{24}=\frac{11}{24}$

$\frac{4}{5}-\frac{7}{15}=\frac{12}{15}-\frac{7}{15}=\frac{5}{15}=\frac{1}{3}=\frac{8}{24}$

$\frac{5}{12}-\frac{3}{8}=\frac{10}{24}-\frac{9}{24}=\frac{1}{24}$

4-10 $\square=\frac{11}{18}-\frac{7}{12}=\frac{22}{36}-\frac{21}{36}=\frac{1}{36}$

4-11 $\frac{9}{10}-\frac{5}{8}=\frac{36}{40}-\frac{25}{40}=\frac{11}{40}$(kg)

5-1 (1) $3\frac{4}{5}-2\frac{2}{7}=(3-2)+(\frac{28}{35}-\frac{10}{35})$

$=1+\frac{18}{35}=1\frac{18}{35}$

(2) $2\frac{5}{6}-1\frac{3}{4}=(2-1)+(\frac{10}{12}-\frac{9}{12})$

$=1+\frac{1}{12}=1\frac{1}{12}$

5-2 $4\frac{7}{10}-2\frac{5}{8}=(4-2)+(\frac{28}{40}-\frac{25}{40})$

$=2+\frac{3}{40}=2\frac{3}{40}$

5-3 $2\frac{2}{3}-1\frac{1}{5}=(2-1)+(\frac{10}{15}-\frac{3}{15})$

$=1+\frac{7}{15}=1\frac{7}{15}$

다른 풀이

$2\frac{2}{3}-1\frac{1}{5}=\frac{8}{3}-\frac{6}{5}=\frac{40}{15}-\frac{18}{15}=\frac{22}{15}=1\frac{7}{15}$

5-4 $3\frac{5}{12}-1\frac{2}{9}=(3-1)+(\frac{15}{36}-\frac{8}{36})$

$=2+\frac{7}{36}=2\frac{7}{36}$

5-5 $4\frac{7}{8}-3\frac{5}{6}=(4-3)+(\frac{21}{24}-\frac{20}{24})$

$=1+\frac{1}{24}=1\frac{1}{24}$

$6\frac{11}{12}-3\frac{5}{6}=(6-3)+(\frac{11}{12}-\frac{10}{12})$

$=3+\frac{1}{12}=3\frac{1}{12}$

5-6 $4\frac{3}{8}-2\frac{1}{3}=(4-2)+(\frac{9}{24}-\frac{8}{24})$

$=2+\frac{1}{24}=2\frac{1}{24}$

$4\frac{5}{12}-2\frac{1}{4}=(4-2)+(\frac{5}{12}-\frac{3}{12})$

$=2+\frac{1}{6}=2\frac{1}{6}$

➡ $2\frac{1}{24}<2\frac{1}{6}$

5-7 (지혜의 몸무게)$=$(석기의 몸무게)$-1\frac{3}{5}$

$=38\frac{3}{4}-1\frac{3}{5}$

$=(38-1)+(\frac{15}{20}-\frac{12}{20})$

$=37\frac{3}{20}$(kg)

6-1 ㉡ 분수끼리 뺄 수 없을 때에는 자연수에서 1을 받아내림하여 계산해야 하므로 $5\frac{33}{24}$이 아니라 $4\frac{33}{24}$이 되어야 합니다.

6-2 (1) $3\frac{1}{3}-1\frac{5}{6}=3\frac{2}{6}-1\frac{5}{6}=2\frac{8}{6}-1\frac{5}{6}$

$=1\frac{3}{6}=1\frac{1}{2}$

(2) $4\frac{1}{6}-1\frac{4}{9}=4\frac{3}{18}-1\frac{8}{18}=3\frac{21}{18}-1\frac{8}{18}$

$=2\frac{13}{18}$

6-3 $3\frac{2}{5}-2\frac{5}{7}=3\frac{14}{35}-2\frac{25}{35}=2\frac{49}{35}-2\frac{25}{35}=\frac{24}{35}$

6-4 ① $3\frac{11}{24}$ ② $2\frac{46}{63}$ ③ $3\frac{13}{16}$ ④ $4\frac{1}{5}$ ⑤ $4\frac{11}{40}$

6-5 $4\frac{1}{18}-1\frac{5}{12}=4\frac{2}{36}-1\frac{15}{36}=3\frac{38}{36}-1\frac{15}{36}$

$=2\frac{23}{36}$

6-6 가장 큰 수 : $4\frac{5}{24}$

가장 작은 수 : $1\frac{3}{4}=1\frac{6}{8}<1\frac{7}{8}$이므로 $1\frac{3}{4}$

따라서 차는

$4\frac{5}{24}-1\frac{3}{4}=4\frac{5}{24}-1\frac{18}{24}=3\frac{29}{24}-1\frac{18}{24}=2\frac{11}{24}$

6-7 $5\frac{1}{8}-1\frac{11}{12}=5\frac{3}{24}-1\frac{22}{24}=4\frac{27}{24}-1\frac{22}{24}$

$=3\frac{5}{24}$

$3\frac{\square}{24}<3\frac{5}{24}$이므로 □ 안에 들어갈 수 있는 자연수는 1, 2, 3, 4입니다. 따라서 모두 4개입니다.

6-8 가장 큰 정사각형은 한 변이 $3\frac{4}{5}$ cm인 정사각형이므로 잘라내고 남은 직사각형의 가로와 세로 중 긴 변의 길이는

$9\frac{3}{8}-3\frac{4}{5}=9\frac{15}{40}-3\frac{32}{40}=8\frac{55}{40}-3\frac{32}{40}$

$=5\frac{23}{40}$(cm)

6-9 $9\frac{1}{4}-5\frac{7}{10}=9\frac{5}{20}-5\frac{14}{20}=8\frac{25}{20}-5\frac{14}{20}$

$=(8-5)+(\frac{25}{20}-\frac{14}{20})$

$=3\frac{11}{20}$(km)

6-10 가장 큰 수 : $7\frac{2}{5}$, 가장 작은 수 : $2\frac{5}{7}$

$7\frac{2}{5}-2\frac{5}{7}=7\frac{14}{35}-2\frac{25}{35}=6\frac{49}{35}-2\frac{25}{35}$

$=(6-2)+(\frac{49}{35}-\frac{25}{35})$

$=4+\frac{24}{35}=4\frac{24}{35}$

Step 4 실력 팍팍 148~151쪽

1 ②, ④
2 $1\frac{19}{60}$
3 풀이 참조
4 ㉢
5 $\frac{19}{40}$ kg
6 2개
7 풀이 참조
8 $5\frac{1}{20}$ m
9 $16\frac{3}{5}$ cm
10 4개
11 (1) $2\frac{4}{5}$ (2) $1\frac{3}{7}$ (3) $4\frac{8}{35}$
12 $6\frac{7}{20}$
13

$\frac{9}{10}$	$\frac{3}{4}$	$\frac{3}{20}$
$\frac{3}{5}$	$\frac{2}{7}$	$\frac{11}{35}$
$\frac{3}{10}$	$\frac{13}{28}$	

14 ㉠, ㉡, ㉢
15 $\frac{13}{40}$
16 7, 8, 9, 10, 11
17 동민, $\frac{1}{15}$
18 $\frac{1}{3}$
19 풀이 참조
20 ㉢, ㉠, ㉣, ㉡
21 $2\frac{3}{20}$
22 $3\frac{1}{6}$
23 6, 7, 8
24 $\frac{41}{45}$
25 신영, $\frac{3}{8}$장

1 8과 10의 최소공배수는 40이므로 공통분모는 40의 배수이어야 합니다.

2 ㉠ $\frac{7}{12}$ ㉡ $\frac{11}{15}$

➡ $\frac{7}{12}+\frac{11}{15}=\frac{35}{60}+\frac{44}{60}=\frac{79}{60}=1\frac{19}{60}$

3 $\frac{7}{10}+\frac{1}{2}=\frac{7}{10}+\frac{1\times1}{2\times5}=\frac{7}{10}+\frac{1}{10}=\frac{8}{10}=\frac{4}{5}$

$\frac{7}{10}+\frac{1}{2}=\frac{7}{10}+\frac{1\times5}{2\times5}=\frac{7}{10}+\frac{5}{10}$

$=\frac{12}{10}=1\frac{2}{10}=1\frac{1}{5}$

4 ㉠ $\frac{5}{8}$ ㉡ $\frac{13}{18}$ ㉢ $1\frac{1}{4}$ ㉣ $\frac{8}{9}$

5 $\frac{3}{8}+\frac{1}{10}=\frac{15}{40}+\frac{4}{40}=\frac{19}{40}$(kg)

6 $\frac{3}{4}+\frac{\square}{11}=\frac{33}{44}+\frac{\square\times4}{44}<\frac{44}{44}$

$33+\square\times4<44$, $\square\times4<11$, $\square=1, 2$

7 [방법 1] 예 $1\frac{3}{4}+2\frac{5}{6}=1\frac{9}{12}+2\frac{10}{12}$

$=(1+2)+(\frac{9}{12}+\frac{10}{12})$

$=3+\frac{19}{12}=3+1\frac{7}{12}=4\frac{7}{12}$

[방법 2] 예 $1\frac{3}{4}+2\frac{5}{6}=\frac{7}{4}+\frac{17}{6}=\frac{21}{12}+\frac{34}{12}$

$=\frac{55}{12}=4\frac{7}{12}$

8 $3\frac{4}{5}+1\frac{1}{4}=3\frac{16}{20}+1\frac{5}{20}=4\frac{21}{20}=5\frac{1}{20}$(m)

9 $5\frac{1}{2}+2\frac{4}{5}+5\frac{1}{2}+2\frac{4}{5}$

$=8\frac{3}{10}+8\frac{3}{10}=16\frac{6}{10}=16\frac{3}{5}$(cm)

10 $1\frac{5}{8}+2\frac{7}{12}=4\frac{5}{24}$이므로 $4\frac{5}{24}>4\frac{\square}{24}$입니다.
따라서 □ 안에 들어갈 수 있는 자연수는 1, 2, 3, 4입니다.

11 (3) $2\frac{4}{5}+1\frac{3}{7}=2\frac{28}{35}+1\frac{15}{35}=3\frac{43}{35}=4\frac{8}{35}$

12 (어떤 수)$-1\frac{4}{5}=2\frac{3}{4}$,

(어떤 수)$=2\frac{3}{4}+1\frac{4}{5}=4\frac{11}{20}$

따라서 바르게 계산하면

$4\frac{11}{20}+1\frac{4}{5}=6\frac{7}{20}$입니다.

13 $\frac{9}{10}-\frac{3}{4}=\frac{18}{20}-\frac{15}{20}=\frac{3}{20}$,

$\frac{3}{5}-\frac{2}{7}=\frac{21}{35}-\frac{10}{35}=\frac{11}{35}$,

$\frac{9}{10}-\frac{3}{5}=\frac{9}{10}-\frac{6}{10}=\frac{3}{10}$,

$\frac{3}{4}-\frac{2}{7}=\frac{21}{28}-\frac{8}{28}=\frac{13}{28}$

14 ㉠ $\frac{11}{24}$ ㉡ $\frac{5}{12}$ ㉢ $\frac{5}{18}$ ➡ ㉠>㉡>㉢

15 ㉠ $\frac{5}{8}$ ㉡ $\frac{3}{10}$ ㉢ $\frac{2}{5}$ ➡ ㉠>㉢>㉡

따라서 가장 큰 수와 가장 작은 수의 차는

$\frac{5}{8}-\frac{3}{10}=\frac{25}{40}-\frac{12}{40}=\frac{13}{40}$입니다.

16 $\frac{1}{3}-\frac{1}{4}=\frac{4}{12}-\frac{3}{12}=\frac{1}{12}$,

$\frac{1}{2}-\frac{1}{3}=\frac{3}{6}-\frac{2}{6}=\frac{1}{6}$

$\frac{1}{12}<\frac{1}{\square}<\frac{1}{6}$이므로 □ 안에 들어갈 수 있는 자연수는 7, 8, 9, 10, 11입니다.

17 가영 : $\frac{3}{5}$, 동민 : $\frac{2}{3}$ ➡ $\frac{3}{5}<\frac{2}{3}$

$\frac{2}{3}-\frac{3}{5}=\frac{10}{15}-\frac{9}{15}=\frac{1}{15}$

18 $1-\frac{1}{4}-\frac{5}{12}=\frac{3}{4}-\frac{5}{12}=\frac{9}{12}-\frac{5}{12}=\frac{4}{12}=\frac{1}{3}$

19 예 $\frac{1}{4}$에서 $\frac{1}{2}$을 뺄 수 없으므로 1 분수 막대 1개를 $\frac{1}{4}$ 분수 막대 4개로 바꾸고, $\frac{1}{2}$ 분수 막대 1개는 $\frac{1}{4}$ 분수 막대 2개와 같으므로 $\frac{1}{4}$ 분수 막대 2개를 빼면 $\frac{1}{4}$ 분수 막대는 3개 남습니다.

➡ $1\frac{1}{4}-\frac{1}{2}=\frac{3}{4}$

20 ㉠ $1\frac{5}{24}$ ㉡ $\frac{17}{24}$ ㉢ $1\frac{1}{3}(=1\frac{8}{24})$

㉣ $1\frac{1}{12}(=1\frac{2}{24})$

➡ ㉢>㉠>㉣>㉡

21 $7\frac{1}{10}-3\frac{3}{4}=7\frac{2}{20}-3\frac{15}{20}$

$=6\frac{22}{20}-3\frac{15}{20}=3\frac{7}{20}$

$3\frac{7}{20}-1\frac{1}{5}=3\frac{7}{20}-1\frac{4}{20}=2\frac{3}{20}$

22 $\square=5\frac{5}{6}-2\frac{2}{3}=(5-2)+(\frac{5}{6}-\frac{4}{6})$
$=3+\frac{1}{6}=3\frac{1}{6}$

23 $6\frac{7}{12}-1\frac{5}{9}=5\frac{1}{36}$, $10\frac{1}{4}-1\frac{3}{5}=8\frac{13}{20}$이므로
$5\frac{1}{36}<\square<8\frac{13}{20}$입니다.
따라서 □ 안에 들어갈 수 있는 자연수는 6, 7, 8입니다.

24 (어떤 수)$+3\frac{2}{9}=7\frac{16}{45}$,
(어떤 수)$=7\frac{16}{45}-3\frac{2}{9}=4\frac{2}{15}$
따라서 바르게 계산하면 $4\frac{2}{15}-3\frac{2}{9}=\frac{41}{45}$입니다.

25 웅이 : $3\frac{1}{4}+2\frac{5}{8}=5\frac{7}{8}$(장)
신영 : $4\frac{1}{2}+1\frac{3}{4}=6\frac{1}{4}$(장)
따라서 신영이가 $6\frac{1}{4}-5\frac{7}{8}=\frac{3}{8}$(장) 더 많이 사용했습니다.

서술 유형 익히기 152~153쪽

1. 32, 15, >, 영수, $\frac{17}{40}$ / 영수, $\frac{17}{40}$

1-1 풀이 참조, 석기, $\frac{13}{20}$ kg

2. 6, 5, 11, 11, 6, 11, 17 / 17

2-1 풀이 참조, $\frac{37}{40}$ L

3. 6, 13, 6, $9\frac{7}{8}$, $9\frac{7}{8}$, $9\frac{7}{8}$, $\frac{6}{8}$, $5\frac{1}{8}$ / $5\frac{1}{8}$

3-1 풀이 참조, $8\frac{33}{40}$ cm

4. 45, 3, 3, 18, $2\frac{23}{24}$ / $2\frac{23}{24}$

4-1 풀이 참조, $3\frac{5}{12}$시간

1-1 지혜와 석기의 가방의 무게를 비교하면
$(2\frac{1}{10}, 2\frac{3}{4}) \Rightarrow (2\frac{2}{20}, 2\frac{15}{20}) \Rightarrow 2\frac{1}{10}<2\frac{3}{4}$
입니다.
따라서 석기의 가방이 $2\frac{3}{4}-2\frac{1}{10}=\frac{13}{20}$(kg) 더 무겁습니다.

2-1 한솔이가 마신 물의 양은
$\frac{2}{5}+\frac{1}{8}=\frac{16}{40}+\frac{5}{40}=\frac{21}{40}$(L)입니다.
따라서 두 사람이 마신 물의 양은 모두
$\frac{2}{5}+\frac{21}{40}=\frac{16}{40}+\frac{21}{40}=\frac{37}{40}$(L)입니다.

3-1 (가로)$=5\frac{3}{5}-2\frac{3}{8}=5\frac{24}{40}-2\frac{15}{40}=3\frac{9}{40}$(cm)
따라서 가로와 세로의 합은
$3\frac{9}{40}+5\frac{3}{5}=3\frac{9}{40}+5\frac{24}{40}=8\frac{33}{40}$(cm)입니다.

4-1 1시간=60분이므로
1시간 45분=1시간$+\frac{45}{60}$시간$=1\frac{3}{4}$시간입니다.
따라서 숙제를 마칠 때까지 걸린 시간은
$1\frac{2}{3}+1\frac{3}{4}=1\frac{8}{12}+1\frac{9}{12}=3\frac{5}{12}$(시간)입니다.

단원 평가 154~157쪽

1 (1) $1\frac{19}{40}$ (2) $6\frac{5}{12}$
(3) $\frac{13}{36}$ (4) $4\frac{7}{8}$

2 ③

3 $1\frac{19}{24}$

4 $5\frac{19}{20}$

5 $\frac{5}{8}$

6 $2\frac{11}{18}$

7 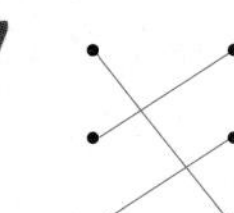

8 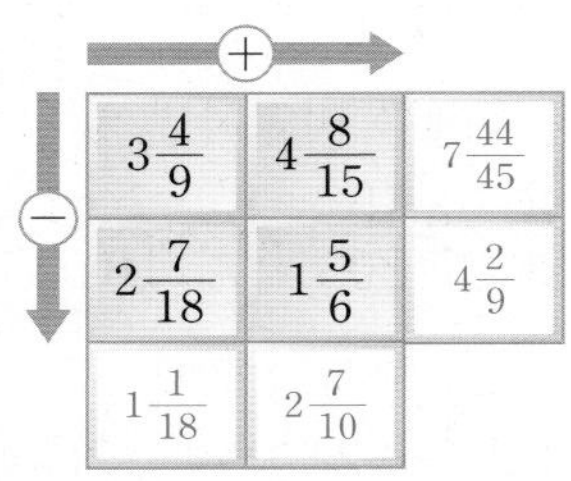

9 (　　) (　　) (○)

10 (1) $>$　(2) $<$

11 ㉠　12 ㉡, ㉠, ㉢

13 $4\frac{1}{24}$　14 9

15 $\frac{29}{42}$　16 $\frac{17}{30}$

17 $2\frac{39}{40}$ kg　18 $5\frac{3}{8}$ cm

19 $4\frac{3}{40}$ L　20 도서관, $\frac{1}{20}$ km

21 $4\frac{3}{60}(=4\frac{1}{20})$　22 풀이 참조

23 풀이 참조　24 풀이 참조

25 풀이 참조, $2\frac{3}{20}$ m

1 (1) $\frac{3}{5}+\frac{7}{8}=\frac{24}{40}+\frac{35}{40}=1\frac{19}{40}$

(2) $2\frac{2}{3}+3\frac{3}{4}=2\frac{8}{12}+3\frac{9}{12}=6\frac{5}{12}$

(3) $\frac{7}{9}-\frac{5}{12}=\frac{28}{36}-\frac{15}{36}=\frac{13}{36}$

(4) $7\frac{5}{8}-2\frac{3}{4}=7\frac{5}{8}-2\frac{6}{8}=4\frac{7}{8}$

2 ① $\frac{1}{3}+\frac{3}{4}=\frac{4}{12}+\frac{9}{12}=1\frac{1}{12}$

② $\frac{2}{5}+\frac{1}{3}=\frac{6}{15}+\frac{5}{15}=\frac{11}{15}$

④ $\frac{2}{5}-\frac{1}{7}=\frac{14}{35}-\frac{5}{35}=\frac{9}{35}$

⑤ $\frac{3}{8}-\frac{1}{4}=\frac{3}{8}-\frac{2}{8}=\frac{1}{8}$

3 $\frac{11}{12}+\frac{7}{8}=\frac{22}{24}+\frac{21}{24}=\frac{43}{24}=1\frac{19}{24}$

4 $3\frac{1}{5}+2\frac{3}{4}=3\frac{4}{20}+2\frac{15}{20}=5\frac{19}{20}$(m)

5 $\frac{7}{8}-\frac{1}{4}=\frac{7}{8}-\frac{2}{8}=\frac{5}{8}$(km)

6 $7\frac{1}{6}-4\frac{5}{9}=7\frac{3}{18}-4\frac{10}{18}=2\frac{11}{18}$

7 $\frac{3}{4}+\frac{5}{6}=\frac{9}{12}+\frac{10}{12}=1\frac{7}{12}$,

$1\frac{2}{3}-\frac{7}{12}=1\frac{8}{12}-\frac{7}{12}=1\frac{1}{12}$,

$1\frac{7}{24}+\frac{1}{8}=1\frac{7}{24}+\frac{3}{24}=1\frac{5}{12}$

8 $3\frac{4}{9}+4\frac{8}{15}=3\frac{20}{45}+4\frac{24}{45}=7\frac{44}{45}$,

$2\frac{7}{18}+1\frac{5}{6}=2\frac{7}{18}+1\frac{15}{18}=4\frac{2}{9}$,

$3\frac{4}{9}-2\frac{7}{18}=3\frac{8}{18}-2\frac{7}{18}=1\frac{1}{18}$,

$4\frac{8}{15}-1\frac{5}{6}=4\frac{16}{30}-1\frac{25}{30}=2\frac{7}{10}$

9 $\frac{2}{15}+\frac{3}{4}=\frac{8}{60}+\frac{45}{60}=\frac{53}{60}$,

$\frac{5}{8}+\frac{1}{9}=\frac{45}{72}+\frac{8}{72}=\frac{53}{72}$,

$\frac{5}{7}+\frac{1}{3}=\frac{15}{21}+\frac{7}{21}=1\frac{1}{21}$

10 (1) $4\frac{1}{4}+1\frac{7}{12}=4\frac{3}{12}+1\frac{7}{12}=5\frac{5}{6}$,

$6\frac{1}{4}-1\frac{4}{5}=6\frac{5}{20}-1\frac{16}{20}=4\frac{9}{20}$

(2) $8\frac{4}{7}-5\frac{1}{3}=8\frac{12}{21}-5\frac{7}{21}=3\frac{5}{21}$,

$2\frac{1}{9}+1\frac{3}{4}=2\frac{4}{36}+1\frac{27}{36}=3\frac{31}{36}$

11 ㉠ $1\frac{1}{6}+1\frac{2}{3}=(1+1)+(\frac{1}{6}+\frac{4}{6})$

$=2+\frac{5}{6}=2\frac{5}{6}$

㉡ $5\frac{1}{2}-3\frac{1}{6}=(5-3)+(\frac{3}{6}-\frac{1}{6})$

$=2+\frac{2}{6}=2\frac{1}{3}$

㉢ $3\frac{5}{8}-1\frac{1}{2}=(3-1)+(\frac{5}{8}-\frac{4}{8})$

$=2+\frac{1}{8}=2\frac{1}{8}$

12 ㉠ $\frac{1}{5}+\frac{2}{3}=\frac{3}{15}+\frac{10}{15}=\frac{13}{15}$

㉡ $3\frac{7}{9}-2\frac{2}{3}=3\frac{7}{9}-2\frac{6}{9}=1\frac{1}{9}$

㉢ $\frac{5}{12}+\frac{1}{4}=\frac{5}{12}+\frac{3}{12}=\frac{2}{3}=\frac{10}{15}$

13 $5\frac{3}{8}+\square=9\frac{5}{12}$,

$\square=9\frac{5}{12}-5\frac{3}{8}=9\frac{10}{24}-5\frac{9}{24}=4\frac{1}{24}$

14 $\frac{2}{5}+\frac{1}{6}=\frac{12}{30}+\frac{5}{30}=\frac{17}{30}$

$\frac{\square}{15}=\frac{\square\times 2}{30}$이므로 $\frac{17}{30}<\frac{\square\times 2}{30}$,

$17<\square\times 2$입니다.

따라서 □ 안에 들어갈 수 있는 자연수는 9, 10, 11, ……이고 그중에서 가장 작은 수는 9입니다.

15 가장 큰 수 : $2\frac{5}{6}$, 가장 작은 수 : $2\frac{1}{7}$

$2\frac{5}{6}-2\frac{1}{7}=2\frac{35}{42}-2\frac{6}{42}=\frac{29}{42}$

16 신영이가 어제와 오늘 읽은 동화책은 전체의

$\frac{1}{6}+\frac{2}{5}=\frac{5}{30}+\frac{12}{30}=\frac{17}{30}$입니다.

17 $7\frac{3}{5}-4\frac{5}{8}=7\frac{24}{40}-4\frac{25}{40}=2\frac{39}{40}$(kg)

18 $2\frac{1}{8}+3\frac{1}{4}=(2+3)+(\frac{1}{8}+\frac{2}{8})$

$=5+\frac{3}{8}=5\frac{3}{8}$(cm)

19 $2\frac{5}{8}+1\frac{9}{20}=2\frac{25}{40}+1\frac{18}{40}=4\frac{3}{40}$(L)

20 학교를 지나가는 길 :

$2\frac{3}{4}+3\frac{1}{5}=(2+3)+(\frac{15}{20}+\frac{4}{20})=5\frac{19}{20}$(km)

도서관을 지나가는 길 :

$3\frac{1}{2}+2\frac{2}{5}=(3+2)+(\frac{5}{10}+\frac{4}{10})$

$=5\frac{9}{10}$(km)

따라서 도서관을 지나가는 것이

$5\frac{19}{20}-5\frac{9}{10}=5\frac{19}{20}-5\frac{18}{20}=\frac{1}{20}$(km)

더 가깝습니다.

21 (어떤 수)$+\frac{8}{15}=6\frac{7}{60}$,

(어떤 수)$=6\frac{7}{60}-\frac{8}{15}=6\frac{7}{60}-\frac{32}{60}$

$=5\frac{67}{60}-\frac{32}{60}=5\frac{35}{60}$

따라서 바르게 계산하면

$5\frac{35}{60}-1\frac{8}{15}=5\frac{35}{60}-1\frac{32}{60}=4\frac{3}{60}=4\frac{1}{20}$

입니다.

서술형

22 대분수의 뺄셈은 자연수는 자연수끼리, 분수는 분수끼리 뺀 후 더해야 합니다.

따라서 바르게 고쳐 계산하면 다음과 같습니다.

$9\frac{5}{8}-3\frac{1}{3}=(9-3)+(\frac{5}{8}-\frac{1}{3})$

$=6+(\frac{15}{24}-\frac{8}{24})=6+\frac{7}{24}=6\frac{7}{24}$

23 [방법 1] 자연수는 자연수끼리, 분수는 분수끼리 계산합니다.

$\frac{7}{12}+2\frac{11}{18}=2+(\frac{7}{12}+\frac{11}{18})$

$=2+(\frac{21}{36}+\frac{22}{36})$

$=2+1\frac{7}{36}=3\frac{7}{36}$

[방법 2] 대분수를 가분수로 고쳐서 계산합니다.

$\frac{7}{12}+2\frac{11}{18}=\frac{7}{12}+\frac{47}{18}=\frac{21}{36}+\frac{94}{36}$

$=\frac{115}{36}=3\frac{7}{36}$

24 [방법 1] 자연수는 자연수끼리, 분수는 분수끼리 계산합니다.

$4\frac{3}{10}-2\frac{7}{15}=4\frac{9}{30}-2\frac{14}{30}$

$=3\frac{39}{30}-2\frac{14}{30}$

$=1\frac{25}{30}=1\frac{5}{6}$

[방법 2] 대분수를 가분수로 고쳐서 계산합니다.

$4\frac{3}{10}-2\frac{7}{15}=\frac{43}{10}-\frac{37}{15}$

$=\frac{129}{30}-\frac{74}{30}$

$=\frac{55}{30}=1\frac{5}{6}$

25 (색 테이프 2장의 길이)$=1\frac{1}{8}+1\frac{1}{8}=2\frac{1}{4}$(m)

(겹친 부분의 길이)$=\frac{1}{10}$ m

따라서 이은 색 테이프의 전체 길이는

$2\frac{1}{4}-\frac{1}{10}=2\frac{5}{20}-\frac{2}{20}=2\frac{3}{20}$(m)입니다.

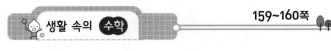

158쪽

1 5번

2 $\frac{1}{2}$, $\frac{1}{4}$, $\frac{1}{8}$

1 $1\rightarrow\frac{1}{2}\rightarrow\frac{1}{4}\rightarrow\frac{1}{8}\rightarrow\frac{1}{16}\rightarrow\frac{1}{32}$

따라서 5번 접어야 합니다.

2 예

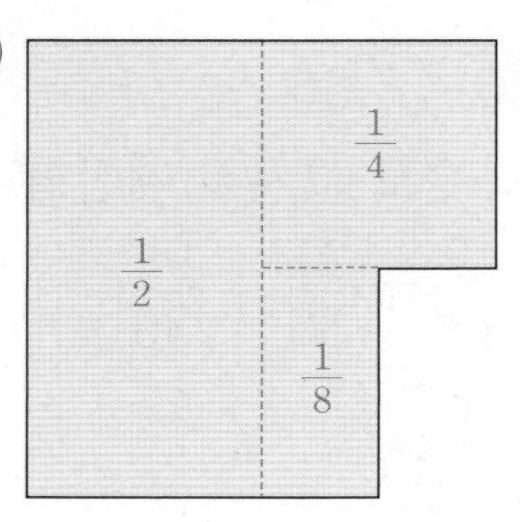

생활 속의 수학 159~160쪽

$2\frac{11}{20}$ km

6 다각형의 둘레와 넓이

Step 1 개념 탄탄 162쪽

1 (1) 3, 9 (2) 5, 15
(3) 6, 18 (4) 3, 9 / 5, 15 / 6, 18
(5) 변의 수

Step 2 핵심 쏙쏙 163쪽

1 6, 6, 6, 6, 6, 24
2 7, 7, 7, 7, 7, 7, 35
3 12, 36, 36 m
4 54 cm
5 40 cm
6 5, 70 / 8, 160
7 15 cm

4 (정육각형의 둘레)$=9\times6=54$(cm)

5 (정팔각형의 둘레)$=5\times8=40$(cm)

6 (정오각형의 둘레)$=14\times5=70$(cm)
(정팔각형의 둘레)$=20\times8=160$(cm)

7 $90\div6=15$(cm)

Step 1 개념 탄탄 164쪽

1 (1) 6, 3, 2, 18 (2) 6, 4, 2, 20
(3) 6, 4, 24

Step 2 핵심 쏙쏙 165쪽

1 5, 3, 5, 3, 5, 2, 16
2 7, 5, 7, 5, 7, 5, 24
3 8, 8, 8, 8, 8, 32
4 (1) 36 cm (2) 38 m
5 (1) 14 cm (2) 10 m
6 (1) 44 cm (2) 28 m
7 110 cm

4 (1) $(8+10)\times2=36$(cm)
(2) $(12+7)\times2=38$(m)

5 (1) $(2+5)\times2=14$(cm)
(2) $(3+2)\times2=10$(m)

6 (1) $11\times4=44$(cm)
(2) $7\times4=28$(m)

7 (도화지의 둘레)$=(35+20)\times2=110$(cm)

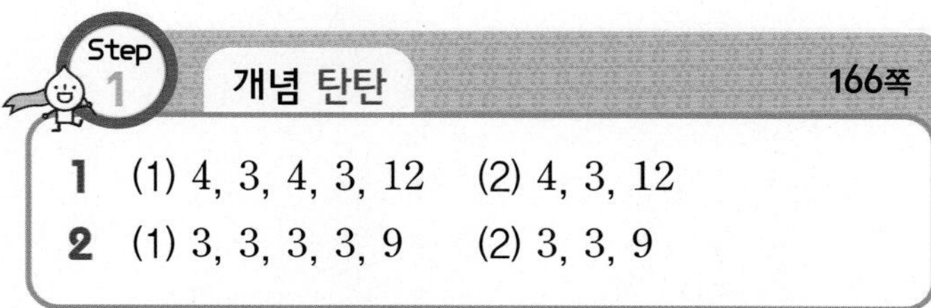

Step 1 개념 탄탄 166쪽

1 (1) 4, 3, 4, 3, 12 (2) 4, 3, 12
2 (1) 3, 3, 3, 3, 9 (2) 3, 3, 9

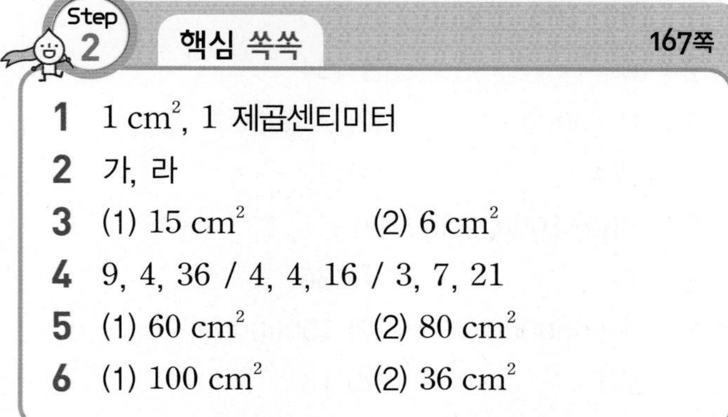

Step 2 핵심 쏙쏙 167쪽

1 1 cm^2, 1 제곱센티미터
2 가, 라
3 (1) 15 cm^2 (2) 6 cm^2
4 9, 4, 36 / 4, 4, 16 / 3, 7, 21
5 (1) 60 cm^2 (2) 80 cm^2
6 (1) 100 cm^2 (2) 36 cm^2

2 가 : $8\ cm^2$, 나 : $9\ cm^2$, 다 : $6\ cm^2$,
라 : $8\ cm^2$, 마 : $6\ cm^2$, 바 : $3\ cm^2$

3 (1) $1\ cm^2$의 15배 ➡ $15\ cm^2$
(2) $1\ cm^2$의 6배 ➡ $6\ cm^2$

4 가의 넓이 : $9 \times 4 = 36(cm^2)$
나의 넓이 : $4 \times 4 = 16(cm^2)$
다의 넓이 : $3 \times 7 = 21(cm^2)$

5 (1) $5 \times 12 = 60(cm^2)$
(2) $10 \times 8 = 80(cm^2)$

6 (1) $10 \times 10 = 100(cm^2)$
(2) $6 \times 6 = 36(cm^2)$

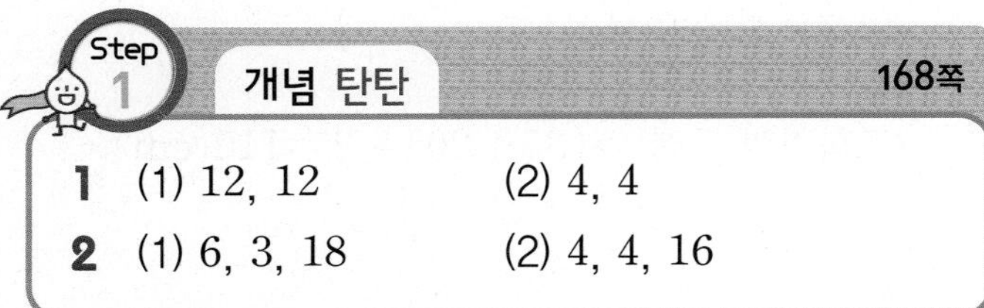

Step 1 개념 탄탄 168쪽

1 (1) 12, 12 (2) 4, 4
2 (1) 6, 3, 18 (2) 4, 4, 16

1 (1) $1\ m^2$의 12배 ➡ $12\ m^2$
(2) $1\ m^2$의 4배 ➡ $4\ m^2$

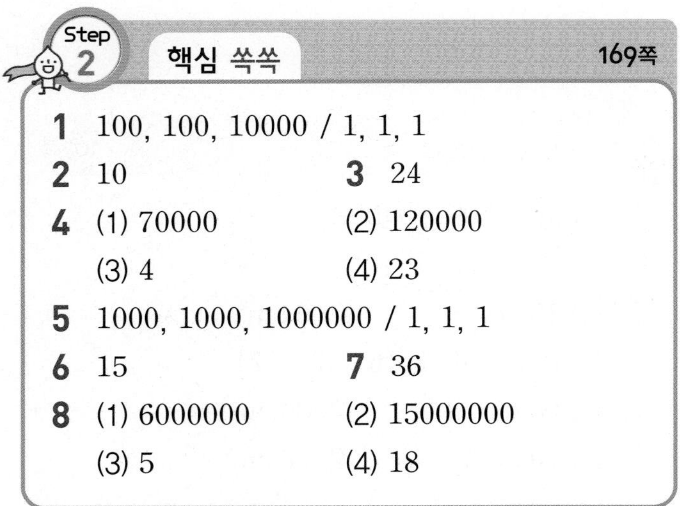

Step 2 핵심 쏙쏙 169쪽

1 100, 100, 10000 / 1, 1, 1
2 10 3 24
4 (1) 70000 (2) 120000
(3) 4 (4) 23
5 1000, 1000, 1000000 / 1, 1, 1
6 15 7 36
8 (1) 6000000 (2) 15000000
(3) 5 (4) 18

3 300 cm=3 m이므로 $8 \times 3 = 24(m^2)$입니다.

7 4000 m=4 km이므로 $4 \times 9 = 36(km^2)$입니다.

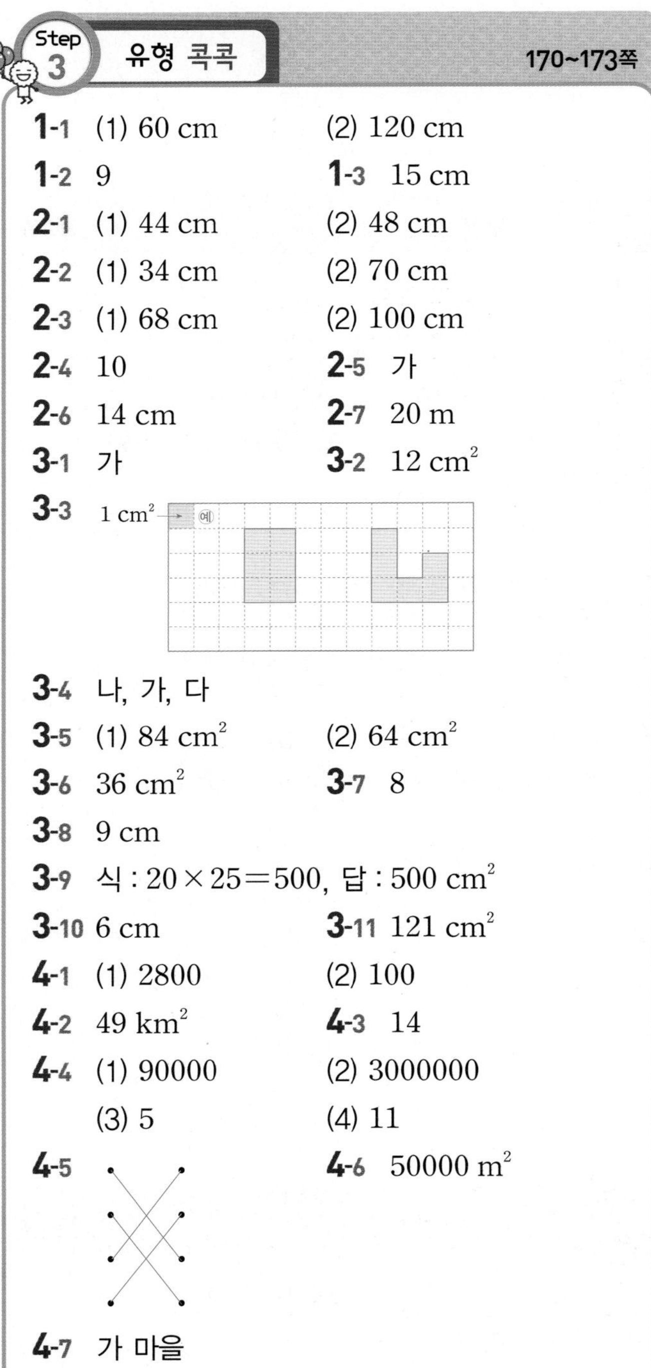

Step 3 유형 콕콕 170~173쪽

1-1 (1) 60 cm (2) 120 cm
1-2 9 1-3 15 cm
2-1 (1) 44 cm (2) 48 cm
2-2 (1) 34 cm (2) 70 cm
2-3 (1) 68 cm (2) 100 cm
2-4 10 2-5 가
2-6 14 cm 2-7 20 m
3-1 가 3-2 $12\ cm^2$
3-3 $1\ cm^2$ 예
3-4 나, 가, 다
3-5 (1) $84\ cm^2$ (2) $64\ cm^2$
3-6 $36\ cm^2$ 3-7 8
3-8 9 cm
3-9 식 : $20 \times 25 = 500$, 답 : $500\ cm^2$
3-10 6 cm 3-11 $121\ cm^2$
4-1 (1) 2800 (2) 100
4-2 $49\ km^2$ 4-3 14
4-4 (1) 90000 (2) 3000000
(3) 5 (4) 11
4-5 4-6 $50000\ m^2$
4-7 가 마을

1-1 (1) (정오각형의 둘레)$=12\times5=60$(cm)
(2) (정팔각형의 둘레)$=15\times8=120$(cm)

1-2 정사각형은 네 변의 길이가 모두 같으므로 한 변은 $36\div4=9$(cm)입니다.

1-3 $180\div12=15$(cm)

2-1 (1) $(7+15)\times2=44$(cm)
(2) $(14+10)\times2=48$(cm)

2-2 (1) $(4+13)\times2=34$(cm)
(2) $(20+15)\times2=70$(cm)

2-3 (1) $17\times4=68$(cm)
(2) $25\times4=100$(cm)

2-4 $(\square+16)\times2=52$
➡ $\square+16=52\div2=26$, $\square=10$

2-5 가 : $(18+6)\times2=48$(cm)
나 : $(11+12)\times2=46$(cm)
➡ $48>46$이므로 직사각형 가의 둘레가 더 깁니다.

2-6 (나의 둘레)$=$(가의 둘레)$=(12+16)\times2$
$=56$(cm)
➡ (나의 한 변의 길이)$=56\div4=14$(cm)

2-7 $80\div4=20$(m)

3-1 가 : 7 cm², 나 : 6 cm², 다 : 6 cm²

3-2 모눈 한 칸의 넓이가 1 cm²이고 도형은 모눈 12칸이므로 넓이는 12 cm²입니다.

3-3 모눈 한 칸의 넓이가 1 cm²이므로 6 cm²는 모눈 6칸입니다.
따라서 모눈 6칸으로 이루어진 도형을 그립니다.

3-4 가 : 5 cm², 나 : 6 cm², 다 : 4 cm²
➡ 나$>$가$>$다

3-5 (1) $7\times12=84$(cm²)
(2) $8\times8=64$(cm²)

3-6 두 도형의 넓이를 구하면
$19\times7=133$(cm²), $13\times13=169$(cm²)이므로
두 도형의 넓이의 차는 $169-133=36$(cm²)입니다.

3-7 $12\times\square=96$, $\square=96\div12=8$(cm)

3-8 $9\times9=81$이므로 넓이가 81 cm²인 정사각형의 한 변의 길이는 9 cm입니다.

3-10 직사각형 가의 넓이가 $4\times9=36$(cm²)이므로 정사각형 나의 넓이도 36 cm²입니다.
따라서 $6\times6=36$이므로 정사각형 나의 한 변의 길이는 6 cm입니다.

3-11 (정사각형의 둘레)$=$(한 변의 길이)$\times4$이므로
정사각형의 한 변의 길이는 $44\div4=11$(cm)입니다.
따라서 정사각형의 넓이는 $11\times11=121$(cm²)입니다.

4-1 (1) 7000 cm$=$70 m이므로 $70\times40=2800$(m²)입니다.
(2) 12500 m$=$12.5 km이므로
$8\times12.5=100$(km²)입니다.

4-2 $6\times4=24$(km²), $5\times5=25$(km²)
➡ $24+25=49$(km²)

4-3 $\square\times6=84$, $\square=84\div6=14$(m)

4-4 1 m²$=$10000 cm², 1 km²$=$1000000 m²

4-6 $250\times200=50000$(m²)

4-7 13500000 m²$=$13.5 km²이므로 가 마을이 더 넓습니다.

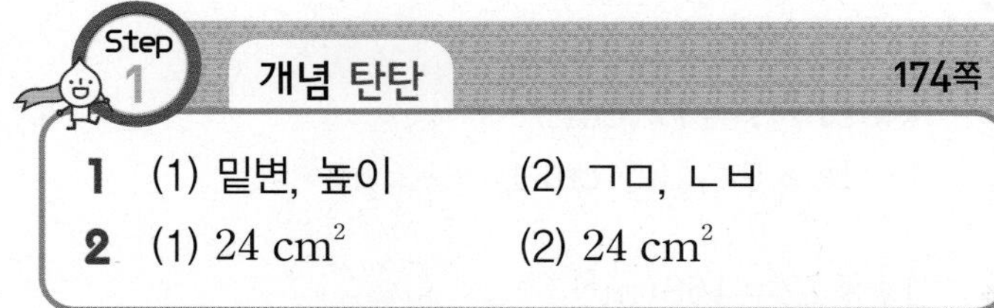

2 (1) 모눈 한 칸이 1 cm^2이고 색칠한 모눈 칸이 모두 24개이므로 넓이는 24 cm^2입니다.
(2) 평행사변형 ㄱㄴㄷㄹ의 넓이는 직사각형 ㅁㄴㄷㅂ의 넓이와 같으므로 24 cm^2입니다.

Step 2 핵심 쏙쏙 175쪽

1 예

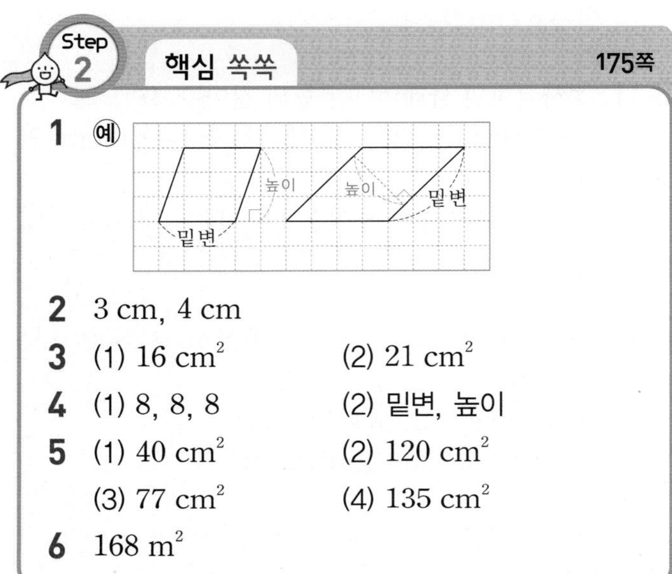

2 3 cm, 4 cm
3 (1) 16 cm^2 (2) 21 cm^2
4 (1) 8, 8, 8 (2) 밑변, 높이
5 (1) 40 cm^2 (2) 120 cm^2
(3) 77 cm^2 (4) 135 cm^2
6 168 m^2

1 높이는 평행사변형에서 두 밑변 사이의 거리입니다.

3 (1) 모눈 한 칸이 1 cm^2이고 색칠한 모눈 칸이 모두 16칸의 넓이와 같으므로 넓이는 16 cm^2입니다.
(2) 모눈 한 칸이 1 cm^2이고 색칠한 모눈 칸이 모두 21칸의 넓이와 같으므로 넓이는 21 cm^2입니다.

5 (1) $5 \times 8 = 40(cm^2)$
(2) $12 \times 10 = 120(cm^2)$
(3) $11 \times 7 = 77(cm^2)$
(4) $15 \times 9 = 135(cm^2)$

6 $14 \times 12 = 168(m^2)$

Step 1 개념 탄탄 176쪽

1 (1) 높이 (2) 높이
(3) 밑변
2 (1) (2)
(3)

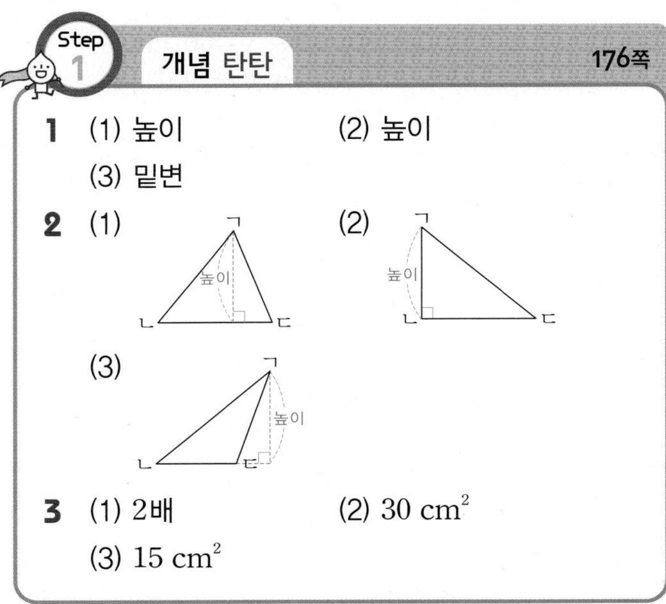

3 (1) 2배 (2) 30 cm^2
(3) 15 cm^2

2 꼭짓점 ㄱ에서 변 ㄴㄷ에 수직인 선분을 긋습니다.

3 (2) 모눈 한 칸이 1 cm^2이고 색칠한 모눈 칸이 모두 30개이므로 넓이는 30 cm^2입니다.
(3) 삼각형 ㄱㄴㄹ의 넓이는 평행사변형 ㄱㄴㄷㄹ의 넓이의 반과 같으므로 15 cm^2입니다.

Step 2 핵심 쏙쏙 177쪽

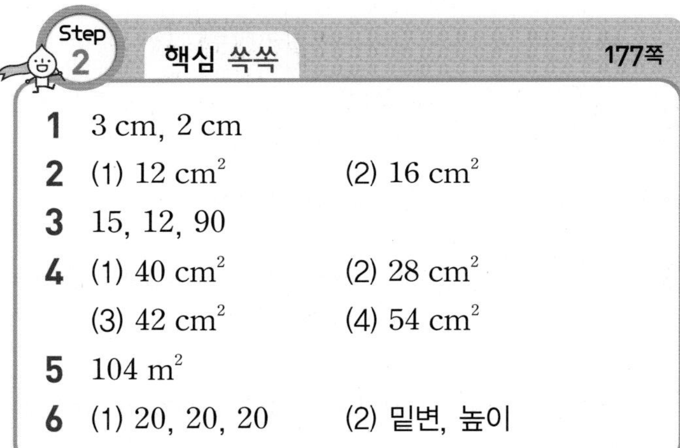

1 3 cm, 2 cm
2 (1) 12 cm^2 (2) 16 cm^2
3 15, 12, 90
4 (1) 40 cm^2 (2) 28 cm^2
(3) 42 cm^2 (4) 54 cm^2
5 104 m^2
6 (1) 20, 20, 20 (2) 밑변, 높이

2 (1) 모눈 한 칸이 1 cm^2이고 색칠한 모눈 칸이 모두 12칸의 넓이와 같으므로 넓이는 12 cm^2입니다.
(2) 모눈 한 칸이 1 cm^2이고 색칠한 모눈 칸이 모두 16칸의 넓이와 같으므로 넓이는 16 cm^2입니다.

4 (1) $10 \times 8 \div 2 = 40(\text{cm}^2)$
(2) $8 \times 7 \div 2 = 28(\text{cm}^2)$
(3) $6 \times 14 \div 2 = 42(\text{cm}^2)$
(4) $9 \times 12 \div 2 = 54(\text{cm}^2)$

5 $16 \times 13 \div 2 = 104(\text{m}^2)$

6 (1) (㉮의 넓이)$=5 \times 8 \div 2 = 20(\text{cm}^2)$
(㉯의 넓이)$=5 \times 8 \div 2 = 20(\text{cm}^2)$
(㉰의 넓이)$=5 \times 8 \div 2 = 20(\text{cm}^2)$

Step 1 개념 탄탄 178쪽

1 (1) 12 cm^2 (2) 12 cm^2
2 (1) 2배 (2) 364 cm^2
(3) 182 cm^2

1 (1) 1 cm^2가 12칸이므로 평행사변형의 넓이는 12 cm^2입니다.

2 (2) $26 \times 14 = 364(\text{cm}^2)$
(3) $364 \div 2 = 182(\text{cm}^2)$

보충
마름모에서 두 대각선에 의해 생기는 4개의 직각삼각형은 모양과 크기가 같으므로 그 넓이는 모두 같습니다.

Step 2 핵심 쏙쏙 179쪽

1 (1) 16 cm^2 (2) 18 cm^2
2 (1) 10, 5, 2, 50 (2) 12, 7, 42
3 (1) 90 cm^2 (2) 30 cm^2
(3) 49 cm^2 (4) 52 cm^2
4 60 m^2 5 60 cm^2

1 (1) 모눈 한 칸이 1 cm^2이고 색칠한 모눈이 16칸의 넓이와 같으므로 넓이는 16 cm^2입니다.
(2) 모눈 한 칸이 1 cm^2이고 색칠한 모눈이 18칸의 넓이와 같으므로 넓이는 18 cm^2입니다.

3 (1) $15 \times 12 \div 2 = 90(\text{cm}^2)$
(2) $6 \times 10 \div 2 = 30(\text{cm}^2)$
(3) $7 \times 14 \div 2 = 49(\text{cm}^2)$
(4) $13 \times 8 \div 2 = 52(\text{cm}^2)$

4 $10 \times 12 \div 2 = 60(\text{m}^2)$

5 마름모 ㄱㄴㄷㄹ의 넓이는 삼각형 ㄱㄴㅇ의 넓이의 4배이므로 $15 \times 4 = 60(\text{cm}^2)$입니다.

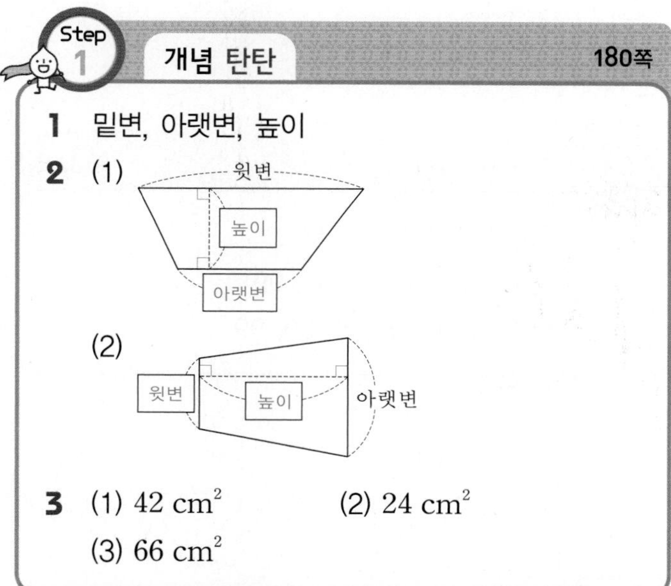

Step 1 개념 탄탄 180쪽
1 밑변, 아랫변, 높이
2 (1)
윗변
높이
아랫변
(2)
윗변
높이
아랫변
3 (1) 42 cm²
(2) 24 cm²
(3) 66 cm²

3 (1) $14 \times 6 \div 2 = 42(\text{cm}^2)$
(2) $8 \times 6 \div 2 = 24(\text{cm}^2)$
(3) $42 + 24 = 66(\text{cm}^2)$

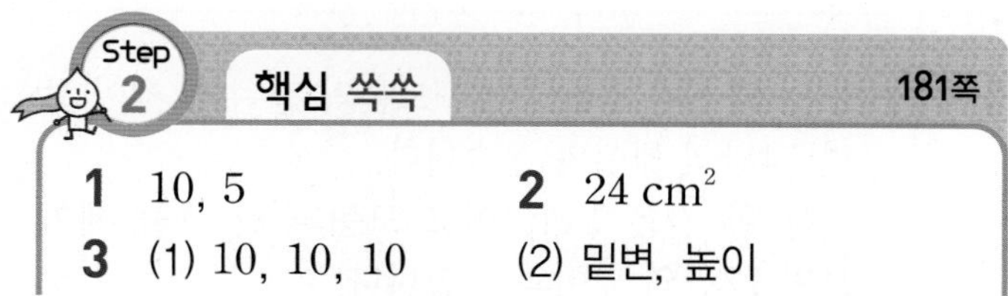

Step 2 핵심 쏙쏙 181쪽
1 10, 5
2 24 cm²
3 (1) 10, 10, 10
(2) 밑변, 높이

4 6, 11, 8, 68
5 (1) 60 cm^2 (2) 84 cm^2
(3) 125 cm^2 (4) 90 cm^2
6 45 m^2

2 모눈 한 칸이 1 cm^2이고 색칠한 모눈이 24칸의 넓이와 같으므로 넓이는 24 cm^2입니다.

5 (1) $(12+8)\times6\div2=60(cm^2)$
(2) $(10+14)\times7\div2=84(cm^2)$
(3) $(18+7)\times10\div2=125(cm^2)$
(4) $(15+5)\times9\div2=90(cm^2)$

6 $(7+11)\times5\div2=45(m^2)$

Step 1 개념 탄탄 182쪽

1 (1) 15, 2, 4, 69, 30, 99
(2) 6, 6, 15, 24, 45, 30, 99
(3) 8, 2, 6, 4, 21, 48, 30, 99

Step 2 핵심 쏙쏙 183쪽

1 (1) 14 cm^2 (2) 17 cm^2
2 54 cm^2 3 8, 6, 8, 24, 32
4 (1) 152 cm^2 (2) 152 cm^2
(3) 66 cm^2 (4) 92 cm^2

1 (1) 모눈 한 칸은 1 cm^2이고 모눈의 칸 수를 세어 보면 14칸의 넓이와 같습니다.
(2) 모눈 한 칸은 1 cm^2이고 모눈의 칸 수를 세어 보면 17칸의 넓이와 같습니다.

2

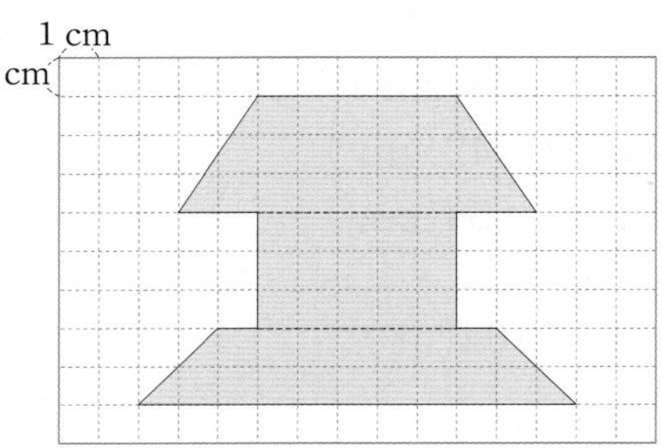

(색칠한 부분의 넓이)
$=\{(5+9)\times3\div2\}+(5\times3)+\{(7+11)\times2\div2\}$
$=21+15+18=54(cm^2)$

4 (1) $(10\times8\div2)+(16\times14\div2)=152(cm^2)$
(2) $\{(12+20)\times12\div2\}-(20\times4\div2)$
$=152(cm^2)$
(3) $(6\times14\div2)+(4\times12\div2)=66(cm^2)$
(4) $(5+18)\times8\div2=92(cm^2)$

Step 3 유형 콕콕 184~189쪽

5-1 (1) 2 cm (2) 1.5 cm
5-2 (1) 90 cm^2 (2) 180 cm^2
5-3 ㉠
5-4 (1) 14 (2) 16
5-5 ㉯
5-6 예

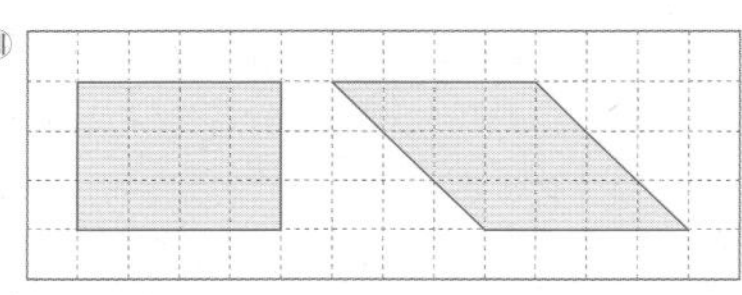

6-1 (1) 1.5 cm (2) 2 cm
6-2 (1) 63 cm^2 (2) 60 cm^2
6-3 5 cm^2 6-4 12
6-5 24 cm, 12 cm 6-6 ㉮
6-7 25 cm 7-1 12, 5, 2, 4, 120
7-2 (1) 18 cm^2 (2) 36 cm^2
7-3 50 cm^2 7-4 가, 16 cm^2
7-5 8 7-6 12

7-7 예

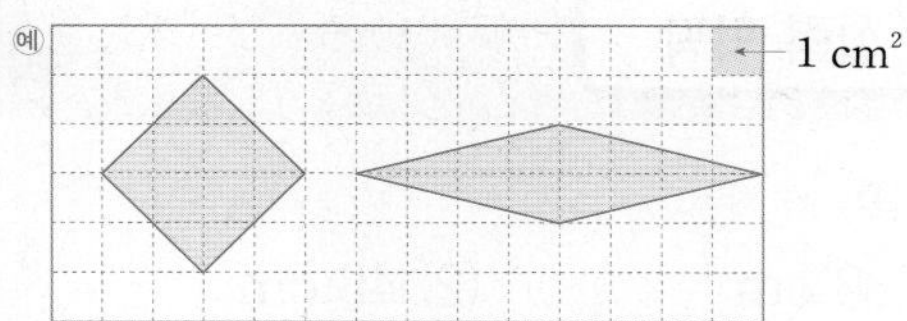

7-8 2100 cm^2 **7-9** 512 cm^2

8-1

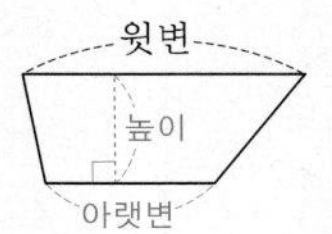

/ 윗변 : 2.5 cm, 아랫변 : 1.5 cm, 높이 : 1 cm

8-2 동민

8-3 (1) 56 cm^2 (2) 85 cm^2

8-4 ( ) (○) ( )

8-5 ㉣, ㉡, ㉠, ㉢

8-6 (1) 6 (2) 15

8-7

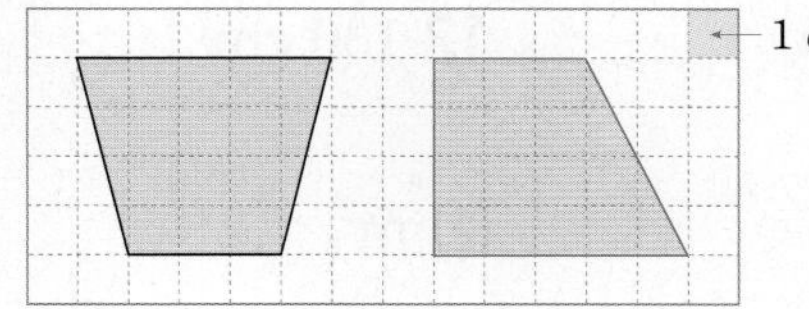

8-8 81 m^2

9-1 가로 : 12 cm, 세로 : 7 cm

9-2 84 cm^2

9-3 (1) 30 cm^2 (2) 23 cm^2

9-4 (1) 88 cm^2 (2) 407 cm^2

5-1 두 밑변 사이의 거리를 재어 봅니다.

5-2 (1) $9 \times 10 = 90(cm^2)$
(2) $15 \times 12 = 180(cm^2)$

5-3 (㉠의 넓이)$=7 \times 11 = 77(cm^2)$
(㉡의 넓이)$=9 \times 8 = 72(cm^2)$

5-4 (1) (밑변의 길이)=(넓이)÷(높이)
$=112 \div 8 = 14(cm)$
(2) (높이)=(넓이)÷(밑변의 길이)
$=144 \div 9 = 16(cm)$

5-5 ㉮의 넓이 : 9 cm^2, ㉯의 넓이 : 6 cm^2, ㉰의 넓이 : 9 cm^2

다른 풀이

모양은 달라도 밑변의 길이와 높이가 같은 평행사변형은 넓이가 모두 같습니다. 따라서 높이가 모두 같으므로 밑변의 길이가 다른 것을 찾으면 ㉯입니다.

5-6 주어진 평행사변형의 밑변은 4칸, 높이는 3칸이므로 모양은 다르고 밑변이 4칸, 높이가 3칸인 평행사변형을 그립니다.

6-2 (1) $14 \times 9 \div 2 = 63(cm^2)$
(2) $8 \times 15 \div 2 = 60(cm^2)$

6-3 (가의 넓이)$=10 \times 7 \div 2 = 35(cm^2)$
(나의 넓이)$=12 \times 5 \div 2 = 30(cm^2)$
➡ $35 - 30 = 5(cm^2)$

6-4 $\square = 36 \times 2 \div 6 = 12(cm)$

6-5 ㉠$=96 \times 2 \div 8 = 24(cm)$
㉡$=96 \times 2 \div 16 = 12(cm)$

6-6 모양은 달라도 밑변의 길이와 높이가 같은 삼각형은 넓이가 모두 같습니다.
따라서 높이가 모두 같으므로 밑변의 길이가 다른 것을 찾으면 ㉮입니다.

6-7 $250 \times 2 \div 20 = 25(cm)$

7-2 (1) $9 \times 4 \div 2 = 18(cm^2)$
(2) $6 \times 12 \div 2 = 36(cm^2)$

7-3 $10 \times 10 \div 2 = 50(cm^2)$

7-4 (가의 넓이)$=12 \times 12 \div 2 = 72(cm^2)$
(나의 넓이)$=14 \times 8 \div 2 = 56(cm^2)$
➡ $72 - 56 = 16(cm^2)$

7-5 (한 대각선)=(마름모의 넓이)×2÷(다른 대각선)
$=72 \times 2 \div 18 = 8(cm)$

7-6 $84 \times 2 \div 14 = 12(cm)$

7-7 모눈 한 칸이 1 cm^2이므로 모눈 칸이 모두 8칸이 되도록 마름모를 그립니다.

7-8 $60\times70\div2=2100(\text{cm}^2)$

7-9 반지름이 16 cm인 원 안에 그릴 수 있는 가장 큰 마름모는 오른쪽과 같습니다. 따라서 넓이는 $32\times32\div2=512(\text{cm}^2)$입니다.

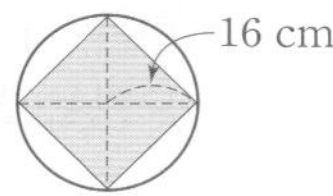

8-3 (1) $(9+5)\times8\div2=56(\text{cm}^2)$
(2) $(6+11)\times10\div2=85(\text{cm}^2)$

8-4 모양은 달라도 두 밑변의 길이의 합과 높이가 같은 사다리꼴은 넓이가 모두 같습니다. 따라서 아랫변의 길이와 높이가 같으므로 윗변의 길이가 가장 긴 것이 가장 넓습니다.

8-5 ㉠ 63 cm^2 ㉡ 64 cm^2 ㉢ 50 cm^2 ㉣ 70 cm^2

8-6 (1) (높이)
$=$(넓이)$\times2\div${(윗변의 길이)$+$(아랫변의 길이)}
$=48\times2\div(11+5)=6(\text{cm})$
(2) (아랫변의 길이)
$=$(넓이)$\times2\div$(높이)$-$(윗변의 길이)
$=69\times2\div6-8=15(\text{cm})$

8-8 (아랫변의 길이)$=6\times2=12(\text{m})$
(사다리꼴의 넓이)$=(6+12)\times9\div2=81(\text{m}^2)$

9-1 가로 : $15-3=12(\text{cm})$
세로 : $10-3=7(\text{cm})$

9-2 색칠한 부분의 넓이는 가로가 12 cm이고 세로가 7 cm인 직사각형의 넓이와 같습니다.
➡ $12\times7=84(\text{cm}^2)$

9-3 (1) 모눈의 칸 수를 세어 보면 30칸의 넓이와 같습니다.
(2) 모눈의 칸 수를 세어 보면 23칸의 넓이와 같습니다.

9-4 (1) 삼각형 2개의 넓이의 합을 구합니다.
$(11\times8\div2)+(11\times8\div2)$
$=44+44=88(\text{cm}^2)$
(2) 삼각형 2개와 직사각형의 넓이의 합을 구합니다.
$(22\times10\div2)+(10\times22)+(22\times7\div2)$
$=110+220+77=407(\text{cm}^2)$

Step 4 실력 팍팍

190~193쪽

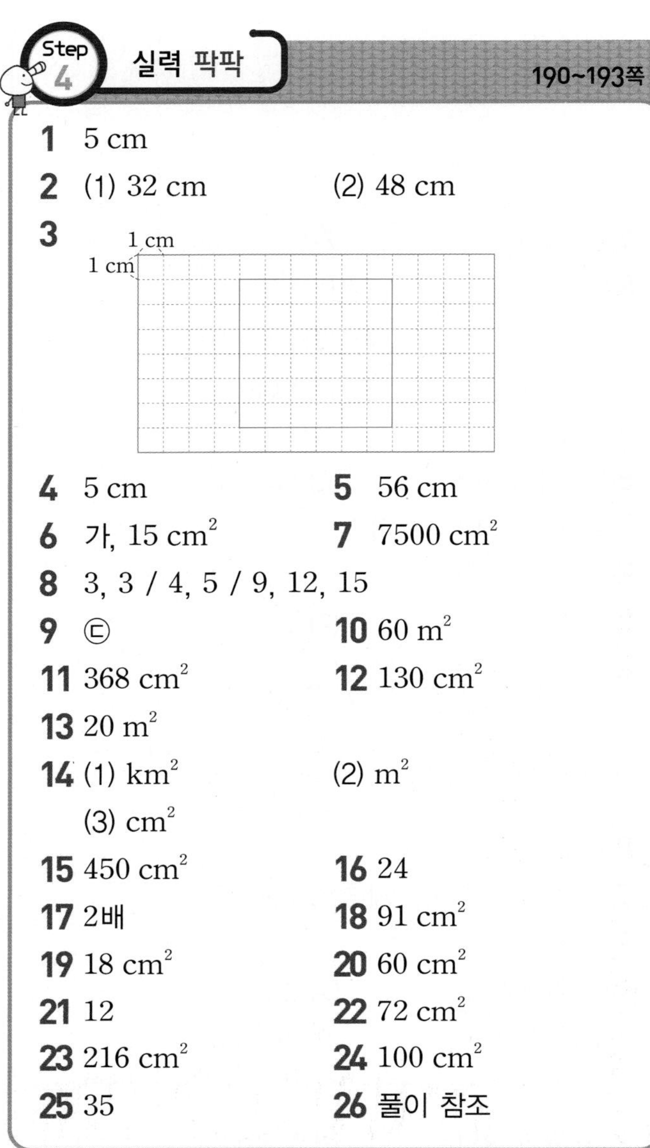

1 5 cm
2 (1) 32 cm (2) 48 cm
3

4 5 cm
5 56 cm
6 가, 15 cm^2
7 7500 cm^2
8 3, 3 / 4, 5 / 9, 12, 15
9 ㉢
10 60 m^2
11 368 cm^2
12 130 cm^2
13 20 m^2
14 (1) km^2 (2) m^2 (3) cm^2
15 450 cm^2
16 24
17 2배
18 91 cm^2
19 18 cm^2
20 60 cm^2
21 12
22 72 cm^2
23 216 cm^2
24 100 cm^2
25 35
26 풀이 참조

1 (정오각형의 둘레)$=13\times5=65(\text{cm})$
(정육각형의 둘레)$=10\times6=60(\text{cm})$
➡ (둘레의 차)$=65-60=5(\text{cm})$

2 그림과 같이 직사각형을 만들어 구해 보면
(1) 가로는 7 cm, 세로는 $2+3+4=9(\text{cm})$이므로 도형의 둘레는 $(7+9)\times2=32(\text{cm})$입니다.

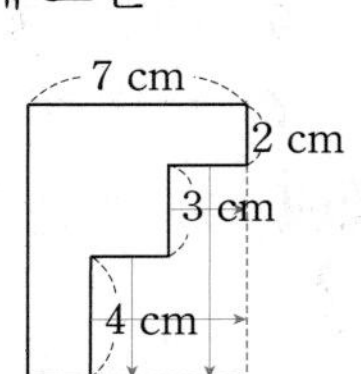

(2) 가로는 $2+10=12(\text{cm})$, 세로는 12 cm이므로 도형의 둘레는 $12\times4=48(\text{cm})$입니다.

2 cm
12 cm
10 cm

3 둘레가 24 cm인 정사각형의 한 변의 길이는 $24 \div 4 = 6$(cm)입니다.

4 (변 ㄱㄴ)+(변 ㄷㄹ)$=40-(15 \times 2)=10$(cm)
(변 ㄱㄴ)=(변 ㄷㄹ)이므로
(변 ㄱㄴ)$=10 \div 2=5$(cm)

5 (정사각형의 한 변의 길이)$=28 \div 4=7$(cm)
(직사각형의 둘레)$=7 \times 8=56$(cm)

6 (가의 넓이)$=12 \times 8=96$(cm^2)
(나의 넓이)$=9 \times 9=81$(cm^2)
➡ 가의 넓이가 $96-81=15$(cm^2) 더 넓습니다.

7 1.5 m=150 cm이므로 책상의 넓이는 $150 \times 50=7500$(cm^2)입니다.

9 세로가 1 cm 커지면 넓이는 3 cm^{2}만큼 커집니다.

10 (가로)$=38 \div 2-4=15$(m)
➡ (넓이)$=15 \times 4=60$(m^2)

11

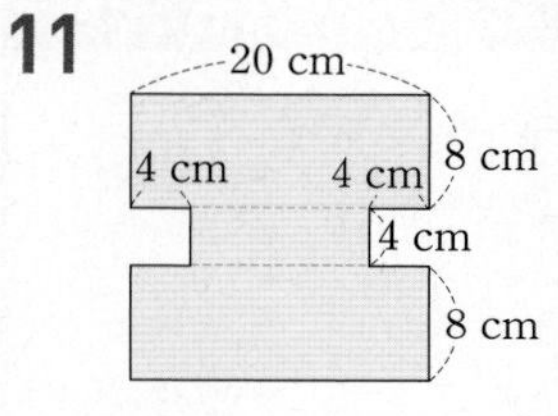

$20 \times 8+(20-4-4) \times 4+20 \times 8$
$=160+48+160=368$(cm^2)

12

$15 \times 10-(15-5-5) \times 4$
$=150-20=130$(cm^2)

13 집열판 전체의 가로는 800 cm이고, 세로는 250 cm이므로 넓이는
$800 \times 250=200000$(cm^2)
➡ 20 m^{2}입니다.

15 (평행사변형의 넓이)$=15 \times 30=450$(cm^2)

16 밑변을 18 cm로 보면 높이는 20 cm이므로 넓이는 $18 \times 20=360$(cm^2)입니다.
밑변을 □cm로 보면 높이는 15 cm이므로
□$\times 15=360$,
□$=360 \div 15=24$입니다.

17 밑변의 길이와 높이가 각각 같으므로 평행사변형 ㉡의 넓이는 삼각형 ㉠의 넓이의 2배입니다.

18 $(7 \times 12 \div 2)+(7 \times 14 \div 2)$
$=42+49=91$(cm^2)

19 (평행사변형의 높이)$=84 \div (8+6)=6$(cm)
(색칠한 부분의 넓이)$=6 \times 6 \div 2=18$(cm^2)

20 밑변의 길이를 □cm라 하면
$13 \times 2+$□$=36$, □$=36-26=10$입니다.
따라서 넓이는 $10 \times 12 \div 2=60$(cm^2)입니다.

21 밑변을 20 cm로 보면 높이는 15 cm이므로
넓이는 $20 \times 15 \div 2=150$(cm^2)입니다.
밑변을 25 cm로 보면 높이는 □cm이므로
$25 \times$□$\div 2=150$,
□$=150 \times 2 \div 25=12$입니다.

22 (정사각형의 넓이)$=12 \times 12=144$(cm^2)
(마름모의 넓이)$=12 \times 12 \div 2=72$(cm^2)
➡ (색칠한 부분의 넓이)$=144-72=72$(cm^2)

23 (큰 마름모의 넓이)$=18 \times 32 \div 2=288$(cm^2)
(색칠하지 않은 마름모의 넓이)$=9 \times 16 \div 2$
$=72$(cm^2)
➡ $288-72=216$(cm^2)

24 (높이)$=60 \times 2 \div 12=10$(cm)
(사다리꼴의 넓이)$=(8+12) \times 10 \div 2$
$=100$(cm^2)

25 (㉯의 넓이)$=15 \times 30 \div 2=225$(cm^2)
(㉮의 넓이)=(㉯의 넓이)$\times 4$
$=225 \times 4$
$=900$(cm^2)

(윗변)=(넓이)×2÷(높이)−(아랫변)
$=900\times2\div30-25$
$=35(\text{cm})$

26 방법1

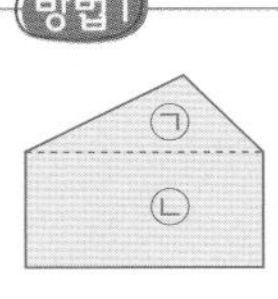

(땅의 넓이)
=(㉠의 넓이)+(㉡의 넓이)
$=(60\times20\div2)+(60\times30)$
$=600+1800=2400(\text{cm}^2)$

방법2

㉠ ㉡

(땅의 넓이)
=(큰 직사각형의 넓이)
−(㉠의 넓이)−(㉡의 넓이)
$=(60\times50)-(40\times20\div2)$
$-(20\times20\div2)$
$=3000-400-200$
$=2400(\text{cm}^2)$

2-1 두 도형의 넓이를 각각 구합니다.
㉠ : $14\times14=196(\text{cm}^2)$
㉡ : $10\times20=200(\text{cm}^2)$
$200\text{ cm}^2>196\text{ cm}^2$이므로 ㉡이 ㉠보다 더 넓습니다.

3-1 사다리꼴의 넓이는
$(7+11)\times12\div2=108(\text{cm}^2)$이므로
평행사변형의 넓이도 108 cm^2입니다.
따라서 평행사변형의 밑변의 길이는
$108\div12=9(\text{cm})$입니다.

4-1 (변 ㄴㄷ의 길이)$=90\times2\div10=18(\text{cm})$
따라서 삼각형 ㄹㄴㄷ의 넓이는
$18\times14\div2=126(\text{cm}^2)$입니다.

서술 유형 익히기 194~195쪽

1 7, 42, 4, 44, 44, 42, 나 / 나

1-1 풀이 참조, 가

2 8, 88, 9, 9, 81, 88, 81, ㉠, ㉡ / ㉠

2-1 풀이 참조, ㉡

3 10, 90, 90, 90, 5 / 5

3-1 풀이 참조, 9 cm

4 8, 17, 17, 102 / 102

4-1 풀이 참조, 126 cm^2

1-1 (평행사변형 가의 둘레)$=(11+6)\times2=34(\text{cm})$
(마름모 나의 둘레)$=8\times4=32(\text{cm})$
$34\text{ cm}>32\text{ cm}$이므로 둘레가 더 긴 도형은 가입니다.

단원 평가 196~199쪽

1 108 cm **2** ㉠
3 5, 2, 26 **4** 7
5 1 m, 1 제곱미터
6 둘레 : 12 cm, 넓이 : 9 cm^2
7 130 cm^2
8

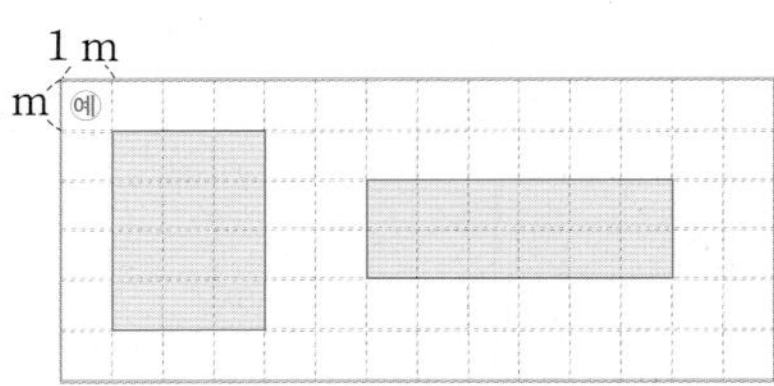

9 12 cm
10 (1) 17000000 (2) 29
11 높이, 아랫변
12 (1) 54 cm^2 (2) 35 cm^2
(3) 154 cm^2 (4) 60 cm^2
13 둘레 : 54 cm, 넓이 : 131 cm^2
14 11 cm **15** 6 cm^2

16 25 cm	**17** 186 cm^2
18 27 cm^2	**19** 56 cm
20 28	**21** 16 cm
22 풀이 참조, 40 cm	**23** 풀이 참조, ㉡
24 풀이 참조	**25** 풀이 참조, 64 cm^2

1 $18\times6=108$(cm)

2 ㉠ $(2+7)\times2=18$(cm)
㉡ $(3+4)\times2=14$(cm)
㉢ $4\times4=16$(cm)
➡ ㉠>㉢>㉡

4 $(17+\square)\times2=48$
➡ $17+\square=48\div2=24$, $\square=7$

6 둘레 : $3\times4=12$(cm)
넓이 : $3\times3=9$(cm^2)

7 $13\times10=130$(cm^2)

9 넓이가 $16\times9=144$(cm^2)인 정사각형을 그리려면 $12\times12=144$이므로 정사각형의 한 변의 길이를 12 cm로 해야 합니다.

12 (1) $9\times6=54$(cm^2)
(2) $10\times7\div2=35$(cm^2)
(3) $(16+12)\times11\div2=154$(cm^2)
(4) $8\times15\div2=60$(cm^2)

13 둘레 : 가로가 17 cm, 세로가 10 cm인 직사각형의 둘레와 같으므로 $(17+10)\times2=54$(cm)입니다.

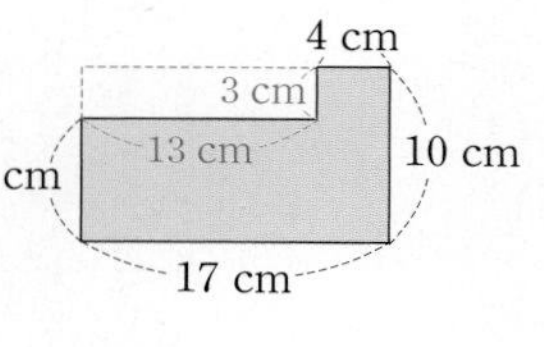

넓이 : $17\times10-13\times3=131$(cm^2)

14 높이를 □ cm라 하면
$17\times\square=187$, $\square=187\div17=11$입니다.

15 (가의 넓이)$=14\times10\div2=70$(cm^2)
(나의 넓이)$=16\times8\div2=64$(cm^2)
➡ $70-64=6$(cm^2)

16 (삼각형의 넓이)=(직사각형의 넓이)
$=15\times10=150$(cm^2)
삼각형의 밑변의 길이를 □ cm라 하면
$\square\times12\div2=150$,
$\square=150\times2\div12=25$입니다.

17 사다리꼴의 윗변과 아랫변의 길이의 합이 $56-(12+13)=31$(cm)이므로 사다리꼴의 넓이는 $31\times12\div2=186$(cm^2)입니다.

18 사다리꼴의 높이를 □ cm라 하면
$(9+12)\times\square\div2=63$,
$\square=63\times2\div(9+12)=6$입니다.
따라서 색칠한 부분의 넓이는
$9\times6\div2=27$(cm^2)입니다.

19 변 ㄱㄴ의 길이를 □ cm라 하면
색칠한 부분의 넓이는 $12\times\square\div2=96$이므로
$\square=96\times2\div12=16$입니다.
따라서 직사각형 ㄱㄴㄷㄹ의 둘레는
$(12+16)\times2=56$(cm)입니다.

다른 풀이
(직사각형 ㄱㄴㄷㄹ의 넓이)$=96\times2=192$(cm^2)
(변 ㄱㄴ의 길이)$=192\div12=16$(cm)
(직사각형 ㄱㄴㄷㄹ의 둘레)
$=(12+16)\times2=56$(cm)

20 (마름모의 넓이)$=36\times24\div2=432$(cm^2)
사다리꼴의 넓이는 $(20+\square)\times18\div2=432$이므로 $\square=432\times2\div18-20=28$입니다.

21 (평행사변형의 넓이)$=20\times12=240$(cm^2)
$15\times$㉠$=240$, ㉠$=240\div15=16$

22 (직사각형의 넓이)=(가로)×(세로)이므로
(가로)$\times30=1200$,
(가로)$=1200\div30=40$(cm)입니다.

23 평행한 두 직선 사이의 거리는 일정하므로 평행사변형 ㉠, ㉡, ㉢의 높이는 모두 같습니다.
따라서 밑변의 길이가 길수록 넓이가 넓으므로 넓이가 가장 넓은 평행사변형은 ㉡입니다.

24 [방법 1] 두 개의 삼각형으로 나누어 구합니다.
$(20\times16\div2)+(14\times16\div2)$
$=160+112=272(\text{cm}^2)$
[방법 2] 똑같은 사다리꼴 2개로 평행사변형을 만들어 구합니다.

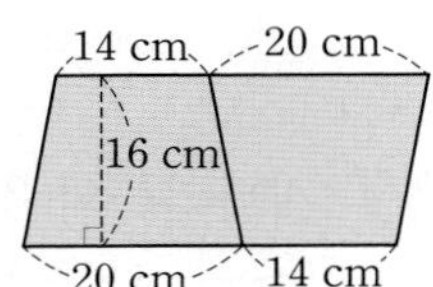

$(20+14)\times16\div2$
$=272(\text{cm}^2)$
[방법 3] 평행사변형과 삼각형으로 나누어 구합니다.

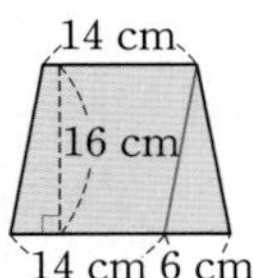

$(14\times16)+(6\times16\div2)$
$=224+48=272(\text{cm}^2)$

25 색칠한 부분을 옮기면 직사각형 모양이 됩니다.
직사각형은 원 안의 가장 큰 마름모의 반이므로 색칠한 부분의 넓이는 $16\times16\div2\div2=64(\text{cm}^2)$입니다.

200쪽

1 15, 3, 45 / 9, 9, 81 / 12, 6, 72
2 나
3 풀이 참조

3 둘레가 일정할 때 가로와 세로의 차가 적을수록 더 넓습니다.
따라서 정사각형이 가장 넓습니다.

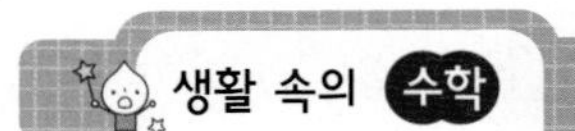

201~202쪽

㉠ 20 cm^2 ㉡ 15 cm^2 ㉢ 18 cm^2 ㉣ 16 cm^2

동영상 강의 QR 코드

1. 자연수의 혼합 계산

Step 4 실력 팍팍

동영상 강의 QR 코드

2. 약수와 배수

Step 4 실력 팍팍

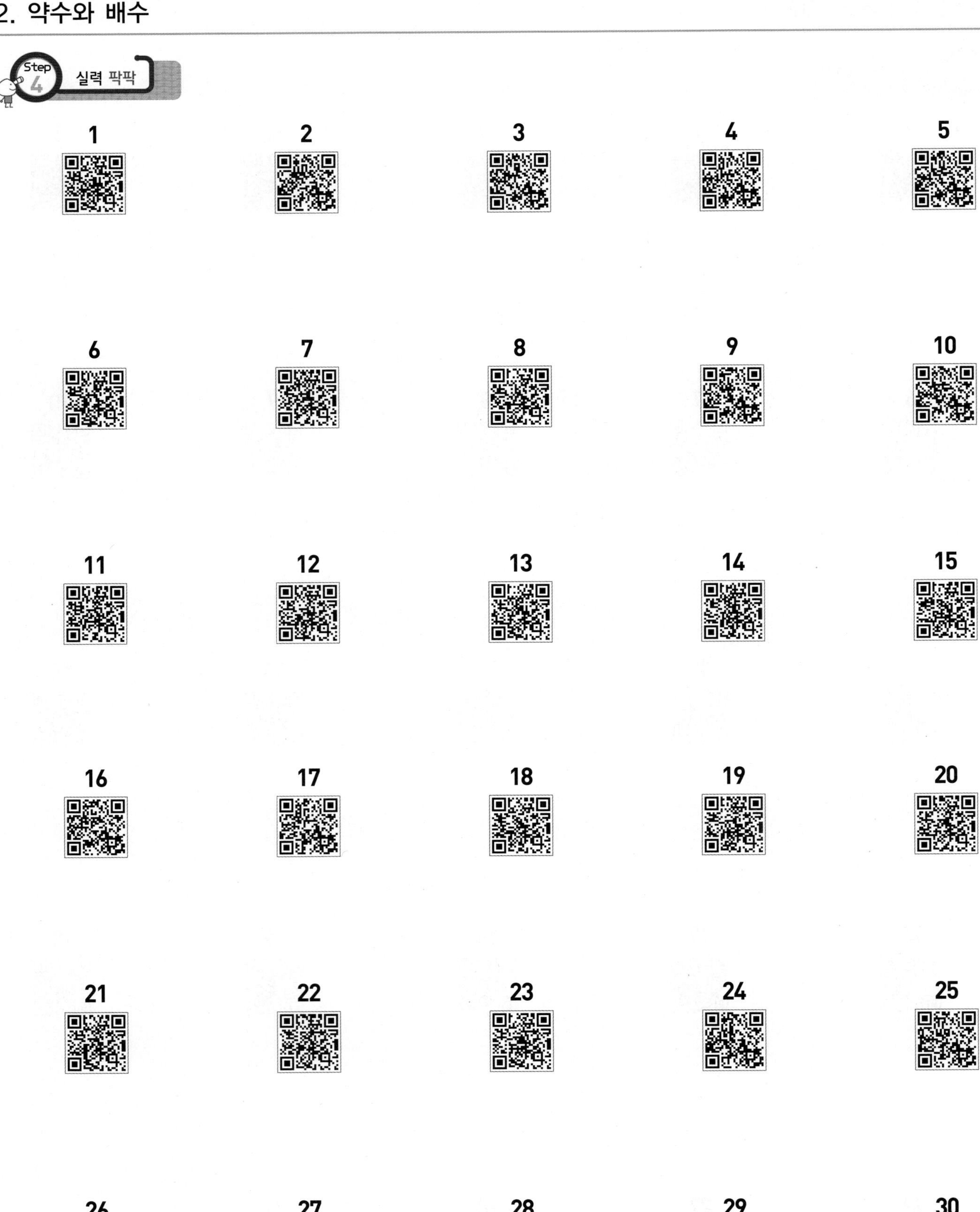

동영상 강의 QR 코드

3. 규칙과 대응

Step 4 실력 팍팍

동영상 강의 QR 코드

4. 약분과 통분

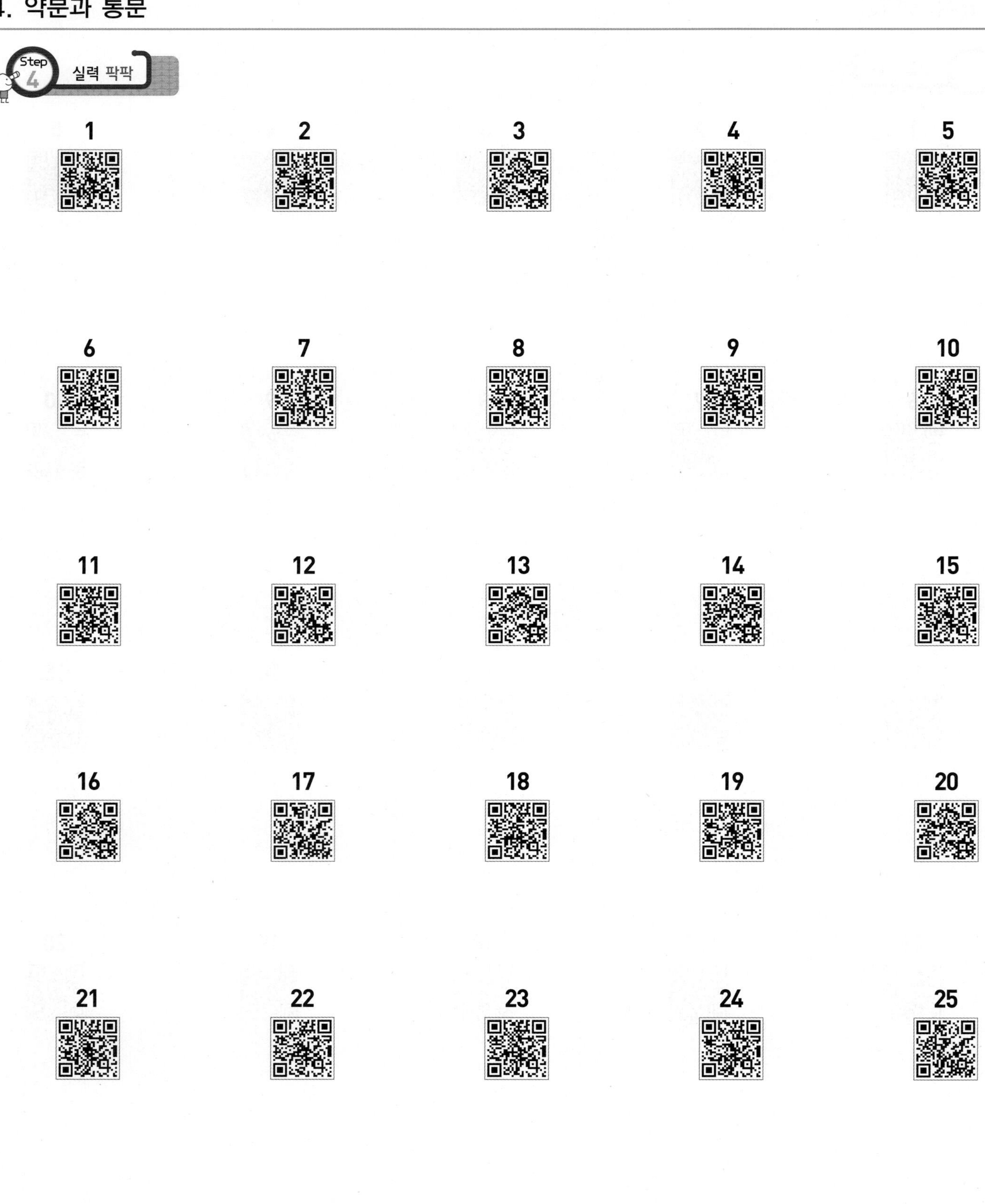

동영상 강의 QR 코드

5. 분수의 덧셈과 뺄셈

Step 4 실력 팍팍

동영상 강의 QR 코드

6. 다각형의 둘레와 넓이

Step 4 실력 팍팍

1

2

3

4

5

6

7

8

9

10

11

12

13

14

15

16

17

18

19

20

21

22

23

24

25

26

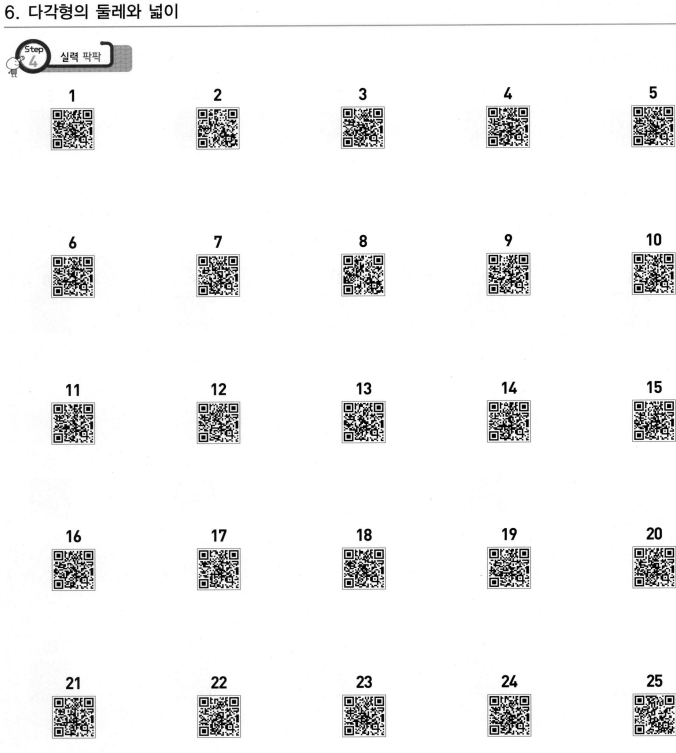

Memo

Memo

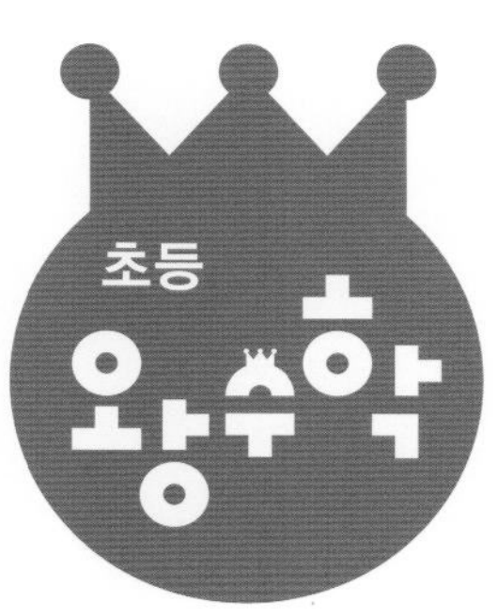

초등
왕수학

정답과 풀이

5·1